In riesigen unterirdischen Forschungslaboratorien finden Versuche statt, die vielleicht die uralte Frage, woraus das Weltall bestehe, zu beantworten vermögen. Es geht um die Suche nach der sogenannten Schwarzen Materie, die man im Universum vermutet. Denn nur zehn Prozent der im Weltall existierenden Materie sind sichtbar, 90 Prozent sind unsichtbar, sogenannte Schwarze Materie.

Woraus aber besteht sie, und welche Auswirkung hat sie auf die Entwicklung des Universums. Die Suche nach der Schwarzen Materie ist eine Herausforderung für die Wissenschaft und sicher eine ihrer zentralen Aufgaben in unserer Zeit.

Heute haben Astronomen Hinweise auf ein gewaltiges kosmisches Meer geheimnisvoller Materie, und die Elementarteilchenphysiker versuchen zu erforschen, ob es solche Materie vielleicht nicht nur »dort draußen«, sondern auch »hier drinnen« gibt, ob sie also (in Form von Neutrinos) vielleicht unablässig die Erde und uns selbst durchquert.

Lawrence M. Krauss, ein auf diesem Gebiet führender amerikanischer Wissenschaftler, begleitet den Leser auf einer faszinierenden Reise durch ein fremdes, verblüffendes Weltall, in dem alles, aus dem wir bestehen, und alles, was wir sehen, vielleicht nur ein unbedeutendes »Rauschen«, ein nachträglicher kosmischer Einfall ist. Neue Antworten auf letzte naturwissenschaftliche Fragen, wie die nach der Grundstruktur der Materie, der Galaxienbildung, ja, nach Anfang und Ende der Welt, drängen sich auf. Denn die Entdeckung der Schwarzen Materie wird voraussichtlich auch die Frage beantworten, ob sich das Weltall immer weiter ausdehnen wird oder zusammenfallen muß, um in einem fürchterlichen »Endknall« zu sterben.

insel taschenbuch 2240
Lawrence M. Krauss
Schwarze Materie

Lawrence M. Krauss
Schwarze Materie

Aus dem Amerikanischen
von Anita Ehlers

Insel Verlag

Originaltitel:
The Fifth Essence
The Search for Dark Matter in the Universe
HarperCollins/Basic Books 1989
Copyright © 1989 by Basic Books, Inc.

insel taschenbuch 2240
Erste Auflage 1998
© Insel Verlag Frankfurt am Main und Leipzig 1995
Alle Rechte vorbehalten
Hinweise zu dieser Ausgabe am Schluß des Bandes
Vertrieb durch den Suhrkamp Taschenbuch Verlag
Druck: Nomos Verlagsgesellschaft, Baden-Baden
Printed in Germany

1 2 3 4 5 6 – 03 02 01 00 99 98

... für Lilli

Dunkelheit war zuerst verborgen von Dunkelheit

Schöpfungshymne, Rigveda

Inhalt

Vorwort
Eine neue kopernikanische Revolution?

Nehmen wir an, Sie studieren Physik und sind schon über die Anfangssemester hinaus. Es ist Sonnabend, schon fast Nacht, und Sie wären viel lieber mit Ihren Freunden zusammen. Statt dessen sitzen Sie tief unter der Erde in einer Art Höhle, und das einzige Geräusch ist das Surren eines Ventilators in dem kleinen Computer auf dem Schreibtisch. Der Computer registriert Pulse, die von dem gewaltigen Gerät im Hauptraum nebenan ausgehen. Nach einer langweiligen achtstündigen Schicht sehnen Sie sich danach, endlich mit dem Fahrstuhl an die Oberfläche der Mine zu fahren, frische Luft einzuatmen und den Nachthimmel zu sehen, die funkelnden Sterne und den kalten, blassen Glanz, in dem der Mondschein die Erde badet. Sie wollen schließlich Astrophysiker werden und nicht Geologe. Als Sie auf einen einträglichen Programmierjob verzichteten, um weiter Physik zu studieren, träumten Sie vielleicht davon, an einem riesigen Radioteleskop zu arbeiten und die schwachen Signale auffangen zu können, die Milliarden von Lichtjahren entfernte Quasare ausschicken. Aber nun sitzen Sie hier tief unter der Erde und überwachen ein neues Experiment, das vier Universitäten auf drei Kontinenten gemeinsam eingerichtet haben. Zum Zeitvertreib beobachten Sie die Pulse, Eichmarken, die regelmäßig wie das Ticken einer Uhr auf dem Bildschirm erscheinen, und bemerken, wie jeder den vorigen haargenau imitiert.

Plötzlich, fast zu kurz, um wahrgenommen zu werden, gibt es einen Augenblick lang einen Unterschied. Sie halten den Datenablauf auf dem Computer an und gehen zu einem Programm über, das die Daten einzeln aufruft. Während es geladen wird, jagen Gedanken durch Ihren Kopf. Vielleicht – auch wenn es nicht sehr wahrscheinlich ist – war der Puls, den Sie eben sahen oder meinen gesehen zu haben, das unendlich kleine Signal eines Elementarteilchens, einer völlig neuen Form von Materie, eines Materieteilchens, das nie zuvor auf der Erde beobachtet wurde, auf das Ihr Detektor jedoch ansprach. Vielleicht reagierte dieses

*Teilchen, das vor 10 bis 15 Milliarden Jahren im Urknall
entstanden sein könnte, eben zum allerersten Mal! Vielleicht
beobachten Sie ein Signal vom Anfang der Zeit! Die Gesamtmasse solcher Teilchen könnte mehr als das Hundertfache aller
uns wahrnehmbaren Masse betragen und dadurch die Struktur,
die Entwicklung und damit auch das Schicksal des Weltalls
bestimmen! Ihre Entdeckung könnte unser Weltbild genauso
nachhaltig beeinflussen wie die Behauptung des Kopernikus,
daß sich die Erde um die Sonne dreht ...*

Vielleicht ist es aber auch nur ein Rauschen im Detektor ...

In den letzten vier Jahrhunderten haben wir immer wieder
erkennen müssen, welch unbedeutende Rolle die Menschheit im
Kosmos spielt. Die wissenschaftlichen Revolutionen, die wir mit
Kopernikus, Kepler und Galilei verbinden, führten zu der Erkenntnis, daß die Erde nicht der Mittelpunkt des Weltalls und
nicht einmal der Mittelpunkt des Sonnensystems ist. Spätere
Beobachtungen zeigten, daß weder unser Sonnensystem noch
die Galaxis noch unsere lokale Gruppe von Galaxien einzigartig
oder besonders sind. Wir wiegen uns in falscher Sicherheit, so
lehrt uns Einsteins Spezielle Relativitätstheorie, wenn wir den
zeitlichen Meilensteinen der menschlichen Geschichte eine absolute Bedeutung zuschreiben. Die Entdeckungen der Quantenmechanik haben uns zudem die Erkenntnis aufgezwungen, daß
selbst absolutes Wissen nicht zu absoluter Vorhersagbarkeit der
Natur führen kann.

Seit wir Gelegenheit haben, in jedem Zweig der Naturwissenschaften neu entdeckte Schichten der physikalischen Welt zu
untersuchen, entdecken wir, daß die für unser tägliches Leben
wichtigen Erscheinungen ein immer kleineres Stück eines viel
größeren Ganzen ausmachen. Die organischen Stoffe, Grundlage aller irdischen Lebewesen, machen nur einen kleinen Teil
der an Strukturen so reichhaltigen modernen Chemie aus. In
noch kleinerem Maßstab haben die Entdeckungen der Teilchenphysik seit den vierziger Jahren bewiesen, daß die Grundbausteine irdischer Stoffe selbst nur einen kleinen Bruchteil aller
elementaren Dinge darstellen.

Inmitten von alledem schien die moderne Astronomie einen

gewissen Trost zu bieten. Einen Teil ihres großen Erfolgs verdankt sie der Einsicht, daß die Materie der Sterne und der Erde die gleiche ist; diese Erkenntnis wurde aus fotografischen Spektren gewonnen, die mit Hilfe immer größerer Teleskope immer besser wurden. Alle sichtbaren Objekte, von Sonne und Mond bis zu fernen Sternen, bestehen anscheinend aus Elementen, die auf der Erde reichlich vorkommen. Die Kernverbrennung, die die Sterne leuchten läßt, folgte in allen kosmischen Zeiten immer derselben Rezeptur. Wir wissen jetzt, daß die Elemente, die wir auf der Erde finden, in kosmischen Feuerwerken erschaffen wurden, die dem Supernova-Ausbruch ähnelten, dessen Zeuge wir 1987 sein durften.

Aber trotz der Tatsache, daß alles, was wir »sehen« können, aus denselben Grundbestandteilen, also aus Protonen und Neutronen, zu bestehen scheint, ist die tatsächliche Anzahl dieser Teilchen im Weltall im Vergleich zur Anzahl der Licht»teilchen«, den sogenannten Photonen, die, wie wir wissen, das Weltall durchdringen, verschwindend gering. Auf jedes Proton kommen im heutigen Weltall etwa zehn Milliarden dieser Photonen! Dieses Verhältnis ist eine der grundlegenden »Observablen« der Kosmologie; warum diese Beobachtungsgröße jedoch diesen Wert hat, gab es bis in die siebziger Jahre keine Erklärung. Selbst heute haben wir noch keine genaue mikrophysikalische Theorie, die dieses Verhältnis von Protonen zu Photonen eindeutig vorhersagt, obwohl Entwicklungen der Teilchenpyhsik uns viele Einsichten in mögliche Mechanismen gegeben haben, die zu dieser Situation hatten führen können.

Die neue Teilchenphysik hat nicht nur eine mögliche Erklärung dafür geliefert, warum wir das sehen, was wir sehen, sondern sie legt auch die Möglichkeit nahe, daß es »dort draußen« mehr geben könnte, als ins Auge fällt. Wenn alles, was wir »sehen« können, aus relativ seltenen Teilchen besteht, sind die übriggebliebenen Photonen im heutigen Weltall vielleicht nicht die einzigen anderen Teilchen, die viel häufiger vorkommen. Mit diesem Hinweis auf die Möglichkeit, daß das Weltall durchdrungen sein könnte von etwas, das wir nicht beobachten könnten, greift die Physik das Thema auf, das seit den ersten überlieferten Schöpfungsmythen der Urzeit in immer neuem Gewand wiederkehrt. Für uns, die wir danach streben, unseren Platz in der Mitte des Weltalls zu behaupten, ist die Vorstellung merkwürdig tröstlich, das unseren Sinnen zugängliche Weltall sei nicht alles, was es gibt. Die Entwicklungen des vergangenen Jahrzehnts geben uns Anlaß, innezuhalten und darüber nachzudenken, wie selbstverständlich es eigentlich ist, wenn überall im Weltall irdische Materie überwiegt. Vielleicht ist diese Vorstellung nur eine Erweiterung der eher fragwürdigen anthropozentrischen Sicht des Weltalls, die die kopernikanische Revolution zu untergraben begann.

Dieses Buch schildert den Fortschritt, durch den wir an den Rand dessen gekommen sind, was man die endgültige kopernikanische »Revolution« nennen könnte. Unabhängig von diesem ersten Rumoren aus dem Bereich der Teilchenphysik hat eine Reihe von bemerkenswerten Entwicklungen in Astronomie und Astrophysik – einige theoretisch und einige experimentell, einige sorgfältig geplant und einige glückliche Fügung – die Auffassung erschüttert, das, was wir sehen, sei alles, was ist. Es begann eher unscheinbar, als dem Schweizer Fritz Zwicky, Astronom am Caltech, der technischen Universität Kaliforniens, an der Bewegung einer Milliarden von Lichtjahren entfernten Galaxiengruppe etwas Ungewöhnliches auffiel. Die Geschwindigkeiten, mit der ihre Teile sich relativ zueinander bewegten, waren so groß, daß die von der sichtbaren Materie der Galaxien herrührende Gravitationsanziehung nicht ausreichen konnte, um sie zusammenzuhalten. Und doch hielten sie zusammen!

Seit den sechziger Jahren wird langsam die wahre Bedeutung dieser Beobachtungen Zwickys klar. Systematische Beobachtungen so unterschiedlicher Systeme wie »Zwerggalaxien«, die nur ein Hunderttausendstel der Größe unserer Galaxis haben, bis hin zu Riesenhaufen, die Hunderte von Galaxien enthalten, deren jede so groß oder noch größer sind als die unsrige, haben über alle Zweifel hinaus klargemacht, daß es in diesen Systemen anscheinend »etwas anderes« gibt, dessen Masse ausreicht, die Systeme durch die Schwerkraft zusammenzuhalten. Die Hinweise sind überwältigend, nach denen *über 90 Prozent* der Gesamtmasse im sichtbaren Weltall aus Materie besteht, die für

Teleskope unsichtbar ist. Der Sog der Schwerkraft dieser »dunklen Materie« bestimmt deshalb die Bewegung von Sternen in Galaxien, von Galaxien in Galaxienhaufen und sogar des Weltalls insgesamt.

Am einfachsten ist die Annahme, diese dunkle Materie bestünde aus derselben Materie wie wir, schickte aber aus irgendeinem Grund keine Strahlung aus. Neuere parallele Entwicklungen aus den Bereichen der Teilchenphysik und der Astrophysik lassen dies jedoch als unwahrscheinlich erscheinen. Außerdem besagen wichtige und überzeugende, auf diesen Befunden beruhende theoretische Überlegungen, daß selbst die mutmaßlich Galaxien umgebende dunkle Materie – von der es etwa zehnmal so viel wie von der sichtbaren – *nur* einen kleinen Teil eines ungeheuer großen kosmischen »Meers« dunkler Materie ausmacht; das wiederum enthält vielleicht hundertmal so viel Materie, wie durch Teleskope beobachtbar ist. Dann würden die dunkle Materie und die sichtbare Materie des Weltalls fast sicher nicht auch nur annähernd ähnlich beschaffen sein.

Wie weit können wir sinken? Wenn diese Überlegungen zutreffen, scheint es sehr wahrscheinlich, daß wir und alles, was wir sehen können, ein unbedeutendes kleines »Rauschen« sind – ein nachträglicher Einfall des Kosmos sozusagen. Die Materie, die die Dynamik des Weltalls von der Bildung einzelner Galaxien bis zu der großräumigen Ausdehnung des Weltalls bestimmt, besteht demnach überwiegend aus etwas, das ganz anders ist als die Materie, die wir auf der Erde kennen. Selbst wenn diese Überlegungen nicht genau zutreffen, so mußte doch ein großer Teil der modernen Kosmologie neu durchdacht werden. In jedem Fall müßte sich unser Bild vom Weltall entscheidend verändern.

Es erscheint vielleicht äußerst arrogant, wenn theoretische Physiker eine solche Behauptung aufstellen – dem Weltall also ein völlig neues physikalisches Wesen zuschreiben, bevor wir noch irgendetwas direkt beobachtet haben –, nur um den Launen unserer Theorie zu genügen. Was dieses alles so aufregend macht, ist die Vorstellung, wir könnten im Begriff sein herauszufinden, was dunkle Materie eigentlich ist. Experimente, die diese Lücke schließen sollen, werden vorbereitet. Sie sollen diese dunkle Materie direkt »sichtbar machen«. Und das sollte möglich sein, wenn die dunkle Materie aus »exotischen« (das heißt bis jetzt unentdeckten) Teilchen besteht, wie es die Teilchenphysiker vorhersagen. Wenn sie recht haben, gibt es diese exotischen Teilchen der dunklen Materie »hier drinnen« genauso wie »dort draußen«; sie durchqueren die Erde, irdische Laboratorien und auch uns. Der Lohn für diese Suche könnte spektakulär sein: Ein Fenster zum Weltall in den ersten Augenblicken der Schöpfung, Einsicht in sein Schicksal und schließlich Aufklärung darüber, wie sich all die Strukturen, die wir beobachten, gebildet haben … denn es gibt unbezweifelbare Hinweise, daß das Entstehen von allem, was wir sehen, bestimmt ist durch das, was wir jetzt nicht sehen können.

Dieses Buch handelt von der Suche nach dunkler Materie. Weil diese Suche unlösbar mit den aufregenden Umwälzungen der Teilchenphysik und der Astrophysik verknüpft ist, die unsere Vorstellung von der Welt so grundlegend verändert haben, ist auch das Thema dieses Buches umfassend. Unabhängig davon, ob die dunkle Materie durch Experimente bewiesen werden wird oder nicht, machen viele der in diesem Buch beschriebenen Gedanken einen wesentlichen Teil des Bildes aus, das in Zukunft vom Weltall entstehen wird.

Trotzdem hatte ich wegen der möglichen Vorläufigkeit mehrerer der hier gezogenen Schlüsse Bedenken, dieses Buch zu schreiben. Mir gefallen solche der populärwissenschaftlichen Bücher gar nicht, die ihre Leser für die moderne Naturwissenschaft interessieren wollen, indem sie alle neuen Entwicklungen als intellektuell tiefgründig oder so entscheidend wie zum Beispiel die große Revolution in der Physik des frühen zwanzigsten Jahrhunderts darstellen (wobei den daran beteiligten Physikern unweigerlich die Aura Einsteins angedichtet wird). Ich behaupte nichts dergleichen. Die Existenz dunkler Materie im Weltall besagt nichts über die Existenz neuer Naturgesetze; sie werden weder vorausgesetzt noch ausgeschlossen. Die geistige Leistung, die nötig ist, um viele der im folgenden beschriebenen Ergebnisse zu verstehen, ist nicht allzu groß, und die theoretischen Gedanken, die dem, wovon ich sprechen werde, zugrunde liegen, sind nicht unbedingt so »tiefgründig« wie jene, die mit der Relativitätstheorie oder der Quantenmechanik verknüpft sind oder auch die der heute tonangebenden Forschung auf dem Gebiet der Teilchen- und Festkörperphysik. Nur wenige Forschungsgebiete sind jedoch im Hinblick auf ihre Bedeutsamkeit und ihre möglichen Auswirkungen für unser künftiges Verständnis der Welt so vielversprechend wie die Suche nach dunkler Materie, bei der sich Teilchenphysik und Kosmologie berühren. Ihre Überschneidung führt zu einer einzigartigen Kombination von »Einfachheit« und Bedeutung, die sich zu einer allgemeinverständlichen Beschreibung besonders eignet.

Meine Behandlung hier ist recht persönlich gefärbt. Ich bin kein unbeteiligter Beobachter, sondern habe einen Großteil meiner eigenen Forschung den hier behandelten Fragen gewidmet. Meine eigenen Vorlieben und Abneigungen sind erkennbar, obwohl ich alles dazu getan habe, sie auf der Grundlage von Experimenten zu rechtfertigen. Weil das Gebiet der Kosmologie notwendig sehr spekulativ ist, habe ich mich besonders bemüht, nicht nur den logischen Vorgang zu betonen, durch den wir zu unserem heutigen Wissen gelangt sind, sondern auch die zugrundeliegenden *Annahmen*. Ich zweifle nicht daran, daß sich einige dieser Annahmen in der Zukunft als falsch herausstellen werden; eben das macht die Suche zum Teil so aufregend.

Vielleicht stellen sich einige der Schlußfolgerungen in diesem Buch als Dächer eines wackligen Kartenhauses heraus; die Beobachtungen, Überlegungen und Entwicklungen, die zu ihnen führen, sind jedenfalls ein wesentlicher Teil der modernen Physik und Astrophysik. Ihr Vermachtnis ist und bleibt unabhängig von der Form, die die Antworten auf diese Fragen schließlich haben werden. Ich hoffe, es wird spürbar werden, wie aufregend das Zusammenfließen von »Mikrophysik« und »Makrophysik« ist, ein Prozeß, der die Vorstellungskraft der Forscher beider Bereiche fesselt. Wenn die Frage nach der dunklen Materie dazu anspornen könnte, sich vorzustellen und zu erkunden, wie Teilchenphysik und Astrophysik unsere Sicht der physikalischen Welt verbessern und vereinheitlichen, oder sogar die schöpferischen Kräfte von Menschen in nichtwissenschaftlichen Bereichen beflügeln könnte, würde diese Arbeit der Mühe wert gewesen sein.

Dieses Buch ist in gewisser Weise das Ergebnis zweier »populär-
wissenschaftlicher« Artikel, die ich über dunkle Materie verfaßt
habe. Den ersten schrieb ich 1984 für das Preisausschreiben der
Gravity Research Foundation, und der zweite erschien 1986 als
längerer Artikel im *Scientific American* (*Spektrum der Wissenschaft* Februar 1987, S. 104). Das vorliegende Buch hat jedoch
viele geistige Väter. Es hätte nicht erscheinen können, wenn es
nicht eine bemerkenswerte Gruppe von Menschen – Freunde,
Kollegen und Mitarbeiter – gegeben hätte, mit denen ich zusammen sein durfte und von denen ich vieles von dem gelernt habe,
was ich hier berichte. Die Liste derjenigen, denen ich danken
möchte, umfaßt, ohne sich auf sie zu beschränken, die Namen
Larry Abbott, Frank Accetta, Blas Cabrera, David Caldwell,
Sidney Coleman, Stirling Colgate, Marc Davis, Pierre De-
marque, Savas Dimopoulos, Margaret Geller, Roscoe Giles,
Sheldon Glashow, Alan Guth, Lawrence Hall, Gary Hinshaw,
Craig Hogan, John Huchra, Rocky Kolb, Richard Larson, Don
Morris, Gus Oemler, Jim Peebles, Joe Polchinski, John Preskill,
Joel Primack, Martin Rees, Bernard Sadoulet, David Schramm,
Irwin Shapiro, Ed Turner, Michael Turner, Alex Vilenkin, Ste-
ven Weinberg, Simon White, Frank Wilczek, Mark Wise, Mike
Witherall, Ed Witten und Michael Zeller. Ich danke auch der
Harvard Society of Fellows und dem Department für Physik der
Harvard University, den Departments für Physik und Astrophy-
sik der Yale University und dem Harvard-Smithsonian Center
for Astrophysics für die Unterstützung meiner Arbeit während
der Entstehung dieses Buchs.
    Der erste Entwurf dieses Buchs wurde während einer Beurlau-
bung von Yale geschrieben. Ich möchte der Universität für ein
Stipendium danken, das es mir ermöglichte, dieser Arbeit und
anderen Forschungsprojekten meine volle Arbeitszeit zu wid-
men. Ich danke auch Tom Appelquist, dem Chairman des
Physikdepartments der Yale University, der diese Beurlaubung
ermöglichte und meine Forschung unterstützte, und den folgenden Institutionen und Menschen für ihre Gastfreundschaft und
Unterstützung: Jim Matthews und dem Physikdepartment der
Mount Allison University in Sackville in New Brunswick, Ber-
nice Kelley von Amherst, Neuschottland, dem Aspen Center for

Physics in Colorado, dem Institut für Theoretische Physik der University of Califonia in Santa Barbara, der National Science Foundation, dem Department of Energy und der NASA.

Ich bin den Kollegen an vielen Institutionen sehr dankbar, die sich die Zeit nahmen, mir die Abbildungen für dieses Buch zu besorgen; sie werden bei den Quellenangaben zu den Fotografien und Zeichnungen genannt. Außerdem danke ich der Yale Beinecke-Bibliothek für seltene Bücher und Manuskripte, dem Britischen Museum, dem *Physical Review*, dem *Astrophysical Journal, National Geographic, Nature, Science*, und dem Mount Palomar Observatorium für die Erlaubnis, in ihrem Besitz befindliches Material zu vervielfältigen.

Für das kritische Mitlesen aller oder einiger der verschiedenen Fassungen dieses Manuskripts danke ich Blas Cabrera, Marc Davis, Feza Gürsey, Gus Oemler und Frank Wilczek. Weiterhin danke ich Suzanne Wagner von Basic Books für ihre großartige Arbeit als Herstellerin und Adrienne Mayor als Lektorin. Natürlich übernehme ich die volle Verantwortung für alle verbleibenden Fehler und Mängel.

Zwei Mitarbeiter des Verlags Basic Books haben wesentlichen Anteil daran, daß ich dieses Buch geschrieben habe. Martin Kessler, der Präsident des Verlags, war der erste, der mich ermutigte, für ein breites Publikum über Physik zu schreiben; er erlaubte mir dann, ein anderes Vorhaben liegen zu lassen, um dieses Werk fertigzustellen. Richard Liebmann-Smith, der Herausgeber, versorgte mich während der Arbeit an diesem Vorhaben immer wieder mit Unterstützung, Ratschlägen, Humor und kostenlosen Mittagessen. Wenn dieses Buch seinen Zweck erfüllt, verdankt es das großenteils Richards Hilfe und Weisheit.

Letztlich haben meine Frau Kate und meine Tochter Lilli mit ihrer Liebe und Unterstützung diese Arbeit stärker beeinflußt, als sie wissen.

Teil I
Der Stoff, aus dem die Materie ist

Kapitel 1
Etwas aus dem Nichts

> Quintessenz: (antike Philosophie) *Quinta essentia*, das fünfte Seiende, die Materie der Sterne, aus der die Himmelskörper sind und die alle Dinge durchdringt; im Gegensatz zu den vier Elementen (Feuer, Luft, Wasser und Erde), aus denen man sich alle sonstige Materie bestehend dachte.

Mit seiner Idee einer fünften Seinsform war Aristoteles weder der erste noch der letzte, der an eine alles durchdringende ätherische Substanz glaubte, die Himmel und Erde erfüllt. Die Vorstellung eines universellen Hintergrunds aus unsichtbarer, flüchtiger Materie, geistiger Vorfahre der dunklen Materie der Teilchenphysik, reicht so weit zurück wie unsere frühesten schriftlichen Aufzeichnungen. An ihrer Geschichte lassen sich einige faszinierende Aspekte unseres sich wandelnden Weltbilds nachweisen. Die Vorstellung eines alles durchdringenden Seienden findet sich an vielen Orten und zu vielen Zeiten, von den ältesten Mythen über die auf Vernunft gründenden Erklärungen der Philosophie bis hin zu anwendungsbezogenen Überlegungen der Naturwissenschaftler. Jede ihrer Verkörperungen wurde ebenso durch neue Erkenntnisse beeinflußt wie durch die Überlieferung, und oft wurde sie auf raffinierte Weise neu verkleidet. Oft ging das Nachdenken über das Wesen des Kosmos Hand in Hand mit dem Fortschreiten unseres Wissens von irdischen Dingen. So entstand unter Mitwirkung solcher Forscher wie Aristoteles, Descartes und Newton ein erstaunliches Gedankengebäude. Vor diesem bewegten Hintergrund erscheinen uns die empirischen und theoretischen Grundlagen der Entwicklungen der letzten Jahre bemerkenswert neu und gleichzeitig merkwürdig vertraut.

»Nichts kann aus dem Nichts erschaffen werden«[1], erklärte der römische Dichter Lukrez. In der Tat scheint eine Schöpfung aus dem Nichts den alten Visionären geradezu verhaßt gewesen zu sein. Will man jedoch auf das Nichts verzichten, muß man einen Ersatz bieten. Die Mythen des alten Babylon und Ägypten kennen genau wie die Indiens und Chinas einen gestaltlosen, ewigen Grundstoff, aus dem alle Struktur entsteht. Diese frühesten Vorstellungen vom Ursprung des Weltalls, die ältesten Kosmogonien, erwuchsen vor allem aus den unmittelbar erfahrbaren geographischen Gegebenheiten. Die Kulturen blühten dort, wo es Wasser gab – in Ägypten am Nil, in Mesopotamien an Tigris und Euphrat –, und deshalb überrascht es nicht, daß Wasser in Schöpfungsmythen eine wichtige Rolle spielt. Davon zeugen diese Auszüge aus dem sumerischen Epos Enuma Elish (3.-2. Jahrtausend vor Chr.) und den sanskritischen Veden (2. Jahrtausend v. Chr.)

> Als droben der Himmel noch nicht genannt war,
> Drunten die Feste einen Namen nicht trug,
> Apsu, der uranfängliche Apsu, ihr Erzeuger
> Mummu und auch Tiamat, die Gebärerin von ihnen allen,
> Ihre Wasser in eins vermischten...
>
>   Enumah Elish[2]

> Nicht war Sein, nicht Nichtsein damals.
> Nicht war der Luftraum, nicht der Himmel, der darüber ist.
> Was regte sich? Wo? In wessen Obhut?
> Bestand aus Wasser der tiefe Abgrund? ...
> Unterschiedsloses Wasser war dies alles.
>
>   *Schöpfungshymne*, Rigveda[3]

> Als die gewaltigen Wasser kamen, alles als Keim tragend und
>   Agni gebärend
> Da erstand er aus ihnen als der einzige Lebensgeist der Götter.
>
>   *Schöpfungshymne*, Rigveda[4]

Abb. 1.1   Dieser Papyrus, auf 312 v. Chr. datiert, enthält die ägyptische Schöpfungsgeschichte, nach der die Welt aus einem unbegrenzten Urmeer entstand, das in einem anderen Text als »das Unendliche, das Nichts, das Nirgendwo und das Dunkel« beschrieben wird. (Mit freundlicher Genehmigung des Kuratoriums des British Museum)

Wasser als Ursprung des Lebens war den frühen Kulturen heilig. Die jährliche Überschwemmung des Nils bestimmte den alljährlichen Kreislauf der Arbeit der alten Ägypter, genau wie der von Euphrat und Tigris mitgeführte, im Mündungsdelta am persischen Golf abgelagerte Schlamm im Zweistromland Land und Kultur nährte. Er war nur natürlich, wenn Wasser auch bei den frühen Vorstellungen über die Erschaffung der Welt und ihre Beschaffenheit eine wesentliche Rolle spielte. Die Ägypter stellten sich die Welt als eine vom Nil durchflossene, vom großen runden Ozean umgebene Fläche vor. Diese Wassermassen hatten ihren Ursprung im ungeheuer großen Urgewässer, das vom Gott Nun verkörpert wurde, Quelle aller Wesen und Dinge. Der Papyrus von Nes-Menu (312 v. Chr.) beschreibt einen Schöpfungsmythos, der wahrscheinlich bis ins dritte vorchristliche Jahrtausend zurückreicht (siehe Abbildung 1.1):

Als der Himmel noch nicht entstanden war,
Die Erde noch nicht entstanden war,
Die Würmer und Schlangen an diesem Orte noch nicht
    geschaffen waren.
Ich gebot ihnen im Nun in Mattigkeit.

(1. Fassung)

Ich bin der Schöpfer von allem, was entstanden ist, das heißt, ich
erschuf mich selbst in Form des Gottes Khepera und ich machte
und erschuf mich selbst aus der Materie, die es in der Urzeit
gab ... Ich machte alles in meinen Gestalten, in denen ich war als
Ba, den ich zu der Zeit aus dem Nun heraus zur Feste erhob.

(2. Fassung)[5]

Dieses Urgewässer war, so sagt der Ägyptologe J. M. Plumley,
»anders als jedes Meer, das eine Oberfläche hat, denn hier gab es
weder oben noch unten, keinen Unterschied zwischen den Seiten, nur grenzenlose Tiefe – endlos, dunkel und unendlich«. Ein
anderer ägyptischer Papyrus beschreibt es als »das Unendliche,
das Nichts, das Nirgendwo und das Dunkel«. Plumley weist
darauf hin, daß man deswegen »im Urmeer das Grundprinzip
der ägyptischen Kosmologie finden kann; es war vor dem Anfang, und es wird ewig sein«.[6]

Die Schöpfungsgeschichte des Buches Genesis der hebräischen
Bibel hat erstaunlich viel Ähnlichkeit mit diesen anderen frühen
Schöpfungsgeschichten:

Am Anfang schuf Gott Himmel und Erde. Die Erde aber war wüst
und leer, Finsternis lag über der Urflut, und Gottes Geist schwebte
über den Wassern ... Und Gott sprach: Ein Gewölbe entstehe
mitten im Wasser und scheide Wasser von Wasser. Gott machte
also das Gewölbe und schied das Wasser unterhalb des Gewölbes
vom Wasser oberhalb des Gewölbes. So geschah es, und Gott
nannte das Gewölbe Himmel.

Über die engen Bindungen an die Geburtsorte der Zivilisation
hinaus gibt es viele Gründe, warum Wasser als nährender
Grundstoff betrachtet wurde. Es ist geschmacklos, geruchlos,
farblos, es nimmt die Form des Behälters an – kurz, es scheint
keine Kennzeichen zu haben, die sich von irgendeiner anderen
Substanz ableiten lassen. Darüber hinaus ist es veränderlich und

allgegenwärtig. Es ist der einzige Stoff, den es unter gewöhnlichen irdischen Bedingungen in allen drei Aggregatzuständen (flüssig, fest und gasförmig) gibt und der unter normalen Bedingungen gefriert und verdunstet. In gasförmiger und flüssiger Form ist Wasser allgegenwärtig. Es ist überall, in allen Lebewesen, in Gestein, im Erdboden und in der Luft.

Im sechsten vorchristlichen Jahrhundert, als die Griechen sich von Schöpfungsmythen, die denen der Ägypter und Mesopotamier ähnelten (zum Beispiel sprach Homer vom »erdumkreisenden« Fluß Okeanos), abzuwenden begannen und versuchten, den Ursprung des Weltalls vernünftig zu erklären und sein »Rohmaterial« zu bestimmen, tauchte daher das Wasser wieder als »Grundprinzip« auf.

Die Philosophie des Abendlandes hat anscheinend ihre Wurzeln in der ionischen Hafenstadt Milet des fünften und sechsten vorchristlichen Jahrhunderts. Wir verknüpfen sie mit den Namen der drei Philosophen Thales, Anaximander und Anaximenes. Wir kennen ihre Gedanken zwar vor allem aus Sekundärquellen, aber es ist unumstritten, daß jeder von ihnen sich auf seine Art um eine vernünftige Erklärung der Welt bemühte. Jeder mußte daher zwei Grundfragen beantworten: Woraus besteht das Weltall? und: Wie erhielt es seine heutige Form?

Der erste dieser Philosophen, Thales, wirkte um 585 v. Chr. Er war einer der herausragenden Naturwissenschaftler und Mathematiker seiner Zeit, aber er hatte auch viel Glück. Man sagt, er habe als erster eine Sonnenfinsternis vorhergesagt. Wenn das zutrifft, muß man auf der Grundlage der damals (vor allem in Babylon) gemachten astronomischen Beobachtungen annehmen, daß er nur in einem sehr weit gesteckten zeitlichen Rahmen die Wahrscheinlichkeit einer Sonnenfinsternis vorhersehen konnte. Ein glücklicher Zufall von der Art, die manch späteren Wissenschaftler berühmt gemacht hat, fügte es so, daß die Finsternis während einer wichtigen Schlacht eintrat und in Ionien (der heutigen Westtürkei) sichtbar war. Leider scheint Thales auch zur Entstehung eines Vorurteils über Wissenschaftler beigetragen zu haben, das bis heute gültig ist. Wie Platon erzählt, sei Thales, der »um die Sterne zu beschauen, den Blick nach oben gerichtet [hatte], in den Brunnen [gefallen]. Eine] artige und witzige thrakische Magd soll gespottet haben, daß er, was im Himmel wäre, wohl strebte zu erfahren, was aber vor ihm läge und zu seinen Füßen, ihm unbekannt bliebe.«[7]

Thales bemühte sich als erster um eine auf Vernunft gründende Kosmogonie. Er glaubte, alle Struktur müsse aus einem Urstoff entstanden sein. Wie Aristoteles es schildert, behauptete Thales,

> Wasser sei das Prinzip, weshalb er auch erklärte, die Erde sei auf dem Wasser. Wahrscheinlich begründete er diese Annahme damit, daß er beobachtete, die Nahrung aller Lebewesen sei feucht und die Wärme selbst entstünde aus dem Feuchten und würde dadurch erhalten ... und weil die Samen aller Dinge ein feuchtes Wesen haben und Wasser in feuchten Dingen das Prinzip ist.[8]

Zweifellos stand Thales bei diesen Überlegungen unter dem Einfluß seiner Vorgänger. Trotzdem ist es wichtig, daß er einen vertrauten und beobachtbaren Stoff als Ursprung aller Struktur wählte. Ob er damit recht hatte, blieb über zwei Jahrtausende lang umstritten.

Da uns die Philosophie des Thales nur durch die Worte des Aristoteles und anderer späterer Schriftsteller bekannt ist, können wir natürlich unmöglich sagen, ob Thales wirklich glaubte, die sichtbare Welt *sei* Wasser, oder ob er, was den ägyptischen und babylonischen Vorbildern besser entsprechen würde, meinte, die Welt habe sich aus einem unendlich ausgedehnten Urmeer entwickelt. Vielleicht nahm er an, Wasser sei ein verborgener Bestandteil aller Dinge, wie es später von anderen Stoffen behauptet wurde.

Die erste Deutung, wonach die sichtbare Welt Wasser ist, stößt auf logische Probleme, wie Thales' jüngerer Zeitgenosse Anaximander sofort betonte. Er wies darauf hin, daß irdische Materialien erkennbare Eigenschaften haben wie heiß und kalt, trocken und feucht. Trockene Stoffe unterscheiden sich von feuchten durch das Fehlen von Wasser. Wie lassen sich jedoch die Eigenschaften dieser Stoffe durch das *Fehlen* eines Urstoffs erklären? In einer aus Wasser gemachten Welt müßten alle Dinge feucht sein (eine Überlegung, die später von Platon und Aristoteles ausführlich erörtert wurde). Mit dieser Überlegung begründete Anaximander, daß ein Urstoff weder heiß noch trocken noch kalt noch naß sein könne. Er soll statt dessen vorgeschlagen haben, etwas anderes, das er »unbeschränkt« oder »unbestimmt« nannte, als Quelle aller Dinge zu sehen. (Auch die Texte des Anaximander sind nicht direkt überliefert.) Seine Schüler waren sich über Anaximanders Terminologie nicht einig: Einige Quellen reden von »apeiron« (»Unbeschränktes«), andere von »arche« (»Quelle«). Anaximander aber behauptete,

> Anfang und Element der seienden Dinge sei das Unbeschränkte. … Als solches bezeichnet er weder das Wasser noch ein anderes der üblichen Elemente, sondern eine andere, unbeschränkte Wesenheit, aus der sämtliche Universa sowie die in ihnen enthaltenen kosmischen Ordnungen entstehen: Aus welchen [seienden Dingen] die seienden Dinge ihr Entstehen haben, dorthin findet auch ihr Vergehen statt, wie es in Ordnung ist.[9]

Wir werden später viele Parallelen zwischen dem »Unbeschränkten« des Anaximander – auch hier wird ein Stoff als weltweiter Hintergrund angenommen – und dem besser definierten, aber genau so wenig faßbaren »Vakuum« der modernen Physik erkennen. Eine der beliebtesten modernen kosmologischen Theorien behauptet, wie wir sehen werden, dieses »Vakuum« sei möglicherweise die Quelle aller Materie, ob beobachtet oder unbeobachtet. Sicherlich hat ein gestaltloser Grundstoff etwas Faszinierendes. Ein ähnlicher Begriff wurde etwa zur Zeit von Thales und Anaximander durch Lao-Tse in die Philosophie des Tao Te Ching eingeführt:

> Das Tao ist immer strömend
> Aber es läuft in seinem Wirken doch nicht über.
> Ein Abgrund ist es, wie der Ahn aller Dinge,
> Es mildert ihre Schärfe.
> Es löst ihre Wirrsale.
> Es mäßigt ihren Glanz.
> Es vereinigt sich mit ihrem Staub,
> Tief ist es und doch wie wirklich.
> Ich weiß nicht, wessen Sohn es ist.
> Es scheint früher zu sein als Gott.[10]

Aber Anaximanders Theorie von einem neutralen Stoff hatte einen bedeutenden Vorteil. Seine zwei »Gegensatzpaare« der Materie entstanden vielleicht durch das Herausfiltern gegensätzlicher Größen aus diesem sonst neutralen Stoff. Die Unendlichkeit seines »unbeschränkten« Stoffs war auch wichtig, denn damit ließ sich erklären, warum die Erde stabil ist. Wenn die Erde in der Mitte eines unendlichen Raums ruht, muß sie »infolge ihrer Gleichheit an ihrem Platze verharren. Denn das, was im Mittelpunkt ruht, ... [kann] sich um nichts mehr nach oben oder nach unten oder nach einer der beiden Seiten bewegen.«[11] Der moderne Leser findet diese Überlegung womöglich gar nicht so zwingend, sie bedeutete jedoch gegenüber dem »Wasserbett« des Thales eine wesentliche Verbesserung. Eigentlich unterscheiden sich seine Gedanken gar nicht so sehr von unseren heutigen. Indem Anaximander die Bewegung der Erde mit dem Wesen des Weltalls verknüpfte, nahm er Überlegungen vorweg, die zwanzig Jahrhunderte später von Ernst Mach formuliert wurden, dessen Werk starken Einfluß auf Einsteins Herleitung der allgemeinen Relativitätstheorie hatte.

Anaximander hat vermutlich noch einen anderen Präzedenzfall geliefert – den der mathematischen Beschreibung der Naturgesetze. Sein Weltall bestand aus Kreisringen, die Wagen- oder Feuerrädern glichen. »Zuoberst von allen Gestirnen habe die Sonne ihren Stand, danach komme der Mond und unter ihnen die Fixsterne und die Planeten.« Er schaffte es, dieses System mit der Tatsache zu vereinbaren, daß der Mond die Sterne verdeckt, während er vor ihnen vorbeizieht, was darauf hinweist, daß die Griechen sich von einem schönen Gedanken nicht durch Erfahrungstatsachen abbringen ließen. Andererseits gestand er den Kreisen der Sonne und des Mondes eine »schiefe Lage« zu, was nahelegt, daß sein Modell durch Beobachtungen der jährlichen Bewegung der Sonne relativ zu den Bewegungen der Sterne beeinflußt war. In der Welt des Anaximander standen die Größen dieser Kreisringe zueinander in einem festen mathematischen Verhältnis.

Die Symmetrie oder Geometrie der Theorie des Anaximander ist das erste Beispiel für einen mathematischen Stil, der später von seinen Nachfolgern übernommen wurde; zu ihnen gehören

Pythagoras, dessen »Sphärenmusik« wiederum von Kepler auf-
gegriffen wurde, und Platon, dessen geometrische Formen dem
Weltall einen mathematischen Rahmen gaben. Natürlich
stimmte die Mathematik der alten Griechen nicht immer genau
mit den Tatsachen überein. Diese Übereinstimmung wurde erst
zwanzig Jahrhunderte später erreicht. Die Griechen betrieben
die Mathematik um der Mathematik willen, was Aristoteles zu
der Bemerkung veranlaßte: »Bei den Heutigen ist die Mathematik an die Stelle der Philosophie getreten, während sie doch
selber sagen, man müsse die Mathematik betreiben, um sich den
Weg zu den höheren Erkenntnissen erst zu bahnen.«[12] Seine
Klage ließe sich leicht mit der eines heutigen Wissenschaftlers
verwechseln, der sich über »Superstrings« und »26 Dimensionen« ärgert. Immerhin wissen wir heute, daß sich nur mit Hilfe
mathematischer Formulierungen ein richtiges Bild der physikalischen Wirklichkeit gewinnen läßt, und das beabsichtigte Anaximander schon damals.

Thales und Anaximander sind die Urheber der beiden grundlegenden gegensätzlichen Gedanken, um die die späteren Ausein-
andersetzungen über einen Urstoff kreisten. Ist dieser Stoff wie
normale Materie beschaffen oder besteht er aus etwas Neuem?
Ihre unmittelbaren Nachfolger dachten diese Gedanken weiter
und fügten ihnen dabei etwas Neues hinzu, das später für die
moderne Sicht dieser Begriffe entscheidend werden sollte. Anaximenes, Nachfolger des Anaximander in der ionischen Schule,
baute dem Wunsch seines Vorgängers entsprechend eine neutrale unendliche Grundlage ein, bekannte sich aber zur Vorliebe
des Thales nach dem Vertrauten und Faßbaren. Anaximenes
wählte Luft (*pneuma*) als Urquelle. Mit dieser Wahl begegnete er
einem der Hauptargumente gegen das Wasser, denn Luft läßt
sich nicht durch ein bestimmtes Gegenteil kennzeichnen, ist aber
offensichtlich genau so reichlich vorhanden wie Wasser. Dar-
überhinaus schlug Anaximenes erstmalig Methoden vor, wie
andere Komponenten der Welt aus Luft erschaffen worden sein
könnten, nämlich durch Druck und Verdünnung. Ganz stark
verdünnte Luft, so behauptete er, würde feurig. Druck andererseits führe zu verfestigter Luft, zuerst zu Wind, dann zu Wolken

und zu Wasser. Kondensation schließlich erzeuge die Erde und
das Gestein.

Das *pneuma* des Anaximenes ist mehr als nur Luft; es enthält
den Keim aller Schöpfung und ist deshalb göttlich. Wie die Luft
dem Leben Odem verleiht, so wahrt das *pneuma* die Beständig-
keit des Seins. Indem Anaximenes annahm, aus verschiedenen
Konfigurationen eines einzigen Stoffes könnten sich verschiedene Beschaffenheiten dieses Stoffes ergeben, nahm er die Atomhypothese vorweg, obwohl sein *pneuma* das Kontinuum darstellt, das die Materie zusammenhält. Aristoteles und andere, die
sich gegen eine Leere aussprachen, griffen später auf diesen
Begriff zurück.

Obwohl die *pneuma*-Theorie des Anaximenes den Vorzug
hatte, nicht nur Strukturen, sondern auch Entstehungsvorgänge
erklären zu können, litt sie unter denselben Nachteilen, die der
Theorie des Thales anhafteten. Die Wahl von Luft oder Wasser
als Grundform der Materie erscheint willkürlich. Warum wählte
man nicht Erde oder Feuer oder sonst etwas? Tatsächlich hatte
Heraklit das Feuer gewählt und Xenophanes die Erde.

Diese Überlegung führte in zwei verschiedene Richtungen. Die
berühmte Theorie der vier Elemente wird gewöhnlich Empedokles zugeschrieben, der im fünften vorchristlichen Jahrhundert
in der sizilianischen Stadt Akragas, dem heutigen Girgenti, lebte.
Danach sind Erde, Luft, Feuer und Wasser die grundlegenden
und dauerhaften Bestandteile der Schöpfung. Empedokles behauptete, alle Stoffe und jede Veränderung seien das Ergebnis
einer Vermischung dieser Elemente, und die bewegenden Kräfte
seien die einander entgegengesetzten »Prinzipien« von Liebe und
Haß oder Streit. Liebe bringe die Elemente zusammen, wirke
anziehend. Haß trenne sie, stoße ab. Die Begriffsbildung ist nach
modernen Maßstäben kaum wissenschaftlich zu nennen; die
Theorie des Empedokles gleicht jedoch am ehesten einem kon-
kreten Vorschlag dafür, wie sich Struktur und Veränderung
verstehen lassen. Seine Prinzipien, die die Welt in »Bewegung«
setzen, ähneln dem modernen Kraftbegriff, und sein »kosmischer Kreislauf«, in dem das Weltall abwechselnd von Liebe und
Haß angetrieben wird, entspricht einem Weltall, das zwar nicht
statisch ist, aber doch ewig. Diese zuerst im Werk des Empedo-

kles ausgesprochene Möglichkeit ist seitdem ein fester Bestandteil der kosmologischen Theorie.

Sein Zeitgenosse Anaxagoras andererseits schlug eine Theorie
vor, in der ich einen Vorläufer einer der in den sechziger Jahren
verbreiteten Theorie der Teilchenphysik sehe. Er behauptete:
»Alles kommt von allem«. Die Stoffe sind also alle gleichwertig,
und jeder Stoff kann aus jedem anderen extrahiert werden;
danach muß es unendlich viele Grundstoffe geben (oder gar
keinen, je nachdem, wie man es sehen will). Er rechtfertigte diese
Ideen mit der Behauptung, alle Dinge bestünden aus unendlich
vielen infinitesimalen »Teilchen«, deren Anordnung alle Materie erzeugt – eine Art primitive Atomhypothese. Die Materie ist
also nicht durch einen bestimmten Urstoff gekennzeichnet, sondern von der besonderen Anordnung dieser »Teilchen«; die
Dinge selbst haben keine Ähnlichkeit mit den »Teilchen«, aus
denen sie bestehen.

Diese drei Männer waren selbst so schillernd wie ihre Theo-
rien. Empedokles war höchstwahrscheinlich ein »Heilprakti-
ker« und von seiner eigenen Unsterblichkeit überzeugt. Bei
einem der ausgefallensten denkbaren Versuche, sich selbst mehr
Geltung zu verschaffen, starb er, indem er, angeblich in der
Hoffnung, seinen göttlichen Ruf zu festigen, in den Krater des
Ätna sprang. Anaxagoras lebte in Athen, wo der Politiker
Perikles und der Dichter Euripides zu seinen Studenten gehörten.
Er wurde der Gottlosigkeit angeklagt (aber freigesprochen), weil
er womöglich als erster die heute empirisch bestätigte Beobachtung gemacht hatte, daß die Sterne und die Erde aus denselben
Stoffen bestehen. Er untersuchte nämlich einen Meteoriten und
schloß daraus, Sterne und Planeten seien beide brennendes
Gestein. Diese wichtige Beobachtung verhalf ihm vermutlich zu
der Überzeugung, alle Materie sei »gleich«. Schließlich soll er
auf seinem Totenbett darum gebeten haben – und das bringt ihm
wohl die Zuneigung der Kinder in aller Welt –, die Kinder seiner
Stadt sollten jedes Jahr an seinem Todestag schulfrei haben,
damit sie seines Todes gedenken könnten.

In den philosophischen Systemen von Empedokles und Anaxagoras war anscheinend kein Raum für einen Stoff, der anders
und vielleicht durchdringender war als gewöhnliche Materie. In

beiden jedoch steckte eine viel ältere Vorstellung, die später in
der Philosophie des Aristoteles genauer erörtert werden sollte
und die schließlich bei der Geburt der Physik des zwanzigsten
Jahrhunderts eine Schlüsselrolle spielt. Ich meine natürlich den
Äther.

Soweit ich feststellen kann, kommt der Ausdruck *Äther* zuerst
in den Epen Homers vor. Dort bezieht er sich auf den »feurigen
Himmel«, die obere Atmosphäre oder das Licht unter dem
Himmel. Er leitet sich aus der griechischen Wurzel für »anzün-
den, brennen, leuchten« her. Interessanterweise benennt ausgerechnet dieser anschauliche Ausdruck später ein unsichtbares
Medium, wenn auch eines, in dem sich Licht ausbreiten kann. Es
wurde behauptet, der Äther Homers beziehe sich auf mehr als
nur einen Ort, nämlich auf die feurige obere Atmosphäre der
Sonne und der Sterne; es könnte auch die himmlische Klarheit
gemeint sein, die uns Dinge klar sehen läßt. So verstanden ihn,
wie wir sehen werden, noch Aristoteles und Newton.

Die Vorstellung, daß die Himmelskörper von einem Bereich
»feuriger Luft« umgeben sind, wurde auch nach Homer vertre-
ten; sie findet sich in den Schriften aller frühen griechischen
Philosophen. Weil man beobachtete, daß Feuer von Natur aus
hochsteigt, vermutete man, die äußersten Bereiche des Universums seien die feurigsten. Zweifellos aus dieser Überzeugung
heraus behauptete Anaximander gegen alle Sinneswahrneh-
mung, daß der Kreis, auf dem die Sterne liegen, im Innern der
Kreise von Sonne und Mond sei. Da die Sonne mehr Licht
ausstrahlt, muß sie mehr Feuer enthalten und deshalb in einem
höheren Bereich sein als die Sterne, die ihrerseits mehr Luft
enthalten müssen. Anaximander machte diese Überlegung ausdrücklich zu einem Teil seiner Philosophie, wenn er behauptete,
die Luft sei um so feuriger, je dünner sie sei. Zwar hielt auch
Anaximander die Luft für die göttliche Hülle aller Dinge, aber es
gibt keinen Hinweis darauf, daß dünne feurige Luft, die sich
seiner Meinung nach in Himmelskörpern bildet, in seiner Philosophie besondere Bedeutung hätte.

Erst bei Empedokles und Anaxagoras nimmt der Äther eine
Sonderrolle ein, genau wie das Wort für Luft, das in den Texten
Homers noch den engeren Wortsinn von »Nebel« oder »Dunst«

hat, eine neue Bedeutung gewinnt. Anaxagoras meinte, alle Dinge seien gleichwertig und unveränderlich, vorherrschend jedoch seien in der Welt und deshalb in jedem Ding Luft und Äther: »Denn Luft und Äther enthalten alles, wobei beide unbegrenzt sind. Denn sie sind die höchsten Seienden in allen Dingen, sowohl in Bezug auf die Menge als auch in Bezug auf ihre Größe.«[13]

Empedokles vertauscht zwar gelegentlich Äther und Luft, wenn er die göttlichen Elemente der Atmosphäre benennt (zweifellos zum Teil deshalb, weil der Luft früher die spezielle dichterische Bedeutung von Nebel zukam), aber er behandelt doch den Äther in seiner Kosmogonie auf besondere Weise. Das erste Element, das er vom gleichförmigen Ganzen abtrennt, ist weder Luft noch Erde, Feuer oder Wasser, sondern der Äther. Später spaltet sich der Äther in seine Bestandteile Luft und Feuer auf.

Aristoteles schließlich macht den Äther mit Entschiedenheit zu seiner »Quintessenz«. Er hält ihn zwar weiterhin für den Stoff, aus dem die Himmelskörper sind, aber er sieht ihn, und das ist für seinen Einfluß auf die heutige Bedeutung dieses Wortes wichtig, nicht als eine Art Feuer, sondern vielmehr als ein »einzigartiges Element«[14]. Diese Sicht paßt viel besser zu der oben erwähnten Deutung des homerischen Äthers als einer »himmlischen Klarheit«, die die Dinge deutlicher sichtbar macht. Der Begriff enthält auch vieles von dem, was mit dem *pneuma* des Anaximenes bezeichnet wird, kehrt aber zum Teil auch zum »Unbeschränkten« des Anaximander zurück. Der Hauptunterschied liegt darin, daß die Quintessenz des Aristoteles, obwohl sie normale Materie durchdringt, grundsätzlich anders ist als die Elemente, aus denen Materie besteht. Jedenfalls verfestigte die Hypothese des Aristoteles den Begriff des Äthers, den auch spätere Denker verwenden, um einen unsichtbaren Stoff im Hintergrund zu beschreiben, durch den die Naturgesetze irgendwie vermittelt werden.

Aristoteles entwickelte seine Idee einer Quintessenz im Rahmen einer lebhaften Auseinandersetzung, die sich im vierten und fünften vorchristlichen Jahrhundert mit dem Wesen und der Existenz des leeren Raums befaßte. Obwohl Anaxagoras eine Art Atomlehre der Materie aufgestellt hatte, war er doch kein

Atomist. Nirgends vertrat er eine bestimmte Beschreibung der Materie oder der Leere zwischen Teilchen. Empedokles sagte dazu in seiner etwas blumigen Ausdrucksweise:

> Die Toren! Sie haben ja keine langen Gedanken. Wähnen sie doch, es könnte etwas entstehen, was vorher überhaupt nicht vorhanden war oder etwas sterben und in jeder Hinsicht zugrunde gehen. Denn es ist unmöglich, daß etwas aus dem gar nicht Vorhandenen entsteht. Und ebenso ist es unmöglich und unerhört, daß etwas, was vorhanden ist, schlechthin zugrunde gehen könnte. Denn immer wird es da sein, wohin es einer jedesmal stellt ... Im Weltall gibt es kein Leeres. Woher sollte also etwas hinzukommen?[15]

Die wahren Atomisten, Leukippos und Demokrit zum Beispiel, glaubten, wenn alle Materie aus elementaren unteilbaren Teilchen bestünde, müsse der Bereich zwischen diesen Teilchen eine Leere enthalten, also einen Bereich, der nichts enthielt. Sie behaupteten auch, daß sich Dinge nicht zusammenziehen könnten, wenn es keine solche Leere gäbe. Darüber hinaus behaupteten sie und spätere Vertreter dieser Auffassung, ohne Leere sei keine Bewegung möglich. Denn, so Aristoteles, »was voll ist, kann nichts mehr in sich hineinlassen«.

Aristoteles hält keinen dieser Schlüsse für zulässig. Er beschreibt, wie globale Veränderungen, wie sie etwa in einer in einem Behälter bewegten Flüssigkeit beobachtet werden, in dem, was »voll« ist, qualitative Veränderungen bewirken. Zudem behauptete er, durch das Ausstoßen darin enthaltener Dinge, wie etwa Luft in Wasser, würde eine Kontraktion möglich. Aristoteles ging sogar noch weiter und erklärte, wenn es eine Leere gäbe, wären Bewegung und Veränderung unmöglich! Denn, so folgerte er, in der Leere hätte ein Körper keine Vorliebe für eine Bewegung in die eine oder andere Richtung (man erinnere sich an die Gedanken Anaximanders).

Um die Überlegungen des Aristoteles nachvollziehen zu können, sollten wir uns daran erinnern, daß ein Schlüsselelement seines Denkens – auf das seitdem viel geistiges Bemühen verwendet worden ist – in der Frage steckt, ob Veränderung ein Agens oder eine Ursache braucht. Selbst wenn sich Luft in Wasser verwandeln kann, wie die Atomisten vielleicht behaupten wür-

den, so muß doch etwas diesen Austausch lenken. Wie teilt sich
die Richtung dieses Austauschs dem Körper mit? Aus diesem
Grund behauptete Aristoteles, die Bewegungen von Körpern
würden entscheidend von den Eigenschaften des Mediums beeinflußt, in dem sie sich bewegen. (Für diese Idee wurde Aristoteles seitdem immer wieder angefeindet.)

Dieser Wunsch, zu wissen, in welcher Richtung Veränderung
geschieht, während zugleich die Stabilität der Naturgesetze gewährleistet ist, führte ihn dazu, in der Welt ein vom Äther
durchdrungenes Kontinuum zu postulieren. Aus diesem fünften
Stoff bilden sich also nicht nur die Himmelskörper, die schließlich die eleganteste und stabilste aller Bewegungen aufweisen; er
durchdringt auch alle Materie und stellt dadurch das harmoni-
sche Wirken der Naturgesetze sicher. Darüber hinaus dachte
Aristoteles, es gebe einen ähnlichen Stoff, das *pneuma*, und ihm
sei die Stabilität von Lebewesen zu verdanken.

Das Interesse des Aristoteles an der Ursache von Veränderungen, einer der Beweggründe seiner Philosophie, hat seitdem viele
Naturwissenschaftler beschäftigt. Wie kann ein Ding die Bewegung von etwas Fernem beeinflussen? Das Problem hat Generationen von Naturphilosophen verblüfft und gequält. Diese Überlegungen machten Newton – der als erster ein Gesetz formu-
lierte, das gerade diesen Vorgang beschreibt – sehr zu schaffen,
denn er konnte, obwohl er ein Atomist war, nicht mit gutem
Gewissen ausschließen, daß ein Stoff einen gleichförmigen Hintergrund bilden könnte.

Die Ideen des Aristoteles haben die Philosophie der letzten
zweitausend Jahre beeinflußt (obwohl spätere Philosophen wie
Maimonides sich für solche anti-aristotelischen Begriffe wie den
leeren Raum aussprachen). Als Spiritismus und Theologie wichtiger wurden, angefangen bei den Gnostikern und Stoikern in
Alexandria bis zu den christlichen Apologeten und Alchimisten
im Mittelalter, verschmolz die Philosophie erneut mit der My-
stik: Die Suche nach dem geistlichen Heil hatte begonnen. Im
zweiten vorchristlichen Jahrhundert war das *pneuma* des Aristoteles zur »kosmischen Weltenseele« göttlicher Proportionen
geworden. Es wurde behauptet, der Kosmos selbst müsse eine
Seele haben, die von einem universalen *pneuma* getragen wird,

das »alle himmlischen und irdischen Dinge in einem gemeinsamen Schicksal verbindet«.[16] Dieser Stoff höchsten Grades, eine
Erweiterung der Quintessenz des Aristoteles, wurde von manchen mit der Gottheit selbst gleichgesetzt.

Eines der verhängnisvollen Nebenprodukte dieser teleologi-
schen Philosophie war die Wiederbelebung der alten babylonischen und ägyptischen Astrologie. Wenn ein- und dieselbe ätherische Essenz Himmel und Erde verbindet, erscheint es sinnvoll,
am Himmel nach Hinweisen auf das persönliche Schicksal zu
suchen. Bemerkenswert und gleichzeitig enttäuschend ist dabei,
daß die Astrologie immer noch ernst genommen wird, während
die philosophischen und wissenschaftlichen Grundlagen dieses
alten Mysteriums seit langem vergessen sind.

Die Philosophie der Vernunft, die bald nach 1600 mit Descartes zurückkehrte und im Verein mit der Physik von Galilei und
Newton zum Umsturz des aristotelischen Systems beitrug, hat
von ihren klassischen Vorfahren vieles übernommen. Nicht das
geringste dieser Erbstücke war die Debatte, die die Ionier des
fünften vorchristlichen Jahrhunderts beschäftigt hatte. Was sind
die Grundbestandteile der Materie? Gibt es eine Leere? Woraus
bestehen die Himmelskörper und was bestimmt ihre Bewegung?

Descartes stellte eine Kosmogonie auf, die zum Teil verblüffende Ähnlichkeit mit aristotelischen Ideen hat und andernteils
unglaublich modern ist. Descartes hielt nichts von der Vorstellung eines leeren Raums, sondern meinte, Raum könne nur
durch die Existenz von Körpern definiert werden. Er stellte sich
vor, Bewegung sei ursprünglich, gottgegeben, und die »Quanti-
tät der Bewegung« bleibe erhalten. (Daher stammt der moderne
Begriff der *Impulserhaltung*.) Da es keinen leeren Raum gab, als
Gott die Welt in Bewegung setzte, stießen gelegentlich Bereiche
aneinander, was nach Vorstellung von Descartes zur Bildung
großer kreisender Wirbel führte (siehe Abbildung 1.2). An den
Berührungsflächen dieser Wirbel rieben sich benachbarte Bereiche aneinander, was zur Bildung ätherähnlicher Materie führte.
Der Stoff innerhalb der Wirbel verwandelte sich in beobachtbare
Materie, deren Zwischenräume durch den flüchtige Äther, den
Descartes für gewichtlos hielt, gefüllt wurde. So konnte Descar-
tes behaupten, daß zwei gleichgroße Körper verschieden viel

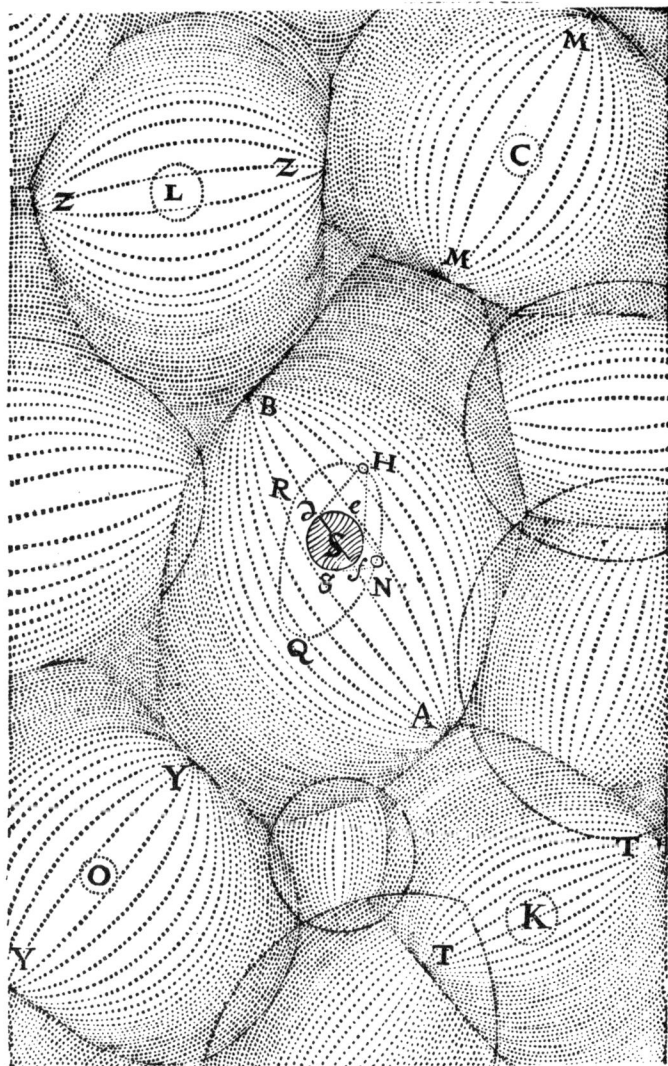

Abb. 1.2 Descartes' Wirbel trugen nicht nur die Planeten, sondern führten auch große Mengen ätherhafter Materie auf geschlossenen Bahnen umher. (Aus R. Descartes, *Principia Philosophiae* [1644], mit freundlicher Genehmigung von Beinecke Rare Book and Manuscript Library, Yale University.)

wiegen, wenn sie insgesamt dieselbe Materiemenge haben, aber
unterschiedliche Anteile von normaler schwerer Materie und
masselosem Äther.

Descartes nahm also an, es gebe einen gleichförmigen Hintergrund aus ätherischer Materie, und das ist eine ausgesprochen
moderne Vorstellung. Dieser Äther sollte eine physikalische
Beobachtung erklären, nämlich den Gewichtsunterschied zwischen Stoffen mit gleichem Volumen. Diese Annahme ist insofern auch ganz klassisch, als sie das Phänomen nur *plausibel*
erklärt und sich weder überprüfen läßt, noch zwangsläufig aus
anderen auf Erfahrung beruhenden Überlegungen folgt.

Etwa zur selben Zeit wurde die moderne Äthervorstellung, die
gewöhnlich Isaac Newton zugeschrieben wird, entwickelt und
(1690) veröffentlicht; sie findet sich in *Traité de la Lumière*
(Abhandlung über das Licht) des holländischen Astronomen
und Physikers Christian Huygens, dessen Nachname sich bei
Generationen von Studenten der richtigen Aussprache wider-
setzt hat.

Huygens, unter anderem der Entdecker des größten Saturn-
mondes, den er Titan nannte, erfand die erste moderne Pendel-
uhr, die von Gewichten angetrieben wird, und war, was für
unser Thema wichtig ist, Urheber einer *Wellentheorie* des Lichts.
Weil Newton glaubte, Licht bestünde aus Teilchen, und weil
Newtons Autorität damals so groß war, fand Huygens' Wellentheorie nicht sofort Anhänger. Aber das von Huygens vorgeschlagene Prinzip zur Erklärung der Fortpflanzung von Lichtwellen ist im wesentlichen dasselbe, mit dem wir auch heute das
Verhalten von Wellen aller Arten beschreiben. Ganz praktisch
führte zudem die von Huygens vorgeschlagene Methode der
Erklärung der Lichtfortpflanzung zu den Methoden, die später
die Grundlagen für die Quantenmechanik und für unser moder-
nes Verständnis vom Aufbau der Materie legten.

Für Huygens folgte aus seiner Erklärung der Lichtfortpflanzung zwangsläufig, daß Licht aus Wellen besteht. Seine Überzeugung gründete vor allem auf der Beobachtung, daß aus beliebigen Richtungen aneinanderstoßende Wellen sich »ungehindert«
durchdringen.

Man kann wohl einsehen, daß wir ein leuchtendes Objekt nicht deshalb sehen, weil Materie übertragen wird, die zwischen dem Objekt und uns so reist, wie ein Schuß oder ein Pfeil die Luft durchquert: Denn das würde sicherlich jene Eigenschaften des Lichts zu sehr in Frage stellen.[17]

Wir beobachten, daß Schallwellen und Wasserwellen einander ungestört durchdringen. Sonst könnten wir uns nicht quer durch einen Raum voller Menschen oder Dinge hindurch verständigen. Diese Wellen werden, wie damals bekannt war, durch Schwingungen verursacht; damit sie sich ausbreiten können, brauchen sie also ein schwingungsfähiges Medium. Das führte Huygens zu einem anscheinend unausweichlichen Schluß. Wenn Licht eine Welle ist, muß es ein Medium geben, das den ganzen Raum, selbst einen scheinbar »leeren Raum«, durchdringt, und das durch eine Lichtquelle angeregt schwingen kann und dadurch Lichtsignalen die Ausbreitung ermöglicht. Huygens selbst beschrieb seinen Gedankengang so:

Wenn wir nun überprüfen, was das für eine Materie sein könnte, in dem sich die von leuchtenden Körpern ausgehende Bewegung ausbreitet und die ich ätherisch nenne, wird man sehen, daß es nicht dieselbe sein kann, die der Ausbreitung des Schalls dient. Denn man findet, daß diese Materie wirklich die Luft ist, die wir fühlen und die wir atmen, die, wenn sie von einem Ort entfernt wurde, die Materie hinterläßt, die der Lichtausbreitung dient. Das läßt sich beweisen, indem man einen klingenden Körper in einen Glasbehälter einschließt, aus dem man mit Hilfe der Maschine, die Herr Boyle uns gegeben hat und mit der er so schöne Experimente angestellt hat, die Luft entfernt hat. Aber bei der Durchführung ist es nötig, den Körper sorgfältig auf Baumwolle oder Federn zu betten, so daß er seine Schwingungen nicht an den Glasbehälter, in den er eingeschlossen ist, oder an das Gerät weitergeben kann, eine Tatsache, die oft nicht beachtet wurde. Denn wenn man die gesamte Luft entfernt, hört man selbst dann keinerlei Ton mehr von dem Metall, wenn es angeschlagen wird.

Man sieht daraus nicht nur, daß unsere Luft, die Glas nicht durchdringt, die Materie ist, in der sich Schall ausbreitet, sondern auch, daß es nicht dieselbe Luft sein kann, sondern eine andere Materie, in der sich Licht ausbreitet. Denn wenn die Luft aus dem

Gefäß entfernt wurde, hört das Licht nicht auf, es wie früher zu durchdringen.[18]

Da wir das Licht der Sonne und der Sterne sehen, mußte Huygens annehmen, dieser »Ätherstoff« sei überall:

> Und ich glaube nicht, daß diese Bewegung besser erklärt werden kann als durch die Annahme, daß das, was im Inneren leuchtender Körper ist, die wie eine Flamme und anscheinend auch wie Sonne und Sterne flüssig sind, aus Teilchen besteht. Diese schwimmen in einer viel feineren Materie, die sie mit großer Geschwindigkeit in Bewegung versetzt und mit Ätherteilchen zusammenstoßen läßt, die sie umgeben und viel kleiner sind als sie.[19]

Hier liefert der Äther nicht nur eine plausible Erklärung einer Erscheinung, sondern ist zum erstenmal anscheinend *wesentlich* für die Wellenausbreitung des Lichts im Vakuum. Auch Newton kam, wenn auch aus etwas anderen Gründen, zu diesem Schluß. Er meinte, Licht bestehe aus Teilchen, und behauptete, Lichtteilchen regten in einem Vakuum Schwingungen an und erzeugten dabei Wellen, die das Licht überholen und zu »Anwandlungen zur Reflexion oder Transmission« führten, um offensichtlich wellenartige Erscheinungen wie die berühmten von ihm beobachteten »Newtonschen Ringe« zu erklären. Diese Farbringe, die sich zeigen, wenn eine gewölbte Glaslinse auf eine Glasplatte gelegt wird, ähneln den vertrauten schillernden Farbmustern in Ölfilmen auf Wasser. Sie erinnern an die von Schall- oder Wasserwellen erzeugten »Interferenz«muster. Newton bemerkt, daß Licht auch Wärme überträgt, und beschreibt seine Begründung des Äthers in einem Abschnitt, der bemerkenswerte Ähnlichkeit mit Huygens Überlegungen hat:

> Wenn man in zwei umgekehrte weite und lange Cylindergläser zwei kleine Thermometer so aufhängt, dass sie die Gefässe nicht berühren, und aus einem dieser Gefässe die Luft auspumpt, und wenn man alsdann die so vorbereiteten Gefässe aus einem kalten Orte an einen warmen bringt, so erwärmt sich das im Vacuum aufgehängte Thermometer ebenso sehr und ebenso schnell, wie das im nicht evacuirten Glas, und wenn die Gefässe nach dem kalten Ort zurückgebracht werden, wird jenes auch fast ebenso schnell kalt, wie das andere. Wird also nicht die Hitze des warmen

Raumes durch das Vacuum hindurch vermittelst der Schwingungen eines viel feineren Mediums, als die Luft ist, übertragen,
welches nach Entfernung der Luft noch im Gefässe zurückblieb?
Und ist dieses Medium nicht dasselbe, durch welches das Licht
gebrochen oder zurückgeworfen wird, und durch dessen Schwingungen das Licht die Körper erwärmt und in Anwandlungen
leichter Reflexion oder Transmission versetzt wird? ... Ist dieses
Medium nicht ausserordentlich dünner und feiner als die Luft und
sehr viel elastischer und lebhafter? Durchdringt es nicht leicht alle
Körper und ist es nicht wegen seiner elastischen Kraft durch den
ganzen Weltraum verbreitet?[20]

Newtons Verwendung des Begriffs Wärme ist hier streng genommen nicht richtig, weil, wie jeder weiß, der ein Getränk in
einer Thermosflasche warmhalten will, Wärme nicht nur durch
Licht, sondern auch durch die Bewegung von Luft übermittelt
wird. Aber wenn auch die Geschwindigkeit der Abkühlung in
Luft eine andere ist als im Vakuum, folgt aus der Abkühlung
oder Erwärmung eines Thermometers im Vakuum, daß sich
zumindest die durch Licht übertragene Wärme in einem Vakuum fortpflanzen kann.

Newton konnte mit Hilfe seiner beträchtlichen mathematischen Fähigkeiten in Verbindung mit seinem guten Gefühl für
Naturvorgänge quantitative Eigenschaften dieses Äthers herleiten, und das ist trotz der Mängel in seiner Analyse bemerkenswert. Aus der Elastizität und Dichte eines Stoffes berechnete er
explizit die Geschwindigkeit, mit der sich eine wellenähnliche
Störung im Stoff fortpflanzt. Durch den Vergleich der bekannten
Schallgeschwindigkeit mit einer vernünftigen Schätzung der
Lichtgeschwindigkeit berechnete er, daß der Äther im Verhältnis
zu seiner Dichte etwa 490 milliardenmal elastischer sein müsse
als Luft!

Für Newton war der Äther noch aus einem weiteren Grund
erwünscht. Trotz des aufsehenerregenden Erfolgs seiner allge-
meingültigen Gravitationstheorie machte es ihm doch Kummer,
daß seine Theorie eine »Fernwirkung« zu fordern schien, wonach zwei weit voneinander entfernte Körper irgendwie voneinander »wissen« müssen und eine Anziehung fühlen. Dieses recht
tiefliegende philosophische Problem ist mit einer Reihe wichti-

ger Entwicklungen der Physik des zwanzigsten Jahrhunderts
verknüpft worden; Einstein selbst sagte, seine Bewunderung für
Newton sei am meisten durch dessen Fähigkeit geweckt worden,
die Mängel seines eigenen Gedankengebäudes so deutlich zu
erkennen. Jedenfalls ermöglichte die Äthertheorie Newton eine
Lösung dieses Problems, weil er annahm, die große Elastizität
des Äthers könnte zusammen mit Schwankungen seiner kosmischen Dichte die Schwerkraft erzeugen, die den Mond zur Erde
und die Erde zur Sonne zieht. Wie der Äther seiner Meinung
nach dann die »harmonischen« Bewegungen der Himmelskörper bewirkt, erinnert stark an die Quintessenz des Aristoteles.

Newton forderte den Äther also aus etwas weniger zwingenden Gründen als Huygens; sein Ansehen war jedoch so groß,
daß die Äthervorstellung zu einem Teil der Physik wurde. Im
19. Jahrhundert, nach den Experimenten von Heinrich Hertz
und der so erfolgreichen elektromagnetischen Theorie von
James Clerk Maxwell, bestätigte sich die Wellennatur des
Lichts, was Huygens Ätherhypothese um so zwingender erscheinen ließ.

In einer der elegantesten Herleitungen der theoretischen Physik zeigte Maxwell, wie sich all die mit dem elektrischen Strom
und den Ladungen und auch mit Magnetfeldern im Labor
verknüpften Erscheinungen mit Hilfe präziser Mathematik exakt vorhersagen lassen. Die vier »Maxwellschen Gleichungen«
stellen eine Vereinheitlichung dar, die den Höhepunkt von
buchstäblich Jahrhunderten, wenn nicht Jahrtausenden Forschung bedeutet. Einer der erstaunlichsten Aspekte seiner Theorie war sicherlich eine neue Vorhersage. Wenn eine elektrische
Ladung etwas »wackelt«, werden, so folgt aus den vier Maxwellschen Gleichungen, elektrische und magnetische Felder erzeugt, die gemeinsam als Welle nach außen laufen. Solche
»elektromagnetischen« Wellen wurden dann von Hertz tatsächlich beobachtet. Noch bemerkenswerter ist die Tatsache, daß
Maxwell die Geschwindigkeit dieser Welle berechnen konnte
und dazu nur solche Naturkonstanten benötigte, die im Labor
gemessen werden konnten und die den Betrag der Kraft angeben,
die (1) zwischen zwei Ladungen und (2) zwischen zwei Magneten herrscht, die festen Abstand voneinander haben. Diese Ge-

schwindigkeit stellte sich (innerhalb der damals möglichen Meß-
genauigkeit) als die eines Lichtstrahls heraus! Licht war damit
endlich als elektromagnetische Welle erkannt.

Maxwells Beweis für die Wellennatur des Lichts beschwor
einerseits sofort die Vorstellung eines Äthers, in dem sich die
elektrischen und magnetischen Störungen ausbreiten können;
andererseits führte er auch zu seinem Untergang. Einstein –
damals noch ein Schuljunge – wurde durch Maxwells Ergebnisse
gedrängt, die entscheidenden Fragen zu stellen, die nicht nur zu
seiner Speziellen Relativitätstheorie führte, sondern auch die
Vorstellung eines Äthers als Medium der Lichtfortpflanzung
unwiderruflich abschaffte.

Einstein bemerkte, daß die von Maxwell so elegant hergeleitete Lichtgeschwindigkeit anscheinend zu einem Widerspruch
führte. Sie legte nämlich ein *Naturgesetz* nahe, wonach jede
bewegte Ladung eine elektromagnetische Welle ausschickt, deren Geschwindigkeit sich bei Kenntnis von zwei Naturkonstanten genau berechnen läßt. Seit Galilei war allgemein akzeptiert,
daß die physikalischen Gesetze gleich bleiben, wenn die Beobachtungen an verschiedenen Orten erfolgen oder wenn sich die
Beobachter mit konstanter Geschwindigkeit bewegen. In einem
Flugzeug etwa, das mit konstanter Geschwindigkeit sehr schnell
fliegt, passiert im Inneren der Kabine nichts, was Reisenden die
Bewegung verrät, solange sie nicht zum Fenster hinaussehen:
Die Getränke gießen sich nicht anders ins Glas als in der eigenen
Küche und so weiter. Wir erwarten also, daß die Naturkonstanten unabhängig davon sind, ob sie in einem Labor im Inneren des
Flugzeugs gemessen werden oder auf der Erde. Da sich aus
Maxwells Rechnungen für diese Wellen eine Geschwindigkeit
herleiten läßt, die ausschließlich von diesen Naturkonstanten
abhängt, sollte die Lichtgeschwindigkeit davon unabhängig
sein, ob man sich bewegt, wenn man eine elektrische Ladung
zum Wackeln bringt, oder stillsteht.

Das aber verträgt sich nicht mit der Vorstellung der Lichtfortpflanzung in einem Medium. Stellen Sie sich vor, Sie würfen
einen Stein in einen Teich und schauten der Wellenausbreitung
zu. Wenn Sie den Stein im Laufen werfen, erwarten Sie nicht
allein deswegen eine andere Geschwindigkeit der Wasserwellen.

Dann sollte es auch nicht überraschen, daß Wellen *relativ zu Ihnen* eine andere Geschwindigkeit haben, wenn Sie laufen oder wenn Sie stehen. Im ersten Fall ist die Relativgeschwindigkeit der Wellen zu Ihnen die Summe der Wellengeschwindigkeit im Teich und Ihrer Geschwindigkeit relativ zum Teich. Im zweiten Fall ist die Geschwindigkeit relativ zu Ihnen, die Sie ja still stehen, nur die Geschwindigkeit der Wellen im Teich. Es läßt sich leicht herausfinden, ob Sie stehen oder nicht: Messen Sie einfach die Geschwindigkeit der Wasserwellen relativ zu Ihnen.

Dieses Verhalten von Wasserwellen ist genau das Gegenteil von dem, was aus den Maxwellschen Gleichungen für das Licht folgt. Wenn Sie eine elektrische Ladung in Bewegung versetzen, sehen Sie danach unabhängig davon, wie schnell Sie laufen, eine elektromagnetische Welle, die sich relativ zu Ihnen mit einer gleichbleibenden, nur von Naturkonstanten bestimmten Geschwindigkeit bewegt. Wir müssen das entweder akzeptieren oder uns damit abfinden, daß für jede relativ zu einer anderen Person bewegte Person die Naturkonstanten alle einen anderen Wert haben. Einstein schloß diese Möglichkeit zu Recht aus. Er machte deshalb die kühne Annahme, die Lichtgeschwindigkeit habe für alle Beobachter, unabhängig von ihrem Bewegungszustand, einen konstanten Wert. Damit verschiedene Beobachter, die sich relativ zueinander bewegen, denselben Lichtstrahl so messen können, daß die Geschwindigkeit *relativ zu ihnen* gleich ist, mußte Einstein für verschiedene Beobachter unterschiedliche Abstands- und Zeitmessungen zulassen, wenn sich die Beobachter relativ zueinander bewegen. Das war die Geburt seiner speziellen Relativitätstheorie.

Dieses Buch ist nicht der Ort, in dem all die verblüffenden Folgerungen aus dem Relativitätsprinzip erörtert werden können. Zwei Folgerungen jedoch möchte ich hier betrachten, weil sie für unsere Absichten besonders wichtig sind. Erstens vertragen sich die Maxwellschen Gleichungen und die Relativitätstheorie, die auf ihnen beruht, nicht mit der Vorstellung einer Lichtausbreitung in einem festen universalen Medium. Zweitens behauptet die spezielle Relativitätstheorie, es sei zwei relativ zueinander bewegten Beobachtern unmöglich herauszufinden, welcher Beobachter gegebenenfalls in Ruhe ist. Diese beiden

Folgerungen gehören offensichtlich zusammen. Denn wenn sich Licht in einem festen Medium, das selbst in Ruhe ist (wie das Wasser im Teich) mit einer Geschwindigkeit v fortpflanzt, könnte man herausfinden, wer von den beiden relativ zueinander bewegten Beobachter in Ruhe ist – es ist der Beobachter, in bezug auf den das Licht sich mit der Geschwindigkeit v fortpflanzt.

Einsteins Schlußfolgerungen erschienen 1905, als sie niedergeschrieben wurden, sehr merkwürdig, und sind es vielleicht auch heute noch. Schon früher jedoch (1887) hatte ein Experiment des großen amerikanischen Experimentalphysikers Albert Michelson und seines Kollegen Edward Morley zu Ergebnissen geführt, die mit Einsteins »Vorhersage« vereinbar waren. Sie leiteten zwei Lichtstrahlen auf zwei zueinander senkrechte gleichlange Bahnen. Wenn eine der Bahnen sich mit der Erde relativ zum Äther bewegte, während die andere dazu senkrecht war, sollten die Strahlen mit einem berechenbaren Zeitunterschied, der innerhalb des Auflösungsvermögens des Versuchsapparats lag, an ihrem Bestimmungsort ankommen. Sie fanden keinen solchen Unterschied. Die Lichtgeschwindigkeit erwies sich in allen Richtungen als gleich, unabhängig davon, in welche Richtung die beiden Strahlen zeigten. Es gab keinerlei Hinweis darauf, daß das Licht sich in einem Medium fortpflanzt, in dem sich die Erde bewegt.

Seit dieser Zeit ist Einsteins spezielle Relativitätstheorie unzählige Male überprüft worden. Heute werden viele ihrer Vorhersagen, einschließlich der Verlangsamung der Zeit für bewegte Beobachter, tagtäglich in den Hochenergiebeschleunigern beobachtet, mit denen Teilchenphysiker die Grundstruktur der Materie erforschen. Da diese Theorie nicht mit der Forderung vereinbar ist, Licht breite sich in einem Äther aus, sind keine wirklich ernsthaften Bemühungen unternommen worden, die bahnbrechende Arbeit von Michelson und Morley bei der Suche nach einem solchen Medium fortzusetzen. Man kann damit das Ende der Äthertheorie auf das Jahr 1905 datieren.

Kapitel 2
Die Leere wird gefüllt

Die Vorstellung von einem »unsichtbaren« Stoff, der das Weltall gleichförmig erfüllt, lag nach den bemerkenswerten physikalischen Entwicklungen um die Jahrhundertwende fast sechzig Jahre lang brach. Erst 1964 veränderte eine überraschende Glückssträhne von Beobachtungen das Erscheinungsbild der Kosmologie. Die Geschichte der Entdeckung des kosmischen Mikrowellenhintergrunds wird von Steven Weinberg in seinem hervorragenden Buch *Die ersten drei Minuten* im einzelnen beschrieben[21]. Ganz zufällig entdeckten damals zwei junge Astronomen, Arno Penzias und Robert Wilson, mit Hilfe einer ungewöhnlichen Radioantenne ein unerwartetes richtungsunabhängiges Rauschen. Sie konnten es trotz aller Bemühungen einfach nicht loswerden, obwohl sie sogar den Taubendreck entfernten, der sich im Inneren der Hornantenne angesammelt hatte. Sie hatten, wie sie damals noch gar nicht ahnten, die »Nachglut« des kosmischen Urknalls entdeckt. Die von ihnen beobachtete Strahlung war ausgeschickt worden, als das Weltall erst etwa 100 000 Jahre alt war, und seitdem unterwegs, bis ihre Antenne sie jetzt empfangen hatte.

Um die Bedeutung ihrer Beobachtung und den Zusammenhang mit unserem Thema zu verstehen, müssen wir etwas ausholen. Das ist aber keine Zeitverschwendung, denn viele der hier zu erörternden Grundgedanken werden später im einzelnen ausgeführt werden.

Erstens scheint das Weltall in allen Richtungen, in denen wir es beobachten (außer entlang der Achse unserer eigenen Galaxis, wo unsere Sicht behindert ist) *isotrop* zu sein. Wir sehen also in allen Richtungen ungefähr gleich viele ferne Galaxien. Zweitens ist das Weltall jedenfalls in sehr großen Dimensionen anscheinend homogen. Die Dichte der Galaxien bleibt also, wenn wir zu immer ferneren Galaxien hinausschauen, etwa gleich. Drittens dehnt sich das sichtbare Weltall anscheinend aus, denn alle weiter entfernten sichtbaren Galaxien entfernen sich immer rascher von unserer eigenen Galaxis. Darüber hinaus ist ihre

Fluchtgeschwindigkeit im Mittel direkt proportional zu ihrer Entfernung von uns. (Ich werde im nächsten Kapitel erklären, wie wir im Raum Entfernungen und Geschwindigkeiten messen.) Diese Proportionalität mag geheimnisvoll erscheinen, ist aber in einem sich ausdehnenden System ganz selbstverständlich. Stellen wir uns einen Kasten aus Gummi mit einer Seitenlänge von einem Meter vor. Wir füllen ihn in Gedanken mit Staubkörnern und stellen uns vor, er dehne sich gleichmäßig aus, so daß jede Seite jede Sekunde ihre Länge verdoppelt. Wenn die Ausdehnung gleichförmig ist, sind zwei Staubteilchen, die ursprünglich nur einen Zentimeter voneinander entfernt sind, nach einer Sekunde zwei Zentimeter voneinander entfernt. Die Geschwindigkeit des einen relativ zum anderen beträgt also einen Zentimeter pro Sekunde. Zwei Staubkörner jedoch, die zu Beginn einen Meter Abstand hatten, sind nach einer Sekunde zwei Meter voneinander entfernt, ihre Relativgeschwindigkeit beträgt also einen Meter pro Sekunde. Die Relativgeschwindigkeit der Staubteilchen ist also direkt proportional zu ihrem Abstand.

Diese Fluchtbewegung wurde in den zwanziger und dreißiger Jahren dieses Jahrhunderts durch jahrelange Beobachtungen von Edwin Hubble am Mount Wilson Observatorium überzeugend nachgewiesen. Die durch die Fluchtbewegung bedingte Ausdehnung heißt jetzt *Hubble-Expansion*, und der Parameter, der beschreibt, wie schnell Objekte sich voneinander entfernen, heißt *Hubble-Konstante*. Diese Grundgröße der Kosmologie ist heute bis auf einen Faktor 2 bestimmt. Objekte, die etwa 3 Millionen Lichtjahre voneinander entfernt sind (ein Lichtjahr ist die Entfernung, die ein Lichtstrahl in einem Jahr zurücklegt; es entspricht etwa 1 000 000 000 000 000 000 [= 10^{18}] cm), entfernen sich heute mit einer Geschwindigkeit zwischen 50 und 100 km/s voneinander (siehe Anhang A). Ich sage heute, weil die Expansionsrate des Weltalls in kosmischen Zeitskalen nicht konstant ist. Es ist eine der größten Herausforderungen für heutige Kosmologen herauszufinden, welchen Weg die Expansion in Zukunft nehmen wird.

Da sehr große Massenansammlungen elektrisch neutral sind, wirkt im Großen einzig die Schwerkraft auf die Ausdehnung.

Sehr weit voneinander entfernte Galaxien verhalten sich wie Staubteilchen in dem oben erwähnten Kasten. Es läßt sich einigermaßen einfach berechnen, was passiert, wenn ein homogener isotroper Raum voller Staub zunächst expandiert und dann unter der wechselseitigen Anziehung der Staubteilchen sich selbst überlassen bleibt. Wie man sich vorstellen kann, führt diese Anziehung zu einer Verlangsamung der Ausdehnung. Ob sie ganz aufhört, hängt davon ab, wie viele Staubteilchen es gibt und wie groß ihre Masse ist. Wenn wir die zukünftige Entwicklung unseres eigenen Weltalls bestimmen wollen, müssen wir die für unsere »Staubteilchen« – die von uns beobachteten Galaxien und Galaxienhaufen – geltenden Bedingungen kennen. (Dieses Thema, das für die Frage der »dunklen Materie« im Weltall zentral ist, wird in den Kapiteln 3 und 4 behandelt.)

Wenn wir wissen, daß das Weltall sich ausdehnt, und wenn wir das Maß seiner Ausdehnung berechnen können, folgt, daß es früher kleiner war; indem wir die Gleichungen zurück in die Vergangenheit verfolgen, können wir auch berechnen, wieviel kleiner und dichter es zu früheren Zeiten war. In gewisser Weise ist diese Berechnung viel einfacher, als der Versuch vorherzusagen, wie es sich in Zukunft entwickeln wird. Stellen Sie sich einen Ball vor, der in die Luft geworfen wird. Er erreicht vermutlich eine bestimmte Höhe und fällt dann wieder auf die Erde. Die Wurfbahnen von Bällen, die mit unterschiedlichen Anfangsgeschwindigkeiten geworfen werden, können ganz verschieden sein, wenn wir aber nur den jeweils ersten Teil der Bahn vergleichen, scheinen uns die Bahnen recht ähnlich zu sein. Die Unterschiede sind zu Beginn klein, werden später jedoch größer. Unabhängig von der zukünftigen Expansion des Universums können wir vertrauensvoll auf sein früheres Verhalten schließen, solange unsere Näherung eines »staubgefüllten« Weltalls gültig ist.

Wie lange bleibt diese Näherung gültig? Hier kommt der Mikrowellenhintergrund ins Spiel. Ein bemerkenswertes Kennzeichen dieses Hintergrunds ist seine verblüffende Isotropie. (Der Strahlungshintergrund ist bis auf weniger als 1/1000 am ganzen Himmel gleichförmig. Wir beschäftigen uns in Kapitel 5 genauer mit dieser bemerkenswerten Isotropie.) Ein anderes

Kennzeichen ist die Tatsache, daß der Hintergrund »thermisch« ist. Wir wissen alle, daß etwas, was erhitzt ist, glüht: Es schickt Licht aus. Licht ist, wie schon gesagt, elektromagnetische Strahlung (oder eine elektromagnetische Welle). Es war eine der großen Entdeckungen des letzten Jahrhunderts, daß alles, was erhitzt wird, elektromagnetische Strahlung ausschickt. Das »Spektrum« dieser Strahlung – also die je nach Frequenz ausgeschickte Energie – hängt in ganz bestimmter Weise von der Temperatur ab. Bei der Erwärmung vergrößert sich der Anteil der Strahlung mit höheren Frequenzen. Sichtbares Licht hat eine sehr hohe Frequenz (etwa 10^{15} Schwingungen pro Sekunde), deshalb muß die Temperatur ziemlich hoch sein, bevor in diesem Bereich viele Wellen ausgesandt werden. Ein kälteres Objekt sendet Wellen niedrigerer Frequenz aus. Da die Frequenz umgekehrt proportional ist zur Wellenlänge, entspricht einer niedrigeren Frequenz eine größere Wellenlänge. Im elektromagnetischen Spektrum geht diese Infrarotstrahlung (die wir als Wärme »fühlen«) in Mikrowellen- und dann in Radiostrahlung über, wenn ein Objekt Strahlung mit immer längerer Wellenlänge ausschickt.

Zur Veranschaulichung der Beziehung zwischen dem ausgesandten Strahlungsspektrum und der Temperatur denke man sich einen »schwarzen Kasten« mit Wänden, die alles einfallende Licht, ganz gleich welcher Farbe oder Frequenz, restlos verschlucken, diese Energie später jedoch ebenso »demokratisch« wieder als Strahlung abgeben. Wenn man in eine Wand ein kleines Loch sticht, kann das von einem der Wände ausgeschickte Licht erst dann seinen Weg aus dem Loch heraus finden, wenn es im Kasten viele Male zwischen den Wänden hin und her geworfen wurde, wobei es immer wieder verschluckt und abgegeben wird. Es läßt sich erreichen, daß die Strahlung mit den Wänden in einem »thermischen Gleichgewicht« ist, bevor sie entkommt, wenn man die Temperatur der Wände konstant hält. Das sich so ergebende Spektrum ist das eines sogenannten »Schwarzen Körpers«. Es hat bei einer bestimmten Frequenz einen Höhepunkt, der von der für den Körper charakteristischen Temperatur abhängt; auf beiden Seiten dieses Maximums fällt die Intensität ab (siehe Abbildung 2.1).

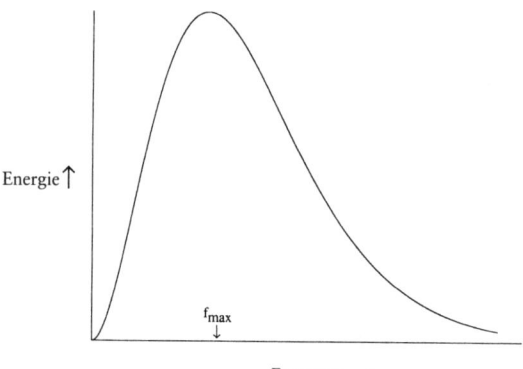

Abb. 2.1   Schwarzkörperspektrum
Das Energiespektrum der von einem »Schwarzen Körper« bei einer Temperatur T ausgeschickten Strahlung. Die charakteristische Frequenz f_{max}, bei der das Spektrum sein Maximum hat, steht in einer festen Beziehung zur Temperatur. Wenn man ein Maßsystem wählt, in dem Frequenz und Temperatur in denselben Einheiten gemessen werden, entspricht bei diesem Spektrum $2\pi f_{max} \approx 2,8$ T.

Diese beobachtete Spektralkurve mit dem sie charakterisierenden Maximum und Abfall widersetzte sich allen Versuchen einer theoretischen Erklärung, bis um 1900 Max Planck eine »absurde« Erklärung gab, die sich glänzend bewährte. Danach wird Licht von den Wänden nur häppchenweise abgegeben oder verschluckt, wobei die Energie dieser sogenannten »Quanten« proportional ist zu ihrer Frequenz. Die Thermodynamik solcher »Quanten« in einem Schwarzen Körper führte zum beobachteten Spektrum eines Schwarzen Körpers. Mit diesem Vorschlag wurde die Quantenmechanik geboren.

Kommen wir zu unserer Geschichte zurück. Es ist hilfreich, sich vorzustellen, der Empfänger eines Radio- oder Mikrowellensignals, das einem thermischen Rauschen ähnelt, sei »im Innern« eines solchen Schwarzen Körpers. Man kann berechnen, welche Temperatur die Wände haben, wenn sie bei der gemessenen Frequenz ein Spektrum mit der beobachteten Energie abstrahlen; diese Temperatur heißt dann »Äquivalenztempe-

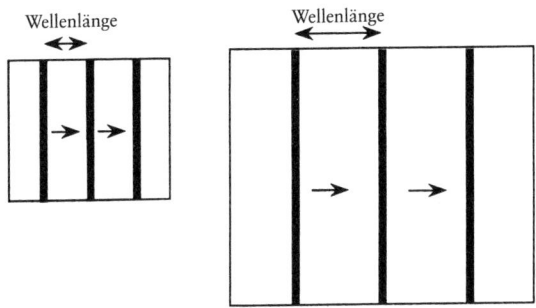

Abb. 2.2 Rotverschiebung aufgrund der Expansion
Eine Verdopplung der Seitenlängen eines Kastens verdoppelt, wie hier gezeigt, den Abstand zwischen benachbarten Wellenbergen, also die Wellenlänge einer sich im Innern ausbreitenden Welle.

ratur«. Penzias und Wilson beobachteten 1964 mit ihrer Antenne ein Rauschen mit einer Äquivalenztemparatur zwischen 2,5 und 4,5 K. (Die in K [für Kelvin] angegebenen Einheiten der Kelvinskala entsprechen den Graden der Celsius-Skala; ihr Nullpunkt ist der absolute Nullpunkt, also die niedrigste mögliche Temperatur, und nicht der Gefrierpunkt des Wassers, der eine Temperatur von 273 K hat.)

Als einmal klar war, daß dieses Rauschen keine Täuschung war, erkannte man, daß die Antenne tatsächlich im Inneren eines »Schwarzen Körpers« steckte, und daß dieser Schwarze Körper (das Universum) ein thermisches Spektrum ausschickt. Diese Deutung ist inzwischen durch viele Experimente bestätigt worden, die das Spektrum bei verschiedenen Frequenzen gemessen haben. Die Temperatur dieses Spektrums wurde jetzt mit etwa 2,7 K bestimmt. (Gelegentlich haben Versuche in diesem Spektrum Anomalien aufgezeigt, die nicht von einem Schwarzen Körper herrühren können. Bei genauerer Untersuchung erwiesen sich solche Hinweise als nichtig. Noch 1987 ergab ein sehr sorgfältig von einem Satelliten aus durchgeführtes Experiment in diesem Spektrum einen unerwarteten Energieüberschuß bei hohen Frequenzen. Weitere Beobachtungen mit dem Satelliten COBE (Cosmic Background Explorer) haben 1992 ergeben, daß das Spektrum der Hintergrundstrahlung der eines Schwarzen Körpers entspricht.)

Warum sollte es einen solchen Hintergrund von Schwarzkörperstrahlung geben, und was lernen wir daraus? Um diese Fragen zu beantworten, überlegen wir, was mit einem solchen Hintergrund passiert, wenn sich das Weltall ausdehnt. Wir wissen, daß sich Staubkörner einfach immer weiter voneinander entfernen, wenn ihre räumliche Dichte abnimmt. Wie ist das im Fall des Lichts? Wenn wir uns das Licht aus elementaren Teilchen, *Photonen*, zusammengesetzt denken, sollte dasselbe passieren. Nun ist jedoch die Energie dieser Quanten wegen des Wellenverhaltens von Licht mit einer Frequenz verknüpft, und deswegen passiert noch etwas anderes. Wenn wir die Berge der Wellen aufzeichnen, die sich in einem Kasten ausbreiten, und dann die Ausmaße des Kastens verdoppeln, nimmt der Abstand zwischen den Wellenbergen genauso zu, wie in unserem früheren Beispiel die Entfernung zwischen Staubteilchen zunahm (siehe Abbildung 2.2).

Die Wellenlänge ist die Entfernung von Wellenberg zu Wellenberg; diese Entfernung und deshalb die Wellenlänge nehmen proportional zur Kastenlänge zu. Solange die Geschwindigkeit der Welle gleich bleibt (die Lichtgeschwindigkeit ist ja konstant), ist die Frequenz der Welle umgekehrt proportional zu ihrer Wellenlänge. Die Frequenz nimmt also mit wachsender Wellenlänge ab. Dieser Vorgang, bei dem die Frequenz der Lichtwellen mit der Ausdehnung des Universums abnimmt, ist ein Beispiel für die sogenannte *Rotverschiebung*, weil rotes Licht die niedrigste Frequenz allen sichtbaren Lichts hat.

Betrachten wir den Mikrowellenhintergrund für ein Schwarzkörperspektrum, dessen maximale Energie bei einer Frequenz (f) einer Temperatur (T) von 2,7 K entspricht (siehe Abbildung 2.1). *Wenn dieses Licht mit nichts in Wechselwirkung war, das seine Temperatur konstant gehalten haben könnte*, dann muß es vorher ein Spektrum mit einer maximalen Energie bei einer höheren Frequenz (f') gehabt haben, da jede Lichtwelle sich während der Expansion »rotverschiebt«. Ein solches Spektrum läßt sich nicht mehr mit einer Temperatur T verknüpfen. Wenn jedoch jede Lichtwelle in einem Schwarzkörperspektrum um denselben Betrag rotverschoben ist, bleibt die Form des Spektrums gleich. Man kann diesem Spektrum immer noch eine Temperatur zuschreiben, aber diese Temperatur ändert sich dann entsprechend der Verschiebung der maximalen Frequenz. Diese ihrerseits nimmt, wie ich eben beschrieb, mit der Ausdehnung des Universums ab. Wir wissen also, daß die »Temperatur« dieser Hintergrundstrahlung in früheren Zeiten höher gewesen sein muß.

Das klingt vielleicht etwas geheimnisvoll, aber dasselbe Phänomen leuchtet in einem weniger exotischen Zusammenhang unmittelbar ein. Stellen wir uns ein in ein Gefäß eingeschlossenes Gas vor, das auf eine bestimmte Temperatur erhitzt und dann freigelassen wird. Das Gas kühlt sich ab, während es sich ausdehnt. Das ist das Prinzip des modernen Kühlschranks. Im Fall der Ausdehnung des Weltalls besteht das fragliche »Gas« aus Photonen, die sich mit Lichtgeschwindigkeit bewegen. Wir könnten dasselbe für jedes andere Gas »relativistischer« Teilchen sagen, also für Teilchen, die nahezu oder ganz Lichtgeschwindigkeit haben.

Bevor ich weitergehe, möchte ich sagen, warum ich einen Teil der in den vorangegangenen Absätzen durchgeführten Überlegung kursiv gesetzt habe. Was garantiert uns, daß dieser Hintergrund nicht eine Temperatur von 2,7 K bewahrt hat, während sich das Weltall ausdehnte, indem er mit Materie wechselwirkte, die gerade diese Temperatur hatte? Aufgrund unserer groben Abschätzungen der Dichte geladener Teilchen in der Galaxis und zwischen nahen Galaxien können wir berechnen, wie lange ein Lichtstrahl unterwegs ist, bevor er gestreut oder von einem Materieteilchen absorbiert wird. Die mittlere Entfernung stellt sich als größer heraus als der Durchmesser des heute sichtbaren Weltalls. Wir sind also zu der Annahme berechtigt, daß sich das Photonengas jedenfalls heutzutage ungehindert ausbreitet.

Was passiert, wenn wir in der Zeit zurückgehen? Das Weltall war früher kleiner und die Temperatur des Photonenhintergrunds gleichzeitig höher. Wir können aufgrund der Kenntnis der heutigen Expansionsrate und auch der Gravitationsgleichungen berechnen, wie groß ein bestimmter Bereich des heutigen Weltalls zu einer früheren Zeit war. Wir können auch

zuverlässig bestimmen, welche Temperatur der Photonenhintergrund zu jedem beliebigen Zeitpunkt gehabt haben sollte, jedenfalls solange wir uns auf Temperaturen beschränken, bei denen
wir die Wechselwirkung zwischen Photonen und Materie zu
verstehen meinen. Wir können berechnen, daß die Photonen-
temperatur zu einem Zeitpunkt vor über 10 Milliarden Jahren,
als das Universum erst etwa 10000 Jahre alt war, über 3 000 K
betragen haben sollte. Bei dieser Temperatur muß etwas Wichtiges geschehen sein. Da die Frequenz eines Photons, und damit
auch seine Energie mit der Temperatur zunehmen, muß die
mittlere Energie der Hintergrundphotonen bei dieser Temperatur viel höher gewesen sein als heute. Als die Temperatur über
3 000 K lag, muß die mittlere Energie ausgereicht haben, um
Photonen mit den Atomen von Wasserstoff, dem im Weltall
häufigsten Element, zusammenstoßen zu lassen und sie in ihre
beiden Bestandteile, ein Proton und ein Elektron, zu zerlegen. In
diesem Zustand war das Weltall für Licht undurchlässig, denn
die meisten der Protonen und Elektronen waren dann nicht zu
neutralem Wasserstoff verbunden, sondern gingen ihre eigenen
Wege. Die Photonen trafen also auf einen Hintergrund geladener Teilchen und nicht auf einen neutraler Materie. Da geladene
Teilchen leicht mit Licht wechselwirken, muß die mittlere Entfernung, die ein Photon zurücklegte, bevor es mit Materie
wechselwirkte, jedenfalls im kosmischen Maßstab sehr klein
gewesen sein.

Was passierte, als das Licht mit Materie wechselwirkte? Da
das Licht bei einer Temperatur T thermisch war, kam die
Materie bei dieser Temperatur rasch in ein Gleichgewicht mit
der Strahlung. Wir müssen deshalb schließen, daß weiter zurück
in der Zeit nicht nur die Strahlung, sondern *beide*, Materie und
Strahlung, heißer wurden.

Bei diesen Überlegungen haben wir die Zeit »rückwärts«
verfolgt, anstatt zu sehr frühen Zeiten zu beginnen, als Materie
und Strahlung bei sehr hohen Temperaturen im Gleichgewicht
waren. Zu dieser Zeit waren also Protonen und Elektronen noch
nicht getrennt; man denkt an sie gewöhnlich als an die Zeit, *zu
der* sie sich vereinigten, und nennt sie deshalb *Rekombinationszeit*. (Bei höheren Temperaturen können sich Protonen und

Elektronen auch schon kurzzeitig zusammengeschlossen haben, bevor sie fast sofort wieder auseinandergerissen wurden. Zu der hier betrachteten Zeit und Temperatur »rekombinierten« sie sich, diesmal für immer.)

Wir können uns also den kosmischen Mikrowellenhintergrund als einen rotverschobenen »Schnappschuß« vorstellen, der zeigt, wie das Weltall zur Rekombinationszeit aussah. Die von Penzias und Wilson entdeckten Mikrowellen hatten zuletzt zur Rekombinationszeit mit Materie wechselgewirkt, als das Universum nur 100 000 Jahre alt war, also vor über 10 Milliarden Jahren, als die Temperatur des Weltalls etwa 300 K betrug. Danach gab es keine Wechselwirkung mehr zwischen der von da an neutralen Materie und dem »Meer« kosmischer Strahlung. Der thermische Strahlungshintergrund verschob sich jedoch weiter zum roten Bereich des Spektrums hin, und wir sehen bei 2,7 K nur noch seinen »Schatten«, der uns an die frühe, heftige, heiße Zeit des Urknalls erinnert.

In mancher Hinsicht war der kosmische Mikrowellenhintergrund die erste moderne Version der dunklen Materie. Er blieb noch lange nach Erfindung der Fernrohre verborgen. Während Photonen relativ leicht zu entdecken sind, wird ein solch unglaublich kaltes Meer jedoch leicht von anderen »Lärmquellen« überdeckt. Obwohl die technischen Verfahren, die einen solchen Hintergrund auffinden konnten, wohl schon zehn oder zwanzig Jahre vor der wirklichen Entdeckung im Jahr 1965 zur Verfügung standen, wäre er wohl noch länger unentdeckt geblieben, wenn man nicht durch viele glückliche Zufälle oder auch einen zwingenden Grund gerade bei den geeigneten Frequenzen gesucht hätte. Zwischen dem kosmischen Mikrowellenhintergrund und der dunklen Materie der Antike gibt es noch mehr Gemeinsamkeiten als nur die Schwierigkeit, sie direkt nachzuweisen. Beide durchdringen alles und erfüllen anscheinend gleichförmig den ganzen Raum. Sie existieren relativ unverändert fast seit dem Beginn der Welt und werden wohl bestehen bleiben. Auf poetische Weise erinnert dieser kosmische Mikrowellenhintergrund an viele der Eigenschaften des ursprünglichen »feurigen Lichts«, von dem Homer, Anaxagoras und Empedokles sprachen.

Der Mikrowellenhintergrund spielt eine weitere fundamentale Rolle, die früher dem Äther zugeschrieben wurde. Er bildet ein System, auf das wir unsere lokale Bewegung und auch die Bewegung naher Sterne und Galaxien beziehen können. Obwohl die Temperatur dieses Hintergrunds sehr gleichmäßig ist, läßt sich in einer Richtung eine sehr kleine Zunahme beobachten und in der entgegengesetzten eine Abnahme. Wir deuten das ganz einfach als einen »Dopplereffekt«, ähnlich der Veränderung der Tonhöhe einer Sirene in dem Augenblick, in dem sie an uns vorbeifährt. In diesem Fall deutet die Frequenzverschiebung darauf hin, daß wir in bezug auf die Hubble-Expansion nicht genau in Ruhe sind. Zu unserer lokalen Bewegung gehört die Bewegung der Erde um die Sonne, der Sonne um das Zentrum der Galaxis und der Galaxis in der lokalen Gruppe. In unserer Bewegungsrichtung ist der Photonenhintergrund etwas *blauverschoben* (die charakteristische Frequenz ist also etwas höher), und in der entgegengesetzten Richtung ist er etwas stärker rotverschoben. Diese *Dipol-Anisotropie* des Mikrowellenhintergrunds erweist sich für die Kosmologie als sehr nützlich. Unsere lokale Bewegung ist, so nehmen wir an, größtenteils auf die Gravitationsanziehung der vorherrschenden lokalen Massenkonzentration (wie hoch diese auch sein mag) zurückzuführen. Die Größe und Richtung unserer Bewegung geben uns also einen Hinweis auf die Größe und Verteilung dieser Massenkonzentration. Ein Vergleich mit direkten optischen Beobachtungen kann dann einen Schlüssel zum Verständnis großräumiger Strukturen liefern. Wie wir sehen werden, lassen sich mit seiner Hilfe auch die Modelle für die Entstehung der Strukturen überprüfen, die in einem von dunkler Materie beherrschten Weltall durch diese Verteilung bestimmt werden.

Auf den ersten Blick scheint es ähnlich wie im Fall des Äthers die Axiome der Relativitätstheorie zu verletzen, wenn wir den Mikrowellenhintergrund als Bezugssystem sehen. Aber das trifft nicht zu. Unsere Bewegung relativ zu dem vom Mikrowellenhintergrund definierten Rahmen zeigt sich in Unterschieden der Temperatur, nicht der Geschwindigkeit der empfangenen elektromagnetischen Signale. Zwei relativ zueinander bewegte Beobachter können also sehr wohl übereinstimmend herausfinden, wer in bezug auf den Mikrowellenhintergrund in Ruhe ist (nur einer mißt eine überall gleiche Temperatur), aber keiner kann behaupten, daß dieser Rahmen selbst in absoluter Ruhe ist, noch wäre diese Behauptung sinnvoll.

Unsere Vorstellung vom Ursprung und den Eigenschaften der Mikrowellenhintergrundstrahlung hat großen Einfluß auf unsere Mutmaßungen über den Ursprung der dunklen Überreste des Urknalls. Wir haben gesehen, wie sich der Photonenhintergrund schon früh von der Materie entkoppelte, gerade als sich Protonen und Elektronen zu Wasserstoff verbanden. Könnte es auch andere Prozesse gegeben haben, die abliefen, als die Temperatur des Weltalls höher war und die Erzeugung anderer exotischerer Überreste zuließ, die sich dann ebenfalls frei ausbreiten konnten? Wie ich im Vorwort sagte, kommen auf jedes Proton im Weltall heute etwa 10 Milliarden Mikrowellenphotonen. Die Energie dieser Quanten ist so klein, daß sie nur einen kleinen Bruchteil der in der Materie enthaltenen Gesamtenergie ausmachen. Es stellt sich dann natürlich die Frage, ob andere, ausgefallenere Überbleibsel einen wesentlich größeren Bruchteil der Gesamtenergie ausmachen oder sie sogar beherrschen könnten. Wenn diese unbekannten Teilchen auch nur ganz wenig Masse haben, brauchte es nicht näherungsweise so viele von ihnen zu geben, wie es heute Photonen gibt, und sie könnten immer noch mehr Masse haben als die gesamte normale Materie des Weltalls. Wie wir sehen werden, sind das nicht nur müßige Spekulationen.

Wir können diese kurze Geschichte der hellen und dunklen kosmischen Materie nicht beenden, ohne etwas über die modernen Überlegungen zu einer anderen wichtigen Frage zu sagen, die sich die frühen Philosophen stellten. Gibt es eine Leere? Der Begriff des »Vakuums«, wie diese Leere heute heißt, hat sich im 20. Jahrhundert wohl mehr als jeder andere wissenschaftliche Begriff verändert. Vom Altertum bis zum Beginn der dreißiger Jahre unseres Jahrhunderts bezeichnete das Wort einen Raum, der »gänzlich ohne alle Materie ist« oder, poetischer vielleicht, die »ewige Leere«. Beide Begriffe leben in allgemein bekannten Definitionen weiter, das Vakuum der modernen Teilchenphysik

jedoch birst vor Aktivität. Es ist eine sprudelnde, brodelnde
Quelle von Materie und Energie; möglicherweise enthält es
sogar den größten Teil der Materie des Weltalls!

Unser Begriff vom Vakuum hat sich seit der Aufstellung der
Relativitätstheorie verändert. Einsteins berühmte Gleichung, die
eine Beziehung zwischen Ruhemasse und Energie herstellt,
führte zu der Erkenntnis, daß diese beiden ineinander umgewandelt werden können. Bei der bekanntesten Form dieser Umwandlung, der Atombombe, werden riesige Energiemengen
durch die Verwandlung einer winzigen Masse gewonnen. In
diesem Fall »spaltet« sich ein schwerer Kern in zwei leichtere
Kerne, deren Masse insgesamt etwas kleiner ist als die des
ursprünglichen. Aber Einsteins Gleichung eröffnete die Möglichkeit für eine noch ungewöhnlichere Verwandlung. Könnte
sich dann, wenn sich »im Vakuum« genug Energie ansammelt,
ein Materieklumpen bilden?

In gewisser Weise läßt sich dieses Phänomen an einem ganz
gewöhnlichen Vorgang beobachten. Wenn das Licht, mit dem
Sie dieses Buch lesen, von den Atomen in Ihrer Netzhaut absor-
biert wird, nimmt die Masse dieser Atome zu. Genau dies sagte
Einstein vorher, und genau dies führte ihn zu seiner berühmten
Formel $E = m c^2$, die Masse und Energie mitander verknüpft.
Die ausgefallenere Anwendung seiner Gedanken, die Umwand-
lung »reiner« Energie in Materie, mußte die Entwicklung der
Quantenmechanik abwarten.

Die Quantenmechanik, die Teilchen Wellennatur und Wellen
Teilcheneigenschaften zuschreibt, hat eine für Wissenschafts-
theoretiker faszinierende Auswirkung. Das sogenannte Unbestimmtheitsprinzip setzt in seiner großartigsten Konsequenz der
Fähigkeit der Menschheit Grenzen, die Zukunft vorherzusagen
und sie zu kontrollieren. In der Praxis legt es folgende Beschränkungen nahe: Es gibt Paare von Größen, etwa Ort und
Geschwindigkeit (genauer Impuls) oder Energie und Zeit, die
prinzipiell nicht gleichzeitig beliebig genau gemessen werden
können, *unabhängig davon, wie gut der Meßapparat ist.*

Eine übliche Erklärung einer dieser Bedingungen verdient es,
hier wiederholt zu werden. Planck hatte ja in seiner ursprünglichen Einführung des »Quantums« gesagt, daß Licht aus Päck-

chen kleinster Energiemengen besteht, wobei die Energie jeweils von der Frequenz abhängt. Für eine bestimmte Frequenz oder Wellenlänge des Lichts gibt es also eine kleinste Energieeinheit, die absorbiert oder ausgeschickt werden kann. Diese Energie gehört jeweils zu einem einzelnen »Photon«. Jetzt fehlt uns nur noch eine weitere Eigenschaft von Wellen, um das Unbestimmtheitsprinzip verstehen zu können. Wellen einer bestimmten Wellenlänge werden durch solche Objekte »gestört«, deren Größe mit dieser Wellenlänge vergleichbar ist oder sie übertrifft. Eine Wasserwelle kann zum Beispiel leicht um einen kleinen Stein herumfließen, der aus dem Wasser ragt, wird aber von einem großen Felsbrocken blockiert – hinter ihm bildet sich ein stiller Bereich aus. Entsprechend können Schallwellen, deren Längen in Metern gemessen werden, leicht um kleine Gegenstände herum gelangen. Die längsten Schallwellen, zum Beispiel die Baßtöne in einem Rock-Song, überwinden selbst größere Hindernisse und bleiben auch dann vernehmbar, wenn die übrige Musik nicht mehr zu hören ist.

Stellen wir uns jetzt vor, was passiert, wenn wir ein sehr kleines Teilchen durch ein Meßgerät schicken. Wenn wir den Ort dieses Teilchens messen, es also »sehen« wollen, müssen wir Licht benutzen, das eine Wellenlänge hat, die klein genug ist, um dieses Teilchen zu »spüren« – indem es zum Beispiel von ihm reflektiert wird. Wenn wir die Wellenlänge verkleinern, nimmt die Frequenz des Lichts aber zu. Nach Planck hat das kleinste Lichtquantum, das wir dazu benutzen können, eine Energie, die mit der Frequenz zunimmt. Wollen wir das Teilchen sehen, müssen wir es also mit hochenergetischen Photonen bombardieren. Wenn ein solches Photon aber von dem Teilchen abprallt und wir dadurch mit beliebiger Genauigkeit bestimmen können, wo es ist, *beeinflußt* das Photon die Bewegung des Teilchens. Der kleinste Betrag, um den die eigentliche Reflexion *selbst* den Impuls des Teilchens verändert, hat mit dem kleinsten Energiepaket zu tun, das in einem Photon enthalten ist; es steht seinerseits in Beziehung mit einer universellen Naturkonstanten, die zutreffend *Plancksches Wirkungsquantum* heißt.

Weil diese Plancksche Konstante so klein ist, macht sich diese Unbestimmtheit in den Maßstäben, mit denen wir im Alltag

umgehen, gar nicht bemerkbar. In der Größenordnung der
Atome oder im subatomaren Bereich jedoch gehört solche Ungewißheit zum täglichen Brot der Versuchsleiter.

Wie ich schon bei der Einführung des Unbestimmtheitsprinzips betonte, gilt auch für ein anderes Größenpaar, nämlich
Energie und Zeit, eine Unbestimmtheitsrelation. In diesem Fall
liegen die Dinge so: Wenn wir die Energie eines Teilchens
beliebig genau messen wollen, müssen wir es sehr lange beobachten. Wenn wir unsere Messung in einem bestimmten Zeitraum durchführen müssen, wie es ja immer der Fall ist, können
wir seine Energie nicht beliebig genau bestimmen. Diese beiden
Beziehungen zwischen Ort und Impuls und zwischen Energie
und Zeit haben tiefgreifende Folgen für den Begriff des Vakuums.

Betrachten wir einen beliebigen physikalischen Prozeß, etwa
den Zusammenstoß zweier Teilchen, der in einem sonst »leeren«
Raum in einem Zeitintervall abläuft. Da der Bereich, in dem wir
diese Wechselwirkung messen können, räumlich und zeitlich
begrenzt ist, ist unsere Kenntnis der genauen Energie und des
genauen Impulses dieser Teilchen während dieser Wechselwirkung begrenzt. Obwohl die Erhaltung von Energie und Impuls
eines der Grundgesetze der Physik ist – die Gesamtenergie der
Teilchen ist vor einer Wechselwirkung gleich der Gesamtenergie
aller Teilchen nach der Wechselwirkung, und Entsprechendes
gilt für den Impuls –, können wir *nicht direkt empirisch gewährleisten*, daß dies auch an jedem Zeitpunkt dazwischen der Fall
ist, wenn wir diese Größen nicht auch während der Wechselwirkung ganz genau kennen. Man könnte sich zum Beispiel vorstellen, daß während dieser Zeit spontan ein neues Teilchen aus dem
Vakuum auftaucht. Solange es nach einem sehr kurzen Zeitraum
wieder im Vakuum verschwindet, haben wir keine Zeit, eine
Verletzung der Konstanz von Energie und Impuls zu messen, die
von der Schöpfung von Etwas aus dem Nichts herrührt. Weil ein
solches Teilchen nicht in dem Sinn »wirklich« sein kann, daß wir
es direkt messen können, nennt man es »virtuell«. Wir können
uns deshalb vorstellen, daß es um jedes Teilchen herum eine
»Wolke« virtueller Teilchen geben könnte, die für einen Augenblick aus dem Vakuum auftauchen, und deren Energien und

Impulse jeweils umgekehrt proportional sind zu dem Zeitintervall, in dem es sie gibt, und zu der Entfernung, die sie zurücklegen, bevor sie verschwinden.

Vielleicht klingt dies wie eine Art theoretische Zauberei, erdacht von Physikern, die in fensterlosen Räumen zu lange auf ihren leeren Schreibblock gestarrt haben. Virtuelle Teilchen können zwar nicht direkt beobachtet werden, aber ihre indirekten Wirkungen *sind* meßbar. Quantenmechanik und Relativitätstheorie behaupten, jedes arglose Atom könne ständig von virtuellen Teilchen bombardiert werden, die für einen Augenblick aus dem Vakuum herausstoßen und dann fast sofort wieder verschwinden. Wenn das Atom an einem physikalischen Vorgang beteiligt ist, der etwas Zeit braucht, kann es durch solche Teilchen sehr gestört werden.

Stellen wir uns vor, was in einer Glühlampe passiert, wenn ein Elektron in einem Atom Licht aussendet und dadurch aus einem angeregten Zustand auf einen weniger energiereichen übergeht. Einer der großen frühen Erfolge der Quantenmechanik war die Berechnung des »zulässigen« Energieniveaus von Elektronen in Atomen. Dadurch lassen sich die Unterschiede in den Energieniveaus bestimmen, die der Energie des Lichts entsprechen sollten, das abgestrahlt wird, wenn ein Elektron von einem Niveau auf ein anderes zurückfällt. Wenn wir diesen Unterschied jedoch *direkt* berechnen, erhalten wir die falsche Antwort! Wir liegen zwar nur sehr knapp daneben, aber der Fehler ist groß genug, um meßbar zu sein. Falls wir andererseits die Tatsache berücksichtigen, daß das Atom ständig von virtuellen Teilchen bombardiert wird, finden wir, daß die Energieniveaus der Atome sich etwas verschieben. Wenn wir die Größe dieser Verschiebung berechnen, ergibt sich die richtige Antwort für die Frequenz des von diesem Atom ausgesandten Lichts.

Die Lage ist sogar noch merkwürdiger. Falls eines dieser virtuellen Teilchen während der Zeit, in der es »seiner Arbeit nachgeht«, durch Zusammenstöße mit einem wirklichen Teilchen genug Energie absorbiert und die Energie-Impuls-Erhaltung durch seine Existenz nicht länger verletzt ist, kann es »reell« werden. Es muß nicht nach kurzer Zeit wieder im Vakuum verschwinden. Was sehen Beobachter dann von außen?

Zunächst vielleicht ein einzelnes Photon, das sich in Materie bewegt. Und plötzlich vielleicht die »Erschaffung« eines Teilchenpaares in Begleitung eines Photons!

Es stellt sich heraus, daß dieser Prozeß dann, wenn man spezielle Relativitätstheorie und Quantenmechanik kombiniert, nicht nur möglich, sondern *nötig* ist. Die Kombination der beiden, die sogenannte »Quantenfeldtheorie«, bildet die Grundlage für alle Theorien, die gegenwärtig helfen, Vorgänge zu verstehen, an denen Elementarteilchen beteiligt sind. Die Formulierung und Anwendung der Quantenfeldtheorie ist vielleicht der größte Fortschritt der Physik in der zweiten Hälfte dieses Jahrhunderts. Innerhalb dieses Rahmens können Teilchen nicht nur »erschaffen« oder »zerstört« werden, sondern jedem Teilchen wird auch ein »Antiteilchen« zugeordnet, mit dem es zusammenstoßen kann. Dabei kommt es zu wechselseitiger Vernichtung, bei der nichts als Energie übrigbleibt.

Die Vorstellung von virtuellen Teilchen löst das philosophische Problem einer Fernwirkung, das Newton zu Recht Sorgen machte. Aus der Sicht der modernen »Quantenfeldtheorie« sind die zwischen Teilchen wirkenden Kräfte nicht das Ergebnis einer mystischen Fernwirkung, sondern sie entstehen durch den Austausch virtueller Teilchen. Man stelle sich das folgende Szenario vor: Ein Teilchen, wie etwa ein Elektron, sendet, während es sich bewegt, spontan virtuelle Photonen aus. Einige von ihnen werden im weiteren Verlauf von ihm wieder absorbiert. Da jedoch angenommen wird, das Photon habe keine Masse, wird seine Frequenz verschwindend klein, wenn die Wellenlänge unendlich groß wird, und damit geht nach Planck auch die Gesamtenergie gegen Null. Während ein virtuelles Photon mit sehr großer Wellenlänge dem Elektron also etwas Energie und Impuls wegnimmt, folgt aus dem Unbestimmtheitsprinzip, daß es eine große Entfernung zurücklegen kann, bevor eine solche kleine Veränderung von Energie und Impuls entdeckt werden kann. Das Photon könnte auf seiner Reise einem anderen Elektron begegnen und von ihm absorbiert werden. Dabei werden Energie und Impuls von einem Teilchen auf ein anderes übertragen. Wir deuten dies klassisch als die Abstoßung zwischen zwei eng benachbarten geladenen Elektronen. Gerade weil das Photon masselos ist,

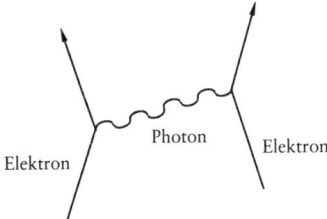

Abb. 2.3 Dieses Feynman-Diagramm veranschaulicht, wie wir die elektromagnetische Kraft zwischen Elektronen quantenfeldtheoretisch verstehen. Ein sich bewegendes Elektron sendet ein »virtuelles« Photon (Wellenlinie) aus, das dann von einem nahen Elektron absorbiert wird, wobei zwischen den beiden Energie und Impuls übertragen werden. Die Pfeile stellen die Bewegungsrichtung des Elektrons in Raum und Zeit dar.

kann ein virtuelles Photon so große Entfernungen zurücklegen, und deshalb haben elektrische Kräfte so große Reichweite. Wäre das Photon nicht masselos, würde seine Energie auch dann nicht gegen Null gehen, wenn seine Wellenlänge unendlich wird. Kräfte, die durch massereiche Teilchen übermittelt werden – und es gibt mindestens eine solche Kraft – haben deshalb kurze Reichweiten.

Der brillante und einfallsreiche Physiker Richard Feynman hat diesen Vorgang Ende der vierziger Jahre so veranschaulicht, wie Abbildung 2.3 es zeigt. Solche Zeichnungen heißen inzwischen Feynman-Diagramme.

Eine der Folgerungen aus diesem Vorgang ist, daß Kräfte nicht instantan übermittelt werden. Obwohl virtuelle Teilchen kurzzeitig die Erhaltung von Energie und Impuls verletzen, zwingt sie die Relativitätstheorie doch, sich mit höchstens Lichtgeschwindigkeit zu bewegen. Nur weil diese Geschwindigkeit so groß ist, scheinen Kräfte nach irdischem Maßstab augenblicklich zu wirken. Wenn jedoch zum Beispiel die Sonne in diesem Moment verschwinden würde, spürte es die Erde (unter der Annahme, daß auch die Schwerkraft durch masselose Teilchen übermittelt wird, die sich mit Lichtgeschwindigkeit bewegen) erst nach etwa acht Minuten, daß sie nicht mehr von der Sonne angezogen wird.

Ein weiteres wichtiges Ergebnis folgt aus den quantenmecha-

nischen Unbestimmtheitsbeziehungen. Da die Unschärfen von
Energie und Zeit oder Ort und Impuls durch dieses Prinzip
verknüpft sind, sind diese Größen in gewisser Weise austausch-
bar. Wenn ich zum Beispiel Vorgänge messen will, die sich in
sehr kurzen Zeiträumen oder Entfernungen abspielen, muß ich
sie mit sehr hohen Energien oder sehr großen Impulsen untersuchen. Aus genau diesem Grund sind die riesigen Hochenergie-
beschleuniger die »Mikroskope« von heute. Vielleicht wundert
sich mancher, warum die Teilchenphysiker immer größere Ma-
schinen bauen wollen, die immer größere Energien haben; so
war in Texas ein Supraleitender Supercollider mit einem Umfang
von 85 km geplant. Ohne solche hohe Energien, die nur in
riesigen Teilchenbeschleunigern erzeugt werden können, ist es
wegen des Unbestimmtheitsprinzips schwierig, die Grundstruktur der Materie in immer kleinerem Maßstab zu untersuchen.
Das ist eine unvermeidbare Folge aus den Naturgesetzen. Es ist
natürlich eine Frage des persönlichen Geschmacks, ob man
meint, solche Untersuchungen seien diesen großen intellektuellen und finanziellen Aufwand wert.

Diese Vorgänge sind für die Kosmogonie außerordentlich
wichtig. Ich habe oben behauptet, daß die Temperaturen der
Materie und der Strahlung und damit auch die mittlere Energie
der Teilchen zu Beginn der Welt höher waren. Wenn wir in der
Zeit zurückgehen, wird die Physik immer kleinerer zeitlicher
und räumlicher Dimensionen wichtig; möglicherweise könnten
auch exotische neue Teilchen eine Rolle spielen. Während sehr
früher Zeiten könnten solche Teilchen im thermischen Gleichgewicht im Überfluß erschaffen worden sein, was vielleicht bei der
Erzeugung der Teilchen wichtig war, die sich schließlich als die
heutige dunkle Materie erweisen könnten. Zudem könnte das
frühe Weltall damit als eine Art Labor für die Teilchenphysik
dienen. Mit anderen Worten können wir vielleicht viel über die
Grundstruktur der Materie lernen, wenn wir die »Schatten«
oder Überreste des frühen Weltalls untersuchen und Vorgänge
erkunden, die in irdischen Geräten nicht nachgeahmt werden
können.

Aufgrund dieser Überlegungen sehen wir das Vakuum keineswegs als leer an. Vielmehr kann man sich das Vakuum als eine

riesige Vorratskammer voller virtueller Teilchen vorstellen, die nur auf ihren Auftritt warten. Wir können uns das Vakuum mit den Worten, die Paul Dirac um 1930 gebrauchte, von einem »Meer« von Elektronen mit »negativer« Energie »angefüllt« denken. (Nach Übereinkunft ordnen wir einem Zustand ohne beobachtbare Teilchen gewöhnlich die Energie Null zu. In diesem Sinn haben Teilchen eine negative Energie, wenn sie zu wenig Energie haben, um als freie Teilchen nachgewiesen werden zu können. Es stellt sich heraus, daß es für alle Überlegungen mit Ausnahme solcher über die Schwerkraft ganz gleich ist, welchem Zustand wir die Energie Null zuschreiben. Wir können die Energiezustände nur relativ zueinander messen.) Da diese Elektronen mit »negativer« Energie nicht beobachtbar sind, ist ihre negative Energie kein Problem. Falls es Mühe macht, sich Energien vorzustellen, die kleiner sind als Null, denke man es sich so: Physikalisch wichtig ist ausschließlich, daß die in diesem »Meer« enthaltene Gesamtenergie geringer ist als die Energie eines Zustands, der das Meer *und* ein wirkliches Teilchen enthält.

Wenn wir nun eines dieser Teilchen aus dem Teilchenmeer beobachten wollen, brauchen wir es nur mit etwas zu »treffen«, das ihm sehr viel Energie verleiht; denn wenn seine Gesamtenergie groß genug ist, erscheint es als reales Teilchen. Dann taucht aus dem Vakuum ein wirkliches Elektron auf. Im Vakuum bleibt nur ein leerer Fleck oder ein »Loch« im »Meer«. Dieses Loch, ein Anzeichen für das *Fehlen* eines Elektrons (mit der Ladung »minus«) im Vakuummeer, erscheint einem Beobachter wie die *Existenz* eines Teilchens mit der Ladung »plus«, aber mit derselben Masse wie ein Elektron. Dies ist das »Antiteilchen« eines Elektrons, ein sogenanntes *Positron*. Man kann also aus dem Vakuum ein »Paar« von Teilchen dort schaffen, wo früher keins war. Als Dirac diesen widersinnigen Vorschlag machte, war noch kein solches Teilchen wie das Positron je beobachtet worden. Innerhalb von zwei Jahren nach seiner Vorhersage fand man jedoch unter den Teilchen der kosmischen Strahlung, die ständig die Erde beschießen, tatsächlich Positronen. Wieder einmal hatte eine anscheinend völlig ad hoc durchgeführte Überlegung zum Vakuum einen realen und grundlegenden Einfluß auf unser Bild vom Weltall. Wie wir sehen werden, setzte sich dieser Trend fort.

Wir haben gesehen, wie energiereiche Vorgänge der hier beschrieben Art wirkliche Teilchen aus dem Vakuum »herausstoßen« können. Manchmal kann das Vakuum solche Teilchen auch spontan, d. h. von selbst erzeugen! Falls die Vorstellung eines »Vakuums«, das reale Teilchen enthält, ein logischer Widerspruch zu sein scheint, spiegelt das nur die Tatsache, daß die übliche Definition des Vakuums sich nicht genau mit der Definition deckt, die die Physik gibt. Wir sahen, daß es nicht sinnvoll ist, das Vakuum als unveränderlich und leer zu sehen, weil es in ihm ja virtuelle Teilchen gibt. Eine aus der Sicht eines Physikers bessere Definition erhalten wir, wenn der »Vakuumzustand« eines Systems, etwa des Weltalls (oder vielleicht eines Kastens, in dem wir einen Versuch durchführen wollen) als der *Zustand mit der niedrigsten Energie* gesehen wird, den das System haben kann. Im allgemeinen kostet es Energie, in dem Kasten ein wirkliches Teilchen zu erzeugen, deshalb findet man, daß der Vakuumzustand gewöhnlich keine wirklichen Teilchen enthält; hier stimmt die Definition der Physik besser mit der üblichen Definition überein. Stellen wir uns jedoch eine Situation vor, in der ein ruhendes Teilchen spontan aus dem Vakuum heraus erzeugt wird. Wenn dieses Teilchen eine nichtverschwindende Masse hat, nimmt die Energie des Systems zu. Wenn die Energie erhalten bleiben soll, muß dieses Teilchen virtuell sein und wieder im Vakuum verschwinden. Stellen wir uns jetzt jedoch vor, zwei solche ruhenden Teilchen würden erschaffen. Wenn zwischen diesen beiden Teilchen eine Anziehungskraft herrscht, wird die Gesamtenergie der beiden Teilchen etwas geringer sein als die Summe ihrer Massen. Das gilt für jedes gebundene System. Ein Wasserstoffatom zum Beispiel, das ein Proton und ein Elektron enthält, »wiegt« weniger als die Summe der Gewichte eines freien Protons und eines freien Elektrons. Dies ist einfach eine Folge der von Einstein entdeckten Beziehung zwischen Energie und Masse. Die Bindungsenergie von Proton und Elektron verringert die Gesamtenergie und damit die Gesamtmasse des Systems.

Man kann sich vorstellen, daß dieser Prozeß weitergeht. Wenn die Dinge genau im Gleichgewicht sind, läßt sich eine Situation denken, in der, falls genug ruhende Teilchen erzeugt werden, der Beitrag der gegenseitigen Anziehungskraft dieser Teilchen zur Energie negativ ist und den Beitrag ihrer Masse aufhebt oder übertrifft. In diesem Fall wäre der *bevorzugte* Zustand, also der Zustand niedrigster Energie, ein Zustand ohne reale Teilchen. Vielmehr sagt man, daß Teilchen in einem Zustand mit *Impuls Null* aus dem Vakuum »kondensieren«. Dieser Begriff ist hier angebracht. Wasserdampf kondensiert dann zu Wassertröpfchen, wenn die bevorzugte Konfiguration des Wassers aufgrund veränderter Druck- und Temperaturbedingungen nicht mehr ein Gas aus Wassermolekülen ist, sondern vielmehr ein Zustand, in dem Wassermoleküle sich zu etwas zusammenfinden, das wir als Tropfen flüssigen Wassers kennen. Im Fall des Vakuums kondensieren unter bestimmten Umständen sonst virtuelle Teilchen zu einem Zustand mit Impuls Null, der wirkliche Teilchen enthält.

Analogien zu diesem Verhalten lassen sich in der Festkörperphysik finden. Ein Beispiel dafür ist ein Ferromagnet, etwa Eisen. Wir können uns einen makroskopischen Magneten als eine große Ansammlung von mikroskopisch kleinen Magneten vorstellen, die je mit den einzelnen Atomen dieses Stoffs verknüpft sind. Da bei einer vernünftigen Temperatur jedes dieser Atome vibriert und ständig mit anderen Atomen zusammenstößt, sind die Richtungen dieser einzelnen Magnete gewöhnlich ganz zufällig verteilt, so daß ihre Magnetfelder sich im Mittel aufheben. Ein beliebiges Stück Eisen zum Beispiel ist mit großer Wahrscheinlichkeit kein Magnet. Wenn wir es jedoch in ein äußeres Magnetfeld legen, ist es vom Energiestandpunkt aus für die im Eisen enthaltenen mikroskopischen Magneten *günstig*, sich in Richtung dieses Magnetfelds auszurichten, so sehr sogar, daß selbst die mittlere Wärmebewegung der Atome diesen Effekt nicht überwinden kann; das Eisenstück wird dann zu einem makroskopischen Magneten.

Stellen wir uns jetzt vor, die Eisenatome wären in ihrem üblichen ungeordneten »Vakuumzustand«. (Da das Eisen eine endliche Temperatur hat, ist es eigentlich nicht richtig, von

einem »Vakuumzustand« zu sprechen. Man spricht gewöhnlich
vom »Grundzustand«, aber ich hoffe, die Experten gestatten mir
diesen Mißbrauch der Terminologie, damit ich den Vergleich
ziehen kann.) Nehmen wir weiter an, eine thermische Zufallsschwankung hätte einen atomaren Magneten so angestoßen,
daß er sich in eine bestimmte Richtung einstellt. Das entspricht
einer »Quantenfluktuation«, bei der ein virtuelles Teilchen aus
dem Vakuum heraus entsteht. Genau wie das virtuelle Teilchen
schließlich wieder verschwindet, erwarten wir auch, daß thermische Fluktuationen den atomaren Magneten schließlich in eine
andere Richtung stoßen. Stellen wir uns jetzt vor, eine Fluktuation stieße nicht nur ein Atom, sondern mehrere atomare Magneten so an, daß sie in dieselbe Richtung zeigen. Sie verhalten
sich dann alle zusammen wie ein größerer Magnet. Was passiert
mit einem nahen atomaren Magneten, der in eine andere Richtung zeigt? Der einzelne Magnet verhält sich, als ob das ganze
System in einem äußeren Magnetfeld läge, und neigt dazu, seine
Energie dadurch zu vermindern, daß er sich parallel zum Feld
des von seinen Nachbarn geschaffenen größeren Magneten aus-
richtet. Jetzt ist also ein noch größerer Magnet entstanden. Es
läßt sich leicht eine Situation vorstellen, in der sich immer
größere Bereiche ausrichten, bis schließlich alle »Spins« spontan
in derselben Richtung liegen. Natürlich passiert das nur, wenn
die Temperatur so niedrig ist, daß thermische Fluktuationen die
durch die Ausrichtung vieler oder aller der atomaren Magnete
gewonnene Energie nicht übertreffen. Es kostet also Energie, ein
großräumiges Magnetfeld zu erzeugen, aber die einzelnen miteinander wechselwirkenden atomaren Magneten können diese
Kosten aufbringen und auch die thermische Neigung zu Zufalls-
bewegungen überwinden, so daß der bevorzugte Zustand die
spontane Entstehung eines makroskopischen Magneten ist, bei
dem alle atomaren Magneten gleich ausgerichtet sind. Man
denke sich die »mittlere Anzahl von Magneten, die in eine
bestimmte Richtung weisen« im Grundstadium als das Äquivalent der »Dichte wirklicher Teilchen« in einem Vakuumzustand
der Teilchenphysik. Dann kann spontane Magnetisierung zu
einem von Null verschiedenen Mittelwert für diese Größe führen, genau wie man sich vorstellen könnte, daß dann, wenn

Teilchen miteinander wechselwirken, die Dichte wirklicher Teilchen im Vakuum von Null verschieden sein kann.

In beiden Fällen verändert sich der makroskopische Charakter der niedrigsten Energiekonfiguration des Systems. Wir nennen das einen *Phasenübergang*. Die Umwandlung von Wasser in Eis ist ein Phasenübergang, ebenso wie die Bildung eines makroskopischen Magneten in einem zuvor nicht magnetisierten Stück Eisen. Solche Phasenübergänge sind für unser Verständnis der Materie in allen Größenordnungen immer wichtiger geworden, ganz gleich, ob es um kochenden Brei geht oder um ein kochendes Vakuum. Sie haben natürlich auch in der Kosmologie einen Platz.

Wir haben in diesem Kapitel schon erwähnt, daß Materie und Strahlung sich mit der Ausdehnung des Weltalls abkühlen. Ich beschreibe später, was zu den Bedingungen führen kann, bei denen Phasenübergänge im »Vakuum« (oder Grundzustand) in der Natur vorkommen können. In diesen Fällen könnte eine endliche Dichte wirklicher Teilchen zum neuen Vakuumzustand »kondensieren«. Solche Teilchen werden später vielleicht zu all dem, was wir sehen; vielleicht bestehen sie auch aus etwas, das schließlich die Energiedichte des Weltalls beherrschen und so durch seine Gravitationswirkungen die Bildung aller beobachteten Struktur bestimmen könnte. Die moderne Kosmologie läßt beide Möglichkeiten zu.

Das Vakuum der modernen Teilchenphysik ist wirklich merkwürdig. Aus einer unveränderlichen »Leere« ist ein von Aktivität strotzender Schauplatz geworden, auf dem Teilchen erzeugt oder vernichtet werden können. Genau wie Licht nach Newton Wellen im Äther auslösen sollte, stellen wir uns jetzt Elementarteilchen als angeregte Zustände des Vakuums vor. Dieses Vakuum könnte sogar die »Quelle« aller Materie im Weltall sein. Wir haben die klassische Äthertheorie von Aristoteles und Huygens aufgegeben. sind dabei aber zu Spekulationen über Dinge gekommen, die noch seltsamer erscheinen. Vielleicht sind wir jetzt einmal im Kreis gegangen. Wieviel näher können wir dem »Unbestimmten« des Anaximander denn noch kommen? Erinnern wir uns an seine Worte:

Anfang und Element der seienden Dinge sei das Unbeschränkte.
… Als solches bezeichnet er weder das Wasser noch ein anderes
der üblichen Elemente, sondern eine andere, unbeschränkte We-
senheit, aus der sämtliche Universa sowie die in ihnen enthaltenen
kosmischen Ordnungen entstehen: Aus welchen [seienden Din-
gen] die seienden Dinge ihr Entstehen haben, dorthin findet auch
ihr Vergehen statt, wie es in Ordnung ist.

Anaximanders Worte erscheinen jetzt prophetisch vertraut. Obwohl es von der Kosmogonie des Anaximander und den früheren Mythen des Urmeeres bis heute ein weiter Weg war und
unsere Erklärungen raffinierter und wissenschaftlicher geworden sind, ist die Grundfrage, die unsere Suche treibt, noch immer
dieselbe. Wir suchen immer noch nach den Grundbestandteilen
der Materie, die wir sehen und berühren können, und wir
möchten immer noch etwas über Ursprung, Wesen und Existenz
des »Stoffs«, aus dem die Welt besteht, wissen. Historisch haben
diese Begriffe immer miteinander zu tun gehabt. In dem Maße,
wie unser Wissen über einen dieser Bereiche zunahm, wuchs
auch unsere Fähigkeit, über einen anderen nachzudenken und
ihn zu erforschen. Merkwürdigerweise scheint die Möglichkeit,
daß wir in einen Hintergrund von Materie eingetaucht sein
können, dessen Eigenschaften und Zusammensetzung sich wesentlich von dem unterscheidet, mit dem wir vertraut sind, nicht
nur ein ganz natürlicher Teil unserer mythologischen, sondern
auch unserer wissenschaftlichen Überlieferung zu sein.

Teil II
Das Weltall wird gewogen ...
und zu leicht gefunden

Kapitel 3
Erstes Licht in der Dunkelheit

Auf diese Art geht die Welt zugrund
Auf diese Art geht die Welt zugrund
Auf diese Art geht die Welt zugrund
Nicht mit Gewalt: mit Gewimmer.

T. S. Eliot

Wird unser Weltall mit der Gewalt eines Knalls oder mit Gewimmer enden? Um das herauszufinden, müssen wir zunächst einmal seine Masse bestimmen. Das ist, wie man sich vorstellen kann, ein recht umfangreiches Unterfangen; nach einem halben Jahrhundert hingebungsvoller Anstrengung kennen wir noch keine endgültige Antwort. Trotzdem haben die Mühen schon zu mindestens einer großen Überraschung geführt: »Dort draußen« gibt es viel mehr, als wir zunächst sehen. Dieses und das nächste Kapitel erklären, warum wir das annehmen und was wir vermuten.

Auf Volksfesten gibt es gelegentlich einen Stand, an dem jemand anbietet, gegen einen kleinen Geldeinsatz das Gewicht der Schaulustigen zu erraten. Bevor der »Experte« eine Vermutung äußert, mustert er seine Kunden zunächst mit den Augen und nimmt sie vielleicht sogar ein- oder zweimal auf den Arm. Es ist offenbar keine leichte Aufgabe, das Gewicht zu erraten, deshalb macht man gern mit. Wenn die Vermutung falsch ist, gewinnt man einen Preis. Wenn sie zutrifft, behält der Schätzer das Geld und läßt sich bewundern. Welchen Einsatz sollten wir für den

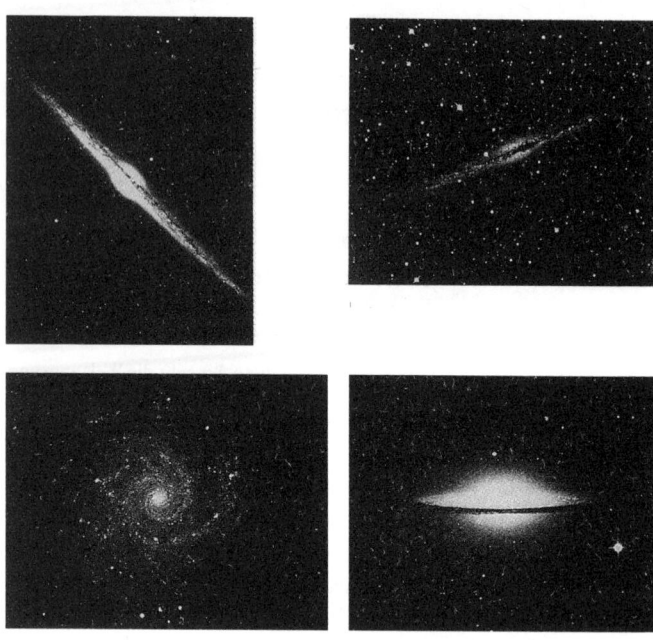

Abb. 3.1 Vier unserer eigenen ähnliche Spiralgalaxien; drei werden von
der Seite und eine in der Aufsicht gezeigt (*oben links*, NGC 4594, *oben rechts*,
NGC 4565, *unten* links, NGC 628, *unten rechts*, NGC 891). In den seitlich
gesehenen sind der Rand der Scheibe und die zentrale Wölbung gut zu
erkennen, deren relative Größe sehr unterschiedlich sein kann. Die Spiralna-
tur der Arme in der Scheibe läßt sich gut an NGC 628 sehen. (Photographien
des Palomar Observatorium; die Aufnahme von NGC 891 wurde freundlicherweise von den Observatorien der Carnegie Institution in Washington
zur Verfügung gestellt.)

Versuch wagen, das »Gewicht« unserer Galaxis oder gar unseres Universums zu schätzen?

In Kapitel 2 habe ich das sichtbare Weltall mit einem sich ausdehnenden, mit kleinen Staubkörnern gefüllten Kasten verglichen. Das war natürlich eine Untertreibung kosmischen Ausmaßes. Die Staubteilchen unseres Weltalls – die Galaxien – sind recht ansehnliche Gegenstände. Es gibt in jeder Galaxie im Mittel etwa 100 Milliarden Sterne, die unserer Sonne mehr oder weniger gleichen. Jede hat einen Durchmesser von mindestens mehreren tausend Lichtjahren (siehe Anhang A). Das vom Bildschirm meines Computers jetzt, während ich dieses schreibe, ausgeschickte Licht würde mehr als 50 000 Jahre brauchen, um zur anderen Seite unseres eigenen Milchstraßensystems zu gelangen. Unsere Galaxis ist relativ typisch für eine Spiralgalaxie; ihre majestätischen großen Spiralarme umfassen eine »dünne« Sternenscheibe, die um eine dichte zentrale Wölbung herum kreist, die einen Durchmesser von über 5 000 Lichtjahren hat (siehe Abbildung 3.1). Spiralgalaxien sind nur eine mögliche Form eines Milchstraßensystems. Es gibt riesige elliptische Sternansammlungen, von denen einige zehnmal so groß sind wie unsere eigene Milchstraße. Andererseits gibt es »winzige« Zwerggalaxien, die mindestens hundertmal kleiner sind als unsere eigene – und erheblich weniger als etwa 100 Millionen Sterne enthalten können.

Diese ehrfurchtgebietenden »Welteninseln« sind genau das, was dieser Name besagt. Mit Ausnahme vereinzelter Ansammlungen von Galaxien in dichtbevölkerten Bereichen des Weltalls sind die Galaxien weit verstreut und selten. Die uns nächste ähnliche Galaxie ist über 1 Millionen Lichtjahre von uns entfernt. Die mittlere Entfernung zwischen zwei Galaxien beträgt etwa 10 Millionen Lichtjahre, über hundertmal mehr als die sichtbare Größe einer einzelnen Galaxie. Über das ganze Weltall verstreut sind riesige Leerräume mit einem Durchmesser von 10 bis 30 Millionen Lichtjahren, die im wesentlichen keine sichtbaren Galaxien enthalten. Es gibt auch gewaltige Haufen von Hunderten oder Tausenden von Galaxien, die bis zu einer Million Milliarde Sterne enthalten. Mehr als die Hälfte der für uns sichtbaren Galaxien gehören zu einem Haufen (siehe Abbil-

Abb. 3.2 Der Galaxienhaufen im Sternbild Herkules bietet den seltenen Anblick vieler verschiedener Arten von Galaxien in einer einzigen photographischen Aufnahme. (Aufnahme des Palomar Observatoriums)

dung 3.2). Auch noch in den fernsten Weiten des sichtbaren Weltalls, in über 1 Milliarde Lichtjahre Entfernung, finden wir Galaxien.

Die Verfahren der Astronomen bei diesem Versuch sind gar nicht sehr verschieden von denen der »Experten«, die auf dem Jahrmarkt das Gewicht erraten. Zunächst versuchen Astronomen, die Masse des Weltalls visuell abzuschätzen. Das muß stufenweise gemacht werden, wobei jede Stufe eigene Probleme birgt. All diese Schwierigkeiten mit der Beobachtung folgen aus einem entscheidenden theoretischen Vorbehalt: Wir messen mit unseren Fernrohren Licht und nicht Masse. Damit wir die Dichte der Materie im Weltall abschätzen können, müssen wir eine theoretische Umrechnung durchführen, bei der eine gewisse Lichtintensität einer bestimmten Masse zugeordnet wird. Je genauer wir diese Entsprechung herstellen können, um so besser ist schließlich unsere Schätzung.

Der erste Teil der Aufgabe – die Lichtmessung – scheint relativ
einfach zu sein. Astronomen durchsuchen den Himmel seit
langer Zeit mit ihren Teleskopen, deshalb könnte man denken,
die Bestimmung der Lichtmenge, die zu sichtbaren Objekten im
Weltall gehört, sei eine einfache Sache. Natürlich sind auch hier
die Dinge nicht so einfach, wie sie scheinen.

Nehmen wir zum Beispiel an, man würde auf einem fernen
Hügel ein Licht sehen. Wie kann man bestimmen, wieviel Watt
die Glühlampe antreiben, die da die Nacht erleuchtet? Wenn
man die Entfernung zum Hügel kennt, ist die Aufgabe leicht zu
lösen. Man liest einfach auf dem Belichtungsmesser die Lichtintensität ab. Wir nehmen an, das Licht breite sich gleichförmig
in alle Richtungen aus und strahle nicht nur in Richtung des
Beobachters. Weil, wie wir wissen, die Intensität proportional
zum Quadrat des Abstands der Quelle ist, läßt sich die Gesamtleistung berechnen (denn mit der Lichtausbreitung verteilt sich
die Lichtmenge über immer größere Kugeln, deren Fläche mit
dem Quadrat ihrer Radien, also ihrer Entfernung zum Beobachter, zunimmt). Wenn man einmal die Intensität des Lichts der
Quelle kennt, kennt man auch die von der Quelle ausgeschickte
Leistung oder ihre Leuchtkraft.

Was kann man machen, wenn man die Entfernung zur Glühlampe nicht kennt? Vielleicht macht es Ihnen Freude, die
»Farbe« von Glühlampen zu bestimmen. Sie unterscheiden dann
vielleicht mit einiger Sicherheit eine »matte« 100-Watt-Lampe
der Firma X von einer »klaren« 50-Watt-Lampe der Firma Y,
weil das Licht der »matten« Lampen weniger gelb ist als das der
»klaren«, und weil 100-Watt-Lampen etwas blauer sind als 50-
Watt-Lampen. Wenn Sie sich mit Glühlampen auskennen, haben Sie auch einigermaßen Vertrauen zu Ihrer Vorhersage.

Ähnliche Verfahren benutzen auch die Astronomen. Es ist
unmöglich, die Entfernung zu fernen Galaxien direkt zu messen.
Ganze Bücher wurden der »kosmischen Entfernungsleiter« ge-
widmet, einer Kette von Messungen, die es uns erlaubt, die
Entfernungen zu fernen Galaxien mit Hilfe der direkt meßbaren
Entfernungen zu nahen Sternen zu eichen. Wenn wir jedoch die
Beziehung zwischen Geschwindigkeit und Entfernung, die aus
der Hubbleschen Expansion folgt, zugrunde legen, die wir in

Kapitel 2 erörterten – wonach die Geschwindigkeit, mit der sich
Galaxien von uns entfernen, proportional zu ihrer Entfernung
ist –, dann können wir unter Berücksichtigung der Ungewißheit
der in dieser Beziehung auftretenden Proportionalitätskonstan-
ten die Entfernung solcher Galaxien abschätzen, wenn wir ihre
Geschwindigkeit messen können. Wie schon gesagt, heißt diese
Proportionalitätskonstante Hubblekonstante. Sie ist so schwierig zu messen, daß ihr Wert mit einer großen Unbestimmtheit
behaftet ist (fast einem Faktor 2). Weil die Hubblekonstante die
Entfernungsskala des Weltalls wesentlich bestimmt, spielt sie in
allen anderen hergeleiteten kosmologischen Größen eine entscheidende Rolle. Deshalb ist es nötig, diese Ungewißheit deutlich kennbar zu machen. Dazu schreibt man die Hubblekonstante als das Produkt einer festen Zahl (siehe Anhang A) und
eines »Unsicherheitsfaktors«, der mit dem Symbol h bezeichnet
wird. Dieser Faktor darf als Ausdruck unserer Ungewißheit in
bezug auf die Hubblekonstante schwanken. Da unsere Unbestimmtheit etwa einen Faktor 2 ausmacht, können wir h einen
Wert zwischen 0,5 und 1 zuschreiben.

Die Bestimmung der Fluchtgeschwindigkeit ferner Galaxien
erfolgt auf diesem Weg relativ direkt, aber sie braucht viel Zeit.
Wir machen uns dazu die Tatsache zunutze, daß Sternenlicht
mittels der Verteilung seiner Frequenzen, also seines Spektrums,
analysiert werden kann. Beim Messen des Lichts naher Sterne
und Galaxien haben Astronomen schon im vorigen Jahrhundert
bemerkt, daß diese Objekte chemische Elemente, vorwiegend
Wasserstoff, enthalten, die genau so beschaffen sind wie die
irdischen. Diese Entdeckung beruht darauf, daß jedes hinreichend angeregte Element Licht mit charakteristischen Frequenzen ausschickt, und diese Frequenzen hängen mit den Unterschieden in den Energieniveaus der Elektronen in den Atomen
des Elements zusammen (siehe Kapitel 1). Da Atome verschiedener Elemente unterschiedliche Energieniveaus haben, lassen sich
die »Spektren« von Licht, das von den Atomen verschiedener
Elemente ausgeschickt wird, mit Fingerabdrücken vergleichen.
Wenn wir die Spektren des Lichts von der Sonne oder von nahen
Sternen messen, finden wir in den Spektren genau dieselben
Kennzeichen, die wir sehen würden, wenn wir zum Beispiel

Wasserstoff auf der Erde auf eine hohe Temperatur erhitzten. Indem wir die beobachteten Frequenzen der Sternspektren mit den bekannten Spektren irdischer Elemente vergleichen, können wir die Existenz und die relative Häufigkeit dieser Elemente in den Sternen feststellen (siehe Abbildung 3.3).

Im vorhergehenden Kapitel habe ich betrachtet, wie Licht in einem expandierenden Weltall »rotverschoben« wird: Seine Wellenlänge nimmt im Lauf seiner Reise mit der Ausdehnung des Weltalls zu. Ich habe auch erwähnt, daß eine sehr ähnliche Erscheinung bei Licht auftritt, das von bewegten Objekten ausgeschickt wird. Dieser sogenannte »Dopplereffekt« tritt in allen Wellen auf, ob es nun Schall- oder Lichtwellen sind, die von bewegten Quellen ausgehen. Ich wies schon darauf hin, daß die Dopplerverschiebung sich in der vertrauten Änderung der Tonhöhe einer Sirene zeigt, wenn die Schallquelle sich uns zunächst nähert und dann wieder von uns entfernt. Wenn sie sich nähert, hört man einen höheren Ton, da die Wellen komprimiert werden, und wenn sie sich entfernt, hört man eine niedrigere Frequenz, da die Wellen gedehnt werden. Dieselbe Erscheinung gibt es auch beim Licht. Solange Objekte sich relativ zum Licht langsam bewegen, ist auch die Formel für die Dopplerverschiebung dieselbe wie für herkömmliche Wellen. In beiden Fällen ist die Veränderung der Wellenlänge proportional zum Verhältnis der Geschwindigkeit des Objekts zur Geschwindigkeit der Welle; im letzteren Fall ist das die Lichtgeschwindigkeit.

Astronomen können dementsprechend bestimmen, wie schnell sich ein Objekt von uns entfernt, indem sie das Spektrum dieses Objekts betrachten und zunächst nach bekannten Spektrallinien suchen, die vom Wasserstoff oder einem anderen häufigen Element herrühren, und dann nachprüfen, wie weit diese Kennzeichen sich gegenüber den Frequenzen im Spektrum der unbewegten Materie im Labor verschoben haben (siehe Abbildung 3.3). Mit diesem Verfahren läßt sich jedoch nur die Bewegung direkt auf uns zu oder von uns weg messen. Eine Bewegung *quer* zur Sichtlinie weist keine Dopplerverschiebung auf (außer wenn sich das Objekt fast mit Lichtgeschwindigkeit bewegt). Wenn wir jedoch daran interessiert sind, die Hubble-Expansionsgeschwindigkeit eines Objekts zu messen, sind wir

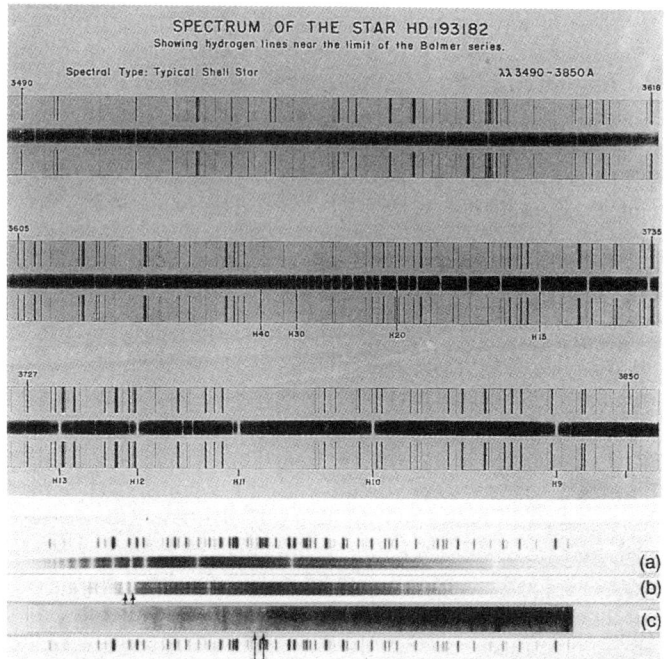

Abb. 3.3 Diese Spektren stammen von nahen Sternen und einer fernen Galaxie; zum Vergleich wird ein Referenzspektrum gezeigt, das man mit Hilfe einer erwärmten Mischung von Helium und Stickstoff im Labor erhalten hat. Die Emissionslinien im Sternspektrum von HD 193182 *(oben)* sind deutlich sichtbar. Neben Linien, die offensichtlich mit denen im Referenzspektrum übereinstimmen, sieht man eine Reihe von Linien (hier mit H40-H9 bezeichnet), die sich aus einer bekannten Reihe elektronischer Anregungen des Wasserstoffs ergeben, die Balmerserie heißt. Die über dem Spektrum gezeigten Zahlen sind die Wellenlängen der Linien (in Einheiten von 10^{-8} cm). In der unteren Abbildung werden drei verschiedene Spektren mit einem Referenzspektrum verglichen. Im oberen Sternspektrum (a) lassen sich die Balmer-Wasserstofflinien wieder gut erkennen. Im mittleren Spektrum (b) zeigen die beiden Pfeile auf Absorptionslinien von Kalzium in der Atmosphäre eines nahen Sterns. Im Spektrum einer fernen Galaxie (c) sind dieselben beiden Absorptionslinien von Kalzium (wieder durch Pfeile angedeutet) im Vergleich mit den entsprechenden Linien im Sternspektrum unmittelbar darüber stark zum »roten« Ende des Spektrums hin verschoben. Aufgrund dieser Verschiebung, die auf den Dopplereffekt zurückzuführen

nur an der Fluchtgeschwindigkeit interessiert und nicht an einer
Bewegung quer über den Himmel. Jede zusätzliche Eigenge-
schwindigkeit, die von der lokalen Bewegung herrührt, fügt
unserer Schätzung einen Fehler hinzu, aber bei hinreichend weit
entfernten Objekten überwiegt die Hubblegeschwindigkeit so
stark, daß der Fehler relativ klein bleibt. Wenn man einmal die
Hubblegeschwindigkeit berechnet hat, läßt sich bis auf den
durch h symbolisierten allgegenwärtigen Unbestimmtheitsfak-
tor von 2 in der Hubblekonstante die Entfernung bestimmen.
Wenn die Entfernung bekannt ist, läßt sich die absolute Helligkeit oder Leuchtkraft eines Objekts relativ genau aus der beobachteten Helligkeit herleiten.

Diese Analyse muß jedoch noch durch das Verfahren der
»Glühlampen-Experten« ergänzt werden. Erstens ist nämlich
die Hubble-Expansion kein nützliches Maß zur Entfernungsbe-
stimmung solcher nahen Objekte, wie es die Dinge in unserer
Galaxis und um sie herum sind, die an die Milchstraße gebunden
sind und deshalb nicht an der von uns weggerichteten Ausdehnung teilhaben. Zweitens können wir Licht etwa im blauen
Bereich des Spektrums mit einem Teleskop messen und daraus
die Helligkeit eines Körpers in diesem Bereich bestimmen. Wir
müssen jedoch eine Annahme darüber machen, wie sich die
Leuchtkraft im blauen Bereich des Spektrums zur Gesamtleucht-
kraft verhält, die uns wiederum eine Vorstellung von der Gesamtmasse geben kann, wenn wir schließlich dazu kommen,
Galaxien zu »schätzen«. Wir tun das, indem wir gemessene
Kennzeichen der Spektren nutzen, die wir zu mutmaßlich vertrauten Dingen in Beziehung setzen können.

Dabei hilft uns das bemerkenswert reichhaltige Wissen zur
Struktur und Evolution einzelner Sterne. Dank der bahnbre-
chenden Arbeiten von A. S. Eddington, S. Chandrasekhar und

---

ist, weil sich die Galaxie von uns entfernt, läßt sich zunächst die Geschwindigkeit und unter Verwendung des Hubble-Gesetzes die Entfernung zur
Galaxie berechnen. (Oberes Spektrum mit freundlicher Genehmigung der
Observatorien der Carnegie Institution of Washington, das untere mit
freundlicher Genehmigung von A. Oemler. Copyright © 1976 Yale University Observatory.)

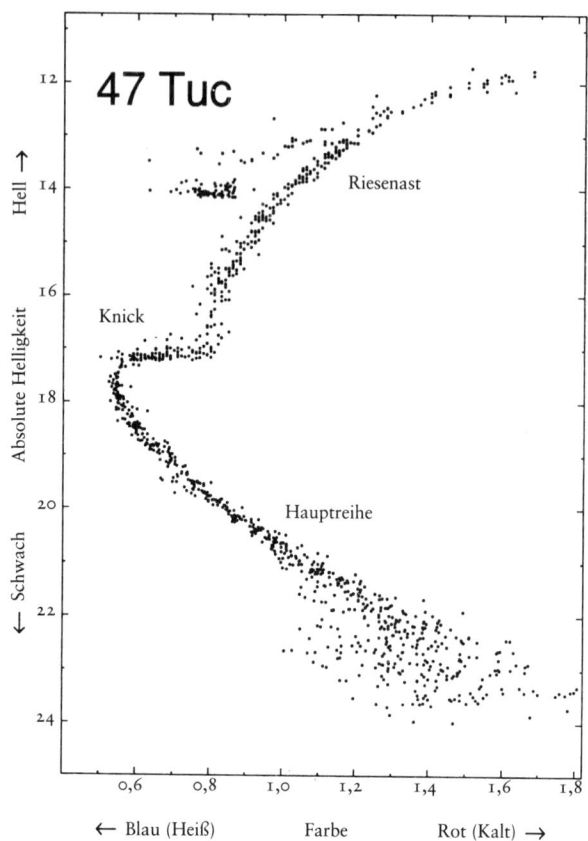

Abb. 3.4   Dieses Hertzsprung-Russell-Diagramm wurde aus der Beobachtung von Sternen in dem alten Kugelhaufen 47 Tucanac gewonnen. Auf einer Achse ist die Farbe des Sterns aufgetragen (man erhält sie durch Beobachtung der relativen Intensität des Lichts in verschiedenen Spektralbereichen, wobei größere Zahlen rötere Sterne anzeigen) und auf der anderen Achse die absolute Helligkeit des Sterns (wobei größere Zahlen schwächere Sterne anzeigen). Offensichtlich finden sich Sterne nur in bestimmten Bereichen dieses Diagramms. Im Diagramm sind die Bereiche gekennzeichnet, die von den »Hauptreihensternen« wie unserer Sonne bewohnt werden, der Bereich, in dem Sterne von der Hauptreihe »abknicken«, und der Bereich der Rote-Riesen-Sterne. (Abbildung mit freundlicher Genehmigung von D. B. Guenther aufgrund von Daten von J. Hessa und anderen)

anderen in der ersten Hälfte des 20. Jahrhunderts, die die Gesetze der Thermodynamik und Quantenmechanik auf das Sterninnere anwendeten, dann der Arbeiten von H. Bethe, C. F. von Weizsäcker, F. Hoyle, G. Gamow, W. Fowler und anderen, die im einzelnen theoretisch und experimentell klärten, wie Sonne und Sterne ihre Energie in Kernreaktionen gewinnen, und schließlich dank all jener, die mit leistungsfähigen Computern die dynamischen Vorgänge im Sterninnern im Einzelnen simulieren, haben wir jetzt eine sehr gute Vorstellung vom Lebenslauf von Sternen aller Arten. In Ergänzung dieser theoretischen Arbeit haben die gewissenhaften Beobachtungen der Astronomen in diesem Jahrhundert es ermöglicht, Sterne (und Galaxien) auf viele verschiedene Arten zu katalogisieren. Durch Sternbeobachtung können ihre Farbe (die nach denselben physikalischen Gesetzen, wie wir sie im vorigen Kapitel erörterten, mit ihrer Oberflächentemperatur zusammenhängt) und ihre Leuchtkraft bestimmt werden. Wenn diese in ein Diagramm eingetragen werden, wird viel Ordnung sichtbar. In einem solchen Farben-Helligkeit- oder (nach den beiden Astronomen, die als erste unabhängig voneinander diese Beziehung nachwiesen) Hertzsprung-Russell-Diagramm liegen die Sterne ganz überwiegend in sehr engen Bereichen (siehe Abbildung 3.4). Die Sonne liegt auf der sogenannten Hauptreihe der wasserstoffverbrennenden Sterne. In jeweils anderen begrenzten Bereichen finden wir die Roten und Blauen Riesensterne und weißlich-blaue kleine Sterne, die sogenannten weißen Zwerge, die ihren Wasserstoffbrennstoff weitgehend erschöpft haben und andere Elemente verbrennen.

Nicht nur neigen Sterne dazu, sich entlang der Kurven dieses Diagramms anzusammeln, sondern die moderne Sternentwicklungstheorie sagt auch außerordentlich genau die Wege im Diagramm vorher, denen die Sterne im Lauf der Zeit folgen. Unsere Sonne zum Beispiel wird noch etwa weitere fünf Milliarden Jahre auf der Hauptreihe bleiben (Berechnungen zur Sternentwicklung, die meine Kollegen in Yale und an anderen Orten angestellt haben, geben das Alter der Sonne mit einer Genauigkeit von 5 Prozent als 4,5 Milliarden Jahre an), um dann von der Hauptreihe weg in den Riesenast überzugehen. Schließlich ein-

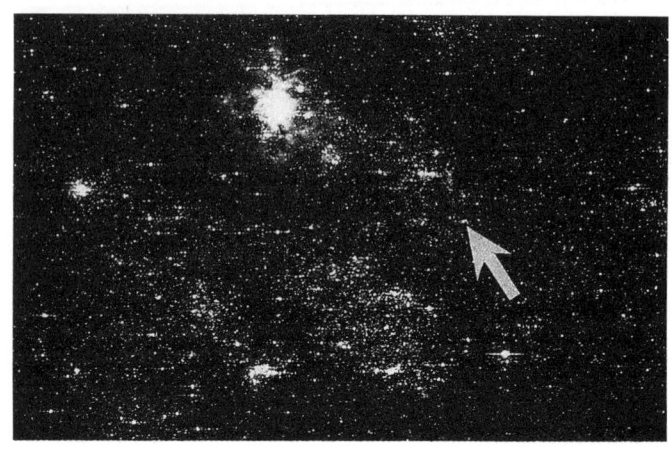

Abb. 3.5   Supernova 1987A

Die Aufnahmen zeigen beide die nur am Südhimmel sichtbare große Magel-
lansche Wolke. Das obere Photo wurde vor dem Februar 1987 gemacht, das
untere kurz nach dem 23. Februar 1987, an dem die Supernova 1987A zuerst
gesehen wurde. Sie ist im unteren Foto deutlich zu erkennen. Im oberen Foto
ist der Ort, an dem im unteren Foto die Supernova zu sehen ist, mit einem
Pfeil bezeichnet. (Photographien mit Genehmigung des Yale Southern Observatory, Inc. Photograph: Carlos E. Lopez)

mal wird sie ihren Brennstoff zum größten Teil verbraucht haben, ihre Leuchtkraft wird abnehmen, und sie wird für längere Zeit zu einem Weißen Zwerg, um schließlich wie eine Kerze zu verlöschen. Massereichere Sterne als die Sonne erwartet ein dramatischeres Ende. Wenn sie ihr Leben im Riesenstadium abgeschlossen haben, fallen sie in einem enormen Energieausbruch zusammen, wobei sie ihre äußeren Schichten in einem Supernova-Ausbruch wegschleudern. Supernovae können kurzzeitig so hell werden wie ganze Galaxien, die über 100 Milliarden normale Sterne enthalten. Interessanterweise konnten die Astrophysiker auf der Grundlage ihrer Theorien der Sternstruktur und Sternentwicklung schon viele Vorhersagen über Supernovae machen, noch bevor sie Beobachtungsdaten hatten; bei der Beobachtung der spektakulären Supernova des Jahres 1987 wurden sie dann glänzend bestätigt. Dieser Ausbruch, die sogenannte Supernova 1987A, war die erste, die in über 400 Jahren in der Nähe der Galaxis beobachtet werden konnte; sie lieferte den Wissenschaftlern beispiellose Daten, an denen sie ihre Theorien überprüfen konnten (siehe Abbildung 3.5). Insgesamt war die Übereinstimmung zwischen Theorie und Beobachtung erstaunlich gut. So wurde zum Beispiel vorhergesagt und dann beobachtet, daß die meiste der von einer Supernova abgestrahlten Energie nicht in der Form von Licht, sondern vielmehr durch die Aussendung schwach wechselwirkender Teilchen, sogenannter *Neutrinos*, abgegeben wird (die wir in Teil 4 ausführlich erörtern werden).

Obwohl die Theorie der Sternbildung und -entwicklung der Sterne sich großartig zu bewähren scheint, stehen Astronomen und Physiker immer noch vor zwei großen Rätseln. Erstens können Astronomen aufgrund ihrer Arbeit zur Sternentwicklung das Alter der von ihnen beobachteten Sternhaufen vorhersagen, indem sie bestimmen, wie weit die Entwicklung von Sternen einer bestimmten Art fortgeschritten ist. Da Sterne kleinerer Masse sich gewöhnlich langsamer entwickeln, kann man in einem Sternsystem nach den kleinsten Sternen suchen, die die Hauptreihe schon verlassen haben, und aus diesen Beobachtungen auf das Alter des Systems schließen. Wenn solche Untersuchungen bei den für sehr alt gehaltenen Kugelsternhaufen durchgeführt werden, berechnet sich für diese ein Alter von etwa 15-20 Milliarden Jahren. Solche Altersschätzungen übertreffen gelegentlich andere unabhängige Schätzungen des Alters des Universums, zum Beispiel solche, die sich ergeben würden, falls sich herausstellte, daß der Hubblefaktor h in der Nähe von 1 liegt. Die Unstimmigkeiten sind hier nicht groß, und es gibt auf beiden Seiten reichlich Raum für Irrtümer. Bis die Zahlen besser übereinstimmen, können wir jedoch weder behaupten, das genaue Alter des Weltalls zu kennen, noch die Theorie der Sternentwicklung für völlig gesichert halten.

Eine zweite Anomalie ist noch störender. Sie hat mit dem astronomischen Körper zu tun, von dem wir gern annehmen, er sei uns am besten bekannt – der Sonne. Die Theorie der Sternstruktur scheint, nach unseren optischen Beobachtungen zu schließen, gut auf die Sonne anwendbar zu sein. Die Astrophysiker meinen, die Beschaffenheit des Sonneninneren bis in den feurigen Kern hinein so gut zu kennen, daß sie solche Größen wie die Temperatur des Sonnenkerns mit einer Genauigkeit von mehr als fünf Prozent vorhersagen können. Seit den sechziger Jahren jedoch führt ein bemerkenswertes Experiment, das Ray Davis, Jr. und seine Kollegen durchführen, zu einigen sehr überraschenden Ergebnissen. Davis benutzt einen riesigen Behälter, der eine chlorhaltige Flüssigkeit (im wesentlichen eine Reinigungsflüssigkeit) enthält und tief unter der Erde in einem Bergwerk aufgestellt ist (siehe Abbildung 3.6); darin sucht er nach sogenannten Neutrinos, schwach wechselwirkenden Teilchen, die bei den Kernreaktionen ausgeschickt werden, die Sonne, Kernreaktoren und Supernovae den Brennstoff liefern. (Ich werde in Teil 6 erklären, warum man die vom Himmel kommenden Neutrinos unter der Erde beobachten muß.) Die Neutrinos, deren Wechselwirkung in diesem Detektor beobachtet wird, können im Prinzip Kernreaktionen auslösen, die Chloratome in Argonatome umwandeln. Neutrinos sind jedoch so schwach wechselwirkende Teilchen, daß Davis in etwa hundert Tonnen Materie pro Tag nur ein oder zwei solcher durch die energiereichsten von der Sonne stammenden Neutrinos ausgelösten Reaktionen zu beobachten erwartete. Seit Mitte der sechziger Jahre hat Davis jedoch im Mittel nur ein Drittel der Reak-

Abb. 3.6 Der große unterirdische Tank, der 615 Tonnen einer Chlor enthaltenden Flüssigkeit faßt und in der Homestake-Goldmine in Lead im US-Bundesstaat Süd Dakota steht. Der Tank wurde unter der Leitung von Ray Davis, Jr. von einer Gruppe aus Brookhaven gebaut, um nach Signalen zu suchen, die auf von der Sonne ausgeschickte Neutrinos schließen lassen. Die Aufnahme zeigt den Tank, bevor der Versuch 1967 begann. Dieser jetzt von der University of Pennsylvania betriebene Detektor arbeitet seit über zwanzig Jahren. (Die Aufnahme wurde mit freundlicher Genehmigung der Brookhaven National Laboratory von R. Davis zur Verfügung gestellt)

tionsrate gesehen, die die besten Sonnenmodelle vorhersagen.
Ein anderes Experiment, das in Japan mit einem unterirdischen
Detektor, der 8000 Tonnen Wasser faßt, durchgeführt wird,
war eines der zwei, die Neutrinos von der Supernova 1987A
beobachteten, dem Ereignis, mit dem das neue Zeitalter der
»Neutrino-Astronomie« begann. Dieses Experiment lieferte
auch vorläufige Informationen über Sonnen-Neutrinos. Es bestätigte, daß die Rate, mit der die energiereichsten Neutrinos von
der Sonne ausgeschickt werden, weniger als 60 Prozent der von
Astronomen vorhergesagten beträgt. (Tatsächlich hat Davis seit
1986 eine Rate beobachtet, die im japanischen Detektor der
ermittelten oberen Grenze entspricht oder etwa dem Doppelten
der Durchschnittsrate, die er in den zwanzig Jahren davor
beobachtete. Neuerdings haben Ergebnisse aus dem Gallex-
Experiment im Gran Sasso in Italien Hinweise auf eine höhere
Produktion von niederenergetischen Neutrinos von der Sonne
gegeben. Die Astronomen sehen damit ihre Theorie vom Sonneninnern als »gerettet« an.)

Da die Kernreaktionen, bei denen Neutrinos entstehen, auch
das Kraftwerk Sonne betreiben, und da die Sonne der Körper ist,
auf dem eine anscheinend erfolgreiche Sterntheorie basiert, sind
die Beobachtungen über das Verhalten der Neutrinos sehr verwirrend. Die Astronomen sind sich so sicher, die Struktur der
Sonne zu verstehen, daß einige von ihnen vorgeschlagen haben,
diese ungewöhnlichen Ergebnisse nicht auf die Eigenschaften
der Sonne zurückzuführen, sondern vielmehr auf die der Neutrinos. Teilchenphysiker haben viele Modelle erwogen, wie eine
neue Physik das Neutrinosignal beeinflussen könnte, das wir
von der Sonne erhalten. Wenn sich herausstellt, daß dies der Fall
ist, dann wird uns vielleicht zum erstenmal die Astronomie
Aufschluß über Bereiche der Teilchenphysik gegeben haben, die
weit außerhalb der Reichweite heutiger Beschleuniger liegen.
Vielleicht muß jedoch auch das Standardmodell der Sonne ein
bißchen »zurechtgestaucht« oder manipuliert werden, und vielleicht sind auch die heutigen Versuchsergebnisse falsch. Wie die
Lösung für das Problem der »Sonnen-Neutrinos« auch aussehen
wird, bleibt eines der größten Rätsel der heutigen Astrophysik.
Ich sollte jedoch bemerken, daß die Lösung dieses Problems das

allgemeine Wissen über Sternstruktur oder -entwicklung keineswegs in Frage stellen muß. Wir brauchen das Standard-Sonnenmodell nur etwas abzuändern, um eine andere Anzahl der von der Sonne erzeugten Neutrinos zu erhalten. Es ist ein Zeichen für das Vertrauen, das die Astrophysiker in ihre Theorie haben, und für die gute Übereinstimmung zwischen dem Modell und anderen Beobachtungen, daß sie selbst diese kleinen Veränderungen nur so ungern vornehmen.

Wir kehren zu unserer ursprünglichen Aufgabe zurück, das »Gewicht« der Welt zu bestimmen. Die ungeheure Wissensmenge, die Astronomen in bezug auf die Sternstruktur gesammelt haben, erlaubt es ihnen im allgemeinen, die Massen und das Alter der Sterne im Hertzsprung-Russell-Diagramm in Relation zum Alter der Sonne anzugeben (siehe Abbildung 3.4). Dieses wiederum erlaubt es uns, für unseren Versuch, das Weltall zu »wiegen«, »Licht« in »Masse« zu verwandeln. Zunächst einmal können wir, sowie wir verschiedene Arten von Sternen »unterscheiden« können, unsere Entfernungsmessungen verbessern, weil wir dann »Standardkerzen« haben. Wenn wir ein System mit bekannter Leuchtkraft beobachten (wie es unser »Glühlampen«-Experte tat), dann können wir aus der beobachteten Leuchtkraft die Entfernung von uns und damit auch die Entfernung zu benachbarten Objekten bestimmen. Wir können diesen Vorgang in immer größere Entfernungen hinein fortsetzen und so das Hubble-Gesetz der Expansion eichen. Wie ich schon früher andeutete, ist unsere Berechnung der Beziehung zwischen Entfernung und Geschwindigkeit nur bis auf einen Faktor 2 genau.

Neben dem Eichen der Beziehung zwischen Entfernung und Leuchtkraft können wir mit Hilfe unserer Kenntnis der Sternstruktur auch die gemessene Leuchtkraft einer Galaxie in Daten umrechnen, die für die Berechnung ihrer Masse nützlicher sind. Wenn wir ein vorgegebenes System von Sternen in einer Galaxie beobachten und seine Leuchtkraft bestimmen, können wir aus seiner Farbe und anderen Kennzeichen auch die Häufigkeit der verschiedenen Sterntypen bestimmen. Es gibt in der Tat eine »Klassifizierung« der Galaxien, genau wie es eine von Sternen gibt. Wenn man die Häufigkeit von Sternen einer bestimmten

Art in einem bestimmten Galaxientyp kennt, kann man die Gesamtmasse der Sterne eines solchen Systems im Verhältnis zur Sonnenmasse berechnen.

Bevor wir eine Zahl für die Dichte der sichtbaren Materie im Weltall angeben können, die wir aus der gesamten in Galaxien sichtbaren Masse und der beobachteten Galaxiendichte herleiten, müssen wir noch eine weitere Komponente der sichtbaren Materie berücksichtigen. Sterne entstehen, wenn sich ein diffuses Gas zusammenballt, sich dabei erhitzt und schließlich die Kernreaktion in Gang setzt, die den Sternen ihre Energie gibt. Es gibt im Innern von Galaxien und in Galaxienhaufen noch immer viel solch embryonisches diffuses Gas – vor allem Wasserstoff. Ein Teil von diesem diffusen Gas ist heiß genug, um Licht auszusenden. Aus seinem Spektrum können wir die Menge solchen Materials innerhalb unserer Galaxis und benachbarter Galaxien abschätzen. Wir müssen diesen Beitrag berücksichtigen, wenn wir Licht und Masse im Weltall ineinander umrechnen wollen.

Schließlich hilft ein bißchen gesunder Menschenverstand bei der Schätzung der gesamten Leuchtkraft der Galaxien. Größere Galaxien sind wahrscheinlich intrinsisch heller. Zum Glück gibt es eine Möglichkeit, die Größe einer Galaxie unabhängig davon empirisch abzuschätzen. Die Sterne hellerer Galaxien neigen dazu, sich in diesen Galaxien mit größeren Geschwindigkeiten zu bewegen als Sterne in weniger hellen Galaxien. Es gibt einen theoretischen Grund für diese Beziehung, mit dem ich mich im nächsten Kapitel ausführlich beschäftigen werde; hier genügt es zu sagen, daß die Beobachtung diese Beziehung für die beiden Hauptarten der Galaxien, die spiralförmigen und die elliptischen, bestätigt hat. Wie andere wohlbestätigte phänomenologische Ergebnisse hat auch diese einen Namen, ja sogar zwei. Die Beziehung zwischen der Leuchtkraft der Galaxie und der Geschwindigkeit der Sterne heißt bei Spiralgalaxien Tully-Fischer-Beziehung, bei elliptischen Faber-Jackson-Beziehung. Wenn diese Beziehungen einmal quantitativ für Galaxien bestätigt sind, deren Leuchtkraft mit anderen Messungen bestimmt werden kann, lassen sie sich dazu benutzen, weniger gesicherte Schätzungen der Leuchtkraft anderer Galaxien zu bestätigen.

Wenn sich all der »Staub« gesetzt hat, können wir berechnen, wieviel Licht die Galaxien des Universums ausschicken, um eine mittlere Leuchtkraftdichte des Weltalls innerhalb eines geeigneten Frequenzbereichs zu erhalten. Es scheint in jedem Würfel mit einer Kantenlänge von etwa 1 Million Parsec ein durchschnittliches »Lichtäquivalent« von etwa 200 h Millionen Sternen zu geben, die so leuchtkräftig sind wie unsere Sonne (1 Parsec entspricht etwa 3 Lichtjahren).

In diese Abschätzung geht, wie man sieht, wieder der allgegenwärtige »Gummifaktor« h ein, der ein Ausdruck unserer Unsicherheit in bezug auf die Entfernungsskala des Weltalls ist; das war zu erwarten, weil wir die Leuchtkraft nur mit Hilfe von Entfernungsschätzungen bestimmen können.

Wenn wir diese Zahl in eine mittlere Dichte der sichtbaren Materie umrechnen wollen, damit wir den ersten Schritt dazu machen können, »das Universum zu wiegen«, müssen wir abschätzen, wieviel Masse in einer gegebenen Galaxie zu einer Leuchtkraft führt, die etwa der der Sonne gleicht. Da in einem ionisierten Gas viel mehr Masse nötig ist, um dieselbe Leuchtkraft zu erzeugen wie die eines Gases, das zu einem Stern zusammengepreßt ist, und da es in Galaxien eine Menge alter Sterne gibt, die im Vergleich zu unserer eigenen Sonne – die auf dem Höhepunkt ihres Lebens ist – relativ schwach sind, ergibt sich, daß die durchschnittliche leuchtende Masse, die dem Licht entspricht, das von der Sonne ausgeschickt wird, größer ist als eine Sonnenmasse. *Ein Lichtäquivalent der Sonnenhelligkeit wird im Mittel von ungefähr 25 h Sonnenmassen galaktischer Materie erzeugt.* (Diese Zahl schwankt je nach der Art der Galaxien etwas und hängt auch von Konventionen ab, so davon, in welchem Frequenzbereich die Leuchtkraft bestimmt wurde.) Die mittlere sichtbare Massendichte des Weltalls betrug damit etwa 4,5 h Milliarden Sonnenmassen pro Kubikmegaparsec (1 Megaparsec entspricht 1 Million Parsec).

Ich möchte noch einmal betonen, daß diese Menge nur die »leuchtende« Massendichte des Weltalls abbildet. Als solche liefert diese Zahl nur eine *untere Grenze* für die gesamte Massendichte. Man könnte sich leicht Wege vorstellen, wie bei diesem Zählverfahren Materie verloren gehen könnte. In den meisten

Fällen jedoch schränken andere Messungen diese Möglichkeiten
ein. So gilt zum Beispiel:

1. Gewöhnliches diffuses Gas, das nicht stark genug angeregt
ist, um Licht auszusenden, wird in unserer Rechnung nicht
berücksichtigt. Selbst wenn solche Materie kein Licht *aussendet*,
kann sie doch Licht von entfernteren Himmelskörpern, etwa
Quasaren, *absorbieren*. Quasare sind äußerst leuchtstarke
Punktquellen, so hell wie eine ganze Galaxie (wir wissen noch
nicht mit Sicherheit, warum); wir sehen sie, so weit wir in den
Raum hineinsehen können, also bis in etwa 5-10 Milliarden
Lichtjahre Entfernung. Bei der Untersuchung der Spektren von
Quasaren würde man in bestimmten Bereichen beträchtliche
Absorption erwarten, wenn der dazwischenliegende Raum be-
deutende Mengen neutralen Wasserstoffs enthielte. Daß es kei-
nen solchen Absorption»trog« gibt, beschränkt die Gesamtmenge dieser Materie auf einen wesentlich kleineren Betrag als
die von uns beobachtete leuchtende Materie.

2. Außerordentlich heißes Gas schickt kein sichtbares Licht
aus, sondern Röntgenstrahlung, die wir, wie ich im nächsten
Kapitel ausführe, von Galaxien und Galaxienhaufen empfangen. Die beobachtete Gesamtmenge dieser Strahlung läßt vermuten, daß die Masse eines solchen heißen Gases der von
Sternen vergleichbar ist. Es gibt jedoch einen recht diffusen,
anscheinend isotropen Röntgenhintergrund, der bis jetzt noch
ungeklärt ist. Im Prinzip könnte er von einem gleichförmigen
intergalaktischen Hintergrund von Gas mit einer sehr hohen
Temperatur (von, sagen wir, 100 Millionen Kelvin) stammen.
Wenn das der Fall wäre, könnte das Zehn- bis Hundertfache der
beobachteten hellen Materie des Universums in einem solchen
Gas stecken. Die Energie jedoch, die nötig ist, einen solchen
Hintergrund so heiß zu halten, ist so gewaltig und übertrifft so
weit alle Erwartungen, die auf den uns vernünftig erscheinenden
physikalischen Vorgängen beruhen, daß diese Möglichkeit im
Augenblick nicht ernsthaft erwogen wird.

3. Die einzige Möglichkeit, die durch die Beobachtung nicht
sehr eingeschränkt wird, besteht darin, daß viel Masse in sehr
kompakten dunklen Objekten steckt, etwa in »mittelgroßen«
Schwarzen Löchern (wären sie zu groß, könnten wir das Licht

sehen, das Körper aussenden, die in sie hineinfallen, und wären sie zu klein, müßte es so viele von ihnen geben, daß wir die Gravitationswirkung naher Schwarzer Löcher spüren müßten), in planetenähnlichen Objekten von der Größe des Jupiter oder in toten Sternen, die keine Supernovae hervorgebracht haben. Keine dieser Möglichkeiten läßt sich ausschließen, keine jedoch ist besonders zwingend. Mit Ausnahme toter Sterne, die nach Meinung mancher Wissenschaftler in unserer Galaxis häufig vorkommen könnten, legt keine Erklärung für die Galaxienbildung nahe, daß sich solche Objekte in großer Häufigkeit bilden sollten. Aber dieses Vorurteil allein schließt nicht die Möglichkeit aus, daß diese Größen wesentlich oder sogar überwiegend zur Masse der Galaxien beitragen könnten.

Über diese drei speziellen Möglichkeiten und Einschränkungen hinaus setzen einige theoretische Überlegungen eine Obergrenze für die mittlere Dichte der Materie, die aus Protonen und Neutronen, den Komponenten der normalen schweren Materie, besteht. Danach kann es im heutigen Weltall nicht mehr als etwa das Zehnfache der Materie geben, die nach früheren Schätzungen im heutigen Weltall als normale Materie sichtbar ist! Das ist eine kühne Behauptung. Jetzt möchte ich nur die Daten anführen und die Theorie erst später erörtern. Es sei dazu bereits hier gesagt, daß wir nach diesen Überlegungen unter Berücksichtigung der eben gemachten, durch die Beobachtung nahegelegten Einschränkungen bei unserer optischen Abschätzung nicht allzu viel sichtbare Materie übersehen.

Wenn wir die Unsicherheiten in bezug auf die übersehene Materie beiseite lassen, hängt unsere Abschätzung der leuchtenden Materie im Weltall schließlich davon ab, daß wir die Masse unserer eigenen Sonne kennen müssen. Wir können diesen Massenwert dann in den früher gegebenen Ausdruck einsetzen und erhalten eine Zahl in Pfund oder Kilogramm oder einer anderen Masseneinheit. Es ist, als ob der Marktschreier unserer Jahrmarktsbude von einem kleinen Jungen behauptete, er wiege ungefähr soviel wie fünf Sack Zucker. Wenn der Mann nicht sagen könnte, wieviel ein Sack Zucker wiegt, hätte er am Ende des Tages kein Geld verdient.

Das »Wiegen« der Sonne ist eine der elegantesten und nütz-
lichsten Messungen, die wir in der Physik machen können. Um
zu beschreiben, wie sie durchgeführt wird, müssen wir ins
siebzehnte Jahrhundert zurückkehren, in dem Isaac Newton sein
allgemeines Gravitationsgesetz aufstellte.

Newton wurde nicht durch seine Entdeckung des Gravitationsgesetzes berühmt, sondern vielmehr durch seine Anwendung dieser Theorie zur richtigen Vorhersage der Zeit, die der
Mond zur Umrundung der Erde braucht. Er nahm an, die Kraft,
mit der dieser die Erde anzieht, sei dieselbe, die Galileis Kanonenkugeln vom Turm zu Pisa fallen und die Jupitermonde um
den Planet laufen läßt; als er dann alle entscheidenden Zahlen in
seine universale Formel eingesetzt hatte, konnte er behaupten,
daß unser Mond ungefähr 28 Tage für einen Erdumlauf braucht.
Natürlich trifft das tatsächlich zu. Die Erklärung eines des
bekanntesten, aber sonst beliebigen Zahlenwertes der Astronomie stellte für alle Welt unter Beweis, daß die Himmelskörper
nicht willkürlich handeln, sondern daß im Chaos Ordnung
herrscht und daß die Gesetze der Physik diese Ordnung vor-
schreiben. Etwa zwei Jahrhunderte später erwarb ein anderer
junger Wissenschaftler augenblicklich Berühmtheit, und zwar
weder für die Aufstellung seiner schönen Theorie, noch für die
Revolution, die er einige Jahre früher in seinem Arbeitsgebiet
bewirkt hatte. Was Einsteins Namen in die Schlagzeilen brachte,
war seine richtige Vorhersage einer bemerkenswerten Beobachtung, die während einer zur Beobachtung einer Sonnenfinsternis
ausgerichteten Expedition angestellt wurde. Genau wie er es
behauptet hatte, zeigten photographische Aufnahmen, die während der Finsternis gemacht worden waren, daß auch das Licht
sich nach innen krümmt, wenn es im Schwerefeld der Sonne ist.
Wie wir sehen werden, liefern die zwei Vorhersagen dieser
beiden großen Physiker den Schlüssel zur Erforschung der in den
Sternen verborgenen dunklen Materie.

Wie kam Newton zu seinem berühmten Schluß über den
Mond? Indem er »auf den Schultern von Riesen stand«. Ungefähr eine Generation vor ihm hatten der große dänische beobachtende Astronom Tycho Brahe und nach ihm der große
Theoretiker, sein deutscher Kollege Johannes Kepler, den größ-

ten Teil ihres erwachsenen Lebens der Beobachtung und Erklärung der Bewegungen der Planeten am Himmel gewidmet. Aus den mühsamen Beobachtungen, die Brahe ohne die Hilfe eines Fernrohrs machte, leitete Kepler drei berühmte Erfahrungssätze über die Planetenbewegung her:

1. Die Planeten bewegen sich auf elliptischen Bahnen, in deren einem Brennpunkt die Sonne steht.

2. Der Radiusvektor (also die Verbindungslinie von der Sonne zum Planeten) überstreicht in gleichen Zeiten gleiche Flächen.

3. Das Quadrat der Bahnperiode eines jeden Planeten ist proportional zur dritten Potenz seiner mittleren Entfernung von der Sonne.

Newton mußte sich bei der Herleitung seines allgemeinen Gravitationsgesetzes ganz wesentlich auf jedes dieser Keplerschen Gesetze verlassen. Zuvor hatte er sein berühmtes Zweites Bewegungsgesetz formuliert, das die Größe der Kraft angibt, die nötig ist, um ein bestimmtes Objekt bekannter Masse in Bewegung zu versetzen. Vor ihm hatte Galilei brillant bewiesen, daß Körper dann, wenn sie sich selbst überlassen bleiben, weiterhin mit konstanter Geschwindigkeit auf einer Geraden laufen. Weil alle physikalischen Objekte auf der Erde sich anscheinend verlangsamen, wenn wir sie nicht immer wieder anstoßen, leitete Galilei daraus her, daß dies nur eine von Reibungskräften herrührende Nebenwirkung sei. Ohne Reibung würde ein auf dem Boden gleitender Puck immer weiter gleiten, genau wie ein ruhender immer in Ruhe bleiben würde. Die Geschwindigkeit Null – ein ruhendes Objekt – ist nur ein Spezialfall einer konstanten Geschwindigkeit. Es erfordert Kraft, die Geschwindigkeit oder die Bewegungsrichtung eines Objekts zu verändern.

Wie Newton mit Hilfe einfacher geometrischer Überlegungen ganz richtig erkannte, spiegelt Keplers zweites Gesetz der Planetenbewegung mathematisch die Tatsache wider, daß radial entlang der Verbindungslinie von Sonne und Planet eine Kraft wirkt. Diese Überlegung Newtons läßt sich von jedem nachvollziehen, der über Schulkenntnisse der höheren Mathematik verfügt; ich empfehle interessierten Lesern die besonders klaren Ausführungen, die Richard Feynman in seinem Buch *Vom Wesen physikalischer Gesetze* macht.[1]

Keplers drittes Gesetz lieferte den Schlüssel zur Bestimmung der genauen Form dieser kosmischen Kraft. Dieses Gesetz läßt sich zu einer festen Beziehung zwischen der mittleren Bahngeschwindigkeit der Planeten um die Sonne und ihrer mittleren Entfernung von ihr vereinfachen. In dieser Form konnte Newton Keplers drittes Gesetz aus einem neuen »universalen« Gravitationsgesetz herleiten, indem er eine zwischen Sonne und Planeten wirkende Kraft annahm, die vom Produkt der Massen und vom Inversen des Quadrats der mittleren Entfernung abhängt. Außerdem wies Newton einen *direkten Zusammenhang der Proportionalitätskonstante mit der Masse der Sonne* nach.

Aber Newton ging noch weiter, denn er behauptete, dasselbe Kraftgesetz sei auch für die Bewegung von Körpern verantwortlich, die zur Erde fallen, und für den Umlauf des Mondes um die Erde. Durch Vergleich der Entfernung des Mondes mit der Entfernung von Dingen auf der Erdoberfläche von der Erdmitte konnte er die errechnete Bahngeschwindigkeit des Mondes mit der bekannten Fallgeschwindigkeit von Kanonenkugeln und ähnlichen Körpern in Beziehung setzen. Daraus leitete er die Zeit ab, die der Mond für einen Umlauf braucht, und erhielt so seine berühmte Antwort.

Nachdem Newton die Gültigkeit seiner Theorie bewiesen hatte, konnte er die neue Beziehung, die er zwischen der Bahngeschwindigkeit der Planeten und der Sonnenmasse nachgewiesen hatte, dazu benutzen, die Sonne zu »wiegen«. Er brauchte nur die Konstante genau zu bestimmen, die Bahngeschwindigkeit, Entfernung und Masse verknüpft. Dazu wandte er eben diese Beziehung auf das System Erde-Mond an, bei dem nicht nur die Geschwindigkeiten und Entfernungen bekannt waren, sondern auch die Masse der Erde. Indem er all die gemessenen Größen in die zwischen ihnen gefundene Beziehung einsetzte, konnte er den Wert der Konstanten bestimmen, durch den die Zahlenwerte der linken und rechten Seiten seiner Gleichung übereinstimmten. Er behauptete dann, seine Konstante sei insofern universell, als sie unabhängig von den Objekten war, auf die sie angewendet wurde, und nur von der inhärenten Stärke der Schwerkraft abhing.* Er konnte diese Konstante dann in die Gleichung einsetzen, die er für die Bahngeschwindigkeiten der Planeten, ihre Bahnradien und die Sonnenmasse aufgestellt hatte, und so die Masse der Sonne bestimmen.

Nun ist es in den Naturwissenschaften immer besser, mehrere Messungen zu haben, auch dann, wenn eine Messung gut ist. Statt zum Beispiel diese Beziehung nur einmal auf nur einen Planeten anzuwenden, gewinnt man höhere Genauigkeit, wenn man versucht, die Sonnenmasse zu bestimmen, indem man die Daten von allen neun Planeten gleichzeitig verwendet. In diesem Sinn habe ich dem Mittelwert der Bahngeschwindigkeit jedes der neun Planeten im Verhältnis zu seiner mittleren Entfernung von der Sonne aufgetragen (siehe Abbildung 3.7).

Jetzt zeichne ich eine Kurve ein, die aus Newtons Beziehung folgt, wobei ich die Masse der Sonne so bestimme, daß diese Kurve, *deren Form durch diese Beziehung bestimmt ist*, möglichst gut mit diesen Punkten übereinstimmt (siehe Abbildung 3.8).

In meiner Laufbahn als Physiker habe ich in modernen Experimenten niemals eine so gute Übereinstimmung zwischen Daten und Theorie gefunden. Newtons Gravitationsgesetz bewährt sich! Aus Daten wie diesen läßt sich ablesen, daß die Masse der Sonne etwa 2×10^{30} kg beträgt. Die Genauigkeit dieses Wertes ist durch unsere Unsicherheit in bezug auf die Gravitationskonstante G bedingt. Wenn diese genau bestimmt wäre, könnten wir aufgrund unserer Kenntnisse der Planeten die Masse der Sonne mit einer Genauigkeit von 1 zu 1 Milliarde bestimmen.

Wir können uns jedoch ausmalen, wie diese Rechnung hätte schiefgehen können. Nehmen wir zum Beispiel an, es gäbe im Sonnensystem viel Staub; es sei nicht genug, um bemerkbar zu sein, mache aber etwa innerhalb der Erdbahn, also in einem Raumvolumen, das ungefähr das Milliardenfache des Volumens

---

* Diese Konstante wird Newtons Gravitationskonstante genannt und mit G (für »Gravitation«) bezeichnet. Wir kennen den Wert dieser Naturkonstanten jetzt auf wenige Tausendstel genau. Die Genauigkeit mag eindrucksvoll sein, aber sie ist nach modernen Maßstäben recht grob; G ist deshalb eine der am wenigsten genau bekannten Naturkonstanten, weil exakte Experimente mit der Schwerkraft sehr schwer anzustellen sind.

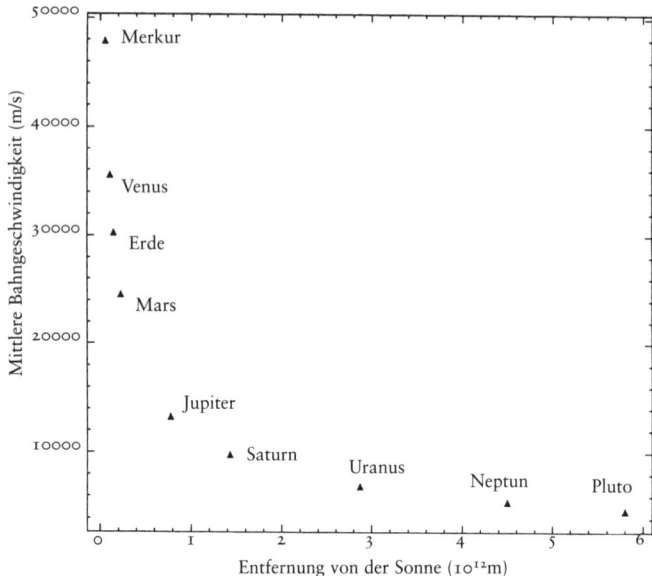

Abb. 3.7   Die mittlere Bahngeschwindigkeit eines jeden Planeten in Beziehung zur mittleren Entfernung von der Sonne.

der Sonne ausmacht, eine Sonnenmasse aus (der Staub hätte
dann eine Dichte von etwa einem Milliardstel der mittleren
Sonnendichte). Nehmen wir auch an, daß die Dichte des Staubs
in größeren Entfernungen rasch abnimmt, und zwar zum Beispiel mit dem inversen Quadrat der Entfernung. Was würde man
dann für die Bahngeschwindigkeit der Planeten vorhersagen?
Newtons Beziehung würde noch gelten, aber statt der Sonnenmasse müßte man *zusätzlich* zur Masse der Sonne den Staub
berücksichtigen, der in der Bahn jedes der Planeten enthalten ist.
   Vergessen wir die Sonne für eine Weile und betrachten wir die
Wirkung des Staubs für sich. (Wir können die Sonne nachher
leicht wieder einbeziehen.) Wenn die Staubdichte mit dem Inversen des Abstandsquadrats abnimmt, kann man ganz direkt
zeigen, daß die gesamte Staubmasse, die von jeder um diese
Verteilung zentrierte Kugel eingeschlossen wird, direkt propor-

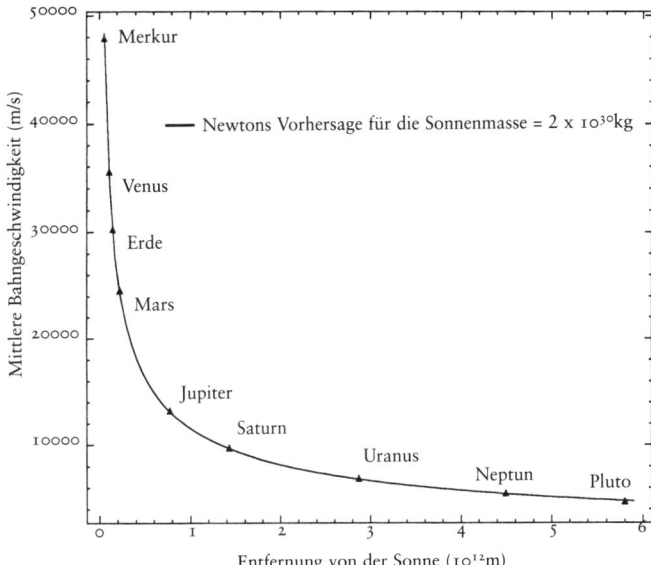

Abb. 3.8 Die mittlere Bahngeschwindigkeit der Planeten in Beziehung zur mittleren Entfernung von der Sonne. Den Daten wurde die aus Newtons Analyse der Beziehung zwischen Bahngeschwindigkeit und Entfernung gewonnene Kurve überlagert.

tional ist zum Abstand vom Zentrum (also zum Kugelradius). Wenn wir dieses Ergebnis in Newtons Beziehung zwischen Bahngeschwindigkeit, Entfernung und Masse einsetzen, erhalten wir für die Planeten eine Bahngeschwindigkeit, die für Planeten außerhalb der Erdbahn konstant und unabhängig von ihrer Entfernung ist. Diese Vorhersage wird durch die Kurve in Abbildung 3.9 veranschaulicht.

Wenn diese Bedingungen zuträfen, hätte die Geschichte der Naturwissenschaften einen völlig anderen Verlauf genommen. Kepler hätte aus den Beobachtungen geschlossen, daß die Bahngeschwindigkeit der Planeten sich einem konstanten Wert nähert, statt invers mit der Quadratwurzel aus der Entfernung abzunehmen. Aus dieser Beziehung hätte Newton ein Gesetz

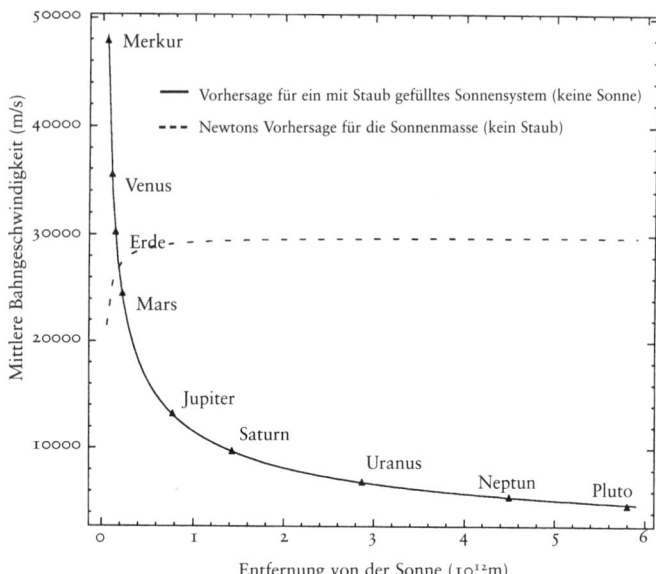

Abb. 3.9 Die mittlere Bahngeschwindigkeit jedes der Planeten in Beziehung zur jeweiligen mittleren Entfernung von der Sonne. Den Daten wurde
die aus Newtons Analyse (ohne Berücksichtigung von Staub) gewonnene
Kurve für die Beziehung zwischen Bahngeschwindigkeit und Entfernung
überlagert und auch die Vorhersage für den Fall, daß das Sonnensystem
einen Staubanteil von Sonnenmasse enthält, dessen Dichte mit dem inversen
Quadrat des Abstands zur Sonne abnimmt. Im letzteren Fall wurde bei der
Herleitung der Kurve nur der vom Staub herrührende Beitrag berücksichtigt.

hergeleitet, wonach die Schwerkraft umgekehrt proportional
zum Radius und nicht zu seinem *Quadrat* gewesen wäre. Er
hätte dieses Ergebnis dann auf den Mond angewendet, die
falsche Antwort erhalten und sich vielleicht völlig auf Mystizis-
mus und Alchemie zurückgezogen.

Jedenfalls können wir, weil die Übereinstimmung zwischen
Newtons Gravitationsgesetz und der Beobachtung so gut ist, mit
ziemlicher Zuversicht sagen, daß die Gesamtmenge des unsichtbaren Staubs in der unmittelbaren Umgebung der Sonne nicht
einmal einen kleinen Bruchteil der Sonnenmasse ausmacht.

Während ich dieses Kapitel schrieb, erhielt ich eine wissenschaftliche Arbeit, die sich mit genau dieser Frage beschäftigt und der Menge solchen Staubs im Sonnensystem eine Grenze setzt; danach kann der Staub höchstens ein Millionstel einer Sonnenmasse ausmachen.

Weil wir einen Wert für die Sonnenmasse haben, kann die weiter oben für die mittlere sichtbare Massendichte des Weltalls angegebene Masse jetzt, wenn das gewünscht wird, in Kilogramm pro Kubikmegaparsec angegeben werden. Aber ich bin aus einem wichtigeren Grund auf diese Einzelheiten eingegangen. Diese Denkweise liefert eine zweite Methode, das Weltall zu wiegen, die dem Vorgehen des Mannes auf dem Jahrmarkt ähnelt, der seinen Kunden hochhebt, bevor er seine Schätzung bekanntgibt. *Wir brauchen uns nicht auf optische Abschätzungen von Sternen und Gas zu verlassen, wenn wir die Galaxis wiegen wollen, sondern wir können das mit Hilfe der Schwerkraft direkt tun.* Darüber hinaus bietet die Schwerkraft den Vorzug, daß sie auf *alle* Massen wirkt, unabhängig davon, ob sie leuchten oder nicht, während Berechnungen, die sich auf sichtbare Materie berufen, immer etwas auslassen können.

Wie ich zu Beginn dieses Kapitels sagte, ist unsere Milchstraße ein klassisches Beispiel für eine Spiralgalaxie. Solche Systeme machen etwa 70 Prozent aller bekannten Galaxien aus. Wir haben das Glück, in einer unserer Nachbargalaxien, der Andromedagalaxie, ebenfalls eine Spiralgalaxie zu finden, so daß wir eine gute Vorstellung davon gewinnen können, wie unser eigenes System von außen erscheint (siehe Abbildung 3.10). Dieses majestätische Objekt wurde zuerst im Jahre 964 von Abd-al-rahman al Sufi in einer Himmelskarte verzeichnet, aber erst fast 1000 Jahre später als eine eigene Galaxie erkannt. Es ist etwa doppelt so massereich wie die Galaxis. Wenn wir so tun, als ob die Aufnahme der Andromeda unser eigenes Milchstraßensystem darstellte, befänden wir uns in einer weit außen gelegenen Gegend am Rande der leuchtenden Scheibe. Weil die Scheibe näherungsweise kreisförmig ist, umläuft die Sonne das galaktische Zentrum genauso wie die Planeten die Sonne. Newtons Überlegungen lassen sich deshalb direkt auf Überlegungen zur Bahn der Sonne in der Galaxis anwenden.

Abb. 3.10   Die Andromeda-Galaxie
(Fotografie des Palomar Observatoriums)

Wieder können wir die im Innern unserer Bahn eingeschlossene Masse abschätzen, indem wir die Bahngeschwindigkeit der Sonne um die Galaxis messen. Diese Rechnung bewährt sich anscheinend bemerkenswert gut. Die eingeschlossene Masse erweist sich als äquivalent zu etwa 10^{11} Sonnenmassen. Messungen der absoluten Helligkeiten lassen ebenfalls vermuten, daß es in der Galaxis etwa ebenso viele Sterne gibt, wenn jeder Stern im Mittel etwa so hell ist wie die Sonne. Da wir uns am Rand unserer Galaxis befinden und die Sonnenbahn durch den Sog der Schwerkraft aller Sterne im Inneren ihrer Bahn bestimmt wird, ist es vernünftig und beruhigend, daß diese beiden Zahlen übereinstimmen.

Nachdem wir bei der Messung der Sonnenmasse großen Erfolg hatten, können wir versuchen, noch mehr zu erreichen, indem wir die Geschwindigkeit von Objekten messen, die noch weiter draußen sind, und dann diese Daten an die von Newton

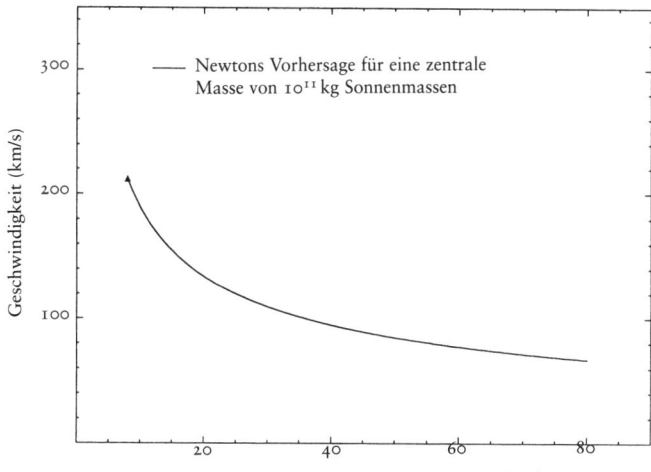

Abb. 3.11 Die beobachtete galaktische Bahngeschwindigkeit der Sonne und die für entfernte Systeme vorhergesagte Kurve.

vorhergesagte Kurve anpassen; man erwartet die in Abbildung 3.11 gefundene Kurve zu finden.

Während die meisten Himmelskörper in unserem Milchstraßensystem innerhalb der Bahn unserer Sonne um das galaktische Zentrum liegen, gibt es auch solche, deren Bahnen weiter außen liegen und die wir als Versuchsobjekte in Newtons Beziehung einsetzen können. Große »Wolken« diffusen molekularen Kohlenmonoxids (CO) lassen sich etwas weiter entfernt vom Zentrum der Galaxis messen. Noch weiter draußen sind kleine kreisende Gruppen von Sternen sichtbar, sogenannte Kugelhaufen (GC, als Abkürzung für Globular Cluster). Noch weiter draußen finden sich die beiden Magellanschen Wolken (MC) mit ihren Sternen und ihrem Gas. Von diesen beiden hellen Flecken, die am Südhimmel zu beobachten sind, erfuhren Europäer zu Beginn des 16. Jahrhunderts durch die Reise des Ferdinand Magellan. (In der Großen Magellanschen Wolke brach die Supernova 1987A aus.) Noch weiter draußen können wir kleine Satellitengalaxien beobachten, die im Schwerefeld unserer eige-

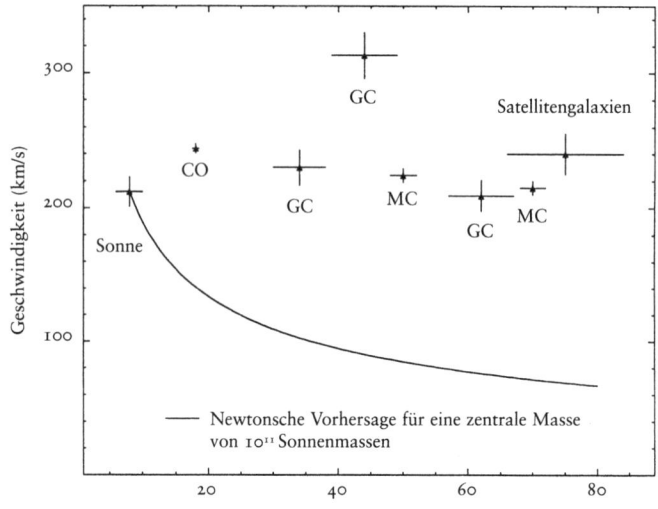

Abb. 3.12   Tatsächliche Bahngeschwindigkeiten von Galaxien

nen Milchstraße kreisen. Wenn wir die scheinbare Bahngeschwindigkeit jedes dieser Systeme messen, erhalten wir die in
Abbildung 3.12 gezeigten Werte.

Was ist schief gelaufen? Anscheinend ist die Bahngeschwindigkeit dieser Objekte beim Umlauf um unsere Galaxis ungefähr
konstant, und zwar bis in Entfernungen von fast dem Zehnfachen des Abstands der Sonne vom Zentrum der Galaxis. In
diesen Entfernungen ist die Dichte der Sterne auf fast Null
gesunken. Wie könnte sich eine solche Lage ergeben? Nun, wie
mein listig gewählter früherer Exkurs über ein staubgefülltes
Sonnensystem zeigte, kann sie dann eintreten, wenn die Massendichte außerhalb des Bereichs der sichtbaren Sterne nicht auf
Null abfällt, sondern nach außen hin etwa mit dem Inversen der
Entfernung abnimmt. Auf diese Weise nimmt die in einem
Bereich eingeschlossene Masse linear mit der Entfernung zu. Da
die beobachtete konstante Bahn»rotations«kurve für unsere
Galaxis bis zu Entfernungen reicht, die die der Sonnenbahn um

das Zehnfache übertreffen, muß die eingeschlossene Masse anscheinend zehnmal so groß sein wie die Masse, die in dieser inneren Bahn enthalten ist. Aber beinahe die gesamte sichtbare Masse der Galaxis befindet sich innerhalb dieser Bahn. Das führt uns zu dem Schluß, daß es im Bereich unserer Galaxis mindestens das Zehnfache der Masse geben muß, die die gesamte sichtbare Materie des Universums ausmacht. Diese Masse erstreckt sich bis in Entfernungen, die mindestens zehnmal weiter reichen als die, in der wir Materie sehen.

Kapitel 4
Jenseits unserer Insel in der Nacht

Unsere Galaxis enthält offenbar nicht nur »dunkle Materie«, sondern besteht sogar überwiegend daraus. Dieses überraschende Ergebnis veranlaßt uns zu fragen, ob unser Milchstraßensystem eine Ausnahme macht oder ob diese seltsame Situation üblich ist. In vieler Hinsicht ist es einfacher, die Eigenschaften anderer Galaxien zu messen als die unserer eigenen, weil der größte Teil unserer Galaxis durch Staub vor unseren Blicken verborgen ist. Wir können 90 Prozent der Supernovae unseres eigenen Milchstraßensystems nicht beobachten, obwohl sie vermutlich während ihres kurzen Ausbruchs die hellsten Objekte des Universums sind. Wie schon gesagt, war die in einer Nachbargalaxie beobachtete Supernova 1987A in über vier Jahrhunderten die nächste, von der wir wissen. Trotzdem, so schließen wir aus Beobachtungen in vielen anderen Galaxien, gibt es etwa einmal alle 20 bis 50 Jahre auch in unserer Galaxis eine Supernova. Sie wäre uns viel näher, als die Supernova 1987A es war, deshalb sollten sie alle viel heller sein. Leider verstellt uns in der Richtung, in der wir am Himmel die Milchstraße sehen, sehr viel »Krimskram« die Sicht, weil wir ja am Rand der galaktischen Scheibe leben. Wir können nur senkrecht zu dieser Scheibe weit und klar sehen; dort jedoch beobachten wir über unsere Galaxis hinaus sehr entfernte Galaxien und erkennen sogar, weil wir uns außerhalb dieser Systeme befinden, viele Einzelheiten ihrer Struktur.

Wie ich in Kapitel 3 schilderte, beobachten wir, daß sich ferne Galaxien entsprechend der von Hubble empirisch gefundenen Beziehung zwischen Geschwindigkeit und Abstand von uns entfernen. Diese Beziehung wird durch die Messung der Rotverschiebung ihres Lichts bestimmt. Wir können mit optischen und Radioteleskopen buchstäblich Millionen von Galaxien beobachten. Davon sind die Spektren von vermutlich mehreren Tausenden so genau gemessen worden, daß eine Schätzung der Rotverschiebung möglich ist. Bei einer Teilmenge von einigen Hundert haben wir sogar noch mehr getan.

Da Galaxien sich im Gegensatz zu Fixsternen, die immer punktförmig sind, auf photographischen Platten auflösen lassen, können wir im Prinzip ihre Struktur beobachten. Wenn wir eine rotierende Spiralgalaxie beobachten, die zufällig in der Ebene unserer Galaxis liegt, dreht sich eine Seite der Galaxie zu uns hin und eine von uns weg. In diesem Fall erweist sich das Licht verschiedener Teile als unterschiedlich stark rotverschoben. Im allgemeinen überwiegt die Hubble-Bewegung von uns weg, so daß alle Linien im Vergleich mit ihrer irdischen Spektrallinie rotverschoben sind. Die Seite, die zu uns hin kreist, entfernt sich, jedoch mit einer etwas geringeren Geschwindigkeit von uns, so daß ihre Spektrallinien nicht so stark rotverschoben sind. Entsprechend stärker sind dagegen die Linien auf der anderen Seite der Galaxie rotverschoben. Die Differenz der beiden Rotverschiebungen ist direkt proportional zur Geschwindigkeit des das Licht aussendenden Objekts; wenn wir die Verschiebung einer bestimmten Linie relativ zur mittleren galaktischen Hubble-Rotverschiebung bestimmen, erhalten wir deshalb direkt die mittlere galaktische Hubble-Rotverschiebung. So können wir die Bahngeschwindigkeiten von Objekten in der Umgebung der Galaxie herausfinden. Wenn diese Geschwindigkeit gegen Null geht, sollten die von den linken und rechten Seiten der Galaxie ausgehenden Linien übereinstimmen.

Solche Untersuchungen des Lichts von Spiralgalaxien wurden in großem Umfang von Vera Rubin und ihrer Arbeitsgruppe am Carnegie Institut durchgeführt. In der Praxis ist es schwierig, das Licht einzelner Sterne spektroskopisch direkt zu messen, deshalb untersucht man stattdessen das Licht von Gaswolken in der Umgebung bestimmter sehr hellen Sterne. Abbildung 4.1 zeigt mehrere Spiralgalaxien mit den Spektren – sie wurden von Rubin und ihrer Gruppe gewonnen –, deren Licht man beim Abtasten des sichtbaren Bereichs in einem bestimmten Frequenzbereich erhielt. Die beiden hellsten Linien bezeugen die Aussendung von Wasserstoff und Stickstoff in dem heiße Sterne umgebenden Gas. Wie man sieht, sind die Spektrallinien auf einer Seite des galaktischen Zentrums zu niedrigerer Frequenz verschoben und auf der anderen Seite zu einer höheren. Man bemerke, daß diese Verschiebungen rasch ihre Maximalwerte

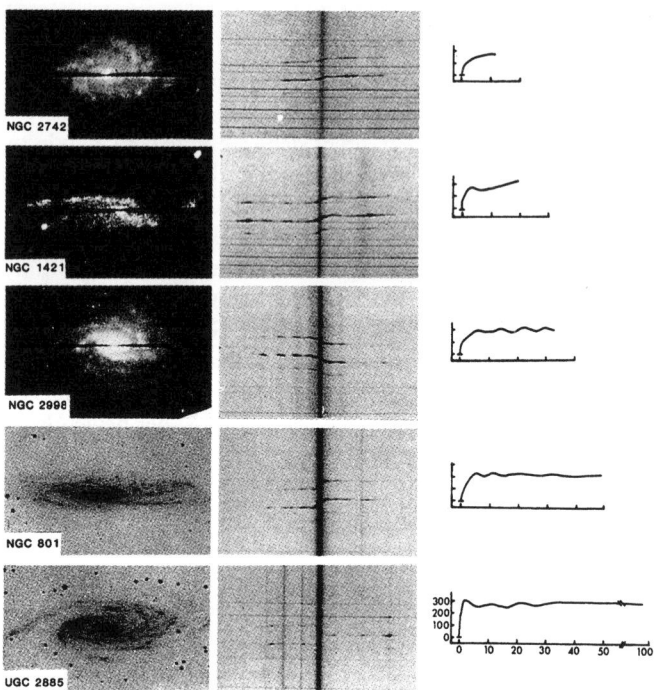

NGC 2742

NGC 1421

NGC 2998

NGC 801

UGC 2885

Abb. 4.1 Hier sehen wir fünf Spiralgalaxien, deren Ebenen gegenüber unsrer geneigt sind, ihre in bestimmten Frequenzbereichen ausgeschickten Lichtspektren und die aus diesen Spektren abgeleiteten Rotationskurven der Bahngeschwindigkeit (in Kilometer pro Sekunde) in Abhängigkeit von der Entfernung (in Kiloparsec). Die beiden hellsten Linien in den Spektren stammen von Wasserstoff und Stickstoff aus dem sehr helle Sterne umgebenden Gas. Die unterschiedliche Dopplerverschiebung der Frequenzen an den beiden Seiten der Galaxie ist deutlich zu erkennen. Weil die Verschiebung bis zum Rand der leuchtenden Scheiben konstant bleibt, müssen die Rotationskurven flach sein, was auf eine linear zunehmende Masse weit außerhalb des Bereichs, in dem das meiste Licht ausgeschickt wird, schließen läßt. (Die Abbildung wurde freundlicherweise von V. Rubin und *Science* zur Verfügung gestellt.)

annehmen und dann bis zum Rand der leuchtenden Scheibe konstant bleiben, weit über jene Bereiche hinaus, in denen das meiste Licht ist. Auf der rechten Seite der Abbildung sind Rotationskurven zu sehen, die aus den beobachteten Verschiebungen in den Spektrallinien hergeleitet wurden. Konstante Rotationsgeschwindigkeiten scheinen bis in Entfernungen, die in manchen Fällen über 50 000 Parsec betragen, die Norm, nicht die Ausnahme zu sein.

Diese Art der Untersuchung ist für zahlreiche Spiralgalaxien durchgeführt worden, und die Ergebnisse sind im wesentlichen immer gleich: Die Rotationskurven bleiben bis an die Grenzen der leuchtenden Scheibe konstant – in manchen Fällen ist das fast das Vierfache des Bereichs, in dem das meiste Licht ausgesandt wird. Das scheint ganz unabhängig von der Größe oder der Umgebung der Galaxie der Fall zu sein. Leider erlaubt die Beobachtung der Sterne oder des die Sterne umgebenden Gases ihre optische Untersuchung nur bis zum Rand der leuchtenden Scheibe. Astronomen haben sich bemüht, dieses Problem zu umgehen, und die Dopplerverschiebungen der Frequenz der (nicht im sichtbaren Bereich liegenden) Strahlung solcher diffusen Wolken neutralen Wasserstoffs gemessen, die sich weit über die sichtbare Scheibe hinaus erstrecken. Auf diese Weise können die Messungen bis über das Doppelte der optischen Größe oder vielleicht sogar bis zum Acht- bis Zehnfachen des Bereichs ausgedehnt werden, in dem das meiste galaktische Licht ausgeschickt wird. Wieder bleiben die Rotationskurven anscheinend flach. Diese Ergebnisse legen zusammen mit den optischen Ergebnissen nahe, daß mindestens 75 bis 80 Prozent der Masse dieser Systeme »dunkel« sind. Außerdem findet sich fast die gesamte solche Materie außerhalb des Bereichs, in dem das meiste Licht ausgeschickt wird. Diese Schätzungen lassen sich durch die Untersuchung binärer Systeme, bei denen zwei Galaxien einander umlaufen, fortsetzen. Diese Ergebnisse sind zwar weniger gesichert, legen jedoch bei Systemen, die 100 000 Parsec auseinanderliegen, nahe, daß dunkle Materie die gesamte galaktische Masse linear anwachsen läßt.

Diese Messungen lassen vermuten, daß Galaxien fünf- bis zehnmal mehr dunkle als sichtbare Materie enthalten. Noch

Abb. 4.2 Einige Spiralgalaxien, wie zum Beispiel die hier gezeigte (NGC 2685), weisen senkrecht zur zentralen Scheibe »Polringe« auf. Durch die Messung der Bahngeschwindigkeiten im Ring und in der Scheibe läßt sich herausfinden, ob die »Halos« dunkler Materie, die diese Systeme zu beherrschen scheinen, kugelförmig sind. (Aufnahme vom Palomar-Observatorium)

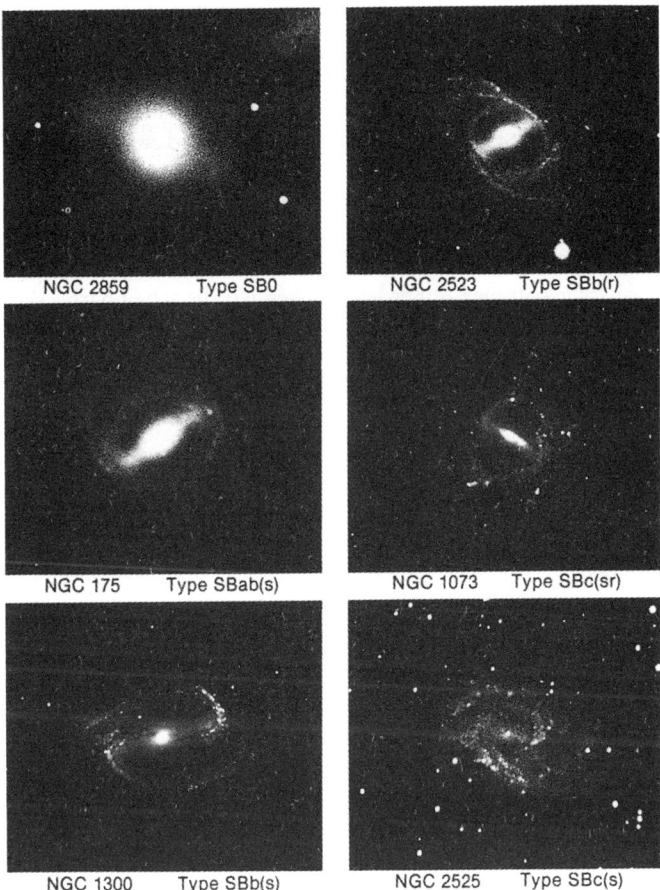

NGC 2859   Type SB0   NGC 2523   Type SBb(r)

NGC 175   Type SBab(s)   NGC 1073   Type SBc(sr)

NGC 1300   Type SBb(s)   NGC 2525   Type SBc(s)

Abb. 4.3 Eine Vielfalt von Spiralgalaxien mit zentralen »Balken«. Vielleicht erwartet man, die Zentralbereiche aller Spiralgalaxien würden zu solchen Strukturen zusammenfallen. Aber eine zentrale Scheibe stabilisiert sich, wenn sie in einen kugelförmigen Halo, wie es die aus den Rotationskurven hergeleiteten Halos aus dunkler Materie sind, eingebettet ist. (Abbildung mit freundlicher Genehmigung der Observatorien der Carnegie Institution in Washington.)

wichtiger ist vielleicht jedoch die Tatsache, daß diese dunkle
Materie anders verteilt ist. Sie scheint die Galaxie in einem
ausgedehnten »Halo« zu umgeben. Im Inneren des sichtbaren
Bereichs gibt es vermutlich ebenso viel dunkle Materie wie helle.
Außerhalb dieses Bereichs jedoch kann am Rand der gemessenen
Rotationskurven das Verhältnis von Masse zu Leuchtkraft um
mehr als einen Faktor von 100 zunehmen. Dies ist eines der
vielen Rätsel, die wir lösen müssen, wenn wir das Wesen dieser
Materie verstehen wollen. Warum ist dunkle Materie soviel
diffuser als Sterne? Außerdem müssen wir die scheinbare »Ver-
schwörung« erklären, die in den leuchtenden Kernen von Galaxien zu nahezu gleichen Mengen dunkler und heller Materie
führt, so daß die Rotationsgeschwindigkeiten nach außen hin
konstant bleiben, wenn die leuchtende Materie abnimmt, und
weder zunehmen noch abfallen.

Vielleicht fällt kritischen Lesern an diesem Punkt auf, daß die
Daten keinen eindeutigen Hinweis auf einen kugelförmigen
Halo geben, dessen Gesamtmasse mit dem Radius zunimmt.
Schließlich sind die Scheiben von Spiralgalaxien ja nicht kugel-
förmig, sondern kreisförmig. Wie können wir annehmen, daß
dunkle Materie gleichförmig auf ein kugelförmiges Volumen
verteilt ist, wenn die leuchtende Materie vorwiegend auf eine
Scheibe beschränkt ist?

Unsere Antwort kann sich auf eine wunderbare Eigenschaft
der Natur berufen. Alles, was es geben *kann*, *gibt* es gewöhnlich auch. Die beobachtenden Astronomen, die heute den Himmel absuchen, können sich fühlen wie Darwin, als er auf den
Galapagos-Inseln nach neuen Tierarten suchte. Sie haben eine
Galaxienart beobachtet, die zur Beantwortung unserer Frage
wie geschaffen scheint: Bei ihr gibt es zusätzlich zur Spiral-
scheibe einen »Polring«, der senkrecht zur Scheibe ausgerichtet
ist (siehe Abbildung 4.2). Durch den Vergleich der Geschwindigkeit von Objekten im Polring mit der von Objekten in der
Scheibe, die den gleichen Abstand von der Mitte der Galaxie
haben, läßt sich herausfinden, ob die Objekte an beiden Orten
die gleiche Schwerkraft spüren, ob also die zugrundeliegende
Massenverteilung kugelsymmetrisch ist. Messungen an mindestens vier dieser Systeme deuten mit einer Genauigkeit von

10 Prozent darauf hin, daß die Systeme kugelsymmetrisch sein könnten.

Theoretisch läßt sich nicht nur eine kugelförmige Verteilung der dunklen Materie, sondern auch die Existenz kugelförmiger Halos begründen. Ein Teil dieser Begründung rührt übrigens von Überlegungen her, die man schon angestellt hatte, bevor man aus Rotationskurven auf die Existenz von Halos schloß. P. J. E. Peebles und J. Ostriker hatten 1973 darauf hingewiesen, daß Spiralscheiben in bezug auf die Gravitation instabil sind, wenn sie sich selbst überlassen bleiben. Sie fallen im Lauf der Zeit zu rotierenden balkenförmigen Gebilden zusammen. Etwa ein Drittel der Spiralgalaxien haben einen solchen zentralen Balken (siehe Abbildung 4.3). Peebles und Ostriker zeigten jedoch, daß die Spiralscheiben von Galaxien stabilisiert sein könnten, wenn sie in eine sphärische Verteilung von Materie vergleichbarer Masse eingebettet waren. Daß wir überhaupt Spiralen sehen, hätte damals also *a priori* als ein Hinweis auf die Existenz von Halos gewertet werden können. Jedenfalls haben sich nach 1973, als diese Rechnungen angestellt wurden, weitere dynamische Hinweise – so die Existenz von Verwerfungen am Rand einiger Spiralscheiben – ergeben, die die Existenz von kugelförmigen Halos unausweichlich erscheinen lassen.

Die Hinweise auf dunkle Halos, die Spiralsysteme umgeben, sind so gesehen überwältigend; es gibt auch in elliptischen Galaxien Hinweise auf dunkle Halos, die allerdings weniger gut begründet sind. Elliptische Systeme sind nach Masse und Größe sehr verschieden. Einige bilden die größten bekannten Galaxien, deren Außenbereiche sich über 300 000 Lichtjahre erstrecken (siehe Abbildung 4.4). Weil diese Systeme elliptisch sind und wir, wenn wir an den Himmel schauen, nur eine zweidimensionale Projektion sehen können, ist es schwierig, die Gravitationswirkung direkt mit Rotationskurven zu untersuchen. Man muß deshalb zusätzliche Annahmen über die Form solcher Galaxien machen. Für die kugelförmigsten unter den elliptischen Galaxien scheinen jedoch die Rotationskurven wieder konstant zu sein, was auf einen dunklen Halo hinweist.

Eine sehr aufregende, möglicherweise direkte Erkundung der Massenverteilung elliptischer Galaxien erfolgt mit Röntgen-

Abb. 4.4   Die riesige elliptische Galaxie M87 im Sternbild Jungfrau ist eine
der hellsten bekannten Galaxien. Sie enthält über dreitausend Milliarden
Sterne, mehr als zehnmal so viel wie unser Milchstraßensystem, und zeigt
deutliche Anzeichen eines dunklen Halos. Sie ist zufällig auch deshalb
interessant, weil sie eine starke Radioquelle ist und einen riesigen »Jet« aus
ionisiertem Gas aus ihrer Mitte ausstrahlt. Außerdem ist sie von über 1000
Kugelhaufen umgeben. Einige Astronomen vermuten, daß diese riesige
Ansammlung von Masse ein ungeheuer großes Schwarzes Loch in der Mitte
der Galaxie umgibt, das die Ursache für einige ihrer interessanten Eigenschaften sein könnte. (Aufnahme des Palomar Observatoriums)

strahlung. Wie ich in Kapitel 2 bemerkte, strahlt ein heißes Gas
im Röntgenbereich. Die Energieverteilung der Röntgenstrahlung hängt in der von Planck 1900 beschriebenen Weise von der
Temperatur des strahlenden Gases ab. Wenn wir annehmen, das
heiße Gas sei in einem Druckgleichgewicht (das ist eine vernünftige Annahme, so lange das System in der Zeit, die eine »Druck«-
welle braucht, um es zu durchqueren, nicht die Form verändert,
und das ist bei den meisten Galaxien der Fall), dann ist das Gas
von selbst kugelförmig um die Galaxie verteilt. Darüber hinaus

kann man, weil Gasteilchen oft zusammenstoßen, sicher sein, daß ihre einzelnen Bahnen jeweils isotrop verteilt sind. In einem solchen kugelsymmetrischen System herrscht an jedem Punkt eine einfache Beziehung zwischen der Dichte und der Temperatur des Gases und der gesamten Massenverteilung, und damit auch der Gravitationswirkung an diesem Punkt. Da die Leuchtkraft des Gases im Röntgenbereich mit der Gasdichte zusammenhängt, können wir, wenn wir die Röntgenhelligkeit an verschiedenen Punkten entlang der Galaxie und auch die Temperatur des Strahlung aussendenden Gases überall kennen, eindeutig die zugrundeliegende Massenverteilung bestimmen.

Weil die Erdatmosphäre Röntgenstrahlung aus dem Weltraum nicht durchläßt, müssen wir sie außerhalb der Erdatmosphäre messen. Solche Messungen wurden zuerst in den siebziger Jahren mit sehr hoch fliegenden Ballons vorgenommen. Später, 1984, wurde der Einstein-Röntgensatellit gestartet, der Abbildungen des Röntgenhimmels lieferte, wie wir sie bis dahin nicht kannten. Sie waren ausgezeichnete räumliche Bilder, ließen jedoch wegen des Bereichs der Photon-Energien, für die er empfindlich war, nur relativ schlechte Temperaturbestimmungen zu.

Einige Daten liegen schon vor. Die Daten für die elliptische Galaxie M87 sind gut genug, um eine vorläufige Abschätzung ihrer Gesamtmasse zu erlauben. Innerhalb einer Entfernung von etwa 600000 Lichtjahren von dieser Galaxie beträgt die eingeschlossene Gesamtmasse mehr als das 200fache der Masse, die Sterne von je etwa einer Sonnenmasse mit der Leuchtkraft dieses Systems haben würden. Daraus leiten wir her, daß es etwa zehnmal so viel dunkle Materie geben muß wie leuchtende Sterne und Gase. Dieses Ergebnis bestätigt frühere vorläufige Schätzungen, die auf der Bewegung von Satellitengalaxien in der Umgebung von M87 beruhten.

Halos aus dunkler Materie scheinen also relativ allgegenwärtig zu sein. Natürlich ist weitere Forschung nötig, um die frühen Ergebnisse für elliptische Galaxien zu bestätigen, aber bis jetzt weist alles darauf hin, daß es innerhalb und außerhalb von Systemen, deren Helligkeit sich um mehr als 5 Größenklassen unterscheidet, ein- bis zehnmal soviel dunkle Materie gibt wie

helle.* Die Hinweise auf dunkle Materie in den kleinsten dieser
Systeme, den sogenannten kugelförmigen Zwerggalaxien, werden erst jetzt zusammengetragen; die Daten könnten sehr auf-
schlußreich sein. Zunächst haben diese Galaxien sehr geringe
Leuchtkraft, was vielleicht darauf hinweist, daß etwa durch von
Supernovae angetriebene stellare Winde Gas aus dem System
hinausblasen. Wenn das der Fall ist und wenn dunkle Materie
aus etwas anderem besteht als Gas, könnte es in Zwerggalaxien
im Vergleich zu anderen Galaxien einen Überschuß an dunkler
Materie geben. Frühe Schätzungen der Beziehung zwischen
Masse und Leuchtkraft bei einigen der Kandidaten bestätigen
diese Vermutung. Außerdem ist es schwierig, Materie, die gewöhnlich sehr diffus ist, in ein relativ kleines System wie eine
Zwerggalaxie zu pressen. Wenn die Abschätzung für die Menge
der dunklen Materie in diesen Objekten zutrifft, könnte dies eine
starke Einschränkung für die Art der Materie bedeuten, aus der
sie besteht. Ich komme auf dieses Thema später zurück.

Wenn wir die Existenz von Halos fordern, die dafür sorgen, daß
die Dichte der die Galaxien umgebenden Massen linear mit der
Entfernung anwächst, ist die nächste Frage, ob diese Halos je
enden. Füllt die lineare Zunahme die Lücken zwischen den
Galaxien von der Größe etwa eines Megaparsec aus? Eine
Möglichkeit, die Antwort zu finden, besteht in dem Versuch, viel
größere Systeme zu wiegen, also solche, die viele Galaxien enthalten. Wie ich oben sagte, sind etwa die Hälfte der sichtbaren
Galaxien Teile solcher Systeme, sogenannter Haufen oder Superhaufen. Wie können wir ihre Massen bestimmen?
    Je größer die Systeme sind, die wir zu messen versuchen, um so
schwieriger wird das Unterfangen. Es gibt weniger und unge-
nauere Beobachtungsdaten, und es müssen mehr theoretische
Annahmen gemacht werden. Diese Schwierigkeiten haben
Astrophysiker jedoch nicht von dem Versuch abgehalten, die
oben gestellten Fragen mit Hilfe schon bekannter Daten zu
lösen. Die ersten auf Überlegungen über die Kräfteverhältnisse
beruhenden Hinweise auf das Vorhandensein dunkler Materie

---

* Die Definition der Größenklassen findet sich in Anhang A.

stammen sogar schon aus den dreißiger Jahren, als Fritz Zwicky
am California Institute of Technology über diese Fragen nachdachte. Zwicky, der Astronom also, dem wir in der ersten Hälfte
dieses Jahrhunderts viele Anregungen verdanken, untersuchte
die relativen Rotverschiebungen vieler Objekte im Galaxienhaufen im Sternbild Coma. Er fand zu seiner Überraschung, daß sich
diese Rotverschiebungen je nach Galaxie sehr stark voneinander
unterscheiden. Die Relativgeschwindigkeiten dieser Objekte
sind also groß, sie bewegen sich relativ zueinander ziemlich
schnell. Als er andererseits die Gesamtmasse des Systems ab-
schätzte, indem er die leuchtende galaktische Materie zusam-
menzählte, erhielt er erstaunliche Ergebnisse. Anscheinend bewegen sich die einzelnen Galaxien in dem Haufen so rasch, daß
ihre Geschwindigkeiten größer sind als die Geschwindigkeit, die
es ihnen ermöglichen würde, dem Sog der Gravitation des
Systems zu entkommen. Der Comahaufen dürfte also nicht
stabil sein. Nach seinem Alter zu urteilen, sollte er bereits
»verdunstet« sein, aber das ist er nicht. Alle Hinweise deuteten
darauf hin, daß der Haufen eine stabile Ansammlung von Galaxien darstellt.

Zwicky fand schon früh eine mögliche Lösung dieses schein-
baren Widerspruchs, und wir stimmen ihm heute zu: Der Hau-
fen enthält viel mehr Masse, als allein aufgrund der leuchtenden
Materie zu vermuten ist. Dann ist die Fluchtgeschwindigkeit des
Systems größer, und das Kräftegleichgewicht in dem Haufen
bleibt gewahrt. Zwicky schuf mit diesem Schluß einen wichtigen
Präzedenzfall. Er zeigte, daß dunkle Materie indirekt durch ihre
Gravitationswirkung entdeckt werden kann, auch wenn sie
nicht direkt sichtbar ist. Bis heute beruhen alle Beweise für die
Existenz dunkler Materie bei Strukturen von Zwerggalaxien bis
hin zu Superhaufen auf diesem Gedanken.

Wir verwenden im wesentlichen eine kleine Abänderung von
Zwickys Methode, wenn wir heute Haufen und Superhaufen
»wiegen«. Wir können Newtons Beziehung zwischen Bahngeschwindigkeit, Abstand und Masse nicht direkt anwenden, weil
diese Systeme weniger stark zusammenhalten als das Sonnensystem oder unsere Galaxis. Superhaufen sind ja keine wohldefinierten, symmetrischen und kreisenden Systeme. Sie sind genau

das, was der Name besagt: ein bunter Haufen von Galaxien; jede Galaxie bewegt sich im Schwerefeld aller anderen Galaxien des Systems, aber diese Bewegung ist keineswegs gleichförmig. Wir können uns daher nicht auf Messungen der Einzelbewegungen berufen, sondern müssen statistische Überlegungen über die Beziehung zwischen Geschwindigkeit und Masse zur Hilfe nehmen. Der Grundgedanke ist der folgende: In »selbstgravitierenden« Systemen – Systemen, die durch ihre eigene Schwerkraft zusammengehalten werden – nimmt die mittlere Geschwindigkeit von Objekten relativ zueinander zu, wenn die Gesamtmasse des Systems in bestimmter Weise anwächst. Insbesondere hängt das Quadrat der mittleren Relativgeschwindigkeit der Objekte des Systems direkt von der Gesamtmasse des Systems ab.

Newtons Gesetz zeigte, daß dieses Ergebnis für den Sonderfall solcher Körper, die eine zentrale Masse wie die Sonne oder unsere Galaxis umlaufen, genau zutrifft und nicht nur in einem statistischen Sinn. Es ist deshalb ganz plausibel, daß dieses Ergebnis verallgemeinert werden kann, zumal es sich aus einem sehr allgemeinen Satz der Mechanik, dem sogenannten *Virialsatz*, ableiten läßt. Dieser Satz ist eng verwandt mit Newtons Zweitem Gesetz und der Energieerhaltung und stellt fest, daß die Gesamtenergie eines selbst-gravitierenden Systems, in dem ein Kräftegleichgewicht herrscht, in bestimmter Weise ein Gleichgewicht zwischen der »kinetischen« Bewegungsenergie seiner Bestandteile und der »potentiellen« Energie bewahrt, die aufgrund ihrer wechselseitigen Gravitationsanziehung in ihnen gespeichert ist.

Dieses allgemeine Ergebnis leuchtet unmittelbar ein. Ich stelle mir vor, ich ließe eine Handvoll Murmeln in einen Brunnen fallen, dessen Wände und Boden sehr hart sind, so daß die Murmeln keinerlei Energie verlieren, wenn sie abprallen. Beim Fall beschleunigen sie sich. Je tiefer der Brunnen, um so größer ist die Geschwindigkeit, mit der sie den Boden erreichen. Nach dem Aufprall rasseln sie dann im Brunnen herum und stoßen aneinander und gegen die Wände. Da keine Energie verloren geht, bleibt die Gesamtenergie der Bewegung gleich. Wenn wir die Durchschnittsgeschwindigkeit der Murmeln bestimmen, nachdem sie ein Weile herumgerasselt sind, können wir aus ihr die Tiefe des Brunnens abschätzen. Dasselbe gilt für Galaxien oder Galaxienhaufen. Sterne bilden sich, wenn diffuse Gasteilchen aufgrund ihrer eigenen Gravitationsanziehung zusammen-»fallen«, Galaxien bilden sich, wenn Sterne zusammen»fallen«, und Haufen, wenn Galaxien zusammen»fallen«. Die Annahme scheint vernünftig, daß dann, wenn außer der Schwerkraft keine anderen Kräfte wesentlich sind und wenn das System ins Gleichgewicht gekommen ist, die Relativgeschwindigkeiten der Galaxien in einem Haufen die »Tiefe« der durch die Gravitation geschaffenen »Potentialgrube« anzeigen, in die sie zuerst fielen.

Diese statistische Variation der ursprünglichen Untersuchung von Zwicky ist seitdem an vielen verschiedenen Galaxienhaufen (und auch an einzelnen Galaxien) durchgeführt worden und hat recht übereinstimmende Ergebnisse erbracht. Die größten Systeme haben etwa die zehn- bis zwanzigfache Masse der in Galaxien und Gasen leuchtenden Massen. Dieses Ergebnis ist sehr wichtig. Es legt nahe, daß die lineare Zunahme der gesamten dunklen Materie, die um Galaxien herum beobachtet wird, sich nicht mit derselben Rate fortzusetzen scheint, zumindest nicht in der Größenordnung von Galaxienhaufen – mit etwa 3 bis 30 Millionen Lichtjahren Durchmesser –, auch wenn die dunkle Materie in diesen Strukturen überwiegt.

Die Anwendung des Virialsatzes kann sehr schwierig sein. Es ist klar, daß der Satz Unsinn ergeben könnte, wenn er auf Systeme angewendet wird, die nicht ihrer eigenen wechselseitigen Gravitationsanziehung unterliegen. Wenn zwei Körper, die nichts miteinander zu tun haben, aneinander vorbeifliegen, müßte man nach dieser Analyse vermuten, daß es in dem System, zu dem sie vermutlich gehören, sehr viel Masse gibt. Da ihre Bewegung jedoch nichts mit der Schwerkraft zu tun hat, die eine auf die andere ausübt, ist dieser Schluß nicht gerechtfertigt. Wie können wir dann herausfinden, ob Objekte auf die Schwerkraft reagieren – ob sie Teil eines »selbst-gravitierenden« Systems sind – oder ob ihre Relativbewegung rein zufällig ist? Das ist nicht immer leicht, und es sind dabei schon einige wohlbekannte Fehler unterlaufen.

Ein Beispiel dafür ist der Fall des Galaxienhaufens im Krebs. Wenn man ihn in seiner Projektion an den Himmel beobachtet,

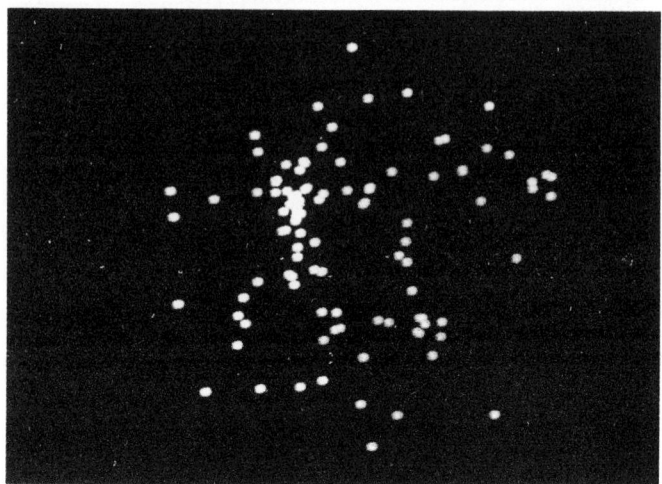

Abb. 4.5 Ein vom Computer erzeugtes Bild des Galaxienhaufens im Krebs, wie er von der Erde aus auf der Himmelsebene erschiene. Alle nicht dazugehörigen Sterne wurden wegretuschiert. Der Haufen scheint in dieser zweidimensionalen Sicht etwa kugelförmig und womöglich in einem dynamischen Gleichgewicht zu sein. Genauere Untersuchungen ergaben jedoch, daß der Haufen tatsächlich aus mehreren Galaxiengruppen besteht, die im dreidimensionalen Raum voneinander getrennt sind. (Computerbild von Michael J. Kurtz vom Smithsonian Astrophysical Observatory)

scheint er sich ausgezeichnet zur Überprüfung zu eignen (siehe Abbildung 4.5). Er scheint kugelförmig und nicht zu klumpig zu sein – ein idealer Kandidat für ein System eng benachbarter Galaxien in einem dynamischen Gleichgewicht. Als der Virialsatz zuerst auf dieses System angewendet wurde, paßte das Ergebnis zu dem, das man erwarten würde, wenn die Rotationskurven von Galaxien bis in größere Entfernungen flach sind. Dieser Haufen enthielt anscheinend etwa fünfzigmal so viel Masse, wie man den in ihm enthaltenen Galaxien zuschreiben konnte. Die Gesamtmasse der die Galaxien umgebenden Halos setzte sich anscheinend linear nach außen hin fort, so daß die Masse des Haufens fünf- bis zehnmal so dicht war wie die Masse der in ihm enthaltenen Galaxien, selbst wenn man die nahen dunklen Halos berücksichtigte, die diese Galaxien mutmaßlich umgaben.

Dieses Ergebnis war gültig, bis Gregory Bothun und seine Kollegen am Smithsonian Center for Astrophysic den Krebshaufen 1984 erneut untersuchten. Obwohl das System so homogen erscheint, wenn man es in der Himmelsebene betrachtet, führten neue Daten der Rotverschiebungen der einzelnen Galaxien des Systems zu dem Schluß, daß die Galaxien nicht homogen verteilt sind. Man bedenke, daß weiter entfernte Objekte aufgrund der Hubbleverschiebung eine größere Rotverschiebung aufweisen als nähere. Wenn eine Reihe eng verbundener Objekte in dem Haufen immer eine größere Rotverschiebung aufweist als andere Objekte, kann man herausfinden, ob diese Teilgruppe wirklich einen isolierten Haufen bildet, der räumlich von den übrigen getrennt ist und nur scheinbar dazugehört, weil wir ein dreidimensionales System in einer zweidimensionalen Projektion betrachten. Das war im Fall des Krebshaufens der Fehler. Mit Hilfe computererzeugter Projektionen entlang anderer Richtungen konnten Bothun und seine Kollegen zeigen, daß der Haufen im Krebs tatsächlich fünf räumlich getrennte und unabhängig voneinander gravitierende Teilgruppen enthält. Innerhalb der Untergruppen war die Streuung der Geschwindigkeiten jeweils geringer als zwischen den Untergruppen. Was früher als große Virialmasse gedeutet worden war, ließ sich jetzt einfach als Auswirkung der Hubble-Expansion verstehen.

Dieses Beispiel mahnt uns, sehr vorsichtig zu sein, wenn wir aus Beobachtungen der großflächigen Struktur Schlüsse ziehen wollen. Das Forschungsgebiet ist noch sehr neu. »Vernünftige« Annahmen können falsch sein. Es ist nützlich, dies im Folgenden im Sinn zu behalten. Vieles baut auf theoretischen Grundlagen auf, die gelegentlich vor allem auf plausiblen Annahmen und einer beschränkten Datenmenge beruhen. Zwar ist es sehr unwahrscheinlich, daß alle Annahmen sich als falsch erweisen und der gesamte theoretische Rahmen unangemessen ist, aber vermutlich müssen doch gegenwärtig akzeptierte Gedanken verändert werden, wenn neue Daten zur Verfügung stehen. Dies ist kein Grund zum Verzweifeln, sondern eher zu freudiger Erwartung. Die beobachtende Astronomie steckt immer noch in ihren Kinderschuhen, und sicherlich dürfen wir auf Überraschungen gefaßt sein.

Es gibt andere davon unabhängige Möglichkeiten, die Massen von Haufen und Superhaufen zu bestimmen, und es ist von Bedeutung, daß sie alle zu ähnlichen Antworten führen. Haufen enthalten bekanntlich viel heißes Gas, in einigen Fällen mehr als sie Sternmaterie enthalten. Man kann deshalb versuchen, Massen mit den früher beschriebenen Röntgenverfahren abzuschätzen. Diese Schätzungen deuten gewöhnlich auf ein Verhältnis von 10 bis 30 Teilen dunkler zu 30 Teilen auf ein Teil leuchtender Materie hin, obwohl die Ergebnisse noch ungewiß sind. Eine Forschergruppe fand zum Beispiel, daß das Verhältnis von lokaler Masse zu Leuchtkraft mit der Entfernung von der dominierenden Galaxie in einem Haufen *zunimmt*, mindestens eine andere Gruppe jedoch, daß das Verhältnis von lokaler Masse zu Leuchtkraft mit dem Radius *abnimmt*.

Bis heute hat der Virialsatz Hinweise auf dunkle Materie in einzelnen Systemen gegeben, die von Zwerggalaxien mit Millionen Sternen bis zu großen Haufen mit vielleicht einer Million Milliarden Sternen reichen. Da der Virialsatz vor allem eine statistische Aussage macht, weist er auch all die Vor- und Nachteile auf, die man gewöhnlich mit Statistiken in Verbindung bringt. Wenn das untersuchte Beispiel »nicht gewichtet« ist und die Annahmen, mit deren Hilfe man die verschiedenen Durchschnittswerte zueinander in Beziehung setzt, gültig sind, kann der Virialsatz eine genaue Antwort geben, solange die Zahl der Datenpunkte groß genug ist. Natürlich ist es nicht immer einfach zu entscheiden, ob diese beiden Bedingungen erfüllt sind. Wir haben ein Beispiel gesehen, in dem die zweite Forderung – die Gültigkeit der zugrundeliegenden Annahmen – nicht erfüllt und die daraus gefolgerten Ergebnisse falsch waren. Die erste Forderung – das Beispiel ist zulässig – ist im allgemeinen viel subtiler und schwieriger abzusichern. Ein wichtiger Teil der Wahrscheinlichkeitstheorie ist der Frage danach gewidmet, wie viel »Gewicht« einem Wert zugeschrieben werden kann. Wie empfindlich die Abschätzungen des Virialsatzes auf diesen statistischen Aspekt reagieren, wird nirgendwo deutlicher als im ehrgeizigen »kosmischen Virialsatz«.

Jim Peebles hat sich zwischen 1960 und 1980 an der University of Princeton dafür eingesetzt, die kosmologischen Strukturen des Universums mit Hilfe statistischer Messungen zu erkunden, und konnte eine unmittelbar einleuchtende Verallgemeinerung des hier beschriebenen Virialsatzes beweisen. Danach gilt, wenn die mittlere Geschwindigkeit von Paaren von Galaxien im »Potentialtrog« eines Haufens die Tiefe dieses Trogs und damit die Masse dieses Haufens anzeigt, daß die mittlere Geschwindigkeit von Galaxienpaaren irgendwo am Himmel, ob in Haufen oder außerhalb, eine gute Vorstellung von der mittleren Massendichte im Weltall geben kann. Diese gehört schließlich zu den Dingen, denen wir hier nachspüren. Zudem könnte man hoffen, auf diese Weise den oben erwähnten Schwierigkeiten, die mit einzelnen Systemen wie etwa dem Haufen im Krebs zusammenhängen, aus dem Weg zu gehen.

Der kosmische Virialsatz stellt eine Beziehung zwischen einer statistischen Schätzung der Galaxienhaufenbildung in verschiedenen Größenordnungen und statistischen Daten zur relativen Geschwindigkeit von Galaxien her. Falls Haufenbildung durch die Gravitationsanziehung von Galaxien verursacht wird, ist, wie Peebles zeigen konnte, die Wahrscheinlichkeit, eine Galaxie in einem vorgegebenen Abstand von einer anderen zu finden, proportional zum Mittelwert des Quadrats der Relativgeschwindigkeiten von Galaxien mit diesem Abstand voneinander. So gesehen ist, was wenig überrascht, die dabei auftretende Proportionalitätskonstante die mittlere Massendichte des Universums.

Man hat statistische Daten sowohl zur Haufenbildung als auch zur relativen Geschwindigkeit einer großen Anzahl von Galaxien zusammengetragen, wobei sich die Galaxien bis auf 50 000 Lichtjahre nahekommen – also fast berühren –, oder bis zu über 10 Millionen Lichtjahren Abstand haben, also über den mittleren Abstand zwischen zwei deutlich getrennten Galaxien hinaus. Die so hergeleitete mittlere Massendichte des Weltalls stellt sich wieder einmal als das Zehn- bis Dreißigfache der Massendichte leuchtender Materie heraus.

Dieses Ergebnis sollte im Prinzip die Frage nach der Häufigkeit dunkler Materie endgültig beantworten. Nicht nur legt dieses »kosmische« Ergebnis nahe, daß es überall im Weltall dunkle Materie gibt, sondern die Messungen sollten auch eine »systemunabhängige« Schätzung dafür geben, wie häufig sie im Mittel ist. Der kosmische Virialsatz stimmt numerisch mit fast allen anderen davon unabhängigen auf der Dynamik beruhenden Ergebnissen überein, die ich beschrieben habe. Anscheinend ist das Zehn- bis Dreißigfache der sichtbaren Masse des Universums dunkel. Diese Materie umgibt alle Arten von Galaxien, von der kleinsten bis zur größten, und sie ist so verteilt, daß die Massendichte um Galaxien herum bis in Entfernungen von einigen hunderttausend Lichtjahren linear zunimmt. Darüber hinaus lassen die Messungen an Doppelgalaxien, an Galaxienhaufen und der kosmische Virialsatz alle vermuten, daß der Anteil der dunklen Materie nach außen hin abnimmt.

Ich möchte jedoch ausgerechnet jetzt, wo dieses Ergebnis als relativ gesichert scheint und man die Folgerungen daraus untersuchen könnte, erwägen, warum es möglicherweise doch falsch sein könnte. Der kosmische Virialsatz beruht auf der Annahme, daß Galaxien gute »Indikatoren« für Massenverteilung im Weltall darstellen – daß sie also »ungewichtete« Beispiele darstellen und keineswegs die Ausnahme sind. Aber warum sollte das so sein? Schließlich habe ich gerade eben den größten Teil dieses und des letzten Kapitels darauf verwendet zu zeigen, daß die sichtbare mit Galaxien verknüpfte Materie vermutlich weniger als 5-10 Prozent der gesamten im Weltall vorhandenen Materie ausmacht. Wenn die dunkle Materie im Weltall wirklich überwiegt, sollte man annehmen, daß sichtbare Materie sich dort ansammelt, wo es viel dunkle Materie gibt, und nicht anderswo. Aber es folgt *nicht*, daß die dunkle Materie sich immer dort ansammelt, wo helle Materie ist. Weil es viel mehr dunkle als helle Materie gibt, könnte sich dunkle Materie auch dort in riesigen Mengen konzentrieren, wo es keine Galaxien gibt. Ich schildere im nächsten Kapitel, warum man diese Situation oft erwarten sollte, falls Galaxien relativ seltene Erscheinungen sind. Sollte sich herausstellen, daß Masse nicht bevorzugt im Zusammenhang mit Galaxien auftritt, entzieht das der Schätzung der mittleren Massendichte des Weltalls den Boden. Die mittlere Massendichte kann nicht viel kleiner sein als der von mir genannte Wert, aber er könnte viel – fünf bis zehnmal – größer sein.

Nun stellt der kosmische Virialsatz, wie Leser vielleicht einwenden, nur eine von mehreren Überlegungen dar, die sich alle auf die Dynamik berufen und das von mir beschriebene Übergewicht der dunklen Materie bezeugen, und *alle* führen zu derselben Abschätzung. Aber – und darin besteht das Problem – alle Überlegungen, die ich bis jetzt angestellt habe, beruhen auf Schätzungen der Materiedichte von Galaxien innerhalb eines Bereichs von höchstens einigen zehn Millionen Lichtjahren. Wenn es Ansammlungen dunkler Materie in den leeren Räumen des Universums gibt, würde *keine* dieser Methoden diese Materie anzeigen; einige dieser Räume haben einen Durchmesser von zehn Millionen Lichtjahren, ihr Vorkommen ist jedoch überhaupt nicht an die Nähe von Galaxien gebunden.

Bisher wissen wir sehr wenig über eine solche großräumige Struktur des Weltalls. Wir verfügen über einige vorläufige Messungen, die jedoch nicht sehr beweiskräftig sind. Eine der besser bestätigten Messungen bezieht sich auf unser »Fallen« zum Zentrum des nächsten Superhaufens von Galaxien hin. Dieses System, der sogenannte Virgo-Superhaufen, gruppiert sich um den Virgo-Galaxienhaufen, der etwa 45 Millionen Lichtjahre von uns entfernt ist (wenn wir h = ¾ setzen). Die Galaxien in Richtung Virgo sind bis in diese Entfernung im Vergleich zu anderen Richtungen etwa doppelt so häufig. Entsprechend wirkt in Richtung Virgo eine Gravitationskraft, und unsere Galaxie sollte zum Mittelpunkt dieses Systems hin fallen. Wenn wir herausfinden, wie schnell sie »fällt«, können wir auch die in diesen Bereich eingeschlossene Masse abschätzen.

Wie können wir unsere lokale Bewegung zum Virgohaufen hin messen? Es gibt zwei Möglichkeiten. Wenn wir annehmen, daß unsere lokale Bewegung der gleichförmigen Hubble-Expansion überlagert ist, können wir diese lokale Komponente finden, indem wir nach Anisotropien in den Hubble-Geschwindigkeiten aller Galaxien in unserer Nachbarschaft suchen. Falls sie alle zum Virgohaufen hin fallen, sollten sich Galaxien, die wir in einer vom Virgo-Superhaufen abgewandten Richtung messen, ganz allgemein mit kleinerer Geschwindigkeit von uns entfernen als Galaxien, die in Richtung Virgo gemessen werden. Wenn wir einen sphärischen Einfall annehmen und diese Anisotropie messen, finden wir bis zu einem Abstand von etwa 30 Millionen Lichtjahren von uns, daß die eingeschlossene Gesamtmasse etwa das Zwanzig- bis Dreißigfache dessen beträgt, was von der sichtbaren Materie stammt. Wieder stimmt das mit den früheren Schätzungen überein, die über kleinere Bereiche gemacht wurden. Leider hängt diese Zahl entscheidend von der Annahme der Kugelsymmetrie ab. Wenn diese Annahme fallengelassen wird, kann die Zahl ganz anders sein.

Es gibt noch eine andere Möglichkeit, unsere lokale Bewegung zu messen, die uns wieder zu dem in Kapitel 1 und 2 diskutierten Ätherbegriff zurückführt. Man erinnere sich daran, daß Versuche, die Absolutbewegung der Erde zu messen, versagt haben. Es gibt nämlich keine Möglichkeit, ein absolutes Bezugssystem festzulegen, das nach Meinung aller Beobachter in Ruhe ist. Andererseits erinnere man sich an die Entdeckung der kosmischen Mikrowellenhintergrundstrahlung. Dieses Bad von Mikrowellenstrahlung durchdringt den Raum als ein Nachglühen des Urknalls. Wir glauben, daß dieser Hintergrund aus einer Zeit stammt, in der das Weltall sehr jung war. Die Mikrowellenphotonen, die wir aus verschiedenen Richtungen beobachten, sind also Milliarden von Lichtjahren gereist. Dieses Licht wurde seit seiner Aussendung um einen Faktor über 1000 rotverschoben. Die Quellen dieser Strahlung sind von uns viel weiter entfernt als alle Galaxien, die wir sehen können. Der Mikrowellenhintergrund stammt also *selbst* einer gleichförmig verteilten Quelle, die von jeder Bewegung in unserer lokalen »Umgebung« unabhängig ist. Daher können wir bei der Suche nach solchen lokalen Bewegungen vom Mikrowellenhintergrund Gebrauch machen.

Obwohl der Versuch von Michelson und Morley zeigte, daß die Lichtgeschwindigkeit in allen Richtungen gleich ist, habe ich jetzt beschrieben, wie das Licht dann, wenn wir uns relativ zur Quelle eines Lichtstrahls bewegen, durch den Dopplereffekt rot- oder blauverschoben wird. Wenn wir uns relativ zu dem Bezugssystem bewegen, das durch die verschiedenen Quellen der Mikrowellenhintergrundstrahlung definiert ist, wird dieser Hintergrund in einer unserer Bewegungsrichtung *entgegen*gesetzten Richtung stärker rotverschoben sein als in ihrer Richtung. Eine solche Situation heißt Dipol-Anisotropie, da ihre Rotverschiebung am einen »Pol« eine andere ist als am anderen (siehe Kapitel 2). Wir stellen uns vor, die Quellen des Mikrowellenhintergrunds seien über eine sehr große Kugel verstreut, die etwa einen Radius von 10 Milliarden Lichtjahren habe; dann ist die Vermutung begründet, daß diese Quellen ein Bezugssystem festlegten, das relativ zur Hubble-Ausdehnung in Ruhe ist. Jede kleinräumige Abweichung von dieser Ausdehnung des Hintergrunds sollte im allgemeinen Mikrowellenhintergrundsignal untergehen. Wenn wir also die von der Erde aus beobachtete Dipol-Anisotropie messen können, sollten wir in der Lage sein, unsere lokale Bewegung aus der Hubbleschen Fluchtbewegung des Hintergrunds herauszufiltern.

Diese Messung wurde durchgeführt. Das Ergebnis läßt darauf schließen, daß unsere lokale Geschwindigkeit relativ zu dem durch den Mikrowellenhintergrund definierten Bezugssystem fast dreimal so groß ist wie unsere Fallgeschwindigkeit in Richtung Virgo, wenn sie gemessen wird, indem die Anisotropie des Hubbleschen Galaxienstroms einem sphärischen Einfall zum Virgohaufen hin angepaßt wird. Außerdem ist die Richtung unserer Geschwindigkeit *nicht* die Richtung des Virgo-Superhaufens.

Diese Situation hat für viel Verwirrung gesorgt. Fallen wir nun auf den Virgohaufen zu oder nicht? Ist unsere Eigenbewegung auf den Gravitationssog naher Objekte zurückzuführen, oder auf einen dem Urknall zuzuschreibenden »Anstoß«, der sich aus heutiger Sicht nur sehr schwer erklären ließe? Man hat Schritte unternommen, um diese Unstimmigkeit zu erklären. Eine Gruppe von sieben Astronomen von fast genau so vielen Forschungseinrichtungen, die den Spitznamen »Die Sieben Samurai« erhielt, behauptet gemessen zu haben, daß wir nicht zum Virgohaufen hin fallen, sondern zu einem anderen, möglicherweise viel massereicheren, in einer anderen Richtung gelegenen System, den sogenannten »Großen Attraktor«. Wenn sich diese Behauptung bestätigt, könnte sie auf eine große Masse dieser fernen Quelle der Anziehung schließen lassen. Andererseits ließe sich mit Hilfe der heute bekannten Modelle für die Galaxienbildung, die ich später beschreiben werde, nur außerordentlich schwer erklären, wie sich diese große Masse angesammelt haben könnte. Eine andere Erklärung wurde von Marc Davis von der University of California at Berkeley vorgeschlagen. Aufgrund vorläufiger neuerer Daten von einem Satelliten, der Infrarotstrahlung mißt, haben Davis und seine Mitarbeiter eine Infrarotkarte der Galaxien des gesamten Himmels erstellt. Aus dieser Karte behaupten sie zumindest grundsätzlich die »Potentialmulde«, in der wir aufgrund der Gravitationsanziehung all dieser Systeme sitzen, herleiten zu können. Ihrer Meinung nach ist unsere Bewegung im Vergleich zum Mikrowellenhintergrund völlig auf die Gravitationsanziehung der von ihrer Durchmusterung erfaßten bekannten massereichen Systeme zurückzuführen. Dann müßte die mittlere Massendichte bis in sehr große Entfernungen etwa doppelt so groß sein, wie es der kosmische Virialsatz vermuten läßt. Leider sind die Daten noch vorläufig, und es lassen sich zur Zeit noch keine endgültigen Aussagen machen. Jedenfalls ist klar, daß solche dynamischen Messungen selbst dann, wenn sie uns kurzfristig verwirren, schließlich die Kontroverse darüber, wieviel Materie es im Weltall gibt – und wo sie sich befindet – klären können.

Bis jetzt haben alle von mir beschriebenen Überlegungen zur dunklen Materie nur die Newtonschen Gesetze und die Schwerkraft in Betracht gezogen. Das hat mindestens eine Forschergruppe zu der Behauptung veranlaßt, das Überwiegen der dunklen über die helle Materie ließe sich erklären, wenn das Gravitationsgesetz nicht allgemeingültig wäre. Wenn die Schwerkraft über große Entfernungen von ihrer Newtonschen Form abweicht, könnte man, so wurde behauptet, die flachen Rotationskurven erklären, ohne sich auf dunkle Materie berufen zu müssen. Leider scheint dies einer der Fälle zu sein, in denen die Lösung häßlicher ist als das Problem. Es ist vielleicht etwas radikal, wenn man behauptet, in den Galaxien überwiege die dunkle Materie. Aber es scheint mir übertrieben zu sein, wenn man zur Erklärung dieser Beobachtungen eine der vier bekann-

ten Naturkräfte abändern will. Aus der Sicht der Elementarteil-
chenphysik, die sich fragt, wie wir mikrophysikalische Kräfte in
einer Quantenwelt verstehen können, gibt es gegenwärtig keine
theoretische oder experimentelle Rechtfertigung für diesen Vorschlag. Trotzdem erinnert uns der enge Zusammenhang all
dieser Überlegungen mit der Newtonschen Theorie der Schwerkraft daran, daß wir bei diesen Überlegungen nirgends die
modernste Form der Gravitationstheorie benutzt haben, nämlich Einsteins Allgemeine Relativitätstheorie.

Um eine Reihe von Kennzeichen des Universums im großen
beschreiben zu können, brauchen wir die gekrümmte Raumzeit
der Allgemeinen Relativitätstheorie. Da die Allgemeine Relativitätstheorie im Fall nicht zu großer Massen und nichtrelativisti-
scher Geschwindigkeiten aber mit der Newtonschen Theorie
übereinstimmt, können wir für viele kosmologische Zwecke die
Raumzeit als flach voraussetzen. Das klingt vielleicht überraschend, aber man braucht sich nur klar zu machen, daß die
relativen Geschwindigkeiten selbst in den größten Superhaufen
nur einen Bruchteil der Lichtgeschwindigkeit betragen, um einzusehen, daß die Korrekturen der Allgemeinen Relativitätstheorie für die Dynamik dieser Systeme verschwindend gering sind.

Nichtsdestoweniger scheint es nicht unangebracht, die Beobachtung, durch die Einstein berühmt wurde, auch bei der Suche
nach dunkler Materie einzusetzen; auch Newtons Gesetz findet
ja bei dieser Suche ganz ausdrückliche Verwendung. Nach der
Allgemeinen Relativitätstheorie ist die Raumzeit in der Nähe
massereicher Objekte gekrümmt. Licht, das lokal auf Geraden
läuft, scheint sich, so besagt eine der direktesten Folgerungen aus
dieser Vorhersage, um massereiche Objekte herum zu biegen,
weil die Raumzeit, in der es läuft, gekrümmt ist. Man kann
versuchen, diese Wirkung durch Verwendung Newtonscher
Schwerkraftstheorie nachzuvollziehen, einfach indem man dem
Licht zugesteht, daß es genau wie Materie der Schwerkraft
unterliegt. Das ist sicherlich eine ganz logische Erwartung, wenn
man die Entsprechung von Materie und Energie bedenkt, wie sie
in Einsteins Spezieller Relativitätstheorie behauptet wird. Aber
wenn wir das tun, erhalten wir eine andere Antwort, als wenn
wir einen gekrümmten Raum voraussetzen. Es stellt sich heraus,

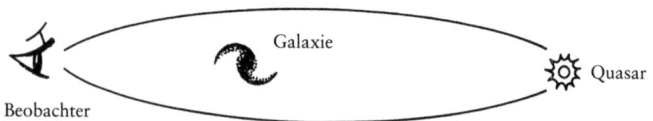

Abb. 4.6   Von einem fernen Quasar ausgehende Photonen-Strahlen können in der Nähe einer dazwischenliegenden Galaxie abgelenkt werden und
bei einem irdischen Beobachter wieder zusammenlaufen.

daß Licht sich im letzten Fall genau doppelt so stark krümmt wie
im ersten. Diese Lichtablenkung wurde zuerst 1919 von Eddington gemessen, und sie machte Einstein weithin bekannt.

Weil sich das Licht um Objekte herum biegt, kann man sich
das folgende recht fantastische Bild ausmalen: Wenn es in einem
Bereich genug Masse gibt, können Lichtstrahlen, die von einer
Quelle ausgehen, die weit hinter dieser Massenverteilung liegt,
auf beiden Seiten stark genug abgelenkt werden, um sich an dem
Punkt, wo ein Beobachter ist, wieder zu treffen. Abbildung 4.6
zeigt eine solche Situation. In diesem Fall wirkt die Massenverteilung als eine »Gravitationslinse«. Nicht nur können dazwischenliegende Massen ferne Objekte auf diese Weise vergrößern,
sondern sie können auch Mehrfachbilder dieser Dinge erzeugen.
Beobachter sehen tatsächlich zwei Bilder, weil sie sich vorstellen,
die beiden Lichtstrahlen seien geradlinig zu ihnen gelaufen.
Wenn sie sie zurückverfolgen, sehen sie statt des ursprünglichen
Objekts an jedem der beiden in Abbildung 4.7 gezeigten Stellen
ein Bild.

Einstein selbst erkannte diese Möglichkeit 1936, gab sich aber
nur kurz damit ab, weil er meinte, die Wirkungen seien zu klein,
um meßbar zu sein. Vierzig Jahre später wurden solche Effekte
jedoch beobachtet. Ich erwähnte früher schon die Existenz von
Quasaren: Sie sind unglaublich helle, kompakte Objekte, die
sich in den größten Fernen des beobachtbaren Universums
finden lassen. Vielleicht sind sie primordiale Galaxien, vielleicht
sind sie auch sehr massereiche Schwarze Löcher, die ganze
Galaxien verschlingen. Jedenfalls sehen wir sie, und wie alle
leuchtenden Objekte erzeugt jeder Quasar ein im wesentlichen

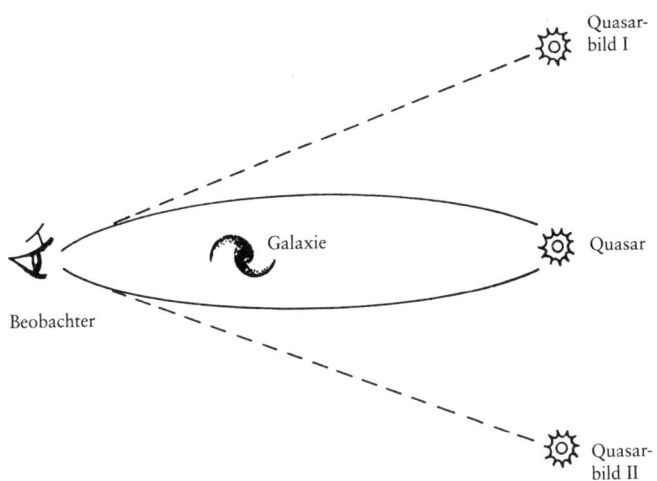

Abb. 4.7   Doppelbild eines Quasars, wie ein Beobachter es sieht, wenn eine
Gravitationslinse wirkt.

einzigartiges Lichtspektrum. Seit 1979 hat man bei Beobachtungen von Quasaren mehr als ein halbes Dutzend möglicher
Doppel- und Mehrfachbilder entdeckt.

   Seit der ersten Beobachtung eines möglichen Doppelbildes
eines Quasars, die D. Walsh und seine Mitarbeiter 1979 machten, haben Edwin Turner und seine Kollegen in Princeton und
Bernard Burke und seine Kollegen am MIT in Boston und dem
Haystack Observatorium wie auch einige andere Gruppen in
aller Welt Bilder von Tausenden von Quasaren im sichtbaren
und im Radiobereich nach Gravitationslinsen abgesucht. Dabei
suchten sie zuerst nach Quasaren, die am Himmel eng benach-
bart sind. Dann bestimmten sie, ob diese benachbarten Quasare
fast identische Rotverschiebungen haben. Das ist von Natur aus
ziemlich selten der Fall, weil die Quasare dazu im dreidimensionalen Raum enge Nachbarn sein müßten, und Quasare liegen im
allgemeinen nicht sehr dicht. Daraufhin untersuchten sie die
Spektren der Quasare. Wenn die Spektren gleich sind, ist die
Wahrscheinlichkeit groß, daß sie nicht von zwei verschiedenen

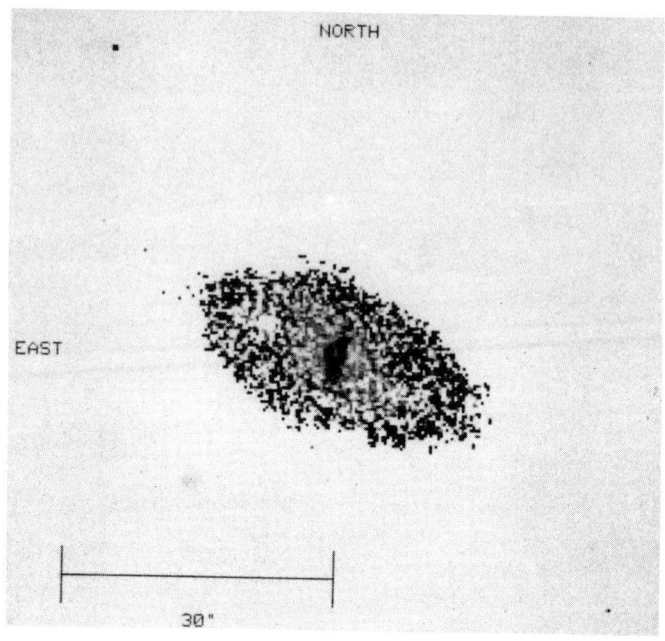

Abb. 4.8   Zwei von Computern analysierte Bilder des Quasars 2237, einer
möglichen Gravitationslinse, bei denen der Unterschied zwischen der Farbe
der Bilder des möglichen Quasars (*dunkel*) und der Galaxie (*hell*) deutlich
wird. In der Vergrößerung des Zentrums der Galaxie (rechts) lassen sich
deutlich drei Bilder und auch ein viertes, schwächeres Bild erkennen. Linsen-
modelle, die auf dem beobachteten galaktischen System beruhen, stimmen

Objekten stammen, sondern vielmehr zwei Bilder *desselben
Objekts* sind. Schließlich suchten sie nach Galaxien oder Galaxienhaufen, die zwischen ihnen und uns liegen könnten. Aus der
beobachteten Massenverteilung ließen sich dann Bilder herleiten, die entstehen würden, wenn solche Systeme als Gravitationslinsen wirken. In mehreren Fällen sind die dazwischenliegenden Systeme beobachtet worden, und die Vorhersagen
konnten mit den Beobachtungen verglichen werden (siehe Abbildung 4.8).

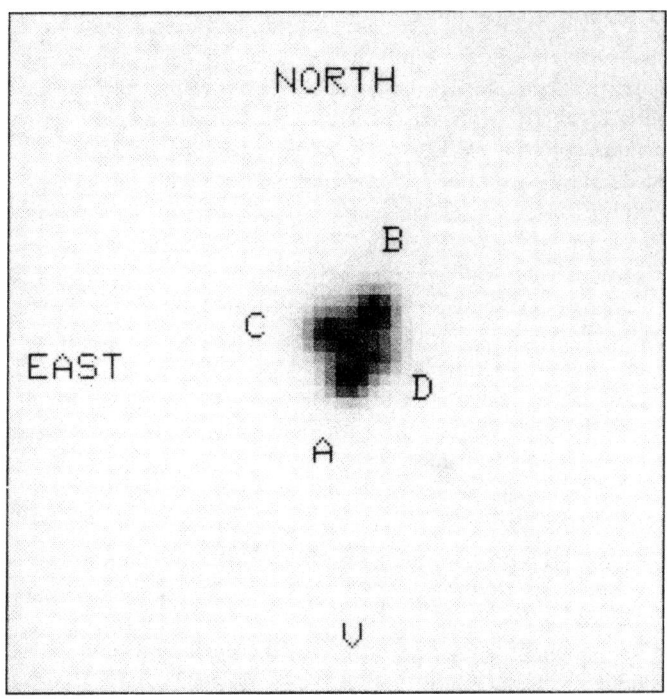

gut mit der beobachteten Lage und relativen Helligkeit dieser vier Bilder überein, wenn man annimmt, daß die Quasarbilder durch Gravitationslinseneffekte bewirkt werden. (Mit freundlicher Genehmigung von E. L. Turner, aus D. P. Schneider et al., Astrophysical Journal 95 [Juni 1988])

Was hat nun all dieses, so interessant es auch sein mag, mit dunkler Materie zu tun? Viel, denn erstens läßt sich die Gesamtmasse und die Materieverteilung einer möglichen Gravitationslinse berechnen, wenn sie ganz bestimmte Quasarbilder erzeugt. Um die sehr wenigen Beobachtungen »echt« aussehender Mehrfachbilder mit einer bekannten möglichen Gravitationslinse in Übereinstimmung zu bringen, muß man also eindeutig bestimmen, wie die Materie in diesem System verteilt ist. Und wieder haben die Beobachter Hinweise auf dunkle Materie erhalten.

Untersuchungen möglicher Gravitationslinsen lassen vermuten, daß sie mehr als das Zehnfache der gesamten sichtbaren Masse enthalten können. An diesen noch sehr vorläufigen Beobachtungsergebnissen überrascht jedoch die *Bandbreite* der Menge an dunkler Materie, die zur Erklärung der Beobachtungen jeweils nötig ist. Einige galaktische Systeme, so z. B. das in Abbildung 4.8 gezeigte, scheinen in den zentralen galaktischen Bereichen nur unwesentliche Mengen an dunkler Materie zu erfordern. Die Fälle, in denen Modelle mit Beobachtungen verglichen werden können, bestätigen auch, daß die dunkle Materie dort, wo man sie erwarten sollte, nicht so verteilt sein kann wie die leuchtende Materie. Noch interessanter ist vielleicht, daß es auch Fälle gibt, in denen es so aussieht, als ob die dunkle Materie nicht dasselbe Massenzentrum hat wie die leuchtende Materie; die beiden Verteilungen können also gegeneinander »verschoben« sein. Natürlich lassen sich aus zwei oder drei Gravitationslinsen noch keine allgemeinen Aussagen ableiten. Mehrere Himmelsdurchmusterungen sind der Suche nach weiteren Linsen gewidmet. Wir erwarten die Ergebnisse mit einiger Ungeduld.

Noch ein Ergebnis, das vielleicht für die Überlegungen zur dunklen Materie von Bedeutung ist, könnte sich aus der Suche nach Quasaren ergeben, von denen Gravitationslinsen Mehrfachbilder erzeugen. Obwohl die von einer solchen Linse erzeugten zwei oder mehr Bilder eines Quasars am Himmel weniger als ein tausendstel Grad auseinanderliegen, bewegt sich das Licht, das jedes der Bilder erzeugt, auf einer Bahn, die sich von dem eines Nachbarbildes um mehrere Lichtjahre unterscheiden kann. Das ist so, weil der Quasar vermutlich mehrere Milliarden Lichtjahre von uns entfernt ist, so daß selbst eine winzige Bahnänderung zu einem großen Unterschied in der Entfernung führen kann. Wenn das Licht der beiden Bilder verschieden lange Strecken zurücklegt, braucht es auch verschieden lang, bis es uns erreicht. Wenn die Bahnlängen sich um ein Lichtjahr unterscheiden, erreicht uns das Licht der beiden Bilder mit einem Zeitunterschied von einem Jahr. Man kann sich dann das folgende Bild ausmalen. Nehmen wir an, eines der beiden Quasarbilder »flackert«, das heißt, seine Helligkeit schwankt in gewissen Zeiträumen, etwa Tagen. Beobachter vermessen auch das zweite Bild zwei Jahre lang so genau wie möglich und finden ebenfalls ein ganz konstantes »Flackern«. Nicht nur würde dieser Befund einen weiteren Hinweis darauf geben, daß das Paar in der Tat auf einem einzigen Quasar beruht, von dem eine Gravitationslinse ein Doppelbild entwirft, er könnte auch zum ersten Mal eine quantitativ genaue Entfernungsmessung sehr weit entfernter Objekte liefern. Wir können nämlich aus der beobachteten Bildaufspaltung und den Rotverschiebungen des Quasars und der Gravitationslinse den erwarteten Unterschied der Bahnlänge ableiten und die erwartete Zeitverschiebung berechnen. Die Beobachtung einer solchen Zeitverschiebung würde dann die genaue Entfernung dieser Objekte von uns festlegen und es uns ermöglichen, Rotverschiebung und Entfernung sehr genau in Beziehung zu setzen. Eines der Hauptprobleme bei dem Bemühen, das Weltall zu »wiegen«, ist die Unsicherheit in bezug auf die Hubblekonstante, die die beiden Größen Rotverschiebung und Entfernung miteinander verknüpft. Eine solche Messung würde sie festlegen.

Wir könnten aus Beobachtungen von Gravitationslinseneffekten noch mehr lernen. Wenn erst einmal viele Linsen bekannt sind, können wir mit statistischer Forschung beginnen. Auf der Grundlage der beobachteten Verteilung der Galaxien im Raum und ihrer Größe können wir zum Beispiel vorhersagen, wie häufig es Linseneffekte geben sollte und welchen Abstand die Quasarbilder im Mittel haben sollten. Falls die Beobachtungen nicht mit unseren Erwartungen übereinstimmen, wäre dies ein Hinweis darauf, daß etwas anderes zu den Linseneffekten bei fernen Quasaren beiträgt. Es gibt schon mehrere verwirrende Beobachtungsergebnisse. Zu den etwa sieben bekannten in Frage kommenden Quasarbildern gibt es nur drei sichtbare Galaxien, die als Linsen in Frage kommen. Mindestens in zwei Fällen läßt sich herleiten, daß das Objekt oder die Objekte, die die Abbildung erzeugen, groß genug sein sollten, um sichtbar zu sein, aber es ist nichts zu sehen. Man ist sofort versucht, das als einen Hinweis auf ein dunkles massereiches Objekt, etwa eine »dunkle Galaxie« zu verstehen. Andererseits habe ich nach etwa einem Jahrzehnt der falschen Alarme in meinem eigenen Gebiet,

der Teilchenphysik, gelernt, daß die Statistik seltener Ereignisse
sehr irreführend sein kann. Bei nur ein oder zwei Beobachtungen
können viele ungewöhnliche Faktoren zu sehr verblüffenden
Beobachtungen beitragen. Wir müssen mehr und bessere Beobachtungen gewinnen, bevor wir Schlüsse ziehen, auch wenn wir
sie mit Spannung erwarten.

Tatsächlich sprechen mehrere theoretische Überlegungen gegen die Vorstellung, daß diese Ereignisse von großen Systemen
bewirkt werden, die vor allem aus dunkler Materie bestehen.
Modelle, die zunächst Turner und seine Kollegen entwickelten,
ließen vermuten, wir müßten viel mehr Doppelbilder von Quasaren sehen, als in dem Fall, in dem es so viele solcher isolierten
Systeme gibt, daß sie unsere Schätzungen des gesamten Gehalts
an dunkler Materie im Universum beeinflussen. Man könnte
entsprechend hoffen, diesen Gedanken umzukehren, um so eine
Obergrenze für die Menge der dunklen Materie im Universum
zu finden. Leider sind es zwei verschiedene Fragen, ob es dunkle
Materie gibt und ob die dunkle Materie so verteilt ist, daß sie
Gravitationslinsen bildet. Neuere Untersuchungen von Gary
Hinshaw und mir legen den Gedanken nahe, eine vorwiegend
aus dunkler Materie bestehende »dunkle Galaxie« könne, da
Halos in beobachteten Galaxien diffus sind, ebenfalls diffus sein
und deswegen nicht zu Mehrfachbildern ferner Quasare führen.
Daher können wir solche Systeme mit Hilfe der Statistik der
Gravitationslinsen leider nicht so effektiv untersuchen, wie man
es sich wünschen würde. Auch liefert dies weitere Argumente für
die Annahme, daß unsere heutigen Beobachtungen vermutlich
nicht auf dunkle Materie zurückzuführen sind. Eine weitere
Möglichkeit herauszufinden, ob dunkle Materie in großen Mengen vorliegt, auch wenn sie keine Klumpen bildet und deshalb
nicht direkt zu Linsenphänomenen führt, ergibt sich aus der
Beobachtung, wie Anzahl und Art solcher Linsenabbildungen
zunehmen, wenn wir in größere Entfernungen hinausschauen. In
einem Weltall, das vier- oder fünfmal soviel dunkle Materie
enthält, als nach virialen Schätzungen zu vermuten ist, sollte die
Anzahl galaktischer Linsen als Funktion der Entfernung meßbar
anders sein, weil die Geometrie der Raumzeit eine andere wäre.
Eine andere Art der statistischen Linsenanalyse könnte sich

auf unser Verständnis dessen auswirken, woraus die dunklen Halos um Galaxien herum bestehen. Anthony Tyson von den AT&T-Bell-Laboratorien hat eine raffinierte Abbildungstechnologie zu Hilfe genommen, um nicht nach den Abbildungen von Quasaren durch Galaxien, sondern von fernen Galaxien durch vor ihnen liegende Galaxien zu suchen. Nach seiner Schätzung werden die Bilder ferner Galaxien verzerrt, wenn die Halos der Galaxien bis in sehr große Entfernungen, über 100 000 Lichtjahre hinaus, reichen, weil sie mit großer Wahrscheinlichkeit irgendwann auf ihrem Weg zur Erde an einer solchen Verteilung vorbeikommen. Tyson hat jedoch in einer Untersuchung von mehreren tausend ferner Galaxien keinerlei Hinweise auf eine solche Verzerrung erhalten. Er vermutet, dies sei ein Zeichen dafür, daß Halos eine bestimmte Ausdehnung haben und dann plötzlich aufhören. Wenn das zutrifft, hätte es ernsthafte Auswirkungen auf die Deutung dunkler Materie als einer neuen Art von Elementarteilchen. Wie ich später erörtern werde, erstrecken sich die diffusen Halos in den meisten Modellen, bei denen die dunkle Materie aus Elementarteilchen besteht, durch den ganzen Raum. Tysons Verfahren ist neu und wurde stark kritisiert, und deshalb müssen seine Ergebnisse mit einiger Vorsicht genossen werden. Scott Tremaine vom kanadischen Institut für theoretische Astrophysik fand unabhängig von ihm aufgrund der Kräfteverhältnisse bei Satellitengalaxien in der Nähe der Milchstraße, daß der Halo unserer eigenen Galaxis in großen Entfernungen plötzlich abfällt. Wenn diese beiden Analysen, von denen bis jetzt keine durch Beobachtung abgesichert wurde, gültig sind, müssen wir vermutlich einen großen Teil unseres heutigen vermeintlichen Wissens über die dunkle Materie überdenken.

Wenn die dunkle Materie in Galaxien die Form sehr kompakter astronomischer Objekte wie schwarzer Löcher oder Planeten von der Größe des Jupiter hat, und nicht diejenige diffus verteilter Elementarteilchen, könnte man hoffen, auch das Vorhandensein dieser Objekte durch Gravitationslinseneffekte nachzuweisen. Diese Objekte sollten als »Mikrolinsen« wirken. Wenn ein kompaktes Objekt unsere Sichtlinie zu einem Stern oder einer Galaxie oder einer Supernova hin kreuzt, sollte es diesen Körper

Abb. 4.9 Drei Geraden, die zwei rechte Winkel bilden, wie links gezeigt, können in der Ebene kein Dreieck bilden.

einen Augenblick lang vergrößern. Solches »Blinken« sollte meßbar sein, aber bis heute ist noch kein solcher Effekt beobachtet worden.

Welche Ergebnisse die Suche nach Gravitationslinsen auch haben mag, es ist klar, daß dieses neue Forschungsgebiet für unser Verständnis dessen, woraus das Universum besteht und wie die Materie verteilt ist, sehr verheißungsvoll ist.

Die Allgemeine Relativitätstheorie könnte im Prinzip noch einen Test für die Gesamtmasse des Universums liefern, diesmal also im allergrößten Maßstab. Da die Raumzeit in der Nähe von Materie gekrümmt ist, gelten in ihr viele der in einem flachen Raum zutreffenden geometrischen Beziehungen nicht. In Lehrbüchern finden sich viele Beispiele für diese veränderte Geo-

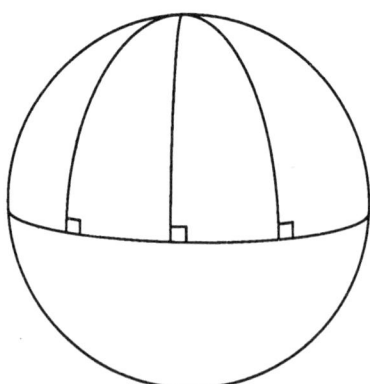

Abb. 4.10 Auf einer Kugeloberfläche können sich zunächst zueinander parallele Geraden schließlich schneiden.

metrie. Mein Lieblingsbeispiel sind Dreiecke auf einer Kugeloberfläche. Wir lernen in der Schule, daß die Summe der drei
Winkel im Innern eines Dreiecks immer 180° beträgt. Es ist ganz
klar, daß wir in der Ebene kein Dreieck mit mehr als einem
rechten Winkel zeichnen können, weil dann zwei Dreiecksseiten
parallel zueinander sein müßten (siehe Abbildung 4.9).

Als Euklid die Geometrie entwickelte, besagte eines seiner
fünf Axiome, daß sich parallele Gerade niemals schneiden.
Deshalb können sich die beiden Seiten dieses Dreiecks nie
schneiden. Wenn ich jedoch auf die Oberfläche einer Kugel ein
Dreieck zeichne, gelten all diese Regeln nicht mehr. Geraden, die
als Parallelen beginnen, schneiden sich oft später. Man denke
nur an die Längengrade auf einem Globus. Jeder bildet mit dem
Äquator einen Winkel von 90°. Benachbarte Längengrade sind
also am Äquator parallel, aber wir wissen, daß sie sich alle am
Nordpol treffen (siehe Abbildung 4.10). Auf eine Kugel läßt sich
leicht ein Dreieck zeichnen, dessen Innenwinkel alle 90° betragen. Man braucht ja nur zwei Längenkreise, die sich am Nordpol
treffen, entlang des Äquators zu verbinden.

Wie Sie sich vorstellen können, ändern sich auch andere
vertraute Regeln, die für Dreiecke in der Ebene gelten, wenn wir
Dreiecke auf einer Kugel betrachten. So ist zum Beispiel der
Flächeninhalt eines ebenen Dreiecks das Produkt aus der Hälfte
der Grundlinie und der Höhe. Die Fläche eines Dreiecks auf der
Erdkugel, dessen Grundlinie fast der ganze Äquator ist, beträgt
jedoch fast $\pi \times D$, wobei D den Erdumfang bezeichnet.

Die Höhe dieses Dreiecks ist die Entfernung vom Äquator
zum Nordpol. Das ist ein Viertel des Erdumfangs. Nach den
Regeln der ebenen Geometrie wäre die Dreiecksfläche dann $\frac{1}{8}$
vom Quadrat des Erdumfangs ($\frac{1}{2}$ Grundfläche mal Höhe).
Offensichtlich aber bedeckt die Fläche des Dreiecks fast die
Hälfte der Erdoberfläche. Die Kugeloberfläche ist gleich dem
Produkt aus dem Kugelumfang und ihrem Durchmesser, oder
etwa $\frac{1}{3}$ vom Quadrat des Umfangs. Die Dreiecksfläche muß
dann ungefähr die Hälfte davon betragen, also etwa $\frac{1}{6}$ vom
Quadrat des Umfangs. Deshalb schätzen wir die ebene Fläche
etwa $\frac{1}{3}$ kleiner ein als sie in Wirklichkeit ist (siehe Abbildung 4.11).

Die Beziehung zwischen geometrischen Größen ändert sich auf ganz ähnliche Weise, wenn wir eine gekrümmte vierdimensionale Raumzeit mit einer flachen Raumzeit vergleichen. Genau wie wir durch Messung von Dreiecksflächen auf einer Kugel beweisen können, daß die Erde gekrümmt ist und nicht flach, so können wir versuchen, die Beziehung zwischen zum Beispiel dem Volumen und dem Radius einer großen Kugel im Weltall zu bestimmen, um die mittlere Raumkrümmung und damit die mittlere Massendichte herauszufinden. Wir können das Volumen nicht direkt messen; aber unter der durch die Beobachtung gut bestätigten Voraussetzung, daß die Anzahl der Galaxien innerhalb eines vorgegebenen Volumens im Universum ungefähr konstant ist, können wir versuchen, die Galaxien in immer größeren Volumina zu zählen, und so herauszufinden, wie das in einem kugelförmigen Bereich enthaltene Volumen sich zu seinem Radius verhält.

Genau das haben Earl Spillar und Ed Loh, zwei junge Astronomen, etwa 1985 in Princeton unternommen. Als ihre Untersuchung abgeschlossen war, konnten sie ein erstaunliches Ergebnis mitteilen: Die von ihnen hergeleitete mittlere Krümmung ließ auf eine mittlere Massendichte des Universums schließen, die um das Vier- bis Fünffache über den Virial-Schätzungen lag. Ihre Ankündigung sorgte kurzzeitig für Aufregung, und ihre Unter-

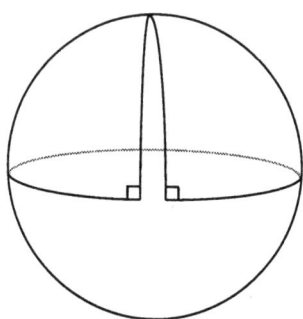

Abb. 4.11 Ein auf eine Kugel gezeichnetes Dreieck, dessen Flächeninhalt um 30 Prozent von dem abweicht, den man mit den Formeln der ebenen Geometrie berechnet.

suchung wurde bald von mehreren Seiten angegriffen. Nicht nur gibt es Probleme mit der Beobachtung, sondern auch die Tatsache, daß Galaxien sich im Lauf der Zeit verändern und manchmal auch miteinander verschmelzen, trug zur Ungewißheit ihrer Untersuchung bei. Es wurde behauptet, das Ergebnis von Spillar und Loh sei mit Massendichten verträglich, die sich um mindestens einen Faktor 10 unterscheiden können. Ihr Befund stimmt nachdenklich, kann aber nicht als endgültig angesehen werden. Die Geometrie scheint also eine elegante und beweiskräftige Möglichkeit zu liefern, die Massendichte des Universums zu bestimmen, dieser Gedanke muß aber erst noch in Beobachtungsverfahren umgesetzt werden.

Diese Überlegung enthält einen Hinweis auf den eigentlichen Grund dafür, warum wir überhaupt wissen möchten, wieviel dunkle Materie es im Weltall gibt. Weil die Geometrie des Raums mit der in ihm enthaltenen Masse zu tun hat, kennen wir die Struktur des Weltalls dann, wenn wir die Verteilung von Materie und ihre Bewegung kennen. Die Allgemeine Relativitätstheorie unterscheidet drei Möglichkeiten eines expandierenden Universums, nämlich das geschlossene, das offene und das flache. Nur im ersten Fall hat das Weltall eine endliche räumliche Ausdehnung – es ist genug Materie vorhanden, um den Raum so stark zu krümmen, daß sich das Universum wieder schließt. Ein Analogon wäre die Oberfläche einer großen Kugel, aber die ist dreidimensional und nicht wie die Kugelfläche zweidimensional. In den beiden anderen Fällen ist das Universum räumlich unendlich ausgedehnt. Geometrisch lassen sich diese Fälle durch die »Krümmung« des Raumes unterscheiden, die in Einsteins Gleichungen für ein sich ausdehnendes Universum eine wichtige Rolle spielt. Ein geschlossenes Weltall hat eine positive Krümmung und ein offenes eine negative. Wie sich denken läßt, hat ein flaches Universum die Krümmung Null.

Sicherlich stellen diese Beschreibungen, so anregend sie auch sein mögen, große Anforderungen an die Vorstellungskraft, aber es gibt eine viel praktischere und wichtigere Unterscheidung zwischen einem offenen, geschlossenen oder flachen Weltall, bei der man sich keine vierdimensionale Raumzeit auszumalen

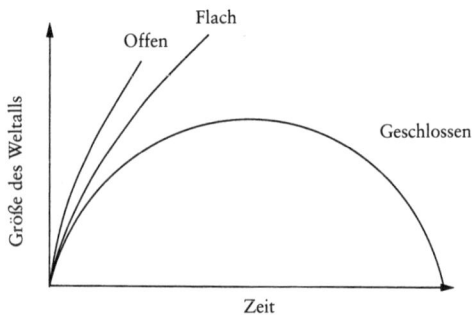

Abb. 4.12 Die Entfernung zwischen Galaxien nimmt immer weiter zu, wenn das Universum offen oder flach ist; wenn es geschlossen ist, hört das Weltall schließlich auf, sich auszudehnen und fällt wieder zusammen.

braucht. In einem geschlossenen Weltall bringt die Materiedichte aufgrund ihrer Gravitationsanziehung die Ausdehnung schließlich zum Stillstand, in einem offenen Universum dagegen geht die Ausdehnung mit endlicher Geschwindigkeit immer weiter. Im Grenzfall eines flachen Universums verlangsamt sich die Ausdehnung, ohne in endlicher Zeit zum Stillstand zu kommen (siehe Abbildung 4.12).

Besonders bemerkenswert ist an den Einsteinschen Gleichungen der Allgemeinen Relativitätstheorie für ein expandierendes Weltall, daß sie sich aufgrund rein Newtonscher Überlegungen exakt herleiten lassen. Man addiert einfach die Gesamtenergie der Materie, während sich das Universum ausdehnt. Zu dieser Energie trägt zweierlei bei, nämlich die Bewegungsenergie der Objekte bei der Ausdehnung, die sogenannte kinetische Energie, die immer positiv ist, und die von der Gravitationsanziehung der Objekte herrührende potentielle Gravitationsenergie. Sie wird gewöhnlich als negativ gesehen, denn üblicherweise wird die potentielle Energie eines isolierten Körpers, der keiner Kraft unterliegt, gleich Null gesetzt. Um die Anziehung durch die Schwerkraft zwischen zwei Massen auf Null zu reduzieren, müßten wir sie unendlich weit voneinander entfernen. Das braucht aber Energie, und deshalb muß die potentielle Energie der beiden Objekte, wenn sie nur endlich weit voneinander getrennt sind, kleiner sein als Null.

Die gesamte Gravitationsenergie eines oder mehrerer Objekte entspricht genau der Summe dieser beiden Beiträge, so daß wir einfach schreiben können:

Kinetische Energie + Potentielle Energie = Gesamtenergie

Diese »Gleichung« ist hier auf der Erde sehr nützlich. Wenn wir irgendein Objekt, zum Beispiel einen Ball oder eine Raumfähre betrachten, können wir berechnen, ob seine aus der Bewegung stammende positive kinetische Energie den negativen, von der Erdanziehung herrührenden Beitrag überwiegt. Wenn das der Fall ist, so daß die Gesamtenergie positiv ist, kann das Objekt der Erde entkommen. Wenn die Gesamtenergie negativ ist, also der Beitrag der potentiellen Energie den der kinetischen überwiegt, bleibt das Objekt gebunden: Wenn wir es hochwerfen, fällt es hinunter. Im Grenzfall, wenn die Gesamtenergie genau Null ist und die beiden Beiträge sich aufheben, kann das Objekt gerade eben entkommen, aber seine Geschwindigkeit nähert sich dabei Null. Die kleinste kinetische Energie, die die potentielle Energie gerade aufhebt, ergibt sich dann, wenn die Geschwindigkeit des Objekts gerade so groß ist, daß die Summe der beiden Terme auf der linken Seite der Gleichung Null ist. Diese Geschwindigkeit heißt Fluchtgeschwindigkeit. Wenn NASA beschließt, eine Rakete zum Mond zu schicken, ist eine Grundvoraussetzung, daß genug Brennstoff vorhanden ist, um die Rakete über die Fluchtgeschwindigkeit der Erde hinaus zu beschleunigen, die für alles, was der Erdoberfläche entkommen soll, unabhängig von seiner Masse etwa 11 Kilometer pro Sekunde (oder 40000 Kilometer pro Stunde) beträgt. Dieser Wert wird mit Hilfe der Energiegleichung genauso berechnet, wie ich es hier beschrieben habe.

Der Vergleich der möglichen Bewegungen von Körpern, die von der Erdoberfläche mit positiver, negativer oder verschwindender Gesamtenergie hoch geworfen werden, mit den drei Bezeichnungen für unser Weltall legt eine Ähnlichkeit nicht nur nahe; sie entsprechen einander auch wirklich. Weil ein offenes Weltall »negativ« gekrümmt ist, dehnt es sich immer aus. Das bedeutet einfach, daß jede Galaxie dem Gravitationssog jeder anderen Galaxie entkommt. Anders ausgedrückt, stelle man sich einen kugelförmigen Bereich des Universums vor, der im Vergleich mit dem Weltall klein ist, aber im Vergleich mit Haufen oder Superhaufen groß, und betrachte dann die Bewegung der Galaxien auf der Oberfläche dieses Bereichs. Wegen der konstanten Geschwindigkeit der Hubble-Ausdehnung bewegen sich diese Galaxien im Mittel vom Kugelmittelpunkt aus radial nach außen. Bewegen sich diese Galaxien schnell genug, um dem Gravitationssog der Materie innerhalb der Kugel entkommen zu können? Die Antwort gibt wieder die gerade beschriebene Energiegleichung. Wenn ihre Gesamtenergie positiv ist, werden sie sich immer weiter nach außen bewegen, wenn nicht, werden sie schließlich anhalten und nach innen fallen.

Jeder solche hinreichend große Bereich von Galaxien ist ein Mikrokosmos des expandierenden Universums. Wenn man sein Verhalten bestimmt, ist auch das Verhalten des gesamten Weltalls bestimmt, da das Universum als isotrop und homogen vorausgesetzt wird. Es sollte deshalb nicht sehr überraschen, daß die einfache gerade beschriebene Energiegleichung unmittelbar zu jedem Term der Einsteinschen Gleichung führt, der die Bewegung des Universums bestimmt. Selbst die Faktoren 2 und π stimmen. Nirgendwo müssen wir von »Krümmung« oder Geometrie sprechen. Wenn Einsteins Gleichungen so hergeleitet werden, erweist sich der Term, der die Krümmung darstellt, als das Negative der gesamten Gravitationsenergie. In einem offenen Universum mit negativer Krümmung können deshalb Systeme in hinreichend großem Maßstab insgesamt eine positive Gravitationsenergie haben und sich immer weiter ausdehnen. In einem geschlossenen Weltall ist die gesamte Gravitationsenergie der Objekte in diesen Systemen negativ, deshalb fallen sie schließlich wieder zusammen.

Die Energiegleichung sagt uns, daß wir sowohl die mittlere kinetische Energie als auch die mittlere potentielle Gravitationsenergie messen und miteinander vergleichen müssen, wenn wir herausfinden wollen, welche Bedingung im Universum vorliegt, welche Geometrie also in ihm herrscht. Wir messen die mittlere kinetische Energie, also die Bewegungsenergie, indem wir die

Hubblekonstante messen, die besagt, wie schnell Galaxien mit einem bestimmten Abstand zueinander sich voneinander entfernen. Die mittlere potentielle Gravitationsenergie, die mit der Graviationsanziehung verknüpft ist und dazu neigt, die Ausdehnung zu verlangsamen, hängt von der mittleren Massendichte des Universums ab. Bei einer vorgegebenen Hubblekonstante gibt es einen genauen Wert der Massendichte, die sogenannte »kritische« oder »Schließungs«dichte, bei der die beiden Terme im Gleichgewicht sind; bei ihm ist die Gesamtenergie Null und das Universum flach. Größere Massendichten führen zu einem geschlossenen und kleinere zu einem offenen Universum.

Wie verhält sich unsere bisherige Berechnung der Masse zu dieser kritischen Dichte? Wir kennen die tatsächliche Massendichte des heutigen Weltalls als Produkt aus einer Konstanten, die gewöhnlich als Ω (das ist der griechische Buchstabe *Omega*) bezeichnet wird, und der kritischen Dichte. Wir definieren dadurch den sehr wichtigen kosmologischen Parameter Ω als *das Verhältnis der tatsächlichen Massendichte in unserem Weltall zu der kritischen Dichte, die zu einem flachen Universum führen würde.* Wenn Ω kleiner ist als 1, ist das Universum offen. Wenn es größer ist als 1, ist es geschlossen. Eines der Hauptziele der Kosmologie, die Kenntnis der zukünftigen Entwicklung des Weltalls, reduziert sich einfach auf die Bestimmung des heutigen Wertes von Ω.

Das Glied, das die kinetische Energie enthält und die kritische Dichte bestimmt, hängt von der ungewissen Hubblekonstanten ab, und deshalb hängt auch die kritische Dichte von diesem »Schmierfaktor« h ab. Wir können diese Dichte durch die gemessene Leuchtkraft und die (abgeleitete) Massendichte des Weltalls beschreiben. Die im vorigen Kapitel behandelte Leuchtkraftdichte läßt sich als Vielfaches der Leuchtkraft der Sonne angeben. Ähnlich läßt sich, wie schon beschrieben, die Massendichte als Vielfaches der Sonnenmasse angeben. In diesen Einheiten von Masse und Leuchtkraft der Sonne beträgt das Verhältnis der mittleren Massendichte im Weltall zu seiner mittleren Leuchtkraft etwa 1 500 Ω h. Anders gesagt *sollte dieses Verhältnis, wenn das Universum flach ist, heute zwischen 750 und 1500 betragen.*

Wir erinnern uns jetzt daran, daß dieses Verhältnis für die *sichtbare* Materie im Universum etwa 25 *h* betrug. Die Gesamtmenge aller sichtbaren Materie im Weltall ergibt also für Ω einen Wert von etwa 0,02. Anders gesagt macht die *sichtbare Materie nur etwa 2 Prozent der Masse aus, die nötig wäre, um das Weltall heute zu schließen.* Alle virialen Schätzungen, die ich für die Häufigkeit der dunklen Materie im Universum angeführt habe, legen nahe, daß die dunkle Materie in einem Bereich von einigen Millionen Lichtjahren um die sichtbaren Galaxien herum etwa zehn bis zwanzigmal häufiger ist als die sichtbare Materie. Wenn wir diese dunkle Materie einbeziehen, erhalten wir für das Verhältnis zwischen Masse und Licht unter Berücksichtigung der Unsicherheiten für h einen Wert zwischen 100 und 500.

Dies ist das Ergebnis all unserer Mühen dieses Kapitels. *Die dunkle Materie überwiegt die sichtbare Materie um mindestens das Zehnfache, scheint damit aber nur zu einem heutigen Wert von Ω von etwa 0,2 bis 0,3 zu führen.* Nur wenn die in diesem Kapitel beschriebenen dynamischen Schätzungen um das Drei- bis Fünffache irren, gäbe es genug Materie, um unser Universum zu schließen. Wenn das der Fall wäre, könnte dunkle Materie etwa fünfzig- bis hundertmal häufiger sein als alles, was wir heute durch unsere Teleskope sehen.

Wir haben im letzten Vierteljahrhundert große Fortschritte gemacht. Die dunkle Materie ist jetzt unbezweifelter Bestandteil von Astrophysik und Astronomie. Das Beweismaterial für ihre Existenz ist unbestreitbar. Viele und sehr unterschiedliche Beobachtungen ergeben anscheinend alle denselben Wert für die mit Galaxien verknüpften Mengen dunkler Materie: Die Anteile der dunklen Materie zur sichtbaren verhalten sich etwa wie 10 zu 1. Gemeinsam mit davon unabhängigen Messungen der Expansionsrate unseres Weltalls scheint dieses Ergebnis nahezulegen, daß das Universum »offen« ist – es dehnt sich immer weiter aus, kommt niemals zu einem vollständigen Stillstand, fällt niemals wieder zusammen – ist ein Gewimmer, kein Knall. Der Wert für die Menge der dunklen Materie im Vergleich zur leuchtenden paßt auch genau zur Obergrenze für die Gesamtmenge »normaler« Materie, also der aus Protonen und Neutronen bestehenden, die es im heutigen Universum geben könnte. Dieser Wert macht ebenfalls etwa einen Faktor 10 aus, wenn wir den Argumenten folgen, die ich später ausführen werde. Es scheint deshalb durchaus möglich, daß unser offenes Weltall nichts enthält, das *allzu* unerwartet und exotisch ist, solange wir bis jetzt unbeobachtete Objekte von der Größe des Jupiters, tote Sterne oder Schwarze Löcher aus dem Spiel lassen.

Es sind jedoch am Horizont einige theoretische Gewitterwolken aufgezogen, die dieses idyllische Bild zu zerstören drohen. Vielleicht haben Sie sich gefragt, warum ich auf den vorhergehenden Seiten immer wieder auf die Möglichkeit hingewiesen habe, daß mit unseren Schätzungen der Masse im Universum heute etwas nicht stimmen kann – daß es viel mehr dunkle Materie geben könnte, als unsere Beobachtungen es nahelegen. Das rührt daher, daß ich versucht bin, das für möglich zu halten. Unsere heutigen Vorstellungen darüber, wie die großräumige Struktur, die wir heute beobachten, gebildet wurde, scheinen nahezulegen, daß die dunkle Materie nicht aus gewöhnlichen Teilchen besteht. Gleichzeitig legen elegante und tragfähige Ideen, die sich aus teilchenphysikalischer Forschung ergaben, anscheinend Lösungen für drei der schwierigsten kosmologischen Probleme nahe. Sie fordern jedoch einen Preis. Wenn sie zutreffen, muß das Weltall heute flach sein; Ω muß fast genau gleich 1 sein. Und dann würde all die Materie, ob hell oder dunkel, die wir jetzt mit unseren brillanten Leistungen entdeckt haben, nur die Spitze eines Eisbergs in einem ungeheuren Meer dunkler Materie darstellen.

Ob dunkle Materie aus exotischer Materie besteht, ob sie die Erde durchsetzt oder in toten Sternen oder Schwarzen Löchern weit draußen im Weltall haust, ob unsere Vorstellungen von der Galaxienbildung und der Entwicklung des Weltalls selbst geändert werden müssen ... alles hängt entscheidend davon ab, wie sich diese Ideen mit den jetzt angestellten Beobachtungen vertragen. Alles hängt von einem Faktor 5 ab. Ich habe bisher versucht, den Standpunkt des kosmologischen Beobachters darzustellen. In den nächsten beiden Kapiteln will ich die Herausforderung durch die Theorie beschreiben.

Teil III
Warum das Universum flach ist: der Urknall, die großräumige Struktur und der dringende Wunsch nach Neuem

Kapitel 5
Kochen mit Gas

> An manchen Orten gibt es zu viele Sterne und
> an anderen zu wenige, aber dem läßt sich bei
> Gelegenheit abhelfen, zweifellos.
>
> Mark Twain

Wie gewöhnlich hat Mark Twain das Wesentliche genau erfaßt. Das Ausarbeiten der Einzelheiten mag etwas mehr Überlegung erfordern, unser Bemühen, die großräumige Struktur zu erklären – auf welche Weise Sterne zu Galaxien, Galaxien zu Haufen, Haufen zu Superhaufen, also große Systeme zu immer größeren Systemen angeordnet sind –, läuft manchmal wirklich einfach auf den Versuch hinaus, das Problem zu lösen, warum es an einigen Orten zu viele Sterne und an anderen nicht genug gibt. Die hier zu beschreibende »Abhilfe« wird durch ein ganz anderes Verfahren erreicht als das unmittelbar auf Erfahrung beruhende des vorigen Kapitels. Diese Lösung setzt die Existenz dunkler Materie und ihr Übergewicht in der gravitationalen Dynamik des Universums voraus. Die in diesem Fall benötigte dunkle Materie muß eine wichtige Bedingung erfüllen: Sie muß aus etwas völlig anderem bestehen als alles, was wir bis jetzt in der Natur entdeckt haben.

Die Forderung nach einer völlig neuen Materieform ist radikal und sollte nicht leichtfertig gestellt werden. Aber nicht nur Theorien über die großräumige Struktur des Universums lassen den dringenden Wunsch nach etwas Besonderem »dort draußen« aufkommen; die Behauptung, die Ausdehnung des heutigen Weltalls werde von exotischer, uns unbekannter Materie beherrscht, kann sich auf eine ganze Reihe voneinander unabhängiger Überlegungen stützen. Dabei sind jedoch zwei Vorbehalte zu machen. Erstens berufen sich diese Argumente auf einige der tiefliegendsten und schwierigsten Gedanken der Kosmologie und der Teilchenphysik – Gedanken, die, bis man sich an sie gewöhnt hat, an die Grenzen der Glaubwürdigkeit gehen, und zweitens stammen alle diese Argumente aus Überlegungen über das frühe Weltall, also eine Zeit, die unserer direkten Beobachtung weitgehend entzogen ist.

Beim Nachdenken über das Entstehen von Struktur im Weltall muß man sich jedoch unvermeidlich ein zeitlich weit zurückliegendes Geschehen vorstellen und bis zu den ersten Augenblicken der Schöpfung zurückgehen, als es in dem sich gleichförmig ausdehnenden kosmischen Hintergrund von Materie und Strahlung, die schließlich zu Sternen und Galaxien zusammenfallen sollten, noch keinerlei Verdichtungen der Materie gab. Jeder Schritt in die Vergangenheit hat uns einer unausweichlichen Wahrheit näher gebracht: Es gab einen Zustand, in dem die Bildung von allem, was wir um uns herum sehen, also des gesamten Universums, im Allerkleinsten durch genau die mikrophysikalischen Gesetze beherrscht wurde, die heute für die Materie auf kleinstem Maßstab gelten. Dadurch werden wir gezwungen, uns um ein Verständnis der Beziehung zwischen Makrophysik und Mikrophysik zu bemühen.

Dadurch wiederum konnten wir erklären, in welcher Weise die Anfangsbedingungen, die die Entwicklung unseres Weltalls möglich machten, selbst das Ergebnis physikalischer Gesetze sind. Wenn wir diesen Weg einmal gehen, gibt es keine Umkehr. Wir müssen auf leicht faßbare Begriffe verzichten. Vielleicht stellt sich das heutige Universum als etwas ganz anderes heraus als wir denken, als etwas, das vielleicht noch rätselhafter ist als selbst die in den vorangegangenen Kapiteln geschilderten Beobachtungen vermuten lassen. Auch wird unsere eigene Stellung im Kosmos dadurch wahrscheinlich noch unbedeutender.

Bei der Begründung, daß dunkle Materie »anders« sei, spielten Betrachtungen der großräumigen Struktur eine wichtige

Rolle; wenn sie im Zusammenhang mit diesem grundsätzlichen Bemühen gesehen werden, das frühe Weltall zu verstehen, kommt ihnen noch größere Bedeutung zu. Weil die theoretischen Vorstellungen, die sich aus diesen Betrachtungen ergaben, bei den Überlegungen über das Wesen der dunklen Materie ein so wichtiger Leitfaden sind, möchte ich die Gedanken, die unser Bild vom Weltall beeinflußt haben, nacheinander erörtern. Sie können sich dann selbst ein Urteil darüber bilden, ob die Überzeugung, die Sternmaterie könne nicht alles sein, gerechtfertigt ist.

Ich möchte mit Bekanntem beginnen – mit dem Ursprung der sichtbaren Materie. Einer der größten Erfolge der Standard-Urknalltheorie der Kosmologie – die ja so direkt wie möglich von der jetzigen Ausdehnung der Materie in einem Meer kosmischer Strahlung auf den Anfang schließt – war die Aufstellung eines widerspruchsfreien Modells für den Ursprung und die Entwicklung aller heute beobachtbaren leichten Elemente, wie etwa Wasserstoff und Helium. Die große Übereinstimmung zwischen Theorie und Beobachtung bestärkte unser Vertrauen in die Möglichkeit solcher stetigen Rückschlüsse in die kosmische Vergangenheit. Für unsere Zwecke ist noch wichtiger, daß dieses Bild vom schrittweisen Aufbau immer größerer Kerne, die sogenannte »Urknall-Kernsynthese«, auch die wohl stärkste theoretische Handhabe liefert, mit der wir die absolute Häufigkeit normaler – sichtbarer wie unsichtbarer – Materie im heutigen Weltall untersuchen können. Die Vorhersagen der Urknall-Kernsynthese könnten also im Prinzip durch einen Vergleich mit den Kräften, die von der die Galaxien umgebenden Gesamtmasse ausgeübt werden, die Frage nach der Notwendigkeit exotischer Materie beantworten. Wir müssen die Folgerungen über die dunkle Materie, die sich aus dem etwas esoterischeren Problem der Galaxienbildung ergeben, also vor diesem Hintergrund sehen, um sie danach im Zusammenhang mit der Entstehung des Universums selbst zu erwägen.

Im wesentlichen bildeten sich alle leichten Elemente (ihre Kerne enthalten weniger als sieben Protonen und Neutronen), die wir heute im Universum sehen, in einem Zeitraum von nur wenigen Minuten vor etwa 10-15 Milliarden Jahren. Damals betrug die Temperatur von Materie und Strahlung im Universum über 1 Milliarde Kelvin – sie war also hundertmal so heiß wie das feurige Sonneninnere heute. Ich habe in Kapitel 2 beschrieben, wie die Temperatur des Universums abnimmt, wenn es größer wird. Da die Temperatur der Mikrowellenstrahlung heute etwa 2,7 K beträgt, beziehen sich diese Aussagen also auf eine Zeit, zu der der jetzt sichtbare Teil des Universums fast eine Milliarde mal kleiner war als heute – das Universum hatte damals einen Durchmesser von etwa einem Lichtjahr. Die mit dem Urknall beginnende Ausdehnung hatte vor weniger als einer Minute begonnen. Die Temperatur des Universums reichte von etwa zehn Milliarden bis zu etwa einer Milliarde Kelvin, während das Universum zwischen etwa einer und einhundert Sekunden alt war.* Diese Zeit liegt also, wohlbemerkt, etwa zehn Milliarden mal weiter zurück als die früheste Zeit, von der wir durch direkte Beobachtungen der kosmischen Hintergrundstrahlung Kenntnis haben.

Die Temperaturen waren bis etwa zehn Sekunden nach dem Urknall so hoch, daß die einzelnen Kernbestandteile – Protonen und Neutronen, auch *Baryonen* genannt – sich noch nicht genügend abgekühlt hatten, um zu Atomkernen zu verschmelzen, also den Vorgang der Kernsynthese in Gang setzen zu können. 100 000 Jahre später hatten sich die Elektronen so weit abgekühlt, daß die Kerne freie Elektronen einfangen und sich mit ihnen zu Atomen verbinden konnten. Die Atome wiederum verbanden sich im Lauf kosmischer Zeiten miteinander zu Molekülen, Kristallen und all den anderen Stoffen, aus denen die Welt um uns herum besteht. Zu jener frühen Zeit jedoch war das Weltall ein heißes Teilchengas, das hauptsächlich aus Protonen, Neutronen, Elektronen und natürlich Photonen bestand. Diese Teilchen konnten sich in einem thermischen Gleichgewicht aneinander streuen, dabei miteinander wechselwirken und sich

---

* Anhang B stellt die Geschichte des Weltalls in gedrängter Form graphisch dar. Interessierte Leserinnen und Leser können diese Darstellung zu Rate ziehen, um ein Gefühl für die vom Urknallmodell vorhergesagte Beziehung zwischen Temperatur und Größe des Weltalls im Lauf der Zeit zu bekommen.

kurzzeitig zu Kernen verbinden, bevor weitere Zusammenstöße mit energiereichen Teilchen sie wieder trennten. Zu den typischen Streuprozessen, die zu »Kernreaktionen« führen, gehören die folgenden vier Reaktionen:

Proton (p) + Neutron (n) ⇔ Deuterium (pn) + Photon (γ)

$$n + n \Leftrightarrow pn + \text{Elektron (e)} + \text{Antineutrino } (\bar{\nu})$$

$$n + \bar{\nu} \Leftrightarrow p + e$$

$$n \Leftrightarrow p + e + \bar{\nu}$$

(Das Symbol ⇔ zeigt an, daß die Reaktion in beiden Richtungen ablaufen kann.)

In jedem der Fälle ist die Summe der Massen der Objekte auf der rechten Seite kleiner als auf der linken. Wenn also die Teilchen auf der rechten Seite in Ruhe sind, können die Reaktionen wegen der Energieerhaltung nur einseitig, von links nach rechts, ablaufen. Wenn die Temperatur jedoch hinreichend hoch ist, so daß im Mittel jedes Teilchen genug Wärmeenergie hat, um das von dem Masseunterschied herrührende Energiedefizit auszugleichen, können die Reaktionen in beiden Richtungen ablaufen. Bei Temperaturen unter zehn Milliarden Kelvin ist dies nicht mehr der Fall. Der Massenunterschied zwischen einem Neutron und einem Proton ist so groß, daß die mittlere Wärmeenergie der Teilchen bei dieser Temperatur und darunter zu klein ist, als daß die letzten drei Reaktionen in nennenswerter Menge von rechts nach links verlaufen können. Bis zu dieser Zeit bleibt wegen der eben beschriebenen Reaktionen das thermische Gleichgewicht gewahrt; eine gleichförmige Aufteilung der verfügbaren Energie würde also zu weniger Neutronen als Protonen geführt haben, weil Neutronen schwerer sind als Protonen.

Nun ist die Bindungsenergie, die Proton und Neutron im Deuterium, dem schweren Wasserstoff, zusammenhält, viel kleiner als der Massenunterschied zwischen einem Proton und einem Neutron; Deuterium wiegt deshalb fast soviel wie ein freies Proton und ein freies Neutron zusammen. Weil dann also der Massenunterschied zwischen der linken und der rechten Seite in der ersten Reaktion viel kleiner ist als bei den anderen beiden Reaktionen, könnte diese Reaktion weiterhin in beiden Richtungen abgelaufen sein, bis die Temperatur um etwa einen

Faktor 5 niedriger war als jene, für die die anderen Reaktionen vorwiegend von links nach rechts begonnen hätten. Insbesondere die letzte Reaktion wäre in der Zeit, während der sich das Weltall auf diese niedrige Temperatur abkühlte, vor allem von links nach rechts abgelaufen, hätte also freie Neutronen in Protonen und Elektronen und Antineutrinos zerfallen lassen. Die Anzahl der Neutronen hätte also im Vergleich mit der Anzahl der Protonen weiter abgenommen. Als das Weltall erst einmal so »kalt« war, daß auch die erste Reaktion nur von links nach rechts ablaufen konnte, wurden keine freien Neutronen mehr erzeugt. Die restlichen zerfielen oder bildeten in einer Reaktion wie der ersten Deuterium.

Diese Reaktionen sind nicht das Ende der Kette. Wenn sich einmal Deuterium gebildet hat, können weitere Kernreaktionen ablaufen und noch schwerere Kerne bilden. So bildet sich etwa Helium durch die folgenden Reaktionen:

$$\text{Deuterium (pn)} + \text{Deuterium (pn)} \Leftrightarrow \text{Helium 3 (ppn)} + \text{n}$$
$$\Leftrightarrow \text{Tritium (pnn)} + \text{p}$$
$$\text{pnn} + \text{pn} \Leftrightarrow \text{Helium (ppnn)} + \text{n}$$

Die Bindungsenergie dieser Kerne ist größer als jene, die ein Proton und ein Neutron in Deuterium zusammenhält. Der Massenunterschied zwischen diesen Kernen und den Teilchen, bei deren Zusammenstoß sie entstehen, ist also größer als der Massenunterschied zwischen dem Deuterium und seinen Bestandteilen. Aus diesem Grund laufen diese letzten Reaktionen sofort von links nach rechts ab, wenn sich das Universum soweit abgekühlt hat, daß sich Deuterium bilden und den ganzen Vorgang auslösen kann. Schließlich haben sich fast alle noch im Universum vorhandenen freien Neutronen rasch zu Helium verbunden, einem stabilen Kern, der zwei Protonen und zwei Neutronen enthält. Dieser Prozeß geht aus zwei Gründen kaum über die Bildung anderer Elemente als Helium hinaus. Es gibt nämlich keine stabilen Kerne mit insgesamt entweder fünf oder acht Nukleonen (Protonen oder Neutronen). Zusammenstöße von Protonen oder Neutronen mit Helium oder von Helium mit Helium führen also nicht zu stabilen Kernen, wohl aber können Zusammenstöße von Deuterium und Tritium mit Helium Kerne mit sieben Kernteilchen ergeben. Aber sowohl Deuterium wie auch Tritium werden bei der Heliumerzeugung weitgehend aufgebraucht, und es bleibt sehr wenig übrig, was mit Helium zu noch schwereren Kernen reagieren könnte. Kerne, die beim Urknall erzeugt wurden und schwerer sind als Helium, sollten deshalb um viele Größenordnungen seltener sein.

Die Anzahl der freien Neutronen, die nach der zweiten Reaktionskette Helium bilden können, beträgt, wie sich herausstellt, nur etwa 12 Prozent der Gesamtzahl aller freien Baryonen – also aller Protonen und Neutronen. Das ist so, weil (1) die Neutronenzahl zu der Zeit, als die erste Reaktionskette vor allem von rechts nach links ablief, schon kleiner war als die der Protonen, und weil (2) weitere Neutronen während der Zeit zerfielen, in der sich das Universum weit genug abkühlte; das ließ die Bildung von ausreichend Deuterium zu und ermöglichte damit diese spätere Heliumbildung. Da zur Bildung von Helium zwei Neutronen nötig sind, betrug der zahlenmäßige Anteil der Heliumatome im Vergleich zu den im Weltall übrig gebliebenen freien Protonen damals die Hälfte des Bruchteils der freien Neutronen zu Protonen, oder ungefähr sechs Prozent. Da ein Heliumkern aber etwa viermal so schwer ist wie ein freies Proton, nimmt man einen Massenanteil von Heliumkernen im Vergleich zu Protonen von etwa 24 Prozent an. Das ist das entscheidende Ergebnis.

Dieser Ablauf der Kernsynthese im Urknall ist seit 1960 mit großer Genauigkeit berechnet worden. Jede der oben beschriebenen durch Laborversuche bestimmten Reaktionsraten wurde mit der berechneten Ausdehnungsrate des Universums in seinen Frühstadien verglichen. Dadurch ließen sich die Endhäufigkeiten der erzeugten leichten Elemente bestimmen. Vor der Entdeckung der Mikrowellenhintergrundstrahlung hätte niemand eine solche Rechnung ernst genommen. Wenn dieser Mikrowellenhintergrund jedoch als ein Nachglühen des Urknalls gedeutet wird, folgt rückblickend ganz natürlich, daß sich diese mikrophysikalischen Vorgänge im frühen Weltall abgespielt haben müssen.

Die erste hier beschriebene Schätzung der Heliumbildung im Urknall wurde 1965, weniger als ein Jahr nach der Entdeckung der Mikrowellenhintergrundstrahlung, von Peebles durchgeführt. Robert Wagoner, Willy Fowler und Fred Hoyle schrieben 1967 die entscheidende Arbeit, in der sie die Berechnung der Häufigkeit leichter Elemente bei ihrer Erzeugung im Urknall im einzelnen beschrieben. Sie wurde zur Grundlage aller späteren Bemühungen. Die Möglichkeit, die beobachtete Häufigkeit leichter Elemente im heutigen Universum durch solch einfache dynamische Überlegungen mit Hilfe physikalischer Prozesse in irdischen Laboratorien erfassen zu können, ist an sich schon aufregend genug. Eine Messung der Häufigkeiten dieser übrig gebliebenen Elemente, die mit den Vorhersagen übereinstimmt, läuft auf eine Überprüfung der Urknalltheorie heraus und gibt eine Antwort auf die Frage, ob die beobachtete Mikrowellenhintergrundstrahlung wirklich vom Urknall stammt.

Die Theorie hatte in der Tat überwältigenden Erfolg. Die vorhergesagten Werte stimmen bei Kernen, deren Häufigkeiten sich um neun Größenordnungen unterscheiden, bemerkenswert gut mit den »beobachteten« Werten überein. Natürlich gibt es bei den Kernreaktionsraten, die in die Rechnung eingehen, noch Unsicherheiten; wichtiger aber ist die Unsicherheit in bezug auf den Schluß von der heute beobachteten stellaren Häufigkeit auf die ursprüngliche Häufigkeit verschiedener leichter Elemente. Diese Ungenauigkeit zeigt sich besonders bei den seltenen Elementen Deuterium und Lithium (Atomgewicht 7). Selbst ein kleiner Anteil an stellarer Erzeugung oder Zerstörung könnte die während der Zeit der Urknall-Kernsynthese entstandenen Mengen wesentlich verändern. Hier genüge die Bemerkung, daß die ursprüngliche Häufigkeit dieser Elemente noch um eine Größenordnung unsicher und vielleicht mit einigen Sternmodellen nicht völlig vereinbar ist. Selbst in Anbetracht dieser Ungewißheit ist die allgemeine Übereinstimmung zwischen Theorie und Beobachtung verblüffend.

Unter den leichteren Elementen ist mit Ausnahme von Wasserstoff Helium das bei weitem häufigste und am einfachsten zu beobachtende Element. Bei der Vorhersage seiner Häufigkeit hat die Urknall-Kernsynthese ihre deutlichsten Erfolge gefeiert. Bald nach 1960, bevor noch die eben beschriebenen Vorgänge erforscht und der Mikrowellenhintergrund entdeckt wurden, hatten Astrophysiker bemerkt, daß Helium in der Galaxis nicht nur sehr häufig vorkommt, sondern auch relativ gleichmäßig verteilt ist. Diese beiden Tatsachen legten eine Erzeugung im Urknall nahe. Dabei war es nicht nötig, die Einzelheiten aller Kernsynthesen zu verfolgen, um die Häufigkeit des ursprünglichen Heliums zu erklären. Wenn die Theorie der Urknall-Kernsynthese zutrifft, muß Helium mit einem Gewichtsanteil von etwa 24 Prozent im Urknall entstanden sein. Dieser Prozentsatz ist so groß, daß es schwer, wenn nicht unmöglich ist, sich vorzustellen, wie stellare Prozesse ihn wesentlich verändern könnten. Die Massen-Häufigkeit von Helium in interstellarer Materie stimmt genau mit diesem Wert überein (die Unsicherheit beträgt wenige Prozent), und das stärkt unser Vertrauen, daß das Urknallmodell sich etwa 15 Milliarden Jahre in die Vergangenheit zurück extrapolieren läßt.

Vorhersagen über die Heliumhäufigkeit stimmen zwar unabhängig davon, wie die Kernsynthese im Urknall im Einzelnen verlaufen ist, ungefähr mit dem beobachteten Wert überein; die Übereinstimmung, die ich früher für die anderen weniger häufigen Elemente behauptete, hängt jedoch gerade von einem Verständnis dieser Einzelheiten ab, insbesondere von einem der grundlegendsten kosmologischen Parameter, nämlich dem Verhältnis der Gesamtzahl von Protonen und Neutronen (Baryonen) zu Photonen im Weltall. Nun ist die Teilchendichte der Photonen im Mikrowellenhintergrund bekannt, wenn wir erst einmal dessen Temperatur bestimmt haben. Wenn wir dann das Verhältnis der Gesamtzahl der Baryonen zur Gesamtzahl der Photonen kennen, können wir die Dichte der »baryonischen« oder normalen Materie im heutigen Weltall bestimmen. Dann vergleichen wir diese Dichte mit der Gesamtdichte der Materie, auf die wir aufgrund von Kräfteverhältnissen in der Umgebung von Galaxien schließen, um herauszufinden, wieviel der dunklen Materie aus Baryonen besteht. Eines der aufregendsten Ergebnisse der Berechnungen der Kernsynthese im Urknall ist nicht nur eine bessere Begründung der kosmologischen Theorie, sondern eine davon unabhängige Möglichkeit, das so überaus wichtige Verhältnis von Baryonen zu Photonen eingrenzen zu können und damit der heutigen Dichte der normalen Materie im Weltall eine Obergrenze zu setzen.

Wie wirkt es sich auf die Vorhersagen der Urknall-Kernsynthese aus, wenn wir dieses Verhältnis verändern? Wenn wir annehmen, es habe im frühen Weltall mehr Protonen und Neutronen gegeben, spielt sich die Kernsynthese zu immer früheren Zeiten ab, weil die Reaktionen, bei denen Deuterium entsteht, schneller ablaufen, wenn die daran beteiligten Teilchen häufiger sind. Wenn erst einmal genug Deuterium erzeugt wurde, können die anderen leichten Elemente, besonders Helium, durch die zweite Kette von Reaktionen erzeugt werden. Was folgt daraus? Der vorhergesagte Heliumüberschuß wird etwas größer, wenn die Kernsynthese früher beginnt, weil dann weniger Neutronen zerfallen sind und es also noch mehr gibt, die sich bei der Bildung von Helium mit Protonen verbinden können. Viel empfindlicher wirken sich die Häufigkeiten der selteneren leichteren Elemente wie Deuterium und Lithium auf das Zahlenverhältnis von Baryonen zu Photonen während der Kernsynthese aus. Nicht nur beginnen die Reaktionen, die Deuterium in Helium verwandeln, früher, wenn die Dichte von Neutronen und Protonen zunimmt, sondern sie sind auch wirksamer. Nach Abschluß der Kernsynthese bleibt also weniger Deuterium übrig. Wenn wir das Verhältnis von Baryonen zu Photonen um einen Faktor 10, also von einem Zehnmilliardstel auf ein Milliardstel, erhöhen, nimmt die Häufigkeit des übrig bleibenden Deuteriums um fast zwei Größenordnungen ab. Wenn wir dieses Verhältnis noch einmal um den Faktor 10 vergrößern, nimmt die Menge des restlichen Deuteriums wiederum um drei bis vier Größenordnungen ab. Der Spielraum ist also groß; vermutlich könnten wir deshalb das Verhältnis der Häufigkeiten von Baryonen zu Photonen mit großer Genauigkeit bestimmen, wenn wir die Häufigkeit des heute vorhandenen Deuteriums genau messen könnten. Ähnliche Überlegungen gelten für die anderen seltenen leichten Elemente: Helium 3 (eine seltene Form von Helium, das in seinem Kern nicht zwei Neutronen, sondern nur ein Neutron enthält) und Lithium. Leider kann man sich wegen der Seltenheit dieser leichten Elemente leicht Umstände ausmalen, bei denen sich ihre Resthäufigkeit zwischen damals und heute durch den Prozeß des Kernbrennens in Sternen wesentlich geändert haben könnte.

Nichtsdestoweniger kann man unter Verwendung von Messungen der Deuteriumhäufigkeit in Verbindung mit anderen seltenen Kernen, wie etwa Helium 3 und Lithium, versuchen, besser abgesicherte Abschätzungen für die ursprünglichen Häufigkeiten dieser Elemente zu erhalten, die weniger von der jeweils bevorzugten Theorie der Sternentwicklung abhängen. Außerdem erlauben uns neuere Ergebnisse dieser Theorie – die sich mit der Weiterentwicklung dieser Elemente in Sternen beschäftigt –, etwas zuversichtlicher auf die Zeit der Sternentstehung zu schließen. Das Unterfangen steckt noch in den Anfangsstadien, und vieles ist noch strittig. Die Daten über die leichten Elemente weisen jedoch zusammen mit verbesserten Berechnungen der Urknall-Kernsynthese unzweideutig auf einen festen Bereich für das Verhältnis von Baryonen zu Photonen hin, in dem die theoretischen Vorhersagen mit den Beobachtungen übereinstimmen. Daraus und aus Messungen der heutigen Temperatur des Mikrowellenhintergrundes läßt sich die Dichte normaler Materie im Weltall auf einen bestimmten Bereich eingrenzen, ganz unabhängig davon, ob diese Materie jetzt mit leuchtenden Sternen oder verborgenen Planeten von der Größe Jupiters verknüpft wird.

Tabelle 5.1
Urknall-Kernsynthese: Theorie und Beobachtung im Vergleich

Kern	Vorhergesagte Häufigkeit	Aus der Beobachtung gefolgerte Häufigkeit (unter Berücksichtigung der ermittelten Schranken)
Helium	0,22-0,26 (nach Masse)	0,23-0,25 (nach Masse)
Deuterium	10^{-3}-10^{-5} (Teilchenzahl)	größer als 10^{-5}
Helium 3	1-4×10^{-5} (Teilchenzahl)	weniger als etwa 2×10^{-5}
Deuterium plus Helium 3	10^{-3}-2×10^{-5} (Teilchenzahl)	weniger als 10^{-4}
Lithium	$0,08$-10×10^{-10} (Teilchenzahl)	1-$2,5 \times 10^{-10}$ (umstritten)

Bemerkenswerterweise liefern die Daten für einzelne Elemente wie Deuterium, Helium, Lithium und so weiter, deren Häufigkeiten sich um mehr als acht Größenordnungen voneinander unterscheiden, nur bei einem festen und heute ganz allgemein gültigen Verhältnis zwischen Baryonen und Photonen Vorhersagen, die mit den Beobachtungen übereinstimmen. Tabelle 5.1 zeigt die theoretischen Vorhersagen im Vergleich mit den ursprünglichen Häufigkeiten. Dabei wurde ein heutiges Verhältnis zwischen 0,1 Milliardstel und einem Milliardstel für die Anzahl von Baryonen zu Photonen angenommen.

Selbst angesichts dieser Unsicherheiten ist die Übereinstimmung zwischen den theoretischen Vorhersagen und den aus Beobachtungen abgeleiteten ursprünglichen Häufigkeiten heute beeindruckend. Im einzelnen stimmen die Vorhersagen der Urknall-Kernsynthese mit den Beobachtungen überein, wenn das Verhältnis von Baryonenzahl zu Photonenzahl in den engen Bereich zwischen etwa 0,2 und 0,8 Milliardstel liegt. Auf heutige Massendichte übertragen ist damit der Bruchteil der kritischen Dichte von Baryonen gegenwärtig auf den Bereich $(0,03-0,005)/h^2$ beschränkt. Selbst wenn wir für den Hubblefaktor h, der ja nicht genau bekannt ist, 0,5 annehmen, folgt aus diesem Ergebnis, daß baryonische oder »normale« Materie weniger als etwa 12 Prozent der heutigen kritischen Dichte oder höchstens etwas weniger als ein Zehntel der berechneten Massendichte der leuchtenden Materie ausmacht.

Dies ist, falls es zutrifft, ein sehr wichtiges Ergebnis. Nicht nur beträgt danach die Baryonendichte weniger oder höchstens soviel wie die Dichte der dunklen Materie im galaktischen Maßstab, sondern es läßt auch vermuten, daß ein Teil dieser dunklen Materie wahrscheinlich baryonisch ist, also aus Protonen und Neutronen besteht. Das ist so, weil die aus der Kernsynthese hergeleitete Untergrenze für die meisten Werte des Hubblefaktors h etwas höher liegt als der berechnete Anteil der kritischen Dichte in sichtbarer Materie (etwa 0,015).

Ich hoffe, Sie hegen mittlerweile eine gesunde Skepsis in bezug auf Schlüsse, die aus kosmologisch bedeutsamen Daten gezogen werden. Das eben erwähnte Ergebnis ist sehr wichtig;

wir sollten deshalb aus einigem Abstand kritisch betrachten, welche die Annahmen darin eingingen.

Die erste dieser Annahmen, wonach die Mikrowellenhintergrundstrahlung wirklich vom Urknall stammt und bis in die Rekombinationszeit zurückgeht, liegt unserer Theorie vom Urknall zugrunde. Wir können nicht ausschließen, daß eine solche gleichförmige Hintergrundstrahlung nicht in weniger weit zurückliegender Zeit durch ein katastrophales Ereignis entstanden sein könnte; trotzdem scheint in Anbetracht der beobachteten Ausdehnung des Weltalls keine andere Erklärung so naheliegend. Zudem verleiht die allgemeine Übereinstimmung zwischen den Ergebnissen der Berechnungen der Urknall-Kernsynthese und unseren Beobachtungen heute diesem Szenario weitere Glaubwürdigkeit. Diese Annahme einer gleichförmigen Ausdehnung des Weltalls seit der ursprünglichen Epoche der Kernsynthese, die auf der beobachteten Temperatur der Mikrowellenhintergrundstrahlung beruht, bleibt jedoch ein wesentlicher Bestandteil unserer Analyse. Es gibt deutliche Hinweise auf die Stimmigkeit dieses Szenarios, aber es ist nicht unumstößlich.

Welchen Einfluß hätte es, wenn sich die Temperatur des Universums zwischen der frühen Kernsynthese und heute *nicht* genauso verändert hätte, wie ich es annahm? Erstens könnte sich die Kernsynthese zu einer etwas früheren oder späteren Zeit abgespielt haben. Daraus würde folgen, daß die Ausdehnungsrate während der Epoche der Kernsynthese sich von der Rate unterscheidet, die den beschriebenen dynamischen Rechnungen zugrunde liegt. Eine raschere oder langsamere Ausdehnungsrate würde die Gleichgewichtsraten der Kernreaktionen verändern, die leichte Elemente erzeugen, und damit auch die vorhergesagten Resthäufigkeiten. Natürlich wäre dazu eine neue Physik erforderlich, und es sind exotische Möglichkeiten vorgeschlagen worden, aber sie sind eben genau das: exotisch. Ohne die Annahme einiger recht extremer Ereignisse läßt sich die Beziehung zwischen Zeit und Temperatur im Standardmodell des Urknalls nicht wesentlich verändern.

Was wäre andererseits, wenn das Verhältnis von Baryonen zu Photonen zur Zeit der Kernsynthese nicht dasselbe war wie heute? Wenn zu einer *späteren Zeit* in einem katastrophenartigen Ereignis große Energiemengen freigesetzt worden wären, die den Photonenhintergrund aufheizten, hätte die Photonenzahl im Verhältnis zur Baryonenzahl zunehmen können. In diesem Fall greifen die Einschränkungen für das Verhältnis von Baryonen- zu Photonenzahl bei der Kernsynthese nicht, weil sie nichts über seinen heutigen Wert aussagen. Zum Glück wird diese Möglichkeit auch unabhängig davon stark eingeschränkt. Wenn sich das Weltall ausdehnt, wird die Materie immer dünner, es kommt weniger häufig zu Zusammenstößen, und es wird schwieriger, zwischen Materie und Strahlung wieder ein Gleichgewicht aufzubauen, wenn es einmal gestört ist. Es läßt sich also zeigen, daß jede katastrophale Erwärmung lange nach der Epoche der Kernsynthese die Temperatur der Hintergrundstrahlung meßbar beeinflußt hätte. Bis jetzt ist noch keine eindeutige Abweichung von einem thermischen Spektrum beobachtet worden, obwohl immer wieder von solchen Beobachtungen berichtet wurde; sie haben sich bis jetzt bei späteren Nachprüfungen alle als Irrtum erwiesen. Wie ich jedoch im zweiten Kapitel erwähnte, legten Beobachtungen, bei denen 1988 die Temperatur der Hintergrundstrahlung von einem Satelliten aus gemessen wurde, einen Energieüberschuß bei hohen Frequenzen nahe. Selbst wenn es diesen Überschuß gibt, hätten die Vorgänge, die ihn erzeugt haben könnten, das Verhältnis zwischen Baryonen und Photonen von der Epoche der Kernsynthese bis heute aber nicht wesentlich verändert.

Auch ein Prozeß in Sternen oder Quasaren, der zwischen der Rekombinationszeit und heute den Mikrowellenhintergrund verändert haben könnte – indem er kurzzeitig einen großen Teil der Materie ionisierte (bei der Ionisierung werden Atome so angeregt, daß normalerweise gebundene Elektronen von den Atomen getrennt werden und geladene Materie zurückbleibt), der dann mit der Strahlung wechselwirken konnte – kann sich nicht in einem solchen Grade verändert haben, daß sich dies auf den von uns vermuteten zeitlichen Ablauf auswirkte. Unsere Beobachtungen der ausgeprägten Isotropie der Mikrowellenhintergrundstrahlung stellen in jedem normalen Szenario sicher, daß lokale Re-Ionisierungsprozesse die Energieverhältnisse des Mikrowellenhintergrunds nicht wesentlich geändert haben könnten.

Weniger fremdartig als alle diese ungewöhnlichen Szenarien ist die Möglichkeit, daß eine oder mehrere der Annahmen über die Kräfteverhältnisse, die in die Urknall-Kernsynthese eingingen, zu unbefangen gemacht wurden. So könnten zum Beispiel die physikalischen Bedingungen während der Kernsynthese irgendwie ganz anders gewesen sein als die eines gleichförmigen heißen Gases im Gleichgewicht, die wir im allgemeinen annehmen. Genau diese Frage hat sich mindestens in zwei verschiedenen Zusammenhängen gestellt.

Wir verstehen die Physik bis in die Energiebereiche, die für die Kernsynthese wichtig sind, ziemlich gut, und wir nehmen normalerweise an, daß während der Zeit der Kernsynthese Materie und Strahlung völlig gleichförmig verteilt waren. Davor jedoch könnte etwas geschehen sein, das die einfache Gleichförmigkeit von Gas und Materie im Gleichgewicht mit der Strahlung störte. Man braucht nicht einmal zu exotischer neuer Physik Zuflucht zu nehmen, um sich vorzustellen, wie das geschehen sein könnte. Wir wissen jetzt zum Beispiel, daß die Grundbestandteile der Materie – Protonen und Neutronen – selbst aus elementareren Bestandteilen, den sogenannten *Quarks*, zusammengesetzt sind. Diese Quarks werden durch die stärkste der vier bekannten Naturkräfte, die sogenannte »starke Wechselwirkung«, zu den beobachteten vertrauten Teilchen – Protonen und Neutronen – zusammengehalten (die anderen Kräfte sind Schwerkraft, Elektromagnetismus und schwache Wechselwirkung). Die Physik feierte einen ihrer großen Triumphe, als Murray Gell-Mann und seine Mitarbeiter um 1965 zeigen konnten, daß der »Zoo« von Hunderten merkwürdiger neuer Teilchen, die in Teilchenbeschleunigern bei Zusammenstößen beobachtet wurden, als einfache Kombinationen von drei Arten von Grundbestandteilen, eben Quarks, verstanden werden konnte.

Bei hinreichend hohen Temperaturen jedoch, als das Universum etwa eine Millionstel Sekunde alt und die Materiedichte so groß war, daß der mittlere Abstand zwischen Protonen und Neutronen geringer war als der mittlere Abstand der Quarks in

einem Proton, ist unsere übliche Beschreibung der Materie als
Protonen und Neutronen nicht mehr angemessen. Vielmehr
scheint eine Beschreibung der Materie als »Quark-Gas« viel
angebrachter. Bei sehr hohen Temperaturen sind die Wechselwirkungen der Quarks in diesem Gas so schwach, daß wir ihre
Eigenschaften vorhersagen können. Diese Wechselwirkungen
zwischen den Quarks sind nun leider gerade an der Grenzlinie
der Dichte, bei der ein Quark-Gas sich in ein baryonisches Gas
verwandelt, sehr heftig. Zur Zeit haben wir – mit Hilfe von
Supercomputern – nur eine schwache Ahnung davon, wie sich
die Übergänge zwischen diesen beiden Materiekonfigurationen
im frühen Weltall abgespielt haben könnten.

Damals könnten viele Vorgänge abgelaufen sein. Wenn
Quarks sich zu Baryonen zusammenfinden, könnten ihre Wechselwirkungen auch andere Veränderungen bewirkt haben. Wir
nehmen zum Beispiel an, daß es für den Energiehaushalt gebun-
dener Quarkzustände vorteilhaft ist, wenn sie sich im Vakuum
»kondensieren«, ein Vorgang, den ich im ersten Kapitel beschrieben habe. Diese Hintergrundkondensation kann ihrerseits
die Energien der Quarks beeinflussen, wenn sie sich zu Baryonen
verbinden. Jedenfalls könnten sehr wohl eine Reihe komplizier-
ter Vorgänge abgelaufen sein, als sich das Weltall von einem
heißen Gas aus überwiegend Quarks und Elektronen im Gleichgewicht mit Photonen zu einem heißen Gas entwickelte, das vor
allem aus Protonen, Neutronen und Elektronen im Gleichgewicht mit Photonen bestand.

Kürzlich wurde überlegt, ob sich Protonen und Neutronen
während dieser frühen Übergänge vorwiegend in »Klumpen«,
also nicht gleichförmig im Raum gebildet haben könnten, –
genau wie Wasserdampf nicht gleichförmig, sondern in Form
von Tropfen zu Wasser wird. In dem Fall sollte man erwarten,
daß sich zur Zeit der Kernsynthese Bereiche entwickelt haben, in
denen die Protonen die Neutronen deutlich überwogen, und
andere, in denen Neutronen das Übergewicht über Protonen
hatten. Wie sich denken läßt, könnte die Synthese leichter
Elemente, die sich in diesen Bereichen abspielt, ganz anders
abgelaufen sein als im gewohnten gleichförmigen Szenario.

Mehrere Gruppen von Wissenschaftlern haben sich bemüht

herauszufinden, wie man sich ein solches »klumpiges« Szenario der Kernsynthese vorstellen sollte. Für gewisse Bereiche der noch unbestimmten Parameter, die für den Phasenübergang wichtig sind, könnte sich eine akzeptable Häufigkeit der meisten leichten Elemente eingestellt haben, wenn die Baryonendichte des Universums zehnmal so groß wäre, wie es im üblichen Bild der Kernsynthese zugelassen wird. Eine Häufigkeitsvorhersage jedoch unterscheidet sich anscheinend deutlich vom Standardmodell. Sie betrifft die Resthäufigkeit einer Form von Lithium (mit drei Protonen und vier Neutronen). Nach den neuen Vorstellungen könnte im Urknall fast zehnmal mehr Lithium erzeugt worden sein. Dieser Wert scheint den Beobachtungen zu widersprechen, auch wenn wir die Erzeugung und Vernichtung von Lithium in Sternen noch nicht gut verstehen. Es wird sich herausstellen, ob sich eine solche nicht der Standardtheorie entsprechende Vorstellung bewährt.

Ein weiteres, noch fremdartigeres Szenario könnte die Grenzen verändern, die die Kernsynthese der heute beobachteten Baryonendichte setzt. Diese Theorie fordert die Existenz neuer massereicher, aber instabiler Elementarteilchen. Wenn diese lange genug leben können und erst zerfallen, nachdem die Vorgänge der üblichen Kernsynthese gerade eben beendet sind, könnten ihre Zerfallsprodukte genug Energie behalten haben, um später eine neue Phase der Kernsynthese einzuleiten. Wie im früheren Szenario ist eine allgemeine Übereinstimmung mit beobachteten Häufigkeiten bei viel höheren anfänglichen Baryonendichten möglich, aber Lithium – auch diesmal in einer seltenen Form (mit drei Neutronen und drei Protonen) – könnte auf normalerweise unerreichbaren Niveaus erzeugt werden.

Ob diese Szenarien lebensfähig sind oder nicht, hängt von unserer Fähigkeit ab, unsere heutigen Beobachtungen in die erste Periode der Sternentstehung zurückzuverfolgen und den Vorhersagen der Urknall-Kernsynthese gegenüberzustellen. Während sehr wenig Zweifel daran besteht, daß fast das gesamte Helium (mit zwei Neutronen und zwei Protonen), das jetzt im Weltall vorhanden ist, in jenen ersten Augenblicken des Urknalls entstanden ist, ist die Häufigkeit beispielsweise von Deuterium

und Lithium so gering, daß in Sternen ablaufende Vorgänge
einen wesentlichen Teil ihres heutigen Vorkommens erklären
könnten. Da diese Kerne die Parameter der Kernsynthese am
stärksten einschränken – besonders das Verhältnis der Baryo-
nen- zur Photonenzahl –, hängen alle Beschränkungen, die wir
herleiten, letztlich von unserer Fähigkeit ab, die Beiträge zu
unterscheiden, die vom Urknall und von den Sternen stammen.
An diesem Punkt bleiben in bezug auf die so wichtige Häufigkeit
von Lithium entscheidende Ungewißheiten bestehen. Wenn die
Werte dieser Häufigkeiten sich festlegen lassen, wird sich unsere
Fähigkeit, empirisch zwischen möglichen Szenarien zu unterscheiden, deutlich verbessern.

Trotz der möglichen Schlupflöcher bewährt sich die übliche
Vorstellung von der Kernsynthese bemerkenswert gut. Sie erklärt alle die beobachteten Häufigkeiten leichter Elemente aufgrund sehr einfacher Anfangsbedingungen. Es gibt überhaupt
keinen Hinweis auf Unstimmigkeiten. Natürlich erlaubt uns das
noch nicht, alle anderen Möglichkeiten auszuschließen, aber die
einfachen Vorhersagen der Urknalltheorie sind immer noch die
überzeugendsten. Zudem setzen sie keine exotischen oder
schlecht verstandenen physikalischen Mechanismen voraus.
Wenn Einfachheit und Genauigkeit die Kennzeichen einer richtigen physikalischen Theorie sind, müssen wir schließen, daß die
Standardtheorie von der Urknall-Kernsynthese gegenwärtig die
beste ist, jedenfalls solange keine neuen Daten vorliegen.

*Wenn wir den Vorhersagen des Standardmodells Glauben
schenken, können Baryonen allein nicht die kritische Dichte des
Weltalls bewirken.* Die Einschränkungen der Kernsynthese gehen sogar noch weiter. Die untere Grenze der Baryonendichte,
wie sie von der Häufigkeit leichter Elemente nahegelegt wird,
liegt schon etwas über oder ist gerade noch mit der beobachteten
Dichte leuchtender Materie verträglich. Daraus folgt, daß zumindest ein Teil der dunklen Materie in Galaxien aus normaler
Materie besteht; sie könnte die Form verborgener Planeten von
der Größe Jupiters oder seit langem erloschener Sterne haben.
Interessanterweise läßt der aufgrund der Ergebnisse der Kernsynthese bevorzugte Bereich eine Dichte der baryonischen Materie vermuten, die 5-10 Prozent der für ein geschlossenes Weltall

nötigen Dichte ausmacht. Dieser Wert kommt bis auf einen Faktor 2 den Abschätzungen aus dem Virialsatz für die Gesamtdichte der Materie, der dunklen wie der hellen, im heutigen Weltall nahe.

Eine solche zahlenmäßige Übereinstimmung scheint ermutigend. Die einfachste Folgerung, die sich aus dieser fast völligen Übereinstimmung ziehen läßt, ist wohl, daß die aus der Kernsynthese folgenden Beschränkungen ein Zeichen dafür sind, daß wir baryonische oder normale dunkle Materie brauchen. Die virialen Abschätzungen zeigen dann alles, was es gibt – *es scheint kein Bedürfnis nach anderem zu bestehen.*

Sicherlich, es ist nicht einfach, sich vorzustellen, ein Zehnfaches der sichtbaren Materie könnte normale dunkle Materie sein, aber es ist keineswegs unmöglich. Wenn dunkle Materie aus Baryonen besteht, ist das Problem der dunklen Materie vor allem für Astrophysiker interessant. Denn die dunkle Materie würde vermutlich vor allem aus Objekten bestehen, die astrophysikalische Größe haben, und selbst im ausgefallensten Fall – wenn dunkle Materie in Form massereicher Schwarzer Löcher über die Galaxien verteilt sein sollte – scheinen die Möglichkeiten, daraus mehr über die irdische Materie zu lernen, begrenzt zu sein.

Und doch, *trotz* dieser scheinbaren Übereinstimmung von Vorhersage und Beobachtung ist unser Bild, so wie es jetzt aussieht, weder vollständig noch stimmig. Es *sollte* »dort draußen« noch etwas anderes geben, oder unsere ganze Vorstellung von der Entwicklung großräumiger Strukturen oder gar vom Weltall selbst müßte sich ändern. Was immer »es« ist, sollte es viel häufiger sein als die den Einschränkungen der Urknall-Kernsynthese unterliegenden Baryonen heute. Um die recht tiefgreifenden Ursachen für diese Überzeugung untersuchen zu können, müssen wir zunächst einen großen Sprung in die Zukunft wagen: Wir müssen uns in eine Zeit mehrere Milliarden Jahre nach der Ära der Kernsynthese versetzen. Im nächsten Kapitel kehren wir dann zu den ersten Milliardsteln einer Sekunde nach dem Urknall zurück. Halten Sie sich gut fest.

Weil die Schwerkraft immer eine Anziehungskraft ist, sind
Systeme, die nur unter dem Einfluß der Schwerkraft stehen,
immer instabil und neigen dazu, unter ihrer eigenen Anziehung
zusammenzufallen. Das gilt für Kartenhäuser auf dem Wohn-
zimmertisch genauso wie für das Weltall. Irgendwo dazwischen
liegt die Größenordnung der Galaxien. Weil die Schwerkraft
eine Anziehungskraft ist, können wir mit gutem Grund annehmen, daß die klumpigen Objekte, die wir heute im Weltall sehen,
zu früheren Zeiten weniger zusammengedrängt waren, solange
nur die Schwerkraft das Sagen hatte. Die heute gängige Theorie
der Galaxienbildung ist größtenteils eine quantitative Fassung
der Gravitationstheorie. Man nehme zum Beispiel einen sich
ausdehnenden Bereich des Weltalls und schreibe ihm eine etwas
höhere Massendichte zu als seiner Umgebung. Dann führt die
größere, von seiner zusätzlichen Masse herrührende Anziehungskraft dazu, daß dieser Bereich sich weniger rasch ausdehnt
als seine Umgebung. Wenn die Ausdehnung weitergeht, wird der
Dichteunterschied zwischen dem Bereich und seiner Umgebung
immer größer. Diese größere Dichte behindert die relative Ausdehnung weiter und so fort. Schließlich wird der Dichtekontrast
zwischen dem Bereich und seiner Umgebung so groß, daß die
Gravitationsanziehung auf der Oberfläche Hubbles Ausdehnungsgeschwindigkeit übertrifft; der Bereich koppelt sich dann
von der Hintergrundausdehnung ab und fällt zusammen. Je
nach den Ausmaßen eines solchen Bereichs werden wir dann
Zeugen der Bildung eines Sterns, eines kleinen Sternhaufens,
einer Galaxie oder eines Galaxienhaufens.

Wenn ein Raumgebiet eine Massendichte hat, die etwas größer ist als der Durchschnitt, nennt man das eine »Fluktuation«
oder »Störung« des Mittelwerts. Das mathematische Verfahren
zum Umgang mit solchen kleinen Fluktuationen heißt Störungstheorie. Obwohl die Störungstheorie selten in die Schlagzeilen
der Physik gerät, macht der Umgang mit ihr doch 90 Prozent der
Alltagsroutine der Physiker aus. In praktisch allen Bereichen der
Physik können wir nur für extrem einfache Probleme strenge
Lösungen finden. Systeme, die nicht äußerst einfach sind, lassen
sich analytisch mit guter Genauigkeit untersuchen, wenn sie sich
nur wenig vom einfachsten Fall unterscheiden. Die Störungs-

theorie wurde dazu entwickelt, diese Abweichungen zu behandeln.

Auf den im obigen Beispiel beschriebenen Gravitationskollaps bezogen können wir, solange die Abweichungen von der mittleren Hintergrundausdehnung klein sind, analytisch beschreiben, wie diese Störungen im Lauf der Zeit zunehmen. Wenn sie einmal Größenordnungen erreicht haben, die der Einheit nahekommen – wenn die Abweichungen von der Dichte des Hintergrunds also anwachsen, bis sie von der Größenordnung der Hintergrunddichte selbst sind –, beginnt das System, sich unter seiner *eigenen* Gravitationsanziehung von der Ausdehnung des Hintergrunds abzukoppeln. Von da an brauchen wir Computer, um die Einzelheiten des Geschehens numerisch zu bestimmen. Eines jedoch ist sicher. Wenn eine Dichteschwankung groß genug sein soll, um diesen späteren Zustand erreichen zu können, muß sie die früheren Stadien durchlaufen, Stadien also, in denen diese Schwankungen so klein waren, daß wir sie analytisch erfassen konnten. Wenn in einem Bereich eine anfängliche Dichtestörung gegeben ist, können wir genau berechnen, wie lange es dauern wird, bevor *das System beginnt zusammenzufallen*.

Auf diese Überlegungen gründen wir unsere Hoffnung, einmal zu verstehen, warum wir auf einigen Größenordnungen, etwa der von Galaxien, Strukturen sehen und auf anderen nicht. Anders gesagt hoffen wir, daß die kosmologische Theorie uns eine anfängliche Reihe von Fluktuationen von Strukturen in verschiedenen Größenbereichen liefern kann und uns die klassische Mechanik und die Schwerkraft dann sagen, warum diese Systeme zu den Strukturen, die wir heute sehen, zusammenfallen.

So weit, so gut. Wenn wir jedoch verstehen wollen, wann und wie Dinge kollabieren, müssen wir uns die Geschichte des Weltalls etwas sorgfältiger ansehen als in den vorangegangenen Kapiteln.

Wenn das Weltall seit dem Urknall etwa 10 Milliarden Jahre besteht und keine Information schneller als mit Lichtgeschwindigkeit übermittelt werden kann, sind die größten Entfernungen, über die wir – auch nur theoretisch – etwas erfahren können, jetzt etwa 10 Milliarden Lichtjahre von uns entfernt. Wenn das Weltall unendlich und offen ist, kann es in ihm Dinge geben, die noch viel weiter entfernt sind, von denen wir aber niemals erfahren können. Es kommt gar nicht darauf an, ob unsere Teleskope leistungsfähig genug wären, solche Objekte wahrzunehmen. Ihr Licht hätte einfach *nicht genug Zeit, uns zu erreichen.* Der Bereich des Weltalls, mit dem wir Kontakt gehabt haben könnten, der also mittels Licht mit uns Information ausgetauscht haben könnte, ist endlich, wenn das Weltall bis heute nur ein endliches Alter hat. Wenn das Lebensalter des Universums zunimmt, nimmt auch die Größe dieses Bereichs zu, weil wir immer weiter sehen können, wenn uns das Licht aus größeren Entfernungen erreichen kann.

Die größte Entfernung, bis zu der wir sehen können, hat einen besonderen Namen. Sie heißt entsprechend dem irdischen Horizont, der anzeigt, wie weit wir auf der Erdoberfläche sehen können, »Horizont«. Der Bereich innerhalb unseres »Horizonts« im Raum ist der größte Bereich, mit dem wir uns seit dem Beginn der Welt verständigt haben könnten (hätte es uns damals schon gegeben). Anders ausgedrückt ist es der Bereich, mit dem wir »kausalen« Kontakt gehabt haben. Etwas, das hier, innerhalb des Horizonts, passiert, kann nicht die Ursache von etwas sein, das außerhalb des Horizonts passiert, weil das Licht in der zur Verfügung stehenden Zeit nicht die Information vermittelt haben kann, daß hier etwas passiert ist. Es wird außerordentlich schwierig, physikalische Fragen für Bereiche zu formulieren, die über den Horizont hinausgehen, weil solche Fragen gewöhnlich beobachtbare Größen einbeziehen, und wir können keine Beobachtungen in Größenordnungen machen, die die durch unseren Horizont vorgegebene übersteigt.

Die Existenz eines Horizonts verändert unser Verständnis der Strukturbildung im Universum grundlegend. Mikrophysikalische Vorgänge können einen Kollaps nur für Volumen beeinflussen, deren Größe zu jeder Zeit kleiner ist als das Volumen des Horizonts. Wenn wir also erforschen wollen, wie sich im Universum Strukturen bilden, müssen wir zwischen Bereichen unterscheiden, die zu jeder bestimmten Zeit kleiner oder größer sind als ein Volumen des Horizonts. Man bedenke, was in einem Bereich passiert, der eine Dichtefluktuation enthält – einen Bereich, in dem die Dichte anfänglich etwas höher ist als in ihrer Umgebung.* Wenn dieser Bereich in seinem Inneren eine gleichmäßige Dichte hat, dann kann, solange er selbst größer ist als der Horizont, kein physikalischer Vorgang auf die Inhomogenität in seinem Inneren auf noch größerem Maßstab reagieren, weil kein physikalischer Prozeß sein Vorhandensein in Erfahrung bringen kann. Wenn andererseits der Horizont den Bereich und seine Umgebung umfaßt, können mikrophysikalische Vorgänge die Inhomogenität »spüren« und bei seiner Entwicklung eine Rolle spielen. Insbesondere können mehrere Vorgänge, die ich noch beschreiben werde, der natürlichen Anziehung der Schwerkraft entgegenwirken und einen Kollaps verhindern oder aufhalten.

Besonders wirksam kann der Druck von Materie und Strahlung den Kollaps aufhalten. Die Sonne zum Beispiel ist sehr stabil und fällt trotz des riesigen Sogs der Schwerkraft an ihrer Oberfläche nicht zusammen, denn die aus ihrem Inneren kommende Wärme erzeugt einen starken Gasdruck, der dem Gravi-

---

* Der Ausdruck *Dichteschwankung* selbst hat erst dann eine unmittelbare physikalische Bedeutung, wenn der davon betroffene Bereich kleiner ist als das Innere des Horizonts, weil es keine physikalische Möglichkeit gibt, relative Dichten in größerem Maßstab zu messen. Aus diesem Grund muß man, obwohl man in der Allgemeinen Relativitätstheorie die Entwicklung von Systemen untersuchen kann, die größer sind als der Horizont, dabei doch sehr vorsichtig sein. Ich bemerke hier, daß Bereiche, die größer sind als der Horizont, kollabieren können. Solche Bereiche verhalten sich dann im wesentlichen wie isolierte Welten. Wenn die Dichte im Inneren eines solches Bereichs relativ zu seiner Ausdehnungsgeschwindigkeit groß genug ist, fällt er schließlich, falls er geschlossen ist, genau wie unser Universum zusammen. Diesen Kollaps können mikrophysikalische Vorgänge nicht aufhalten, weil sie nicht über größere Entfernungen als bis zum Horizont wirken können. Entsprechend gibt es einen zuerst 1970 von Stephen Hawking und Roger Penrose formulierten Satz, daß ein System, das größer ist als der Horizont, dann, wenn es zu kollabieren beginnt, schließlich ein Schwarzes Loch sein muß. Wir sind hier jedoch an der Entstehung solcher Strukturen wie Galaxien interessiert, deshalb beschränke ich meine Behandlung der Entwicklung immer auf Größenordnungen, die kleiner sind als der Horizont.

tationskollaps standhalten kann. Wenn der Druck, der in einem Stern der Schwerkraft das Gleichgewicht hält, aufhört, kann das Ergebnis höchst eindrucksvoll sein. Wir erleben dann vielleicht eine Supernova, in der der gesamte Kern eines Sterns im Bruchteil einer Sekunde von einem Bereich, der größer ist als unsere Sonne, bis auf einen Bereich von der Größe einer Kleinstadt kollabiert.

Betrachten wir frühe Zeiten im Weltall, als Materie und Strahlung noch in einem thermischen Gleichgewicht gekoppelt waren. Wenn die Materie in einem Bereich mit größerer Dichte versucht, nach innen zu fallen, muß sie gegen einen Hintergrund von Photonen ankommen, die sich mit Lichtgeschwindigkeit bewegen und dem Gravitationssog jedes Körpers mit Ausnahme eines Schwarzen Lochs entkommen können. Dieses Photonenmeer übt einen Druck aus, der den Zusammenfall der Materie aufhalten kann. Man stellt sich das Gemisch von Materie und Strahlung am besten als eine Einheit vor, solange die beiden im Gleichgewicht sind. Diese Kombination kann – als Reaktion auf eine äußere Kraft – einen beträchtlichen Druck ausüben. Wenn der Druck hoch genug ist, kann die Reaktion dann, wenn eine Kraft nach innen wirkt, wie eine Feder wirken und zu Schwingungen führen, die Wellen erzeugen, die sich in dem Medium fortpflanzen. Wenn die Geschwindigkeit dieser Wellen so groß ist, daß sie den Bereich durchqueren können, bevor er unter seiner eigenen Schwerkraft zusammenfällt, prallt das Medium zurück und schwingt, und die Materie kollabiert nicht. Wenn andererseits die Zeit, die diese Dichtewellen brauchen (sie entsprechen den Schallwellen in gewöhnlicher Materie), um das Medium zurückprallen zu lassen, länger ist als der Zeitraum, in dem er zusammenfallen kann, gewinnt die Gravitationsanziehung, und der Kollaps ist unvermeidlich.

In einem Medium, das vor allem aus mit Materie gekoppelter Strahlung besteht, ist die »Federung« so, daß sich die Geschwindigkeit der Dichtewellen der Lichtgeschwindigkeit nähert. Dann überwiegt in Bereichen, die von einer Welle durchlaufen werden konnten, die sich seit dem Urknall fast mit Lichtgeschwindigkeit ausbreitet, die Schwerkraft. Anders gesagt kann der Druck die Schwerkraft in Bereichen bis zur Größe des Horizonts jederzeit ausgleichen oder überwiegen. Jede Dichteschwankung, die auf einen Bereich beschränkt ist, der kleiner ist als der Horizont, kann nicht größer werden. Die Lage ist sogar noch extremer. Was als allgemeine Dichteschwankung beginnt, verteilt sich schließlich, wenn eine Reihe von Dichtewellen durch das Medium hindurchgeht und wenn der Druck auf die nach innen gerichtete unsprünglich größere Schwerkraft reagiert. Schließlich wird jeder anfängliche Dichteüberschuß ausgeglichen.

In einem Universum, das an Strahlung gekoppelte Baryonen enthält, wird also jede kleine Dichteschwankung, die sich irgendwann im Inneren des Horizonts befindet – also innerhalb des ständig wachsenden Raumbereichs, das Licht (und andere Information) seit dem Beginn des Urknalls durchquert haben kann – schließlich ausgeglichen! Mit Hilfe der Schwerkraft können sich auf solchen Skalen also keine Strukturen bilden. Wenn die Materie jedoch neutral wird, nämlich zur Rekombinationszeit, kann jeder Bereich mit einem kleinen Dichteüberschuß an normaler Materie frei zusammenfallen, ohne gegen den Strahlungsdruck anzukämpfen – denn dann sind Materie und Strahlung entkoppelt.

Dieser Vorgang ist ein Kennzeichen der Strukturbildung durch Gravitationskollaps in einem allein von Baryonen beherrschten Universum. Bis zur Rekombinationszeit wird jede Dichteschwankung, die kleiner ist als der Horizont, ausgeglichen. Danach werden Schwankungen in Größenordnungen, die kleiner sind als der Horizont, frei und können nach innen kollabieren. Die kleinste Skala, in der sich Fluktuationen frei ausbreiten können, hat also die Größenordnung des Horizontvolumens zur Rekombinationszeit. Fluktuationen in kleineren Skalen werden aufgrund der Druckwirkung vor der Rekombination zerstreut, dieser Druck aber kann nicht in dieser oder einer größeren Skala gewirkt haben, weil der Horizont zu früheren Zeiten kleiner war. Die Entfernung, die Licht durchqueren kann, *wächst* linear mit der Zeit.

Man könnte hoffen, daß der Gravitationskollaps anfänglicher Dichteschwankungen auf diesem und größerem Maßstab schließlich zur Entwicklung der Strukturen geführt haben könnte, die wir im Universum beobachten. Aber sowohl die

Beobachtung als auch die Theorie lassen das in einem von
Baryonen beherrschten Universum als unwahrscheinlich erscheinen.

Das erste Problem hat mit der zur Verfügung stehenden Zeit
zu tun. Nachdem die anfänglichen Dichteschwankungen unter
dem Einfluß der Schwerkraft zunahmen, braucht es Zeit, bis
solche lokalen Verdichtungen so groß werden, daß sie zusammenfallen, statt weiterhin mit der Hintergrundausdehnung zu
wachsen. Die Zeit von der Rekombinationszeit bis heute, in der
sich solches Wachstum abgespielt haben könnte, ist jedoch
begrenzt. Schwankungen der Materiedichte in Bereichen der
Größenordnung des Horizonts oder darüber müssen zur Rekombinationszeit eine Mindestamplitude gehabt haben, wenn
ihr Wachstum bis heute ausreichen soll, die in den Verdichtungen enthaltene Materie unter dem Einfluß der Schwerkraft
zusammenfallen zu lassen, damit sich solche stabilen Systeme
wie Galaxien oder Haufen bilden konnten.

Zwischen der Rekombinationszeit und heute dehnte sich der
Radius des Bereichs, der sich zu dem heute beobachtbaren
Weltall entwickelte, etwa um einen Faktor 1000 aus. So, wie
kleine Dichteschwankungen unter der Schwerkraft zusammenfallen können, kann, wie sich berechnen läßt, ihre Amplitude
proportional zum Radius des Universums anwachsen. Während
sich das Universum im Hintergrund insgesamt ausdehnt, dehnen
sich diese Bereiche etwas weniger stark aus, so daß die Dichte-
unterschiede zwischen der Materie innerhalb und außerhalb der
Fluktuation proportional zur Ausdehnungsrate des Hintergrunds zunehmen. Die Amplitude solcher anfänglichen Dichteschwankungen könnte also seit der Rekombinationszeit höchstens um einen Faktor 1000 zugenommen haben, solange sie
klein genug war, um im Gültigkeitsbereich dieser einfachen, auf
der Störungstheorie beruhenden Analyse zu sein. Wenn die
Größenordnung solcher Dichtefluktuationen gegen eins geht
(und die Störungstheorie versagt), wird der Kollaps beschleu-
nigt.

Damit also die Materie in einigen Bereichen so kollabierte,
daß sie bis heute Galaxien und Haufen bilden konnte, muß die
Anfangsdichte in einem solchen Bereich – mit einer Größe, die

mindestens der Ausdehnung des Horizonts bei der Rekombina-
tion entspricht – die mittlere Hintergrunddichte damals um
mindestens ein Tausendstel übertroffen haben.

Das scheint nur eine kleine Einschränkung zu sein, aber sie hat
große Folgen. Sie führt zu einem theoretisch *möglicherweise*
beobachtbaren Effekt, der aber nicht gefunden wurde. Es sei
daran erinnert, daß der kosmische Mikrowellenhintergrund zur
Rekombinationszeit erzeugt wurde und seitdem nicht mit Materie in Wechselwirkung stand. Dieser kosmische Mikrowellenhintergrund gibt uns ein Bild von der damaligen Verteilung der
Strahlung. Bis zur Rekombinationszeit waren ja Strahlung und
Materie streng aneinander gekoppelt. Im allgemeinen findet
man, daß alle Anfangsfluktuationen in der Materie- (also der
Baryonen-)dichte auf die Strahlungsdichte zu der Zeit ähnlich
wirken. Wenn wir also den Mikrowellenhintergrund in den
verschiedenen Richtungen erfassen können und an verschiedenen Orten nach kleinen Schwankungen der Dichte – oder, was
auf dasselbe herauskommt, der effektiven Temperatur – suchen,
können wir hoffen, Anzeichen für die ursprünglichen Materiefluktuationen zur Rekombinationszeit zu finden, die schließlich
jene Galaxien bildeten, die wir heute sehen.

In den Jahren seit seiner Entdeckung ist der Mikrowellenhintergrund von Detektoren auf Ballons und Satelliten abgesucht
worden, die die Strahlungsdichte in verschiedenen Richtungen
vergleichen und nach Unterschieden suchen können. Auf den
Skalen, die der Horizontgröße zur Rekombinationszeit entsprechen oder sie noch übertreffen, konnten selbst mit einer Genauigkeit von fast 1 zu 100000 keine Anisotropien der Temperatur
entdeckt werden. Schwankungen der Baryonendichte haben
also zu jener Rekombinationszeit auf solchen Skalen dieses
Niveau vermutlich nicht überschritten. Diese Größenordnung
ist mindestens *fünfzigmal* kleiner als jene, die nach der vorigen
Überlegung nötig ist, wenn sich bis heute aufgrund des Gravitationskollaps beobachtbare Strukturen gebildet haben können.

Das ist eine starke Aussage. *Danach verträgt sich die Gala-*
xienbildung durch Gravitationskollaps nicht mit der Annahme,
daß Protonen und Neutronen seit der Rekombinationszeit die
Dichte des Universums beherrschen.

Diese Aussage hängt von zwei Annahmen ab. Der Mikrowellenhintergrund muß nämlich heute wirklich die Strahlungsver-
teilung zur Rekombinationszeit widerspiegeln, und die Fluktuationen der Baryonendichte zu jener Zeit müssen sich ebenfalls in
der Strahlung widerspiegeln. Keine dieser Annahmen ist unan-
tastbar. Katastrophen, die den Mikrowellenhintergrund betref-
fen, könnten, obwohl solche Vorgänge nicht Teil der einfachsten
kosmologischen Modelle sind, seit der Rekombination kleinräumige Schwankungen verwischt haben. Andererseits spiegeln sich
Baryonenfluktuationen vielleicht nicht im Photonenhintergrund. Es ist sehr schwierig, aber nicht unmöglich, sich kosmologische Szenarien vorzustellen, in denen das der Fall ist.

Selbst wenn dieser Schluß nicht unabdingbar ist, gibt es eine
andere ähnliche Überlegung, die von weniger Annahmen abhängt. Auch sie verweist auf »etwas anderes«, das die Dichte des
Universums zur Zeit der Galaxienbildung beherrscht haben
muß. Wie ich ausführte, werden Schwankungen der Baryonendichte in Bereichen, die kleiner sind als der Horizont, bereits vor
der Rekombination durch Druckwellen verwischt. Deshalb können nach der Rekombination nur solche Schwankungen weiter-
wachsen, die größer sind als der Horizont. Die Größe des
Horizonts zur Zeit der Rekombination legt also für jene Bereiche
eine *Mindestgrenze* fest, in denen sich durch Gravitationskollaps
die ersten Strukturen bilden können.

Wegen der Ausdehnung des Weltalls läßt sich berechnen, daß
eine der Größe des Horizonts zur Rekombinationszeit vergleichbare Entfernung sich bis heute zu einer Länge von etwa 10^{26}
Zentimeter oder etwa 100 Megaparsec ausgedehnt haben müßte
(Anhang B stellt das graphisch dar). Diese Entfernung ist etwa
zehnmal größer als die größten Superhaufen von Galaxien, die
wir heute beobachten. Wenn dieses Ausmaß für den Maßstab
charakteristisch ist, auf dem sich zuerst Strukturen bilden konnten – wie man es sich in einem von Baryonen beherrschten Universum vorstellt –, dann sollten wir in diesem großen Maßstab
deutliche Reste dieser frühen Klumpenbildung selbst dann finden, wenn diese Strukturen später zerbrachen und Galaxien und
Haufen bildeten.

Aber das ist nicht der Fall. In der Größenordnung von

100 Megaparsec variiert die mittlere Materiedichte, so weit wir sehen, nicht wesentlich. Selbst wenn sich die Einschränkungen des Mikrowellenhintergrunds für die ursprünglichen Dichteschwankungen in einem von Baryonen dominierten Weltall irgendwie umgehen ließen, so daß genug Zeit zur Bildung von Strukturen blieb, würde man erwarten, daß die qualitativen Kennzeichen solcher Strukturen völlig anders sind als das, was wir sehen. Wie wir es auch drehen und wenden, Überlegungen zur großräumigen Struktur weisen offenbar alle darauf hin, daß es »etwas anderes« geben muß.

Die vorstehenden Überlegungen sind zwingend, aber nicht unumgänglich. Wir sind noch nicht sicher, daß der Vorgang der Galaxienbildung durch Gravitationskollaps die einzige Möglichkeit darstellt. Bevor wir nicht den genauen Vorgang der Galaxienbildung verstanden haben, können wir nicht sicher sein, ob es nicht andere Auswege gibt. Es sind Alternativen vorgeschlagen worden, darunter großräumige Explosionen, die die Materie viel rascher zusammenpressen könnten als die langsamere, hier betrachtete Gravitationswirkung. Natürlich erfordern diese Szenarien selbst eine neue Physik, aber wir sollten sie nicht völlig ausschließen, bis wir unsere Standardtheorien besser bestätigen können. Es ist jedenfalls klar, daß die Theorie eines von Baryonen beherrschten Weltalls einen großen Teil der heutigen kosmologischen Überlegungen gründlich überdenken muß, wenn sie brauchbar bleiben soll.

In diesem Kapitel habe ich Beobachtung und astrophysikalische Theorie miteinander verknüpft und behauptet, daß es zwar im Prinzip genug Baryonen geben könnte, um in galaktischen Größenordnungen einen wesentlichen Bruchteil der geforderten dunklen Materie auszumachen, aber doch einige exotische Formen dunkler Materie nötig zu sein scheinen, um die allgemeinen Kennzeichen der großräumigen Strukturen im Weltraum zu erklären. Es überrascht vielleicht zu hören, daß viele Physiker eine Überlegung überzeugender finden, die fast ausschließlich auf Theorie beruht. Sie erfordert zudem mehr als nur ein bißchen exotische Materie, nämlich fast zehnmal soviel wie jede Überlegung, die sich auf die Beobachtung der Dynamik beruft. In einer

Naturwissenschaft, die auf Erfahrung beruhen soll, erscheint
das vielleicht absurd. Aber manchmal ist die Logik einer theoretischen Überlegung so zwingend, daß Physiker angesichts der
Wahl zwischen einer unlogischen Alternative oder der Möglichkeit, daß Versuchsergebnisse unvollständig oder sogar falsch
sein könnten, die letzte Möglichkeit wählen. Die Geschichte der
Physik des zwanzigsten Jahrhunderts ist voll mit vortrefflichen
Beispielen für die Annahme einer Theorie, wenn die experimentellen Daten ungesichert waren. Einsteins Relativitätstheorie,
die Quantentheorie, die Hypothese von der Existenz des Neutrinos, die Vereinheitlichung der schwachen und elektromagnetischen Wechselwirkungen sind nur wenige Beispiele. Ich behaupte hier nicht, daß die im nächsten Kapitel umrissenen
Überlegungen ähnlich vortrefflich oder auch sicher zutreffend
seien. Trotzdem finde ich, genau wie viele meiner Kollegen, diese
Gedanken fast unwiderstehlich.

Kapitel 6
Die Spitze des Eisbergs

In den siebziger Jahren wiesen Robert Dicke und Jim Peebles aus Princeton auf ein Problem hin, das offenbar mit der Widerspruchsfreiheit der Urknalltheorie zusammenhing. Dieses Paradoxon, seitdem als »Flachheitsproblem« bekannt, regte einen jungen Teilchenphysiker names Alan Guth dazu an, 1981 eine Lösung vorzuschlagen, die eine Umwälzung für die Kosmologie bedeutete. Ich möchte jetzt sowohl das Problem als auch Guths Lösung vorstellen. Zunächst sei ein mögliches Mißverständnis aus dem Weg geräumt. Zwar haben das Flachheitsproblem und Guths Lösung miteinander zu tun, logisch jedoch sind sie, das sollte man bedenken, verschieden. Das Flachheitsproblem stellt unabhängig davon, ob Guths Kosmologie richtig ist oder nicht, für Theorie und Beobachtung gleichermaßen eine Herausforderung dar.

Das Flachheitsproblem läßt sich auf viele verschiedene Arten beschreiben; es ist nützlich, sie hier nacheinander zu behandeln. Meiner Erfahrung nach prägen sich Bedeutung und Folgerungen leichter ein, wenn man ein tiefliegendes Problem aus mehreren Blickwinkeln betrachtet.

Am prägnantesten läßt sich das Flachheitsproblem als die Frage formulieren: Warum ist das Weltall so alt? Um zu verstehen, wieso das ein Problem sein könnte, erinnern wir uns an unseren früheren Vergleich zwischen der Ausdehnung des Weltalls und der Bahn eines an der Erdoberfläche in die Luft geworfenen Balls. Die Bahnen von Bällen, die mit unterschiedlichen Anfangsgeschwindigkeiten geworfen werden, stimmen zunächst, wie ich dort sagte, überein. Die Bahnen sind zu allererst relativ unabhängig von ihrem späteren Verlauf. Ähnlich, habe ich behauptet, läßt sich die frühe Entwicklung des Weltalls mit einiger Genauigkeit auch dann beschreiben, wenn man nicht alle Parameter kennt, die die heutige Ausdehnung bestimmen. Wenn wir diesen Vergleich jedoch umkehren, steckt darin eine Warnung vor einem möglichen Problem. Schon eine ganz kleine Abänderung der Anfangsbedingungen für die Ausdehnung des

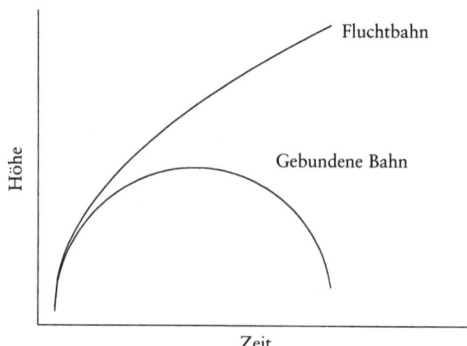

Abb. 6.1 Zwei Wurfbahnen, die den Ort zweier Gegenstände in Abhängigkeit von der Zeit zeigen, wenn diese mit unterschiedlicher Anfangsgeschwin-
digkeit von der Erdoberfläche hochgeworfen wurden.

Urknalls beeinflußt die spätere zeitliche Entwicklung des Weltalls erheblich.

Betrachten wir dazu die in Abbildung 6.1 gezeigten Bahnen.
Die eine Kurve entspricht der eines Balls, der in die Luft geworfen wird und zurückfällt, und die zweite der eines Balls, der mit
der Fluchtgeschwindigkeit geworfen wird, so daß er nicht zu-
rückkehrt. Über den Daumen gepeilt sind beide Bahnen so lange
ziemlich gleich, wie es dauert, bis der erste Ball zurück zur Erde
fällt. Jetzt betrachten wir die beiden in Abbildung 6.2 gezeigten
Bahnen. Diesmal denken wir uns, sie stellten die Größe eines
Bereichs des Weltalls dar, der sich entsprechend der Urknalltheorie ausdehnt. Die untere Bahn entspricht einem geschlossenen Universum, das wieder zusammenfallen wird, die obere
einem flachen, das sich immer weiter ausdehnt. Wieder ist die
Zeit, die es braucht, bis ein geschlossenes Universum sich wesentlich von einem flachen unterscheidet, etwa gleich der Zeit,
bis das geschlossene Universum mit dem Kollaps beginnt.

In diesem Zusammenhang können wir das Flachheitsproblem
folgendermaßen fassen: Warum hat sich das Weltall so lange
entwickelt, ohne sich wesentlich von einem flachen Universum
zu unterscheiden, wenn es nicht genau flach ist? Wenn das

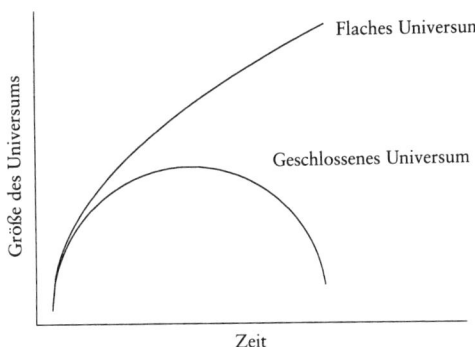

Abb. 6.2 Die Kurven zeigen, wie die Größe von zwei Bereichen während der Ausdehnung des Universums zunimmt, wenn das Weltall flach oder geschlossen ist.

Universum geschlossen ist, sollte es vor langer Zeit kollabiert sein. Wenn es offen ist, sollte es sich rasch genug ausgedehnt haben, um seine Dichte auf einen kleinen Bruchteil der heute beobachteten Dichte reduziert zu haben. Wir bemühen uns jetzt um eine zahlenmäßige Erfassung dieses Problems.

In einem genau flachen Weltall ist der Dichteparameter Ω (das Verhältnis der wirklichen Dichte zur kritischen Dichte, siehe Kapitel 4) heute genau 1. Anders gesagt ist die Dichte des Universums gleich der kritischen Dichte. Dabei ist jedoch wesentlich, daß Ω nicht ganz allgemein eine von der Zeit unabhängige Konstante ist. Wenn Ω irgendwann etwas kleiner oder etwas größer ist als 1, entfernt sich dieser Parameter im Lauf der Zeit von eins. Darin spiegelt sich die in Abbildung 6.2 dargestellte Situation. Klassische Bahnen, die sich zu einem bestimmten Zeitpunkt voneinander unterscheiden, neigen in diesem Fall dazu, im Lauf der Zeit weiter zu divergieren. Physiker nennen den Wert 1 für Ω einen *labilen Gleichgewichtspunkt*, genau wie ein auf einem sehr spitzen Kegel liegender Ball in einem labilen Gleichgewicht ist. Die geringste Kraft aus irgendeiner Richtung läßt ihn herunterrollen. Wie man zeigen kann, nimmt die Abweichung von Ω von seinem Reziproken mindestens so schnell zu

wie die Ausdehnung des Universums. Wenn das Universum zu
einer späteren Zeit doppelt so groß ist, verdoppelt sich auch das
Verhältnis des Quotienten der Veränderung von Ω zum An-
fangswert von Ω. Das Flachheitsproblem läßt sich dann folgendermaßen formulieren: Die Beobachtungen weisen darauf hin,
daß die Dichte des Weltalls heute irgendwo zwischen einem
Zehntel und vielleicht dem Doppelten der kritischen Dichte
liegt. Warum ist Ω heute noch innerhalb eines Faktors 10 genau
gleich 1, obwohl das Universum etwa 10 Milliarden Jahre Zeit
hatte, sich zu entwickeln? Ich kann die Frage noch schärfer
formulieren. Wenn der Wert von Ω sich heute überhaupt von 1
unterscheidet, leben wir im wesentlichen in der ersten Epoche
der Geschichte des Universums, in der das zutrifft. In der Vergangenheit war Ω stets erheblich näher an 1, und in den meisten
Entwicklungsstadien muß es fast genau gleich 1 gewesen sein.
Waum sollte das Weltall 1 bis 10 Milliarden Jahre gewartet
haben, bevor es abzuweichen beginnt?

Das Flachheitsproblem ist ein Musterbeispiel für das, was in der
Teilchenphysik als ein Problem der »Natürlichkeit« oder der
»Feinabstimmung« bekannt geworden ist. Der Begriff ist
schwierig zu definieren. Auch »unnatürliche Ereignisse « scheinen zweifellos ganz natürlich zu sein, wenn sie passieren; Teilchenphysiker bekommen oft von uneingeweihten Beobachtern
zu hören, Ω sei ganz unabhängig davon, wie wenig es Theoretikern gefallen mag und wie unnatürlich es auch erscheint, eben
das, was es ist – und heutzutage ist es eben vielleicht nicht gleich
1. Die zuvor angeführten Argumente dafür, daß Ω in unserem
heutigen Weltall gleich 1 sein müßte, sind, wie ich aus eigener
Erfahrung weiß, für manche nicht sehr überzeugend.

In der Teilchenphysik jedoch hat »Natürlichkeit« eine wohldefinierte Bedeutung. Wenn wir unsere Untersuchungen auf die
Entwicklung astrophysikalischer Strukturen mit Lebensdauern
von Milliarden von Jahren beschränken und uns die relative
Unempfindlichkeit vieler dieser Entwicklungsprozesse gegenüber dem genauen heutigen Wert von Ω eingestehen, könnte Ω
als ein ziemlich willkürlicher Parameter erscheinen, der nur
zufällig die zukünftige Entwicklung des Universums bestimmt.

Erst wenn wir zu der Überzeugung gekommen sind, daß wir das Weltall letztlich aufgrund der mikrophysikalischen Grundgesetze verstehen müssen, die das Geschehen im kleinsten Maßstab und zu den frühesten Zeiten bestimmen, wird klar, wie ausgesprochen *unplausibel* ein nicht-flaches Weltall heute ist.

Man nennt eine moderne Teilchentheorie »unnatürlich«, wenn sie zwei Kennzeichen hat. Erstens ist es verdächtig, wenn zur Erklärung der Beobachtungen extrem große oder kleine *dimensionslose* Zahlen nötig sind. Eine dimensionslose Zahl ist eine Zahl, die ohne Maßeinheiten angegeben wird. Die Größe eines Atoms hat zum Beispiel die Dimension einer Länge; sie kann, in Zentimetern gemessen, sehr klein sein, aber wir können immer eine andere Maßeinheit finden, so daß sie in dieser neuen Einheit ausgedrückt nicht sehr klein ist. Eine dimensionslose Zahl andererseits, wie etwa das Verhältnis der Energieniveaus in einem Atom oder das Verhältnis von Massen in einer bestimmten Familie von Elementarteilchen, ist unabhängig von der gewählten Maßeinheit. Das Auftreten einer großen oder kleinen Zahl in einem solchen Verhältnis ist in den Augen der Theoretiker an sich noch nicht schlimm. Es kann einen physikalischen Grund geben, warum ein Vorgang im Vergleich zu ähnlichen Vorgängen nur sehr selten eintritt oder warum eine Teilchenmasse sehr winzig ist. Es ist jedoch nicht annehmbar, wenn eine sonst nicht gerechtfertigte »Feinabstimmung« von Parametern nötig ist, um eine dimensionslose Zahl mit der Beobachtung in Übereinstimmung zu bringen. Hier ist ein Beispiel. Nehmen wir an, die Rate zweier unabhängig voneinander berechneter physikalischer Vorgänge müsse sich mit einer Genauigkeit von 1 zu 10^{20} aufheben, was einen Rest läßt, der 20 Größenordnungen kleiner ist als jede dieser Raten für sich, damit sie mit einer Beobachtung übereinstimmt. In diesem Fall ist man versucht zu sagen, daß eine Theorie, in der sich zwei Größen derart ähnlich sind, ohne daß es einen physikalischen Grund dafür gibt, mit etwa derselben Wahrscheinlichkeit richtig ist, mit der zwei zufällig gewählte Zahlen bis zur zwanzigsten Dezimalen übereinstimmen. So gesehen ist das Flachheitsproblem das zweitschlimmste Feinabstimmungsproblem, das wir in der Physik kennen.* Um die Ausmaße dieses Dilemmas zu begreifen, müssen wir wieder einen gewaltigen Sprung in die Vergangenheit der Geschichte des Weltalls machen.

Wir haben bis heute noch keine vollständige mikrophysikalische Theorie, die uns zu berechnen erlaubt, wie das Weltall zur Zeit Null des Urknalls war oder warum es so war. Zu frühen Zeiten, gleich nach dem Urknall, war die Temperatur des Weltalls so hoch, daß die Energiedichten viel größer waren als jede, die wir heute im Labor direkt untersuchen können. Unsere heutigen Versuchsdaten führen uns in den Bereich von Energien, die denen zu der Zeit entsprechen, als die Temperatur des Universums fast 10^{16} Kelvin betrug, und das war nach der Standardtheorie des Urknalls der Fall, als das Weltall etwa 10^{-12} Sekunden ($10^{-12} = 0,000\,000\,000\,001$; siehe Anhang A) alt war. Die massereichsten Teilchen, die wir im Labor erzeugt haben – die sogenannten W- und Z-Teilchen –, haben etwa das Hundertfache der Protonenmasse; diese Teilchen wurden 1984 im Beschleuniger von CERN, der Europäischen Organisation für Kernforschung in Genf, beobachtet. Bei den Energien, die zur Verfügung standen, als das Weltall eine Temperatur von 10^{16} Kelvin hatte, herrschte thermisches Gleichgewicht, und es gab reichlich W- und Z-Teilchen. Wir wissen aus hochempfindlichen Experimenten, die nicht mit Beschleunigern arbeiten, indirekt etwas über viel höhere Energieskalen, aber diese Information liefert nur Bruchstücke des Bildes. Wir können deshalb keine definitiven Aussagen über die Natur von Materie und Energie bei höheren Temperaturen machen. Solche Aussagen gelten nur für Bedingungen bis höchstens zur Größenordnung der W- und Z-Teilchen, bis zu der wir die Kräfte, die das Verhalten der im Laboratorium beobachteten Teilchen bestimmen, einigermaßen genau verstehen.

Wenn wir mikrophysikalische Theorien anwenden wollen, um das Verhalten der Materie während der Ausdehnung des Universums zu beschreiben, könnten wir etwa von dem Zustand ausgehen, in dem die Temperatur des Weltalls zum Beispiel

---

* Das schlimmste Feinabstimmungsproblem in der Physik ist als das Problem der »kosmologischen Konstanten« bekannt. Es ist ein faszinierendes Thema, das leider außerhalb des Bereichs dieses Buches liegt.

10^{16} Kelvin betrug, und dann vorwärts gehen, weil wir vermutlich den größten Teil der Physik nach dieser Zeit verstehen. Wir können uns dann fragen, wie sorgfältig wir die Ausdehnungsparameter zu jener Zeit festlegen müssen, damit sie den heute beobachteten entsprechen. Wenn der Dichteparameter Ω heute bis auf einen Faktor 10 mit 1 übereinstimmen soll, müßte, so finden wir, Ω sich damals höchstens um einen Faktor von 10^{-27} von 1 unterschieden haben. Mit anderen Worten, der Dichteparameter Ω müßte mit einer Genauigkeit von 27 *Dezimalstellen* festgelegt sein.

Das Ergebnis läßt sich auch anders ausdrücken. Wenn wir als Anfangsbedingungen für hypothetische Universen den Zustand des Weltalls im Alter von 10^{-12} Sekunden wählen, in dem es reichlich W- und Z-Teilchen gab, und einen Ω-Wert zwischen Null und 2 annehmen, fällt etwa die Hälfte der so erschaffenen Welten in einem Zeitraum von 10^{-12} Sekunden wieder zusammen. Etwa die Hälfte dehnt sich schnell aus und läßt Ω in einem Zeitraum von 10^{-12} Sekunden bis auf fast Null schwinden. Nur eins von 10^{27} Universen, in denen Ω ursprünglich einen anderen Wert hatte als 1, besteht 10 Milliarden Jahre, bevor Ω wesentlich nach oben oder unten von 1 abzuweichen beginnt!

Vielleicht sind wir lieber etwas konservativer und wenden mikrophysikalische Gesetze etwa erst zur Zeit der Kernsynthese, als das Universum ungefähr eine Sekunde alt war, auf die Entwicklung des Weltalls an. Hier haben wir aufgrund des Erfolgs der Urknall-Kernsynthese berechtigtes Vertrauen, daß unser Bild von der Ausdehnung zutrifft. In diesem Fall müssen wir Ω immer noch bis auf ein 10^{15}tel festlegen, wenn wir heute mit einer Unsicherheit von einem Faktor 10 den Wert 1 erhalten wollen.

Natürlich sind all diese Spekulationen unbefriedigend. Irgendwann müssen wir aufhören, uns mit willkürlich gesetzten Anfangsbedingungen zufrieden zu geben, ehe wir das Weltall unter den Gesetzen der klassischen Schwerkraft, ergänzt durch die Gleichungen für den Zustand der Materie, expandieren lassen. Schließlich müssen wir die Tatsache in den Griff bekommen, daß sich auch diese Anfangsbedingungen für die klassische Urknall-Ausdehnung aus physikalischen Vorgängen entwik-

keln, die von einer mikrophysikalischen Theorie bestimmt werden, einer Theorie, die Energieskalen weit jenseits derer erfaßt,
die wir gegenwärtig untersuchen können.

Wenn man Physiker fragt, bei welchen Energien diese Anfangsbedingungen vermutlich liegen, wählen sie mit größter
Wahrscheinlichkeit die »Planck-Skala« und kommen damit auf
eine Temperatur von etwa 10^{32} Kelvin; dann ist die Schwerkraft
so stark, daß quantenmechanische Effekte wichtig werden. An
diesem Punkt treffen sich die beiden großen theoretischen Revolutionen der Physik des zwanzigsten Jahrhunderts, die Quantenmechanik und die Allgemeine Relativitätstheorie.

Fast ein Jahrhundert, nachdem Einstein zuerst versuchte, die
Schwerkraft mit den anderen Naturkräften zu vereinigen, kennen wir immer noch keine eigentliche Quantentheorie der Gravitation. Einige Teilchentheoretiker hegen große Hoffnungen, die
sogenannte »Superstringtheorie« könnte eines Tages die wahre
Theorie der Quantengravitation liefern. In ihr werden elemen-
tare Teilchen durch mikroskopische eindimensionale Fäden
oder Saiten, eben »Strings«, ersetzt; sie entstehen aus dem
Vakuum, und ihre Schwingungen sind gerade so quantisiert, daß
sie das im Universum beobachtete Teilchenspektrum ergeben.
Diese Theorie ist jedoch heute noch nicht vollständig. Es gibt
grundlegende Probleme der Interpretation und auch der Berechnung, wenn der Raum selbst, der grundlegende Freiheitsgrad der
Allgemeinen Relativitätstheorie, das merkwürdige Quantenver-
halten aufweisen soll, das wir mit elementaren Teilchen und
Atomen verbinden. Vielleicht haben wir uns daran gewöhnt,
daß Teilchen spontan aus dem Vakuum heraus und in es hineinhüpfen, aber eine Theorie der »Quantengravitation« könnte uns
dazu zwingen, uns an die Vorstellung von *Universen* zu gewöhnen, die aus dem Vakuum heraus- und in es hineinhüpfen.

Für die Physik bei alltäglichen Energien stellt das Fehlen einer
vollständigen Theorie der »Quantengravitation« kein wirkliches Problem dar, weil die Wirkungen der Schwerkraft im
Maßstab der Protonen oder Atome vernachlässigbar sind. Obwohl die Schwerkraft im Grunde die einzige Kraft ist, die wir im
Alltagsleben immerzu »erfahren«, ist sie doch die schwächste
uns bekannte Naturkraft. Sie ist etwa 28 Größenordnungen

schwächer als die nächstschwache Kraft, die sogenannte »schwache Wechselwirkung«, und fast 40 Größenordnungen schwächer als der Elektromagnetismus. Die Schwerkraft ist in unserem täglichen Leben lediglich deshalb so allgegenwärtig, weil die Gravitationsanziehungen aller Atome der Erde zusammenwirken, um uns zum Beispiel dann, wenn wir hochspringen, hinunterzuziehen. Zum Glück für uns ist die Erde elektrisch fast völlig neutral, deshalb kann sich keine großräumige elektrische Anziehung aufbauen. (Sehr kleine Ladungsvorkommen bauen sich lokal auf; sie verursachen die Gewitter, deren Zeugen wir auf der Erde werden.) Ein gutes Beispiel für die relative Stärke von Elektromagnetismus und Gravitation wurde zuerst von Richard Feynman gegeben. Stellen Sie sich vor, Sie würden, versunken in die Lektüre dieses Buchs, im dreizehnten Stockwerk eines Hochhauses in einen leeren Fahrstuhlschacht treten. Die Schwerkraft braucht mehrere Sekunden und etwa hundert Meter, um Sie auf die Endgeschwindigkeit zu beschleunigen, bis Sie ziemlich plötzlich zum Stillstand kommen. Der Elektromagnetismus jedoch braucht nur einen infinitesimalen Bruchteil eines Zentimeters, um Sie zum Stillstand zu bringen. Es sind die elektrischen Kräfte zwischen den Atomen Ihres Körpers und denen im Boden, die Sie davon abhalten, durch den Erdboden hindurch zu fallen und dadurch den Absturz zu beenden.

Weil die Schwerkraft im üblichen Maßstab so schwach ist, macht es uns gewöhnlich keine Sorgen, daß wir die Schwerkraft noch nicht richtig in unsere Quantentheorie, die das Verhalten von Elementarteilchen bestimmt, eingebaut haben. Die klassische Theorie – die Allgemeine Relativitätstheorie – liefert für alle vorhersehbaren Zwecke eine durchaus zufriedenstellende Näherung. Wenn wir jedoch die Materie immer enger zusammenpressen, werden die Wirkungen der Schwerkraft schließlich wichtig. Wenn sich zum Beispiel zwei Elementarteilchen bis auf eine Entfernung von weniger als 10^{-33} Zentimetern nahekommen, etwa 19 Größenordnungen kleiner als die Größe eines Protons, also unvorstellbar nah, läßt sich die Schwerkraft nicht mehr vernachlässigen. Auch in den ersten Augenblicken des Urknalls, als die Temperatur den unglaublich hohen Wert von 10^{32} Kelvin erreichte, waren Materie und Strahlung so eng gepackt, daß die klassische Allgemeine Relativitätstheorie uns keine angemessene Beschreibung der Wirkung der Schwerkraft geben kann. Bei dieser Temperatur, als das Universum nach dem Standardbild der Urknalltheorie also weniger als 10^{-44} Sekunden alt war, muß unser herkömmliches Bild zerbrechen. Wenn wir die Physik verstehen wollen, die die Expansion erklärt, bevor wir an einen Punkt kommen, an dem unsere klassischen physikalischen Gesetze gelten, brauchen wir eine Theorie der Quantengravitation.

Weil wir keine solche Theorie haben, müssen wir die »Planck-Zeit« (vor der es keine klassische Schwerkraft gibt) als Ausgangspunkt unserer Modelle des sich ausdehnenden Weltalls nehmen. Eine Quantentheorie, die die Schwerkraft so weit einbauen kann und vielleicht auf Superstrings oder ähnlichem beruht, würde die Anfangswerte liefern, mit denen wir beginnen können. Deshalb geben Teilchenphysiker das Alter des Weltalls heute am liebsten nicht in Milliarden Jahren, sondern als ein Vielfaches der Planck-Zeit an. In diesem Maßstab ist das Weltall 10^{62} Planck-Zeiten alt. Und hier erhebt das Flachheitsproblem wieder sein scheußliches Haupt. Wenn die Quantengravitation die Anfangsbedingungen zur Planck-Zeit festlegen soll, muß sie im üblichen Urknallbild den Wert von Ω so festlegen, daß er sich zu jener Zeit nur um ein 10^{59}stel von 1 unterscheidet, wenn Ω sich heute nur um weniger als einen Faktor 10 von 1 unterscheiden soll.

Aus diesem Grund glauben viele Physiker, daß Ω ganz unabhängig davon, welche physikalischen Gesetze die Anfangsbedingungen für die beobachtete Ausdehnung im Urknall festlegen, genau gleich 1 gesetzt werden muß, und das vermutlich um die Planck-Zeit herum. In diesem Fall wäre es das Natürlichste, wenn die Massendichte des Universums heute im wesentlichen genau gleich dem heutigen kritischen Wert bleibt. Wir müssen in einem flachen Weltall leben!

Ein derart kühner theoretischer Schluß könnte jedem mißfallen, der noch nicht beobachtet hat, daß sich solche Gedankensprünge gewöhnlich auszahlen, wenn in gewissen seltenen Fällen das Experiment von der Theorie geleitet wird. Er ist dann besonders verwirrend, wenn es keine Theorie gibt, an der er sich überprüfen läßt. Glücklicherweise gibt es aber eine solche Theorie, die einen heutigen Wert von $\Omega = 1$ voraussetzt ... und noch viel mehr. Es ist die Theorie vom »inflationären Universum«, das Geisteskind Alan Guths, eines Teilchenphysikers, der zum Kosmologen wurde. Ich kann diese Theorie im Rahmen dieses Kapitels nicht angemessen darstellen, aber wir können kurz die Ideen behandeln, die zu dieser Theorie führten. Einige ihrer Vorhersagen sind genauso ein Bestandteil der modernen Kosmologie wie die dunkle Materie.

Die Inflation, als die Guths Theorie bekannt wurde, beruht auf einem der Grundbausteine der modernen theoretischen Physik, nämlich auf der Symmetrie. Wir wissen heute, daß die grundlegenden dynamischen Größen, die das Universum beherrschen, anscheinend eine Folge von Symmetrien in der Natur sind. Wir können zum Beispiel beweisen, daß die Existenz von Größen wie Energie und Impuls, die im Lauf der Zeit erhalten bleiben, eine unmittelbare Folge der Invarianz physikalischer Gesetze unter räumlichen und zeitlichen Translationen sind. Anders gesagt werden die Gesetze der Physik morgen dieselben sein wie sie es heute sind, und sie sind bei Ihnen zuhause dieselben wie bei mir. Solange diese beiden einfachen Eigenschaften gelten, muß es Größen geben, die wir als Energie und Impuls erkennen und die die Bewegungsgesetze beherrschen.

Mit jeder der vier bekannten Naturkräfte ist eine bestimmte Symmetrie verknüpft, die die Form der dynamischen Gleichungen für die Wechselwirkungen der Materie festlegt. Grundlegende Symmetrien bestimmen auch das Verhalten von Zusammenballungen von Materie. Symmetrien bestimmen Kristallgitter, die ihrerseits die Eigenschaften der Stoffe bestimmen. Symmetrien kontrollieren auch Phasenübergänge, also etwa den Übergang von Wasser zu Schneeflocken oder die früher erwähnte Verwandlung eines Stück Metalls in einen Magneten.

Die Bedeutung der Symmetrie für die Teilchenphysiker wurde durch die Arbeit Einsteins zur Speziellen Relativitätstheorie deutlich. Sie vollendet die Vereinheitlichung von Elektrizität und Magnetismus in eine einzige Theorie, die zuerst von James Clerk Maxwell in seinem System von vier Gleichungen beschrieben wurde. Einstein zeigte, warum diese Beziehungen zwischen Elektrizität und Magnetismus physikalisch aus einem einfachen Symmetrieprinzip folgen, das mit einer Invarianz zusammenhängt, die im neunzehnten Jahrhundert zuerst von dem holländischen Physiker Hendrik Antoon Lorentz beschrieben wurde.

Die Verbindung zwischen Elektrizität und Magnetismus, die zu Maxwells Vereinheitlichung führte, zeigt sich in leicht beobachtbaren physikalischen Erscheinungen (zum Beispiel fließt ein Strom, wenn ein Magnet in die Nähe eines Drahts kommt). Die Erklärung dieser Zusammenhänge setzt deshalb keine besonderen Symmetrieüberlegungen voraus. Bei der nächsten Vereinheitlichung der Naturkräfte, nämlich der Vereinheitlichung von Elektromagnetimus und schwacher Wechselwirkung, spielte die Symmetrie jedoch eine viel größere Rolle.

In irdischen Energiebereichen scheinen Elektromagnetismus und schwache Wechselwirkung (jene Wechselwirkung, die für viele Kernreaktionen, darunter den Neutronenzerfall, verantwortlich ist) nichts miteinander zu tun zu haben. Die Reichweite der elektromagnetischen Kraft ist sehr groß, die der schwachen Wechselwirkung nur klein. Die elektromagnetische Kraft ist relativ stark, die schwache Wechselwirkung mindestens millionenmal schwächer. Die elektromagnetische Kraft hat mit geladenen Teilchen zu tun, die schwache Wechselwirkung spielt sich sowohl zwischen neutralen wie zwischen geladenen Objekten ab. Für mich ist die Geschichte ihrer Vereinigung ein Musterbeispiel für theoretische Physik, wie sie sein sollte. Sie führt die Macht der Deduktion vor Augen, zeigt die Anwendung schöner Mathematik für das Verständnis grundlegender Vorgänge und besitzt die Kühnheit, einem guten Gedanken in den Bereich des Unerforschten nachzugehen.

Die Geschichte beginnt mit der Vereinigung von Quantenmechanik und Relativitätstheorie, die ich im ersten Kapitel behandelte und die zur Entwicklung der Quantentheorie des Elektromagnetismus, der sogenannten *Quantenelektrodynamik*, führte. Die Formulierung der Theorie, die Feynman in der Form der im ersten Kapitel betrachteten physikalischen Diagramme darstellte, ermöglichte es sowohl, mit Hilfe der Theorie Berechnungen durchzuführen als auch Vermutungen über die Wechselwirkung zwischen Elementarteilchen anzustellen. Wichtiger noch, die elektromagnetische Kraft ließ sich, wie ich beschrieb, als Folge des Austauschs virtueller Photonen sehen.

Diese Entwicklungen führten bald zu dem Gedanken, alle vier Naturkräfte könnten vielleicht so gesehen werden. Vielleicht ließ sich die Natur und Stärke einer Kraft durch die Eigenschaften der virtuellen Quanten erfassen, die durch ihren Austausch die Kraft vermitteln. Wie ich früher ausführte, können nur masselose Quanten Kräfte mit großer Reichweite übermitteln. Massereiche Teilchen brauchen zu ihrer Erzeugung mehr Energie; das Unschärfeprinzip stellt deshalb sicher, daß sie sich nur kurzzeitig ausbreiten können, ohne die Energie-Impulserhaltung meßbar zu verletzen. Da die beiden anderen Kräfte, die, wie wir wissen, zwischen Elementarteilchen wirken, nämlich die starke und die schwache Wechselwirkung, offensichtlich kurze Reichweiten haben, wurde behauptet, es müsse neue massereiche Teilchen geben, die diese Kräfte vermitteln.

Wir kehren jetzt zur Symmetrie zurück. Die grundlegende Symmetrie der Elektrodynamik hat mit der Erhaltung der elektrischen Ladung zu tun. Diese sogenannte *Eichinvarianz* ist für die Form der Gleichungen der Elektrodynamik verantwortlich. Wenn man nämlich fordert, die Gleichungen, die die Dynamik beschreiben, sollen »eichinvariant« sein (sie behalten also ihre Form, wenn die von ihnen beschriebenen Felder mit einer bestimmten mathematischen Funktion multipliziert werden, deren Form sich von einem Punkt zum nächsten verändern kann), erhält man eine eindeutig bestimmte Theorie für die Wechselwirkung zwischen Elektronen und Licht. Diese Theorie ist die Quantenelektrodynamik. Eine der wichtigsten Folgen der Eichinvarianz ist, daß sie der Form der Gleichungen, die den Elektromagnetismus bestimmen, Beschränkungen auferlegt. Das Quantum des elektromagnetischen Feldes, das Photon, muß masselos sein, und deswegen hat die elektromagnetische Kraft eine große Reichweite.

Die Elektrodynamik wurde im neunzehnten Jahrhundert, lange vor der Entwicklung der Quantenmechanik, als klassische Theorie verstanden. Erst nach 1930 entwickelte der brillante italienische Physiker Enrico Fermi die erste phänomenologisch

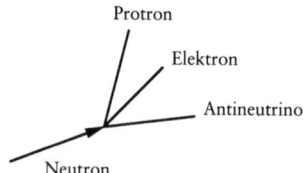

Abb. 6.3   Ein Feynman-Diagramm zeigt den Zerfall eines Neutrons in ein
Proton, ein Elektron und ein Antineutrino.

erfolgreiche Theorie der schwachen Wechselwirkung, die sowohl den Neutronenzerfall vermittelt als auch die weiter oben
beschriebenen Prozesse der Urknall-Kernsynthese, die auch
Sonne und Sterne strahlen lassen. Fermi wanderte kurz vor dem
zweiten Weltkrieg in die USA aus und wurde dort der Leiter der
Arbeitsgruppe, die als ein Teil des Manhattanprojekts den ersten
betriebsfähigen Kernreaktor entwickelte. Er war als einer der
wenigen vielseitigen großen Physiker dieses Jahrhunderts als
Experimentator und Theoretiker gleich bewandert.

Fermis Theorie der schwachen Wechselwirkung war keine
»Grundlagenforschung«, sondern eher »phänomenologisch«,
also beschreibend. Sie liefert die richtigen Beziehungen zwischen
den Wechselwirkungen, beruht aber nicht auf einer tiefliegenden
physikalischen Theorie. In der modernen Sprache eines Feyn-
man-Diagramms läßt sich die fundamentale schwache Wechselwirkung beim Zerfall eines Neutrons in ein Proton, ein Elektron
und ein Antineutrino nach Fermis Theorie wie in Abbildung 6.3
darstellen.

Analog zu den Feynman-Diagrammen der Quantenelektrodynamik erkannte man, daß sowohl die kurze Reichweite als auch
die geringe Stärke der Wechselwirkung sich erklären lassen,
wenn in dem Punkt des Diagramms, an dem die Wechselwirkung stattfindet, ein sehr massereiches virtuelles Teilchen ausgetauscht wird; seine Reichweite muß so kurz sein, daß der in
Abbildung 6.3 gezeigte Neutronenzerfall tatsächlich, wie in
Abbildung 6.4 gezeigt, durch die Aussendung und spätere Absorption dieses virtuellen Teilchens dargestellt werden kann.

Aus unserer Kenntnis der Stärke der schwachen Wechselwir-

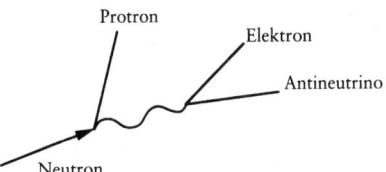

Abb. 6.4 Derselbe Zerfall wie in Abbildung 6.3, bei dem diesmal der Bereich der Wechselwirkung »vergrößert« ist, damit in Analogie zu den in der Quantenelektrodynamik beschriebenen Prozessen der Austausch eines virtuellen Teilchens deutlich erkennbar wird.

kung läßt sich die Masse des ausgetauschten virtuellen Teilchens schätzen; diese Masse ist riesig, sie beträgt mehr als das Hundertfache der Protonenmasse. Da ein solches massereiches Teilchen nicht im Labor hergestellt werden kann und niemand eine grundlegende Theorie aufgestellt hatte, die die Existenz solcher Teilchen vorhersagte, blieb die Möglichkeit ihres Vorhandenseins bis in die Jahre nach 1950 wenig mehr als eine interessante Möglichkeit.

Als man sich die schwache Wechselwirkung einmal wie in Abbildung 6.4 gezeigt vorstellen konnte, drängten sich die Analogien zur Quantenelektrodynamik geradezu auf. Im wesentlichen durch die Arbeit der beiden hervorragenden Teilchenphysiker Richard Feynman und Murray Gell-Mann wurden die möglichen Kopplungen dieser Vermittler geklärt. Man fand, daß die Vermittler von derselben Art sein können wie das Photon, also dieselbe Drehimpulsquantenzahl haben. Diese hypothetischen Quanten der schwachen Wechselwirkung wurden »intermediäre Vektorbosonen« genannt.*

Eine Gruppe mutiger Menschen, viele von ihnen Mitarbeiter des amerikanischen Physikers Julian Schwinger, begann, von

---

* Aufgrund der mathematischen Beschreibung des Verhaltens solcher Teilchen bei einer Drehung im Raum heißen sie auch Vektorteilchen, und weil ihre Drehimpulsquantenzahl ganzzahlig und nicht halbzahlig ist, gehorchen Gruppen solcher Teilchen bestimmten statistischen Gesetzen, die nach Einstein und dem Inder Satyendra Nath Bose Bose-Einstein-Statistik heißen. Solche Teilchen heißen »Bosonen«.

einer Vereinheitlichung von Elektromagnetismus und schwacher Wechselwirkung zu träumen. Einer von Schwingers Schülern, Sheldon Glashow, erhielt die Aufgabe herauszufinden, wie die mit der Quantenelektrodynamik verknüpfte Eichsymmetrie mit der schwachen Wechselwirkung zusammenhängen könnte.

Einige Jahre früher, etwa 1954, hatten zwei Theoretiker, Chen Ning Yang und Robert Mills, erkannt, wie sich die Eichsymmetrie des Elektromagnetismus zu einer viel reicheren Struktur verallgemeinern läßt. Wieder war die Theorie, die sie formulieren konnten, um diese Symmetrie herzuleiten, sehr eingeschränkt. Damals hatten sie keine Idee, wie sie sich physikalisch anwenden ließe, aber die Struktur war so reizvoll, daß sie außer ihren Ergebnissen auch einige Mutmaßungen über künftige Anwendungen veröffentlichten. Oft schon hat elegante Mathematik schließlich in physikalische Theorien Eingang gefunden; Yang und Mills entdeckten eine Goldmine. Wir wissen heute, daß jede der vier bekannten Naturkräfte eine Art Eichinvarianz aufweist. Diese Theorien lassen sich durch Abwandlungen der Eichtheorie von Yang und Mills beschreiben. Die Verallgemeinerung und Extrapolation dessen, was sich beim Elektromagnetismus so bewährt hatte, erwies sich wieder einmal als der Mühe wert.

Schwinger und Glashow wollten gern wissen, ob die Eichinvarianz von Yang und Mills auch bei der Beschreibung der Theorie der schwachen Wechselwirkung nützlich sein könnte. Glashow gelang ein grundsätzlicher Durchbruch. Indem er sich vorstellte, es gäbe drei sehr schwere Teilchen – sie werden jetzt W^+-, W^-- und Z-Teilchen genannt –, die er mit dem Photon kombinierte und dann mit einer Eichtheorie von der Art der von Yang und Mills aufgestellten in Verbindung brachte, erhielt er eine Theorie, in der sich die Photonen mit der elektrischen Ladung koppeln und die anderen Teilchen sich genau so paaren, daß sie die beobachtete schwache Wechselwirkung übermitteln können.

Aber eine solche Theorie war zunächst nicht sehr sinnvoll. Wenn Eichsymmetrie vorlag, mußten die W- und Z-Teilchen genau wie das Photon masselos sein. Nun forderten die früher beschriebenen Überlegungen ja, daß solche Teilchen, wenn es sie überhaupt gibt, äußerst schwer sein müssen. Glashow sah keinen anderen Ausweg aus dem Dilemma als vorzuschlagen, die Symmetrie sei vielleicht irgendwie »verdorben«, und zwar gerade so, daß die W- und Z-Teilchen eine schwere Masse erhalten, ohne daß sich die Form der Yang-Mills-Theorie ändert. Da die Eichsymmetrie für die Bestimmung dieser Form wesentlich ist, schien Glashows »Ausweg« bestenfalls abstrus.

Glashows Theorie lag sozusagen brach, bis ein theoretischer Gedanke aus der Festkörperphysik seinen Weg in die Teilchenphysik fand. Es war die Theorie der Phasenübergänge und der ihr entstammende Begriff der *spontanen Symmetriebrechung*. Wir begegneten dem Begriff eines Phasenübergangs schon in Kapitel 5, als ich den Übergang vom Quark zum Baryon beschrieb, und auch in Kapitel 1, wo ich die spontane Magnetisierung eines Ferromagneten behandelte. Beides sind Beispiele für die Gedanken, die die Theorie der schwachen Wechselwirkung vervollständigen halfen.

»Spontane Symmetriebrechung« klingt etwas einschüchternd, aber das zugehörige physikalische Phänomen ist uns aus dem täglichen Leben vertraut. Die Gesetze der Physik weisen viele Symmetrien auf, die in unserem Alltagsleben nicht sichtbar sind. Zum Beispiel flog ich, als ich über den Aufbau dieses Kapitels nachdachte, gerade entlang der kalifornischen Küste nach Norden – rechts sah ich Berge und links das Meer. In dem, was wir beobachten, finden wir keinerlei Anzeichen für eine Links-Rechts-Symmetrie, und doch würden die meisten Menschen es sehr schwierig finden zu glauben, daß die grundlegenden physikalischen Prozesse, die die Küste formten, zwischen rechts und links unterscheiden konnten. In der Tat kennen weder die Schwerkraft noch der Elektromagnetismus, die beiden beteiligten Kräfte, einen solchen Unterschied. In den Gleichungen, die die Theorien dieser beiden Kräfte beschreiben, kommt keine Größe vor, die eine bevorzugte Richtung im Raum kennzeichnet. Wenn die zugrundeliegende Links-Rechts-Symmetrie dieser Theorien aufgrund der besonderen Lage, in der ich mich zufällig befinde, verborgen ist, ist das ein Beispiel für spontane Symmetriebrechung.

Die Bildung der kalifornischen Westküste ist vielleicht nicht sehr spontan, deshalb gebe ich ein anderes Beispiel, das, so glaube ich, dem Physiker Abdus Salam zugeschrieben werden kann und vielleicht geeigneter und vertrauter ist. Stellen Sie sich vor, Sie setzten sich als erster an einen runden, für acht Personen gedeckten Eßtisch. Wenn es Ihnen geht wie mir, sind Sie sich nicht ganz sicher, ob das rechte oder das linke Weinglas zu Ihrem Gedeck gehören. Wegen der Rotationssymmetrie der Gedecke läßt sich das ohne zusätzliche Information nicht herausfinden. In diesem Fall können nur die üblichen »Tischsitten«, in bezug auf die meine Frau bei mir große Mängel entdeckt, die richtige Antwort liefern. Bevor Sie ein Glas wählen, ist der Tisch völlig symmetrisch. In dem Augenblick jedoch, in dem Sie ein Weinglas nehmen – sagen wir das rechte – brechen Sie »spontan« diese Symmetrie. Die Anordnung auf dem Tisch ist immer noch symmetrisch, aber wenn Sie einmal aus dem rechten Glas getrunken haben, muß jeder am Tisch ebenfalls aus dem Glas zu seiner Rechten trinken, oder einer würde, was der Himmel verhüten möge, nichts zu trinken bekommen.

Auch die Natur wird oft gezwungen, eine bestimmte Konfiguration zu wählen, die eine Symmetrie der zugrundeliegenden physikalischen Gesetze nicht bewahrt. Ich beschrieb eine solche Situation im ersten Kapitel, ohne besonders darauf hinzuweisen. Erinnern Sie sich daran, daß die kleinen atomaren Magneten in einem Stück Eisen entweder alle gleich ausgerichtet sein können, das Eisenstück also im ganzen ein Magnet ist, oder alle Magnete können in beliebige Richtungen zeigen, und in dem Fall gibt es kein magnetisches Gesamtfeld. Bei hohen Temperaturen überwiegt die Neigung zur zufälligen Verteilung und bei niedrigen Temperaturen die zur Ausrichtung.

Ich sagte bereits, daß die Theorie des Elektromagnetismus keine Raumrichtung besonders auszeichnet. Nirgendwo legen die Maxwellschen Gleichungen nahe, daß etwas völlig anderes passiert, wenn ein Magnet in eine bestimmte Richtung zeigt und nicht in eine andere (wenn wir einmal vom Magnetfeld der Erde absehen). Solange die einzelnen Magnete in beliebige Richtungen zeigen, respektiert der bevorzugte »Grundzustand« (der Zustand niedrigster Energie) diese Symmetrie, weil keine bestimmte Richtung ausgezeichnet ist. Wie ich früher beschrieb, kann dann, wenn sich der Stoff abgekühlt hat, eine spontane

Temperaturschwankung die Magnete jedoch veranlassen, sich in eine Richtung einzustellen, und diese Richtung ist so zufällig bestimmt wie die Wahl des Weinglases am Tisch. Wenn das geschehen ist, ist zweifellos im Inneren des Stoffes eine Richtung ausgezeichnet. Wenn man einen kleinen Magneten in das Eisenstück hineinringt, ordnet er sich parallel zu dem von den anderen mikroskopischen Magneten erzeugten Feld an. In diesem Fall zeigt sich die zugrundeliegende Rotationssymmetrie der Elektrodynamik nicht länger im Grundzustand des Stoffes, obwohl die Grundgleichungen für die Kräfte immer noch diese Symmetrie aufweisen. Dies ist ein klassischer Fall einer spontanen Symmetriebrechung.

Man könnte dies einfach als Merkwürdigkeit abtun, wenn nicht ein wichtiges Phänomen daraus folgte. Wenn sich die Symmetrie des Grundzustands verändert, wie es die Theorie beschreibt, ändern sich auch die Eigenschaften der Materie – Eisen wird magnetisiert, Kohle wird zu Diamanten, Regentropfen werden zu Schneeflocken und so weiter. Selbst die Eigenschaften sich ausbreitender Teilchen können sich verändern, wie das im fünften Kapitel erörterte Beispiel des Phasenübergangs zeigt, das damit zu tun hat, wie Quarks sich zu Baryonen verbinden.

Ein anderes Beispiel für dieses Phänomen ist noch berühmter. Der niederländische Physiker H. Kamerlingh Onnes entdeckte 1911, daß Quecksilber plötzlich *allen* elektrischen Widerstand verliert, wenn es auf etwa zwölf Kelvin, also auf weniger als 260° C abgekühlt wird. Dies war die Entdeckung der sogenannten *Supraleitung*. In supraleitenden Stoffen kann Strom jahrelang reibungsfrei fließen.

Es dauerte etwa sechzig Jahre, bevor die von Onnes gemachte Beobachtung theoretisch vollständig erklärt werden konnte. Der Phasenübergang, der zur Supraleitung führt, rührt von einer sehr subtilen Restanziehung zwischen Elektronen her, die sich in einem Festkörper bewegen. Normalerweise stoßen Elektronen einander ab, von ihrer Wechselwirkung mit dem Kristallgitter im Metall jedoch bleiben kleine Spuren einer Anziehung. Wenn die Temperatur niedrig genug ist, veranlaßt diese Anziehung die Elektronen, sich in einem ganz neuen Grundzustand zu Paaren zusammenzufinden. In diesem Zustand kann der Strom frei fließen, weil die Dynamik dieser Elektronenpaare durch die Quantenmechanik und nicht durch die klassische Mechanik bestimmt wird. Genau wie Elektronen auf den Energieniveaus von Atomen immer in einem »stationären« Zustand bleiben können, ohne daß sich die Energie ändert, kann die kohärente Bewegung dieser Elektronenpaare in einem reinen Quantenzustand einen Strom ergeben, bei dem keine Energie verbraucht wird.

Eine verwandte Eigenschaft ergibt sich, wenn Elektronenpaare in diesen neuen supraleitenden Grundzustand »kondensieren«. Die Eichinvarianz des Elektromagnetismus, die ja sicherstellt, daß das Photon masselos ist, wird dann spontan gebrochen. Wenn sich ein Photon in einem Supraleiter bewegt, in dem diese Symmetrie nicht mehr gilt, verhält es sich wie ein Masseteilchen. Das ist so, weil die Wechselwirkung des Photons mit den kondensierten Elektronenpaaren in dem Stoff, in dem es sich bewegt, einen weiteren Beitrag zu Energie und Impuls des Photons leistet. Nun garantiert die Masselosigkeit des Photons dem Elektromagnetismus eine große Reichweite; im Innern des supraleitenden Stoffes haben deshalb die elektromagnetischen Kräfte *keine große Reichweite* mehr. Wir können das im Experiment überprüfen. Wenn wir einen Magneten in die Nähe eines Supraleiters bringen, beobachten wir, daß das magnetische Feld den Stoff nicht durchdringen kann, solange er supraleitend ist. Wenn wir ihn erwärmen, bis die Supraleitfähigkeit verschwindet, kann das Magnetfeld ihn wieder durchdringen.

Diese Erscheinung der Festkörperphysik wurde schon 1959 von dem amerikanischen Physiker Yoichiro Nambu im Rahmen der Teilchenphysik untersucht. (Nambu ist ein bemerkenswerter Physiker, der unter Nichtphysikern nicht annähernd so bekannt ist, wie er es verdient. Abgesehen von seiner Arbeit zur Symmetriebrechung war er seiner Zeit mehrmals voraus, so zum Beispiel, als er in den sechziger Jahren die grundlegende Quantenmechanik der – heute soviel Aufsehen erregenden – Stringtheorie herleitete.) Wie im ersten Kapitel bemerkt, ist eine der wichtigen Eigenschaften des Vakuums in der Quantentheorie, daß das Vakuum dann, wenn die Wechselwirkungen zwischen

Teilchen gerade passend sind, nicht nur virtuelle Teilchen zu enthalten braucht. Wechselwirkungen können zu einer endlichen Dichte wirklicher Teilchen führen, die dann zu einem neuen Vakuumzustand mit dem Impuls Null kondensiert. Wenn der anfängliche Vakuumzustand die Symmetrien einer bestimmten Theorie bewahrt, genau wie der Grundzustand beliebig verteilter atomarer Magnete in einem unmagnetisierten Metall die Rotationssymmetrie wahrt, kann das Kondensat im neuen Grundzustand das Vakuum in einer Weise verändern, daß die Symmetrie spontan gebrochen wird – genau wie die ausgerichteten mikroskopischen Magneten in einem Ferromagneten die Rotationssymmetrie brechen.

Nach Nambu erhielten andere Physiker in den Jahren nach 1960 eine Reihe verwandter Ergebnisse. Nachdem gezeigt worden war, daß Phasenübergänge und spontane Symmetriebrechung im »Vakuum« der Teilchenphysik vorkommen können, wurde bewiesen, daß etwas Bemerkenswertes passiert, wenn eine Eichsymmetrie nach Art von Yang und Mills spontan gebrochen wird. Genau wie das Photon in einem Supraleiter Masse erhält, wenn die Eichsymmetrie des Elektromagnetismus gebrochen wird, nehmen die »Vektorbosonen«, die die mit jeder Eichsymmetrie verknüpfte Kraft übermitteln, ebenfalls eine Masse an, wenn die Symmetrie gebrochen wird.

Als dies einmal erkannt war, brauchte man nicht lange, um zwei und zwei zusammenzuzählen. Steven Weinberg, der an den obigen Entwicklungen wesentlichen Anteil hatte, führte 1967 die Theorie von Glashow aufs Neue ein, postulierte aber jetzt ein Verfahren für die spontane Symmetriebrechung, um zu erklären, warum die W- und Z-Teilchen Masse haben und das Photon nicht. Unabhängig von ihm war Abdus Salam durch seine frühere verwandte Arbeit mit J.C. Ward auf denselben Gedanken gekommen. Die Masse der W- und Z-Teilchen ließ sich in Beziehung zur Energieskala setzen, die mit der Symmetriebrechung zu tun hatte. In der Sprache des Phasenübergangs ließ sich diese Skala näherungsweise als die Temperatur beschreiben, bei der der symmetriebrechende Grundzustand bevorzugt wird. Für die schwache Wechselwirkung müßte diese Skala fast 10^{16} Kelvin betragen, wobei die mittleren Teilchen-

energien etwa 100-1000 mal so energiereich sind wie die Massen
so vertrauter Teilchen wie Proton und Neutron. Diese Theorie
war so zwingend, daß Glashow, Salam und Weinberg 1979, fast
20 Jahre nach Glashows erster Arbeit, den Nobelpreis für Physik
erhielten. Es dauerte weitere fünf Jahre, bis die W- und Z-
Teilchen (mit den vorhergesagten Massen) am CERN in Genf
experimentell nachgewiesen wurden.

Ich bin hier zum Teil deswegen auf Einzelheiten eingegangen,
um zu zeigen, wie wichtig die Begriffe »Phasenübergang« und
»spontane Symmetriebrechung« für die moderne Teilchentheorie sind. Gemeinsam spielen sie eine wesentliche Rolle für unser
Verständnis der Grundkräfte der Natur. Wie sich herausstellt,
spielen sie auch in der modernen kosmologischen Theorie eine
grundlegende Rolle, obwohl sie nicht dafür entwickelt wurden.
Später werden wir mögliche Phasenübergänge erörtern, die in
der Kosmologie zu vielen scheinbar fantastischen Erscheinungen
führen können. Unabhängig davon, welche Wirkung die Phasenübergänge auf die Entwicklung des Weltalls gehabt haben,
können wir sicher sein, daß einige Phasenübergänge, wie etwa
jener, der mit der Symmetriebrechung der schwachen Wechselwirkung zu tun hat, schon sehr früh, gleich nach dem Urknall,
eingetreten sein müssen.

Jedenfalls dauerte es, nachdem die schwache und die elektromagnetische Wechselwirkung vereinheitlicht waren, nicht
lange, bis Physiker über die Vereinheitlichung mit der dritten
Naturkraft, die es außer der Schwerkraft gibt – der starken
Wechselwirkung zwischen Quarks – Vermutungen anstellten.
Glashow erwog, diesmal gemeinsam mit Howard Georgi von
der Harvard University, 1975 die Möglichkeit, daß die starken,
schwachen und elektromagnetischen Wechselwirkungen alle
durch eine einfache Eichtheorie von der Art der Theorie von
Yang und Mills beschrieben werden könnten, deren Symmetrien in heute beobachtbaren Maßstäben spontan gebrochen
würden. Die Untersuchung der Folgerungen aus einer solchen
»Großen Vereinheitlichten Theorie« (GUT) wurde zum bren-
nendsten Problem der Teilchenphysik. Unter anderem könnte
eine solche Theorie bisher unerklärte, aber grundlegende Beobachtungen wie die, warum alle Elementarteilchen elektrische

Ladungen tragen, die ganze Vielfache der Elektronenladung sind, erklären.

In Zusammenarbeit mit Weinberg und Quinn zeigte Georgi, daß die Labormessungen der relativen Stärken der drei bekannten Wechselwirkungen mit einer solchen Vereinheitlichung verträglich sind. Sie fanden jedoch auch, daß der Energie- oder Temperaturbereich, bei der Symmetriebrechung im einfachsten Fall eintreten kann, etwa 13-14 Größenordnungen über der liegen müßte, bei der die elektroschwache Symmetriebrechung eintritt.

Niemals zuvor hatten Physiker sich ernsthaft mit der Physik solch hoher Energien beschäftigt. Irdische Teilchenbeschleuniger werden solche Energien niemals erreichen. Nach dem Unschärfeprinzip müssen zwei Teilchen weniger als etwa 10^{-29} Zentimeter Abstand haben, wenn sie einander nahe genug sein sollen, um virtuelle Teilchen mit Massen in diesem Bereich austauschen und eines der von diesen Theorien beschriebenen Phänomene durchleben zu können. Das ist um 15 Größenordnungen kleiner als die Größe eines einzelnen Protons. Trotzdem, auch wenn irdische Beschleuniger keine Teilchen herstellen können, die derartig energiereich zusammenstoßen, könnten sich die Großen Vereinheitlichten Theorien wegen der Wahrscheinlichkeitsnatur der Quantenmechanik möglicherweise doch überprüfen lassen.

Nach der Quantenmechanik können wir nämlich vor einer Messung für solche Größen wie den Ort oder die Energie eines Teilchens nur Wahrscheinlichkeiten angeben. Deswegen gibt es immer eine kleine Wahrscheinlichkeit, daß das Teilchen eine Energie oder einen Ort hat, der sich vom Mittelwert unterscheidet, den wir nach einer Reihe von Messungen an gleichen Systemen bestimmen. Es gibt ja, wie sich zeigen läßt, eine geringe Wahrscheinlichkeit dafür, daß zwei Quarks innerhalb eines Neutrons einander nahe genug kommen, um ein W-Teilchen auszutauschen, was einen Übergang vom Neutron zum Proton bewirkt, der, wie wir wissen, den Neutronenzerfall verursacht; entsprechend gibt es auch eine verschwindend kleine Möglichkeit, daß die beiden Quarks einander nahe genug kommen, um ein virtuelles Teilchen mit einer Masse auszutauschen, wie sie für die Große Vereinheitlichung kennzeichnend ist.

Eine der ungeheuerlichsten Vorhersagen der GUT war, daß ein Teilchen wie das Proton, das zuvor als absolut stabil angenommen wurde (schließlich *gibt* es uns ja), tatsächlich zerfallen konnte. Nach Glasgow gilt: »Diamanten sind nicht ewig!« Aus der äußerst geringen Wahrscheinlichkeit des Protonenzerfalls wurde die mittlere Lebensdauer eines Protons auf etwa 10^{30} Jahre berechnet, das sind etwa 20 Größenordnungen mehr als das heutige Alter des Weltalls.

Man könnte denken, ein solcher Zerfall ließe sich niemals messen, aber wieder einmal kommt die Wahrscheinlichkeit zu Hilfe. Ein Proton braucht im Mittel möglicherweise mehr als 10^{30} Jahre, bis es zerfällt, wenn wir aber in einem Versuch 10^{30} Protonen zusammenbringen können, haben wir gute Aussichten, den Zerfall von einem von ihnen nachzuweisen, wenn wir sie ein ganzes Jahr hindurch ununterbrochen beobachten. Das klingt fantastisch, aber die Großen Vereinheitlichten Theorien erschienen so zwingend – sie gründen ja auf dem großartigen Erfolg der Teilchenphysik des vorigen Jahrzehnts, in dem alle Naturkräfte als Eichtheorien erklärt wurden –, daß mehrere Gruppen große Experimente planten, um nach dem Protonenzerfall zu suchen. Einige von ihnen stellten riesige unterirdische Tanks auf, die über 10000 Tonnen Wasser fassen (siehe Abbildung 6.5). Diese Gefäße mit bis zu 20 Metern Seitenlänge stehen tief unter der Erde und werden von Detektoren überwacht, die im Dunkeln auf ein Signal warten, das den Zerfall eines einzelnen Protons im Wasser anzeigen könnte. Detektoren für den Protonenzerfall stehen in Europa, USA, Japan und Afrika. Wir haben in der zweiten Hälfte des Buchs Anlaß, auf sie zurückzukommen, denn diese Detektoren sind nicht nur zukunftsträchtige Geräte der Teilchenphysik, sondern sie könnten sich auch als die astronomischen Observatorien der Zukunft erweisen.

Der Protonenzerfall stellte sich als die wichtigste experimentelle Prüfung einer Theorie heraus, die die Wechselwirkungen von Elementarteilchen zu verstehen sucht, die 20 Größenordnungen umfassen. Zudem wurde die Möglichkeit eines Protonenzerfalls rasch zum ersten möglichen großen kosmologischen Erfolg der Theorie proklamiert. Einer der wichtigsten Parameter

Abb. 6.5 Die Abbildung zeigt die große Höhle fast 700 Meter unter der Erde in der Morton-Salzmine in Ohio, bevor sie mit Wasser gefüllt und mit lichtempfindlichen Detektoren ausgestattet wurde. Diese sind an den Wänden angebracht und sollen Teilchen anzeigen, die dann entstehen, wenn ein Proton zerfällt. Dieses Experiment wurde gemeinsam von IMB entwickelt, einer Gruppe, in der die University of California at Irvine, die University of Michigan und das Brookhaven National Laboratorium zusammenarbeiten. (Foto mit freundlicher Genehmigung von F. Reines und *Scientific American*. Copyright © Ralph Morse.)

der Kosmologie ist, wie wir in unserer früheren Erörterung der Kernsynthese beim Urknall sahen, das Verhältnis der Gesamtzahl der Baryonen – Protonen und Neutronen – zur Anzahl der Photonen im Mikrowellenhintergrund. Diese Anzahl bestimmt einfach alles, von der heutigen und vergangenen weltweiten Ausdehnung und der Gesamtmenge der beobachtbaren Materie im heutigen Weltall bis zur Häufigkeit der im Urknall erzeugten leichten Elemente. Leider hatte bis zur Aufstellung der GUT niemand auch nur die geringste Ahnung, wie sich dieses so wichtige Verhältnis entwickelte. Man mußte es einfach auf ein göttliches »Es werde« zurückführen.

Wenn die von den GUT beschriebenen Reaktionen den Protonenzerfall bewirken können, dann können sie auch die Anzahl der Baryonen im Weltall verändern. Jedesmal, wenn ein Proton zerfällt, gibt es ein Baryon weniger. Wenn wir erst wissen, daß sich die Baryonenzahl im Weltall durch dynamische Prozesse verändern läßt, besteht auch die Möglichkeit, daß die beobachtete Baryonenzahl auf dynamischen Prozessen beruht. Dieser Gedanke dämmerte Ende der siebziger Jahre mehreren Gruppen von Theoretikern. Aufgrund von Berechnungen, die jenen ähneln, die sich auf Urknall-Kernsynthese bezogen – diesmal jedoch unter Einbeziehung von Reaktionen, wie sie die GUT beschreiben, und wie sie nicht in der ersten Minute der Ausdehnung, sondern vielmehr während der ersten 10^{-35} Sekunden ablaufen –, zeigten sie, daß das im Weltall beobachtete Verhältnis von Baryonen- zu Photonenzahl sich auf natürliche Weise ergeben kann. Zum erstenmal verfügten Physiker und Astrophysiker damit über eine mikrophysikalische Theorie, die möglicherweise den Ursprung einer oder aller der zuvor theoretisch nicht erklärbaren globalen Parameter aufdecken könnte, die die Ausdehnung des Weltalls bestimmen.

Aber die GUT sind nicht frei von kosmologischen Problemen. Bei jedem Phasenübergang, wie etwa dem, der eintreten muß, wenn die Symmetrien der durch eine Große Vereinheitlichte Theorie beschriebenen Wechselwirkungen zusammenbrechen und die starken und elektroschwachen Wechselwirkungen unterscheidbar werden, können im Weltall wichtige Inhomogenitäten auftreten. Wenn Wasser zu Eis gefriert, muß das nicht gleichmäßig geschehen. Jeder, der an einem kalten Wintermorgen die Eisblumen bewundert hat, die von Eiskristallen an ein Fenster gemalt werden, sieht, wie sich die Kristalle an verschiedenen Orten bilden und in verschiedene Richtungen weisen. Wenn die Eiskristall»bereiche« wachsen und ineinander übergehen, bilden sich wunderschöne Punkte oder Linien von Unstetigkeiten, die die Morgensonne reflektieren. Dieses sind die Grenzflächen oder Grenzpunkte, an denen sich die Bereiche berühren; dort muß die Kristallstruktur ihre Richtung ändern, um mit dem des Bereichs auf der *anderen* Seite zusammenzupassen. Solche Unstetigkeiten heißen in der Festkörperphysik »Defekte«. Ihre Bildung rührt nicht von der Dynamik her, sondern von der Topologie. Diese Defekte müssen entstehen, weil dort verschiedene Bereiche zusammentreffen.

Im frühen Weltall könnte etwas Ähnliches passiert sein. Weil die vom Licht zurückgelegte Entfernung schneller wächst, als sich das Weltall ausdehnt, war der Bereich im Inneren unseres Horizonts zu früheren Zeiten kleiner als jetzt. In unserem jetzt beobachtbaren Horizont gibt es sogar Bereiche, die *früher* nicht miteinander in Berührung gewesen sein können, weil das Licht die Entfernung zwischen ihnen in der Zeit seit dem Urknall nicht hätte durchqueren können. Wenn wir immer weiter zum Szenario der Standard-Urknalltheorie zurückdenken, sehen wir, daß sich das so fortsetzt. Die Anzahl der verschiedenen Bereiche, die man in den Bereich hineinpassen könnte, der schließlich zu unserem heutigen beobachtbaren Weltall wurde, und die nicht in kausalem Zusammenhang miteinander waren, nimmt zu, wenn man immer frühere Zeiten betrachtet.

Wenn wir bis in die Zeit zurückgehen, in der wir den Phasenübergang der GUT-Symmetriebrechung vermuten, finden wir etwa 10^{90} verschiedene Bereiche, die in das Volumen hineinpassen, das dem heute beobachtbaren Horizont entspricht, die damals aber nicht miteinander in Wärmekontakt waren. Wenn damals ein Phasenübergang eingetreten wäre, hätten diese Bereiche des Universums keine Gelegenheit gehabt, sich untereinander durch den Austausch von Signalen, die sich höchstens mit Lichtgeschwindigkeit bewegen, zu »verständigen«. In diesem Fall könnten die symmetriebrechenden Grundzustände in jedem

Bereich anders gewesen sein, weil die physikalischen Prozesse in jedem Bereich unabhängig voneinander angelaufen wären.

Schließlich wären diese Bereiche im Lauf der Zeit miteinander in Berührung gekommen. An den Grenzen zwischen den Bereichen konnten sich dann topologische »Defekte« ergeben, die daher rühren, daß die symmetriebrechenden Grundzustände der verschiedenen Bereiche nicht zueinander passen. Ich beschreibe später anschaulicher, wie das geschehen kann. Setzen wir jetzt nur voraus, es ließe sich zeigen, daß solche Defekte beim GUT-Phasenübergang unvermeidlich sind: Die uns bekannten Kräfte könnten ihre Bildung an der Grenzfläche dieser Bereiche nicht verhindern. Diese Defekte könnten ansehnliche Energiebeträge speichern – sie würden der Energiedifferenz zwischen dem von sehr hohen Temperaturen bevorzugten symmetrischen Zustand und dem symmetriebrechenden Zustand entsprechen, der von niedrigeren Temperaturen begünstigt wird.

Mit der Ausdehnung des Universums nimmt die Temperatur und damit die Energiedichte normaler Materie und Strahlung ab. Topologische Unstetigkeiten oder Defekte können jedoch riesige Mengen an Energie gefangen halten. Vielleicht haben sie auch keine Möglichkeit zu zerfallen oder sich aufzulösen; dann könnten diese Defekte schließlich die Energie des Universums beherrschen.

Damit scheint eine Möglichkeit zur Erzeugung dunkler Materie gegeben, die sogar phänomenologisch wünschenswert sein könnte. Aber für die GUT erweist sie sich vielleicht als zuviel des Guten. Die *Dichte* solcher Defekte wäre unbotmäßig hoch, wenn sich im Mittel ein solcher Defekt an der Grenzfläche kausal nicht verbundener Bereiche zur Zeit der symmetriebrechenden Phasenübergänge der GUT bildete. Wenn diese Defekte ihre Energie nicht irgendwie hätten zerstreuen können, wäre das Weltall lange, bevor ich Gelegenheit hatte, dies zu schreiben, wieder zusammengefallen.

Alle diese Gedanken über symmetriebrechende Defekte und GUT erscheinen Ihnen vielleicht nur als eine Möglichkeit, Probleme zu erfinden, mit deren Lösung wir uns dann die Zeit vertreiben können. Aber sogar ohne GUT stellt uns das »Horizontproblem« vor schwierige Fragen. Da der Bereich des Weltalls, den wir heute sehen, zu früheren Zeiten aus vielen kleineren Bereichen bestand, die im Standardmodell des Urknalls noch keine Zeit hatten, miteinander thermischen Kontakt aufzunehmen, haben wir wirklich keinen Grund zu der Annahme, daß diese Bereiche heute alle gleich sein sollten. Warum ist dann die kosmische Hintergrundtemperatur so gleichförmig, daß sie in verschiedene Richtungen bis auf ein Zehntausendstel gleich ist? Was machte die Ausdehnung des Weltalls so gleichförmig, wenn die verschiedenen sich ausdehnenden Bereiche sich nicht miteinander verständigen konnten, um Differenzen zu »glätten«?

Hier kommt Alan Guth ins Bild. Als junger Teilchenphysiker, der an der Stanford University arbeitete und sich für die Eichtheorie interessierte, hatte Guth mit Henry Tye von der Cornell University gemeinsam an der Untersuchung der Entstehung von topologischen Defekten im Rahmen der Großen Vereinheitlichten Theorien gearbeitet. Ein öffentlicher Vortrag des Astrophysikers Robert Dicke über die Urknalltheorie machte ihn 1978 auf das Flachheitsproblem aufmerksam. Als er genug Allgemeine Relativitätstheorie gelernt hatte, um die grundlegende Dynamik der durch den Urknall bewirkten Ausdehnung zu verstehen, machte Guth sich daran, nicht nur die Auswirkungen zu untersuchen, die ein möglicher Phasenübergang während der Ausdehnung des Urknalls im Rahmen der GUT für die Kosmologie hat, sondern auch die grundlegendere Frage zu erwägen, wie ein solcher Phasenübergang sich auf die Ausdehnung selbst auswirken konnte. Dabei entdeckte er Erstaunliches.

Phasenübergänge spielen sich je nach den Veränderungen der äußeren Bedingungen entweder allmählich oder unstetig ab. Das Gefrieren von Wasser ist ein Beispiel für einen unstetigen Übergang, auch Übergang erster Ordnung genannt. Guth entschloß sich, die möglichen Konsequenzen eines GUT-Phasenübergangs erster Ordnung zu untersuchen. Wie wir sahen, bilden sich bei einem Übergang erster Ordnung in dem neuen bevorzugten Grundzustand getrennte »Bereiche«. Diese Bereiche wachsen schließlich und verschmelzen dann, so daß alle Materie sich im neuen Aggregatzustand befindet. Wenn sich die Bereiche nur langsam bilden, kann es einige Zeit dauern, bis die Phasenüber-

gänge abgeschlossen sind. Unterkühltes Wasser ist ein Beispiel
dafür. Wenn man sehr gut gereinigtes Wasser abkühlt, während
man es mit einem sauberen Löffel umrührt, kann es flüssig
bleiben, auch wenn die Temperatur unter den Gefrierpunkt
sinkt. Schließlich jedoch bilden sich an mehreren Stellen Eiskristalle, die sich plötzlich ausbreiten und alles gefrieren lassen.
Weil bei diesen niedrigen Temperaturen der gefrorene Aggregatzustand des Wassers vom Energiestandpunkt aus günstiger ist,
wird die im flüssigen Zustand gespeicherte Energie freigesetzt,
wenn sich Eiskristalle bilden. Obwohl sich das Wasser weiterhin
abkühlt, kann es dieselbe Temperatur beibehalten, bis der Übergang in den gefrorenen Zustand abgeschlossen ist. Der Energie-
unterschied zwischen dem flüssigen und dem gefrorenen Zustand des Wassers, der freigesetzt wird, wenn der Übergang
abgeschlossen ist, heißt *latente Wärme*.

Wenn man nachweisen könnte, daß bei einem GUT-Übergang
etwas Ähnliches passiert, würde das, wie Guth entdeckte, nicht
nur das Problem der topologischen Defekte, sondern auch all die
klassischen Paradoxa der Urknalltheorie lösen, einschließlich
des Flachheits- und Horizontproblems. Wenn das Weltall sich
durch einen GUT-Übergang »unterkühlt« hätte, würden jene
Bereiche, in denen sich die Phasenübergänge noch nicht vollzo-
gen hätten, noch einige Zeit in einem »falschen« Vakuumzustand bleiben – der Konfiguration, bei der im Vakuum keine
Teilchen mehr kondensieren und die vom Energiestandpunkt
aus nicht mehr günstig ist. Mit diesem Zustand wäre deshalb
eine feste Energiedichte verknüpft, eine latente Wärme, wenn
man so will, die gespeichert wäre und beim Übergang zu der
bevorzugten Phase freigesetzt werden sollte. Da sich das Weltall
während dieser Zeit weiter ausdehnte, speicherten die Bereiche
des falschen Vakuums, die noch keinen Phasenübergang durch-
gemacht hätten, auch weiterhin diese konstante Energiedichte.
Anders als bei der Energie wirklicher Teilchen gäbe es keine
Möglichkeit, diese Art von im Vakuum gespeicherter Energie zu
verdünnen.

Einsteins Gleichungen stellen für jeden Zeitpunkt eine Beziehung zwischen der Ausdehnungsrate des Weltalls und seiner
Energiedichte her. Da die Energiedichte normaler Materie mit

der Ausdehnung des Weltalls abnimmt, nimmt die Geschwindigkeit der Ausdehnung, die durch den Hubble-Parameter gekennzeichnet wird, im Lauf der Zeit ab. In einem Bereich, in dem ein
falsches Vakuum herrscht und die Energiedichte konstant ist,
bleibt auch die Ausdehnungsgeschwindigkeit konstant. Das
macht in bezug auf die tatsächliche Gesamtausdehnung einen
großen Unterschied. Im ersten Fall, bei dem sich die Energiedichte normaler Materie herausbildet, nimmt der Skalenfaktor
des Universums im Lauf der Zeit zu, die Wachstumsrate jedoch
ab. Im Fall des falschen Vakuums jedoch bleibt die Ausdehnungsrate des Weltalls konstant. Wenn sich der GUT-Phasenübergang zu einer bestimmten Zeit, zum Beispiel 10^{-35} Sekunden nach dem Urknall abspielte, dann könnte sich jeder Bereich,
der es schaffte, sein falsches Vakuum etwas länger zu behalten,
außerordentlich stark ausgedehnt haben, bevor er einen Übergang vollendete. Wenn der Bereich 60mal so lange bestand –
immer noch nur etwa 10^{-33} Sekunden –, dann könnte sich jeder
solche Bereich *um mehr als einen Faktor von 10^{25}* ausgedehnt
haben.

Nachdem der Übergang in einem solchen Bereich abgeschlossen ist, wird die gesamte gespeicherte Vakuumenergie (latente
Wärme) in Form von Materie und Strahlung freigesetzt; das
Weltall »erwärmt« sich wieder auf fast dieselbe Temperatur, die
es hatte, bevor die rasche Ausdehnung begann, und wir kehren
zum üblichen Urknallmodell zurück. Geändert hat sich nur die
Größe des Weltalls.

Guth nannte diesen erstaunlichen Vorgang zutreffend »Inflation«. Dieser Begriff hat unser gesamtes Bild von der frühen
Entwicklung des beobachtbaren Weltalls verändert. Wenn jeder
Bereich des Weltalls sich in dieser kurzen Zeit um einen gewalti-
gen Faktor ausdehnte, dann braucht der Bereich, den wir heute
beobachten, vor dem GUT-Übergang nicht viele Horizontvolu-
men umfaßt zu haben. Vielmehr könnte er ursprünglich im
Inneren eines einzigen solchen Volumens gewesen sein. In der
Zeit vor der kurzen inflationären Epoche war dann der Bereich,
den wir heute beobachten, viel kleiner, als wir es ohne die
Inflation erwarten würden. Die Materie und Strahlung in diesem
Bereich hätten dann aufgrund der geringeren Größe genügend

Zeit gehabt, ins Gleichgewicht zu kommen und die Energie gleichförmig zu verteilen. Danach hätte sich ein solcher Bereich rasch ausgedehnt, so daß er am Ende der inflationären Epoche groß genug war, daß das Licht etwa zehn Milliarden Jahre – bis heute – brauchte, bis wir wieder alles »sehen« konnten. Weil das Weltall sich nach dieser sehr kurzen, aber heftigen Inflation sehr schnell wieder auf seine ursprüngliche Temperatur erwärmt hätte, würden nach der Inflation wieder die üblichen im Urknallmodell gültigen Beziehungen zwischen Temperatur, Zeit und so weiter gelten in genau der Form, die sie in unserer früheren Untersuchung hatten.

Ich war etwas nachlässig, als ich von der Ausdehnung, Erwärmung und so weiter »des Weltalls« sprach. In Wirklichkeit erwärmen sich nur jene Bereiche, in denen ein falsches Vakuum einige Zeit Bestand haben konnte, auf diese Weise. Das Entscheidende an der Inflation ist jedoch, daß das ganze Weltall, das wir heute sehen, zu Beginn im Inneren eines solchen Bereichs existiert haben könnte. Aus dieser Sicht möchte ich betonen, daß Guths ursprüngliches inflationäres Modell eine ernsthafte Schwäche hatte. Guth stellte sich Bereiche oder »Blasen« eines »wahren Vakuums« vor, die sich inmitten der Phase des sich rasch ausdehnenden falschen Vakuums bildeten. Aber in diesem Fall wird es für den Phasenübergang fast unmöglich, zu einem Abschluß zu kommen, weil die Blasen den dazwischenliegenden Raum nicht rasch genug ausfüllen können. Dieses Problem in Guths Modell wurde unabhängig voneinander von Andrej Linde in der damaligen Sowjetunion und Paul Steinhardt und seinem Schüler Andreas Albrecht in den USA gelöst. Sie zeigten in der sogenannten »neuen Inflation«, daß eine einzelne »Blase«, in der sich ein wirkliches Vakuum ausbildet, sich während der Periode ihrer Entstehung zu einer Größe »aufblähen« kann, die das heute beobachtbare Weltall leicht umfassen kann. In ihrem Modell könnte das gesamte heute sichtbare Weltall zu Anfang in einem einzigen Bereich enthalten gewesen sein. Was außerhalb eines solchen Bereichs passierte, ist eine Frage von nur metaphysischem Interesse, da wir praktisch niemals in der Lage sein werden, bis in solche großen Entfernungen hinein zu beobachten.

An diesem Punkt fängt nun bei vielen Menschen der Verstand an durchzudrehen. Sich vorzustellen, daß der ganze sichtbare Bereich des Weltalls einmal im Inneren einer Urblase lag, die während eines Phasenübergangs erzeugt wurde, ist gar nicht so einfach. Ich kann hier wirklich nicht den ganzen Mechanismus der Inflationstheorie darstellen.[1] Wichtig ist, auch wenn die Einzelheiten etwas geheimnisvoll erscheinen, daß die Entwicklung des Weltalls während eines Phasenübergangs im frühen Weltall – ein Geschehen, das wir angesichts *unserer heutigen teilchenphysikalischen Ideen* für sehr wahrscheinlich halten – kurzzeitig, aber wesentlich von der Vorhersage des üblichen heißen Urknallmodells abwich.

Eine rasche Inflation des Weltalls in Verbindung mit einem solchen Phasenübergang erster Ordnung kann auf einen Schlag fast alle ungelösten Probleme unseres klassischen Urknallmodells beheben. Falls das jetzt beobachtbare Weltall ursprünglich einen Bereich erfüllte, der kleiner ist als ein Horizontvolumen vor dem GUT-Übergang und der Inflation, könnte man zunächst einmal annehmen, der symmetriebrechende Grundzustand, der sich aus dem Übergang ergab, sei gleichförmig gewesen, weil sich in einem solch kleinen Bereich dynamische physikalische Prozesse abgespielt haben können. Topologische Defekte neigen dazu, sich an der Grenzfläche von Bereichen von Horizontgröße zu bilden, wo verschiedene symmetriebrechende Grundzustandkonfigurationen miteinander in Kontakt kommen. Aufgrund der Inflation würden wir also erwarten, daß in dem Bereich, den wir mit dem beobachtbaren heutigen Universum gleichsetzen, statt der etwa 10^{90} solcher übriggebliebenen Defekte, die man ohne Inflation erwarten würde, kein einziger Defekt übrig geblieben wäre. Der Bereich, der jetzt das beobachtbare Weltall darstellt, war vor der inflationären Epoche viel kleiner als der, den wir vorhersagen würden, wenn es keine Inflation gegeben hätte. Da zudem das heute beobachtbare Weltall *einmal innerhalb eines einzigen Horizontvolumens existierte* und vermutlich alle seine Teile einmal in thermischem Kontakt miteinander waren, ist die Tatsache, daß es heute ganz gleichförmig zu sein scheint, kein Geheimnis mehr. Das »Horizontproblem« ist verschwunden.

Für unsere Zwecke ist wichtiger, was während der Inflations-
periode mit dem Dichteparameter Ω passiert. Es ist möglich zu
zeigen, daß das Weltall dann, wenn es sich rasch ausdehnt,
schnell zu einem flachen Weltall wird; man denke daran, wie die
Oberfläche eines Luftballons weniger gekrümmt ist, wenn er
aufgeblasen wird. Ohne viel Feinabstimmung lassen sich leicht
Modelle konstruieren, bei denen Ω mit solch hoher Genauigkeit
1 wird, daß es nicht nur bis auf 60, sondern vielleicht sogar bis
auf 600 Stellen nach dem Komma gleich 1 ist. Die Inflation sagt
deshalb ein heute flaches Weltall *vorher*!

Ein weiterer verblüffender Aspekt der Inflation liegt darin,
daß während der raschen Ausdehnung alle Materie und Strahlung, die es vorher gegeben haben könnte, im wesentlichen auf
Null verdünnt wird. Wenn es nicht die latente Wärme des
Vakuums gäbe, die freigesetzt wird, nachdem die Inflation zu
Ende ist, würde das Weltall kalt, dunkel und leer sein. Die
gesamte Materie und Strahlung, die wir heute im Weltall sehen,
muß deshalb aus der Energie stammen, die während der inflationären Periode im buchstäblich leeren Raum gespeichert wurde.
Alan Guth nennt diese Möglichkeit, wonach alles, was wir
sehen, von der Energie des Vakuums selbst gekommen sein mag,
die Henkersmahlzeit. Wieder werden wir an das »Unbe-
stimmte« des Anaximander erinnert, aus dem alle Materie entstand, und in das hinein sie vernichtet wird.

Die Inflation sagt nicht nur voraus, daß das Weltall heute flach
ist, und erklärt, warum das Weltall im großen Maßstab so
gleichförmig ist; sie kann sogar die kleinen Abweichungen von
der Gleichförmigkeit erklären. Als ich weiter oben von frühesten
Schwankungen sprach, die zu Galaxien zusammenfallen konnten, behandelte ich jene Fluktuationen so, als ob sie zu einer
frühen Zeit durch ein »Es werde« ins Leben gerufen worden
wären. Genauso wurden sie gesehen, bevor es das inflationäre
Modell gab. Nirgendwo gibt es im Standardmodell des Urknalls
eine Erklärung der *Anfangs*bedingungen. Die Inflationstheorie
läßt die Möglichkeit zu, daß kausale Vorgänge vor oder während der Inflation die Bedingungen festlegten, die die spätere
Ausdehnung bestimmten. Zum erstenmal erlaubt uns die Idee

einer inflationären Epoche, eine dynamische Herleitung zu versuchen, mit der wir das Spektrum der frühen Schwankungen beschreiben können. In diesem Szenario bestimmen die Fluktuationen, die im extrem kleinen Maßstab auf quantenmechanische Effekte zurückzuführen sind, genau, wann jeder der verschiedenen Bereiche seinen Übergang aus der inflationären Phase beginnen sollte. Bereiche, die zu etwas verschiedenen Zeiten mit dem Übergang anfangen, haben am Schluß etwas verschiedene Energien. Das führt im Universum später zu Restschwankungen der Energiedichte.

Das von inflationären Modellen vorhergesagte Spektrum der Fluktuationen entspricht genau dem Spektrum der Fluktuationen, für das die Astrophysiker früher aus phänomenologischen Gründen plädierten. Wir wissen heute, daß prästellare Fluktuationen auf sehr kleinem oder sehr großem Maßstab nicht allzu groß gewesen sein können. Wenn sie im kleinen Maßstab groß gewesen wären, würden wir im heutigen Weltall zu viele Schwarze Löcher finden. Es ist jedoch nicht klar, ob wir überhaupt eines finden. Wenn die Fluktuationen im großen Maßstab groß gewesen wären, hätten sie sich auf den Mikrowellenhintergrund in einer Weise ausgewirkt, die beobachtbar wäre. Es scheint also ein Spektrum von Fluktuationen nötig zu sein, das in jedem Maßstab etwa gleichförmig ist. Genau das folgt aus der Inflation.

Nachdem so das Loblied der inflationären Modelle gesungen wurde, kehren wir zur Erde zurück. In den gut zehn Jahren seit ihrer Aufstellung haben Detektoren, die den Protonenzerfall aufdecken sollten, keinen Hinweis auf auch nur ein einziges zerfallendes Proton gefunden. Die einfachsten von Georgi und Glashow aufgestellten Großen Vereinheitlichten Theorien können damit ausgeschlossen werden. Es haben sich keine weiteren Hinweise auf beobachtbare Vorgänge ergeben, die auf solchen Wechselwirkungen beruhen, wie die von GUT-Theorien vorhergesagen. Auf der kosmologischen Seite führte die einfachste GUT zu inflationären Epochen, die unseren Beobachtungen widersprechen. Das Spektrum der frühen Fluktuationen, die sich aus der Inflation ergeben, hat zwar in den meisten Modellen *die richtige Form, aber die Fluktuationen sind viel zu groß*. Man hat sich ungewöhnliche Modelle ausgedacht, um dieses Problem zu beheben, aber keines ist sehr ansprechend.

Sollten wir deshalb auf die GUT oder auf die Inflation verzichten? Ich meine nicht. Die Extrapolation um 15 Größenordnungen, von beobachteten physikalischen Skalen auf die, in der die starken, elektromagnetischen und schwachen Kräfte vereint sein könnten, ist enorm kühn. Wahrscheinlich waren die ersten Vermutungen falsch. Aber diese Gedanken lösen zu viele Probleme, um ganz falsch sein zu können. Sie »riechen« richtig, wie die Theoretiker sagen. Die Inflation spielt sich vermutlich nach ganz anderen Mechanismen ab, als man es sich ursprünglich dachte, oder sie nimmt eine ganz andere Form an. Aber es ist schwer vorstellbar, warum das Weltall auch nur annähernd so aussieht, wie es aussieht, wenn es keine inflationäre Phase gegeben hat. Meine Vermutung ist, daß die Art von Lösungen, die von der Vorstellung der Inflation geboten werden, Bestand haben wird, auch wenn keines der speziellen Modelle überlebt. Ich wäre sogar sehr überrascht, wenn irgendeines dieser ursprünglichen Modelle sich als wahr herausstellte. Schließlich wird die Quantengravitation zu ihrer Herleitung überhaupt nicht herangezogen. Höchstwahrscheinlich spielt doch wohl Physik in der Größenordnung von Planck-Zeit und Länge, wo also Effekte der Quantengravitation wichtig werden, bei der Bestimmung der späteren Entwicklung des Weltalls eine Rolle.

Die Inflationstheorie hinterläßt ein Vermächtnis. Indem sie das Flachheitsproblem löst, macht sie eine unklare Merkwürdigkeit zu einem Hauptthema der Kosmologie. Indem sie die erste mikrophysikalische Theorie der Anfangsbedingungen liefert, ist sie für jede solche Theorie eine Herausforderung. Wieder bedenke man, daß das Flachheitsproblem zwar von der Inflation gelöst wird, aber nicht an die Inflation *gebunden* ist. Mit anderen Worten, wir können nicht behaupten, das Flachheitsproblem und die Vermutung, Ω sei heute 1, würden gegenstandslos, wenn sich die Inflationstheorie als falsch herausstellte. Nichts könnte weiter von der Wahrheit entfernt sein. Die Inflation liefert nur eine Erklärung dafür, warum $\Omega = 1$ sein sollte. Ohne die Inflationstheorie ist das Rätsel, warum Ω heute so nahe an 1 liegt, nur noch größer. Die Inflation liefert auch die erste theoretische Grundlage für alle Untersuchungen der aus dem Urknall stammenden Fluktuationen und bestätigt ein »flaches« Spektrum als eines der wenigen annehmbaren Spektren für primordiale Fluktuationen; sie läßt sogar vermuten, daß das flache Spektrum das wahrscheinlichste ist. Im Grunde nehmen alle physikalischen Simulationen der Galaxienbildung aus zufälligen primordialen Fluktuationen diese Anfangsbedingung an. Und schließlich führt der Inflationsgedanke in eine neue Ära der »Teilchenastrophysik«, indem er teilchenphysikalische Modelle des frühen Universums legitimiert. Die größten Vorteile bringt diese neue Entwicklung für die Frage nach der dunklen Materie. Die Inflationstheorie zeigt, wie neue Ideen der Teilchentheorie einen ungeheuren Einfluß auf die großräumige Struktur des Weltalls haben können. Phasenübergänge und spontane Symmetriebrechung sind keine weithergeholten Begriffe, die nur erfunden wurden, damit Kosmologen bei Stehempfängen ein Gesprächsthema haben. Diese mikrophysikalischen Begriffe spielen in der modernen Teilchentheorie eine überragende Rolle, und die Inflation hat sie zu einem der entscheidenden Punkte der modernen Kosmologie gemacht.

Die hierin enthaltenen theoretischen Überlegungen gehören zu den tiefsten und abstraktesten der Kosmologie; ich bedaure, daß ihre Darstellung Schwierigkeiten bereitet. Der springende Punkt ist, daß unabhängige Argumente über großräumige Strukturen, Galaxienbildung und die Entwicklung des sichtbaren Weltalls alle einen Bedarf nach »etwas anderem« nahelegen, das die Dichte des heutigen Universums bestimmt. Die Galaxienbildung in einem von Baryonen (normalen Teilchen) dominierten Universum stellt jetzt anscheinend ein Problem dar. Es wird offenbar etwas gebraucht, das nicht so lange mit der Strahlung gekoppelt war. Ein solcher Stoff, der nicht elektromagnetisch gekoppelt ist, würde heute natürlich dunkel sein. Wenn das Weltall heute flach ist und Ω gleich eins, dann folgt aus der Urknall-Kernsynthese, daß höchstens etwa zehn Prozent der Masse des Weltalls baryonisch sein kann.

Diese letzte Überlegung jedoch hat Folgen von großartiger Reichweite. Wenn wir der Überlegung zustimmen, das Weltall sei flach, müssen wir uns der Tatsache stellen, daß es im Weltall nicht das Zehn- bis Zwanzigfache, wie sich aus der Beobachtung ergibt, sondern fast *hundertmal soviel dunkle Materie wie sichtbare Materie* gibt. Das durch unsere Teleskope sichtbare Weltall ist dann nur etwa *ein Prozent dessen, was es gibt*! Nicht nur muß der größte Teil dieser anderen Materie »etwas anderes« sein, diese andere Materie muß auch so verteilt sein, daß alle in Kapitel 5 erwähnten Massenmessungen *sie fast nicht erfaßt haben*. Das ist für viele ein harter Brocken. Aber ich habe mich ausführlich mit dem Flachheitsproblem und seiner inflationären Lösung beschäftigt, weil viele meiner Kollegen genau wie ich meinen, die Alternative sei mindestens ebenso schwierig, wenn nicht sogar noch schwieriger zu akzeptieren.

Ob das Weltall offen ist oder flach, ob man die theoretische Notwendigkeit, daß Ω heute gleich eins ist, bejaht oder nicht, jedenfalls liefern die Überlegungen zur großräumigen Struktur reichlich theoretische Gründe zugunsten der Annahme, daß es nicht nur baryonische Materie gibt. Ob also die dunkle Materie heute nur 90 Prozent der Masse des Weltalls ausmacht, wie es sich aus virialen Abschätzungen ergibt, oder 99 Prozent, wie die Flachheit nahelegt, wir werden in jedem Fall zur Annahme gedrängt, die dunkle Materie sei aus einem anderen Stoff gemacht. Der Rest des Buchs widmet sich einer Betrachtung dessen, was das sein könnte, und wie wir es experimentell herausfinden könnten.

Teil IV
Die Sage von den Neutrinos
und die Geburt der kalten dunklen Materie

Kapitel 7
Die einleuchtende Wahl?

> Denn viele sind gerufen,
> aber nur wenige auserwählt.
>
> Matthäus 22,14

Wenn je ein Teilchen dazu geboren war, dunkle Materie zu sein, dann das Neutrino. Unter all den exotischen Teilchen, von denen ich in diesem Buch noch sprechen werde, hat das Neutrino einen entscheidenden Vorteil: Wir wissen, daß es existiert. Zudem wissen wir, wie ich gleich ausführen werde, daß es Neutrinos im Weltall von Natur aus reichlich gibt. Und schließlich ist die Wechselwirkung des Neutrinos mit anderer Materie äußerst gering; es ist das »dunkelste« bis jetzt beobachtete Teilchen. Wir wissen jedoch nicht, ob es Masse hat und ob also ein kosmischer Neutrinohintergrund zur gesamten Massendichte des Weltalls beitragen könnte.

Das Neutrino ist das flüchtigste bisher in der Natur entdeckte Teilchen. Jeder der gebräuchlichen Kernreaktoren erzeugt in jeder Sekunde etwa eine Milliarde Milliarden Neutrinos, aber selbst wenn man genau daneben stünde, würde man es nicht merken. Im Gegensatz zu anderer Reaktorstrahlung brauchen wir uns gegen Neutrinos nicht abzuschirmen. Wir können es auch nicht. Neutrinos von einem Reaktor können, ohne auch nur einmal anzustoßen, eine Million Milliarden Kilometer Fels durchdringen! Wenn man also alle oder auch nur einen nennenswerten Bruchteil der von einem Reaktor erzeugten Neutrinos aufhalten wollte, bräuchte man wirklich ansehnliche Massen – viel mehr als die Masse der Erde. Das führt zu einer anderen Frage: Wie können wir wissen, daß es Neutrinos gibt, wenn sie doch so unsichtbar sind?

Wie bei den W- und Z-Teilchen wurde auch ein Elementarteilchen mit den Eigenschaften des Neutrinos etwa zwanzig Jahre früher postuliert als experimentell nachgewiesen. Der spontane Neutronenzerfall – der sogenannte Betazerfall –, den ich in den Kapiteln 5 und 6 mehrfach erwähnte, wurde zuerst von Antoine Henri Becquerel beobachtet, als er 1896 die Radioaktivität von Atomkernen entdeckte. Der Betazerfall wurde 1930 von Sir James Chadwick genauer untersucht, als er das Neutron als isoliertes Teilchen entdeckte. Wie ich weiter oben beschrieb, wurde die schwache Wechselwirkung zuerst am Betazerfall nachgewiesen.

Als der Betazerfall entdeckt war, drohte jedoch ein ernsthaftes Problem das ganze Gebäude der physikalischen Theorie zu untergraben. Man beobachtete nämlich dort, wo ein Neutron zerfallen war, zwei Teilchen: ein Proton und ein Elektron. Das Neutron ist neutral, das Proton ist positiv geladen, und das Elektron ist negativ geladen. Die Gesamtladung bleibt also beim Zerfall erhalten. Als man aber Impuls und Energie des erzeugten Protons und Elektrons gemessen hatte, stellte man etwas sehr Ungewöhnliches fest. Wenn man von einem ruhenden Neutron mit dem Impuls Null ausgeht und den Impuls des entstehenden Protons und Elektrons mißt, addieren sie sich nicht zu Null, wie es aus der Impulserhaltung folgen würde. Dieses Problem läßt sich viel leichter veranschaulichen als beschreiben. Weil Elektronen und Protonen geladene Teilchen sind, können wir ihre Spuren in der Materie nach dem Zerfall eines Neutrons verfolgen. Abbildung 7.1 zeigt, wie dieser Vorgang aussehen könnte. (Ich zeige das Neutron nicht, weil es bei dem Zerfall in Ruhe bleibt, also keine Spur erzeugt.)

An Abbildung 7.1 wird deutlich, daß etwas anderes nötig ist, um den Impuls auszugleichen. Wenn eine Bombe explodiert, stieben die Trümmer nicht alle in dieselbe Richtung. Wenn Proton und Elektron wie in der Abbildung beide nach oben

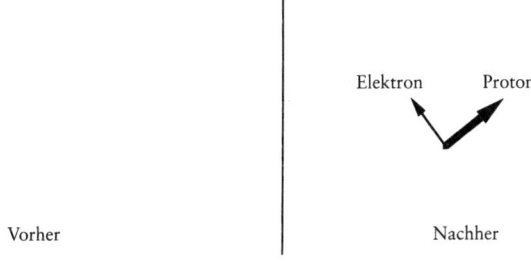

Abb. 7.1 Der Vorgang des Betazerfalls, also der Zerfall eines Neutrons, wie er sich in einem Teilchendetektor beobachten ließe, in dem die geladenen Teilchen »Spuren« hinterlassen.

fliegen, ahnt man, daß etwas anderes zum Ausgleich nach unten fliegen muß.

Angesichts dieser Beobachtung mußten sich Physiker entscheiden, ob sie darauf verzichten wollten, für Elementarteilchen die Impulserhaltung zu fordern, oder ob sie fordern wollten, daß etwas ausgeschickt würde, das zwar nicht beobachtet wurde, aber genau den Impuls trug, der alles richtig stellte. Einer der »Fürsten« der theoretischen Physik der dreißiger Jahre, Wolfgang Pauli, erklärte, die zweite Möglichkeit sei die einzig annehmbare. Später prägte Enrico Fermi für das unbeobachtete Teilchen, das bei der Reaktion ausgestoßen werden muß, den Namen Neutrino – auf Italienisch heißt das »kleines Neutron«. Weil es nicht beobachtet wurde, mußte es einerseits wie das Neutron elektrisch neutral sein. Anders als das Neutron jedoch, das sich aufgrund der starken Wechselwirkung bei Zusammenstößen mit Kernen bemerkbar macht, darf das Neutrino die starke Wechselwirkung nicht »spüren«. Das Neutrino ähnelt also dem Elektron (das ebenfalls nicht der starken Wechselwirkung unterliegt), hat aber keine elektrische Ladung. Auf das Neutrino wirkt nur die schwache Wechselwirkung, und deswegen sind seine Wechselwirkungen mit normaler Materie so unvorstellbar schwach. Außerdem mußte dieses Teilchen sehr leicht sein, weil die Summe der Massen eines Protons und eines Elektrons fast genau gleich der Masse eines Neutrons ist. Aus der

Analyse von Impuls und Energie beim Betazerfall ergab sich im Rahmen der Versuchsgenauigkeit der damaligen Zeit sogar, daß dieses Teilchen wie das Photon masselos sein mußte.

Die Alternative, wonach bei Elementarprozessen Energie und Drehimpuls nicht erhalten bleiben, war so abschreckend, daß Paulis Vorschlag angenommen wurde. Außerdem waren in den dreißiger Jahren bereits zwei andere neue Teilchen, das Neutron und das Positron (das Antiteilchen des Elektrons) entdeckt worden; auch das Positron hatte als ein rein theoretisches Gebilde begonnen. Nachdem Fermi seine Theorie der schwachen Wechselwirkung aufgestellt hatte, ließ sich bereits abschätzen, wie stark die Neutrinos mit der Materie wechselwirken würde. Das Ergebnis war entmutigend. Ein beim Betazerfall ausgeschicktes Neutrino hat mit der Materie, die es durchquert, eine um etwa 20 Größenordnungen *schwächere* Wechselwirkung als ein Elektron mit derselben Energie. Die Physiker mußten sich anscheinend damit abfinden, dem Vorhandensein dieses Teilchens unbesehen Glauben zu schenken.

Fermi wurde kurz vor seinem Tod 1954 gefragt, ob er es für möglich hielte, mit den zur Verfügung stehenden technischen Hilfsmitteln Neutrinos zu entdecken. Er verneinte. Der junge Experimentalphysiker, der die Frage stellte, Fred Reines, sah in Fermis Antwort eine Herausforderung. Nach wenigen Jahren schon hatte er in der Nähe eines Kernreaktors am Fluß Savannah in Georgia im US-Bundesstaat South Carolina einen Detektor mit einem Gewicht von einer Tonne aufgestellt. Reines gründete seine Hoffnungen auf dieselbe Art statistischer Überlegung, die später zum Bau der im vorhergehenden Kapitel beschriebenen Protonendetektoren führte. Normalerweise würde ein Neutrino des Savannah-Reaktors die ganze Erde ungestört durchqueren, wenn man aber genug Neutrinos durch den Detektor hindurchleitet, sollte schließlich eines davon im Inneren des Detektors wechselwirken. Die Berechnungen legten seinerzeit nahe, daß pro Tag vielleicht fünf bis zehn von Neutrinos ausgelöste Ereignisse in einem tonnenschweren Detektor vorkommen sollten. Eine solche Ereignisrate war im Vergleich zum Hintergrund der kosmischen Strahlung verschwindend klein. Deswegen hatte Fermi nicht geglaubt, das Signal werde sich je vom Hintergrund-

»rauschen« trennen lassen. Reines wandte jedoch einen Trick
an. Er kannte die Reaktionen, die sich bei der Wechselwirkung
von Neutrinos mit Materie ergeben können. Bei der Reaktion,
die ausgelöst wird, wenn ein Neutrino an einem Proton gestreut
wird und die sowohl ein Positron als auch ein Neutron erzeugt,
suchte er nach dem Signal für das Positron und nach dem
unmittelbar darauf folgenden, das ausgeschickt wird, wenn das
Neutron vom Kern eines anderen Atoms eingefangen (also
gebunden) wird, wobei es ein dafür charakteristisches energiereiches Photon aussendet. Dieses doppelte Kennzeichen sollte
sich von dem Hintergrund abheben und das Experiment möglich
machen.

Reines und sein Mitarbeiter Clyde Cowan berichteten 1956
von einer Entdeckung. Sie hatten in ihrem Detektor mehrere
hundert Ereignisse registriert, genau so viele, wie in der zur
Verfügung stehenden Theorie vorhergesagt worden war. Das
Neutrino war entdeckt. Später stellte sich heraus, daß die gute
Übereinstimmung zwischen Beobachtung und Theorie eher ein
glücklicher Zufall gewesen war. Die theoretischen Vorhersagen,
auf denen sie beruhte, waren nämlich um einen kleinen Faktor
falsch. Immerhin bestätigten Beobachtungen mehrerer Gruppen
die Ereignisrate. Das Neutrino war in den Bereich des Beobachtbaren gekommen.

Seit seiner Entdeckung 1956 sind drei Neutrinoarten gefunden
worden – eines für jedes »elektronähnliche« Teilchen, das wir
kennen. Sie heißen nach ihren geladenen Partnern, die bei
schwachen Zerfällen wie dem des Neutrons erzeugt werden. Das
Elektron-Neutrino ist das mit einem Elektron im Betazerfall
erzeugte Neutrino, und das *Myon-* und das *Tau*-Neutrino werden mit ähnlichen schwachen Zerfällen in Zusammenhang gebracht, die die schweren Kopien des Elektrons erzeugen, die My-
und Tau-Teilchen genannt werden.* Wir wissen nicht, warum es

---

* Der Nobelpreis wurde 1988 den Experimentalphysikern L. Lederman, M.
 Schwartz und J. Steinberger zuerkannt, die zuerst bewiesen, daß Elektron-
 und My-Neutrinos verschieden sind. Wir haben das Tau-Neutrino noch
 nicht direkt beobachtet, aber alle indirekten Hinweise legen nahe, daß es
 genauso existieren sollte wie das Tau-Teilchen.

drei Arten dieser sogenannten »Leptonen«paare gibt, wie wir ja
auch nicht verstehen, warum es zwei schwere Kopien des Elektrons gibt. Wir fragen auch heute noch wie der amerikanische
Physiker I. I. Rabi, als er von der Entdeckung des Myons hörte:
»Wer hat denn das bestellt?« Wir wissen auch nicht, ob noch
andere Leptonenpaare auf ihre Entdeckung warten, obwohl die
Kosmologie – in Form von Schätzungen der Urknall-Kernsynthese – der Anzahl der leichten Neutrinos schon Grenzen gesetzt
hat. Diese Grenzen werden durch direkte irdische Experimente
in Beschleunigern bestätigt.

Die Verbindung zwischen der Anzahl der leichten Neutrinos
und der Kernsynthese weist auf die sehr wichtige Rolle hin, die
Neutrinos in der astrophysikalischen Theorie gespielt haben. Sie
sind sogar für fast jeden Aspekt des Austauschs von Ideen
zwischen Teilchenphysik und Astrophysik wesentlich gewesen.
Experimente, die zum Auffinden von Neutrinos entworfen wurden, haben uns Information über so unterschiedliche Themen
geliefert wie die Bedingungen im Sonneninneren, die Zusammensetzung und den Ursprung der kosmischen Strahlung und
die Vorgänge, die zu Supernovae – dem hellsten Feuerwerk des
Universums – führen. Eine der aufregendsten Ereignisse in der
Astrophysik der achtziger Jahre war wohl die Geburt der »Neutrino-Astronomie«.

Die Entwicklung der modernen Kosmologie – und damit
unser Wissen über die dunkle Materie – hängt zu einem großen
Teil von Überlegungen darüber ab, welche Rolle den Neutrinos
im frühen Weltall zukommen könnte. Diese »Neutrinosage« der
Kosmologie ähnelt jedoch einer Fahrt mit der Achterbahn.
Einmal waren die Neutrinos oben – als sehr aussichtsreiche
Kandidaten für die das heutige Universum beherrschende Materie –, heute jedoch sind sie als Kandidaten für die dunkle Materie
aus der Mode gekommen. Aus dem, was nach ihrem Untergang
aussieht, ist eine neue Art dunkler Materie entstanden und ein
neues Verständnis für die Hindernisse, die sich jeder Theorie der
Entwicklung großräumiger Strukturen in den Weg stellen. Der
folgende Abschnitt erzählt diese Geschichte.

Neutrinos kamen über Berechnungen im Rahmen der Urknall-Kernsynthese in die kosmologische Theorie hinein. Zur Bildung der beobachteten leichten Elemente führen, wie ich weiter oben bei der Erörterung der Kernsynthese beschrieb, mehrere wichtige Reaktionen, bei denen Neutrinos erzeugt werden. Wir können also vertrauensvoll dieselben Rechnungen, die so gut vorhersagen, welche leichten Elemente wir heute sehen sollten, zur Vorhersage der heutigen Häufigkeit der Neutrinos im Universum einsetzen, brauchen dazu also keine exotischen physikalischen Prozesse zu beschwören.

Bei hohen Temperaturen werden Neutrinos mit Hilfe dieser Reaktionen, die der Kernsynthese verwandt sind und anderen schwach wechselwirkenden Reaktionen ähneln, in einem thermischen Gleichgewicht mit der Materie gehalten. Deshalb folgt aus den Gesetzen der Thermodynamik, daß es zu frühen Zeiten Neutrinos so reichlich gegeben haben muß wie Photonen. Hier ist Wortklauberei unangebracht. Wenn wir akzeptieren, daß die Reaktionen, die schließlich zur Bildung leichter Elemente führen, schon beim Urknall für die Kernsynthese wichtig waren, dann haben eben diese Reaktionen das thermische Gleichgewicht vor dieser Zeit gesichert.

Für die Kosmologie hat das eine unmittelbare Folge. Zu Beginn beherrschte die Energiedichte der Strahlung die Energiedichte des Universums. Erst viel später, nachdem sich Strahlung und Materie abgekühlt hatten, erhielt die in der Masse gespeicherte Energie das Übergewicht über die Strahlung. In dieser frühen Epoche der Kernsynthese hätte die Strahlungsenergie bei diesen Temperaturen die möglicherweise von Neutrinos mit kleiner Masse stammenden Energien weit übertroffen. Neutrinos, die mit der Strahlung im Gleichgewicht sind, hätten dann genügend Energie gehabt, um sich wie Photonen mit relativistischen Geschwindigkeiten zu bewegen. Jede Neutrinoart hätte, wäre sie so häufig gewesen wie die Photonen, zu diesen frühen Zeiten etwa genauso viel zur gesamten Energiedichte beigetragen wie das Photonenmeer, hätte also die gesamte Energiedichte damals wesentlich beeinflussen können.

Da die Ausdehnungsgeschwindigkeit von der Gesamtenergiedichte abhängt, folgt für die Zeit der Kernsynthese aus der

Existenz von mehreren leichteren Neutrinoarten eine höhere Ausdehnungsrate. Dann wiederum kommen die schwachen Wechselwirkungen, die Neutronen und Protonen im Gleichgewicht halten, zu einer früheren Zeit aus dem Gleichgewicht, und die Abkühlung erfolgt rascher. Die Kernsynthese tritt also früher ein. Der entscheidende Faktor, der bestimmt, wieviel Helium im Urknall erzeugt wird, ist jedoch, wie in Kapitel 5 gesagt, das Verhältnis von Neutronen zu Protonen zu Beginn der Kernsynthese. Wenn sie früher beginnt, haben weniger Neutronen Zeit gehabt, zu Protonen zu zerfallen, und die Neutronendichte ist größer. In diesem Fall bleibt mehr Helium übrig. Obergrenzen für die ursprüngliche Heliumhäufigkeit liefern dann Obergrenzen für die Ausdehnungsrate zur Zeit der Kernsynthese. Diese Grenzen wiederum beschränken die Anzahl leichter Neutrinoarten. Nach den neuesten Rechnungen ist diese Grenze jetzt vielleicht mit vier leichten Neutrinoarten verträglich, also einer mehr, als wir bis heute entdeckt haben. Dieselben an CERN durchgeführten Experimente, die zur Entdeckung der W- und Z-Teilchen führten, ergaben direkte Hinweise darauf, daß die Anzahl der leichten Neutrinoarten höchstens fünf betragen kann. Bald werden neue Geräte diese Zahl genau bestimmen können. Zur Zeit jedoch bestärkt die Übereinstimmung zwischen diesen Experimenten und kosmologischen Überlegungen wieder einmal unsere Überzeugung, daß wir die Physik des expandierenden Universums zumindest bis zurück zur Ära der Kernsynthese wirklich gut verstehen.

Genau wie Photonen sich später, zur Rekombinationszeit, von der Materie entkoppelten, entkoppelten sich etwa zur Zeit der Kernsynthese auch die Neutrinos von der Materie. Obwohl die Kernsynthese viel früher liegt als die Rekombination, hätte sich der Neutrinohintergrund weiterhin während des größten Teils dieser Zeit rotverschoben, solange in der Zwischenzeit nichts Besonderes passierte, genau wie sich der Photonenhintergrund nach Rot verschob. In diesem Fall wäre das Zahlenverhältnis zwischen Neutrinos und Photonen ziemlich ähnlich geblieben. Nach der Entkopplung der Photonen bei der Rekombination hätten sich im Verlauf der Ausdehnung des Universums Photonen- und Neutrinohintergrund gleichmäßig und in gleicher Weise verdünnt. Es müßte also heute einen kosmischen Neutrinohintergrund mit einer Teilchendichte geben, die fast so groß ist wie die Photonendichte im Mikrowellenhintergrund.

Nichts wäre wohl für Kosmologen und Physiker großartiger, als diesen Neutrino-Hintergrund beobachten zu können – ob er nun etwas mit der dunklen Materie zu tun hat oder nicht. Weil er sich zu einer viel früheren Zeit von der Materie abgekoppelt haben müßte als der Photonenhintergrund, würde er uns ein »Bild« davon liefern, wie das Weltall zu einer Zeit aussah, die um fast 12 Größenordnungen weiter zurückliegt als das Bild, das uns der Mikrowellenhintergrund gibt. Leider ist noch kein Experiment vorgeschlagen worden, das diesen Hintergrund messen könnte. Ich habe selbst viel Zeit darauf verwendet, ein solches Experiment zu entwerfen, aber nichts scheint möglichen Ergebnissen auch nur nahe zu kommen.

Trotzdem möchte ich noch einmal betonen, daß wir annehmen müssen, es gäbe einen solchen Neutrinohintergrund – ob wir ihn nun direkt beobachten können oder nicht, solange wir unseren Berechnungen der ursprünglichen Kernsynthese vertrauen, oder allgemeiner, solange wir denken, wir verstünden die Physik der Ausdehnung bis in diesen Zeitraum zurück.

Um 1975 machten die Physiker R. Cowsik und J. McLelland eine einfache, aber wichtige Beobachtung. Durch die Messung der Temperatur des heutigen Mikrowellenhintergrunds der Photonen können wir, solange die Verteilung wirklich thermisch ist, sowohl die Anzahldichte der Photonen in diesem Hintergrund als auch die darin enthaltene gesamte Energiedichte bestimmen. Die Anzahl der Teilchen in einem thermischen Bad der Temperatur T nimmt mit der dritten Potenz der Temperatur zu. Wenn jedes Teilchen im Mittel eine Energie hat, die zur Temperatur proportional ist, entspricht die gesamte Energiedichte dem Produkt aus T und der Anzahl der Teilchen, oder der vierten Potenz von T. Wenn wir diese Energie für den Mikrowellenhintergrund mit der Temperatur 2,7 K berechnen, finden wir, daß sie ungefähr ein Zehntausendstel der Energiedichte ausmacht, die nötig wäre, um das heutige Weltall zu schließen, oder mindestens ein Tausendstel der Energiedichte heutiger Baryonen.

Wenn die Neutrinos wie die Photonen masselos sind, trägt der

Neutrino-Hintergrund fast genauso viel zur heutigen Energiedichte bei wie der Photonenhintergrund. Da die Neutrinos
früher abkoppelten als die Photonen, läßt sich sogar zeigen, daß
ihre Anzahldichte etwa ein Zehntel der heutigen Photonendichte
beträgt, so daß der Neutrinohintergrund etwa ein Hunderttausendstel der Energiedichte beitragen sollte, die nötig ist, um das
Universum zu schließen. Aber wie Cowsik und McLelland behaupteten, würde sich diese Situation drastisch verändern, wenn
das Neutrino nicht masselos wäre, sondern eine *kleine* Masse
hätte. So lange diese Masse auf der zur ursprünglichen Kernsynthese zur Verfügung stehenden Energieskala sehr klein ist, bleiben unsere früheren Überlegungen unverändert und die Dichte
der übrig gebliebenen Neutrinos gleich. Wenn in diesem Fall eine
der Neutrinoarten eine Masse und deshalb (nach Einstein) eine
ihr zugeordnete Ruheenergie hätte, die größer wäre als die
mittlere Energie, die der heutigen Temperatur des Photonenhintergrunds entspricht, müßte die obige Schätzung des Beitrags der
Neutrinos zur Energiedichte des Universums geändert werden.
Der Beitrag der Neutrinos zur Energiedichte wäre dann nicht
proportional zur Temperatur T, sondern zur Ruheenergie des
Neutrinos, die entsprechend Einsteins berühmter Gleichung
$E = m\,c^2$ proportional ist zur Neutrinomasse. Die gesamte
Energiedichte der Neutrinos heute wäre dann nicht das Produkt
aus T und der Anzahldichte, sondern vielmehr das Produkt aus
mc^2 und der Anzahldichte. Die Energiedichte der Neutrinos
könnte dann im Vergleich zur früheren Schätzung um das
Verhältnis von mc^2 zur Temperatur T größer sein.

Da die Energiedichte eines masselosen Neutrinomeers danach
etwa das 10^{-5} fache der Schließungsdichte betragen würde,
wenn die Masse der Neutrinos so ist, daß das Verhältnis von mc^2
zu T etwa 10^5 beträgt, könnte die heutige Energiedichte im Meer
des Neutrinohintergrunds zu einem flachen Universum führen.
Entsprechend könnte es eine Massendichte der Neutrinos geben,
die $\Omega = 1$ entspricht.

Welche Massen ergeben sich aus diesen Berechnungen? Dem
Zehntausendstel der Elektronenmasse entspricht eine Ruheenergie von etwa $10^5 \times 3$ Kelvin. In den von Teilchenphysikern
benutzten Einheiten entspricht diese Masse etwa 10^{-50} »Elektro-

nenvolt« (eV). (Die Masse des Elektrons beträgt in diesen Einheiten etwa 500 000 eV.) Dies ist eine wirklich sehr kleine Masse – viel kleiner als jede andere uns bekannte Teilchenmasse. Trotzdem würde diese Masse ausreichen, Neutrinos zur heute im Weltall vorherrschenden Materie zu machen. Diese aufregende Überlegung war ein Ansporn für schon laufende Versuche, die Masse des Elektron-Neutrinos, das beim Betazerfall ausgestrahlt wird, zu messen.*

Man stelle sich den Schock und die Aufregung unter Physikern und Astronomen vor, als eine von V. A. Lubimow geleitete Forschungsgruppe in Moskau 1980 ankündigte, sie hätte eine solche Messung abgeschlossen. Ihr Befund war mit einer nichtverschwindenden Neutrinomasse von etwa 45 eV verträglich. Nach unseren früheren Überlegungen könnte diese Masse im heutigen Weltall zu einer kritischen oder »Schließungs«dichte durch den kosmischen Neutrinohintergrund führen.

Es ist jedoch keine leichte Aufgabe, die Masse des Elektron-Neutrinos im Labor zu messen. Die von der russischen Gruppe und seitdem von mehreren anderen Gruppen verwendete Methode ist eine Variante der Analyse, die ursprünglich zur Vorhersage der Existenz des Neutrinos führte. Beim Betazerfall eines freien Neutrons oder eines Kerns, der ein zerfallendes Neutron enthält, gleichen sich die Impulse der entstehenden Protonen und Elektronen im allgemeinen nicht aus; deshalb muß das Neutrino, wie ich weiter oben ausführte, den fehlenden Impuls übernehmen. Weil der radioaktive Betazerfall ein quantenmechanischer Vorgang ist, muß er jedoch wahrscheinlichkeitstheoretisch beschrieben werden. Beim Zerfall eines Neutrons werden also die beim Zerfall verfügbare Gesamtenergie und der Impuls auf Neutrino, Elektron und Proton verteilt. Im Mittel geschieht die Aufteilung zu gleichen Teilen. In sehr seltenen Fällen jedoch erhalten ein oder zwei der Teilchen fast die gesamte Energie und fast den gesamten Impuls, und dem dritten bleibt nur sehr wenig

---

* Wie ich früher beschrieb, wird eigentlich das Antiteilchen des Elektron-Neutrinos beim Betazerfall ausgestrahlt, aber da die Antiteilchen dieselbe Masse haben wie die Teilchen, kommt es auf diesen Unterschied nicht an, deshalb nenne ich Antineutrinos Neutrinos, bis es für unsere Zwecke wichtig wird, zwischen ihnen zu unterscheiden.

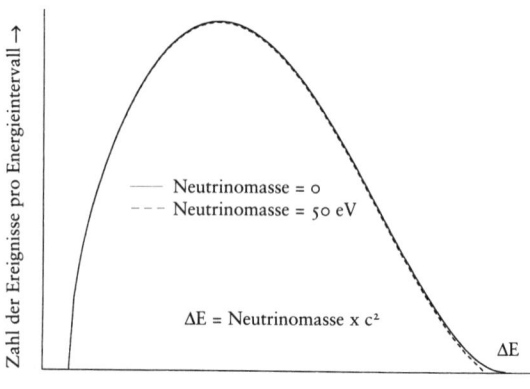

Abb. 7.2   Das Elektronenspektrum aus dem Neutronen-Betazerfall
Die vorhergesagte Anzahl von Elektronen der Energie E, die beim Betazerfall
eines Neutrons ausgeschickt werden, ist hier als Funktion der Energie des
Elektrons dargestellt. Die ausgezogene Linie zeigt die für den Fall verschwin-
denden Neutrinomasse vorhergesagte Ereignisdichte, und die gestrichelte
zeigt sie für den Fall, daß die Neutrinomasse 50 eV beträgt. In diesem Fall
fällt das Spektrum bei einer Energie zu Null ab, die um δ E kleiner ist als die
Energie, bei der die Neutrinomasse Null ist.

übrig. Wenn das Neutrino masselos ist, nähert sich seine Gesamtenergie Null, wenn der Impuls gegen Null geht. Stellen wir
das dem Fall gegenüber, in dem ein Neutrino eine Masse hat. In
diesem Fall geht seine Energie nicht gegen Null, wenn der Impuls
gegen Null geht, sondern nähert sich der Energie, die nach
Einsteins Gleichung $E = mc^2$ mit seiner Ruheenergie verknüpft
ist. Wenn wir deshalb das Energie»spektrum« der Elektronen
überprüfen, die beim Betazerfall ausgesendet werden, sollten wir
je nachdem, ob das Neutrino eine Masse hat oder nicht, zwei
verschiedene Verteilungen sehen. Wenn das Neutrino keine
Masse hat, kann das Elektron in seltenen Fällen die gesamte
Energie übernehmen, die beim Zerfall aus dem Massenunterschied zwischen Neutron und Proton folgt. Wenn das Neutrino
eine Masse hat, kann das Elektron höchstens die Differenz
zwischen dieser Energie und der zur Ruhemasse des Neutrinos

gehörigen Energie übernehmen. Dieser Unterschied ist in Abbildung 7.2 graphisch dargestellt.

Leider unterscheiden sich diese Spektren, wie die Abbildung zeigt, nur in der Nähe des rechten Endpunkts, bei dem die Ereignisrate sehr klein ist – um mehr als fünf Größenordnungen geringer als die, bei der sich alle drei Teilchen die gesamte verfügbare Energie gerechter teilen. Man braucht eine sehr starke radioaktive Quelle für Betazerfall-Elektronen oder sehr viel Zeit, bevor es auch nur grundsätzlich möglich ist, zwischen den beiden in der Abbildung gezeigten Spektren zu unterscheiden. Außerdem müssen wir die Energie des entstehenden Elektrons in jedem Betazerfall sehr genau messen können. Die Abweichung, nach der wir suchen, tritt ja bei Energien auf, die sich nur um einige 10 eV vom oberen Ende des Spektrums unterscheiden, während das Elektron eine Gesamtenergie von Millionen eV übernehmen kann. Die Messungen müssen deshalb eine Genauigkeit von etwa einem Millionstel haben.

Bei der Messung der Neutrinomasse ergibt sich jedoch ein noch viel subtileres Problem. Man findet normalerweise in der Natur keine freien Neutronen, weil freie Neutronen in etwa elf Minuten zerfallen. Der Betazerfall muß deshalb im Inneren von Atomkernen untersucht werden, deren radioaktive Halbwertszeiten viel länger sind. Auf diese Weise bleiben große Anteile der radioaktiven Quelle während der Dauer eines Experiments erhalten. Wenn aber ein Neutron im Kerninneren zerfällt, können die Energieverhältnisse beim Zerfall ganz anders sein. Man muß die beim Zerfall verfügbare Energie bestimmen, indem man den Massenunterschied nicht zwischen dem Neutron und dem Proton, sondern vielmehr zwischen den beiden Kernen vor und nach dem Neutronenzerfall bestimmt. Wenn die Kerne in Atomen sind, die zu Molekülen gebunden sind, muß man auch die atomare Bindungsenergie berücksichtigen, die aufgebraucht wird, wenn der Kern zerfällt und die molekulare Anordnung sich verändert. Diese Bindungsenergien liegen im Bereich von einigen 10 eV – in genau dem also, in dem man Neutrinomassen zu entdecken sucht. Außerdem ist es außerordentlich schwierig, die Veränderungen der molekularen Bindungsenergien im voraus zu berechnen, wenn das Molekül hinreichend komplex ist.

Diese Faktoren machen eine wirklich genaue Messung der Neutrinomasse sehr schwierig – und sehr kostspielig.

Bis heute haben mindestens drei andere Gruppen Endpunktmessungen durchgeführt, konnten jedoch die russischen Ergebnisse nicht bestätigen. Selbst die Moskauer Gruppe revidierte ihre ursprüngliche Schätzung von 48 eV und setzte ihre Massenschätzung auf unter etwa 27 eV herunter. Etwa 1986 behaupteten Experimentalphysiker in der Schweiz, sie hätten für die Masse des Elektron-Neutrino eine Obergrenze von 17 eV gefunden, was offensichtlich nicht gut zur Moskauer Grenze paßte. Eine Gruppe in Los Alamos konnte eine besser gesicherte Obergrenze von 26 eV angeben.

Mitten in diese Debatte platzte die Supernova 1987A hinein, die in der Großen Magellanschen Wolke beobachtet wurde. Zum erstenmal in der Geschichte wurden in gleich zwei verschiedenen Experimenten Neutrinos aus einem Sternkollaps beobachtet. Bei dem plötzlichen Zusammenbruch eines Sterns unter seinem eigenen Gravitationsdruck muß Energie freigesetzt werden, wenn Sternmaterie nach innen fällt. Man kann berechnen, daß während dieses Vorgangs, der nur einige wenige Sekunden dauert, die gesamte freigesetzte Energie etwa 10^{20} mal so hoch ist wie die von der Sonne während dieser wenigen Sekunden freigesetzten Energie. Fast die gesamte Energie wird in Form von Neutrinos freigesetzt, weil sie die einzigen Objekte sind, die die heiße dichte Hülle des zusammenstürzenden Sterns durchdringen können.

Diese aus der Theorie folgende Vermutung war noch nie zuvor bestätigt worden, aber in den etwa zehn Sekunden, in denen die beiden irdischen Detektoren 19 Neutrinos registrierten, verwandelte sich die Theorie der Supernovae aus reiner Spekulation in an der Erfahrung überprüftes Wissen. Bemerkenswerterweise erhielt man in eben diesen etwa 10 Sekunden, in denen das Signal beobachtet wurde, eine obere Grenze für die Masse des Elektron-Neutrinos, die, wenn nicht deutlich besser, jedenfalls vergleichbar war mit den Grenzen, die man nach einem Jahrzehnt harter Arbeit im Labor gefunden hatte. Wenn die Neutrinos von der Supernova eine Ruhemasse hätten, wären diejenigen mit etwas größerer Energie auf ihrer 150000 Jahre langen Reise etwas schneller. Aus dem zeitlichen Abstand zwischen dem ersten und dem letzten dieser Signale, die auf unterschiedliche Energien schließen lassen, leitet sich eine Obergrenze für die Masse des Elektron-Neutrinos her. Ich vermute, etwa die Hälfte aller Hochenergiephysiker in der Welt hat innerhalb weniger Stunden nach Bekanntgabe der Daten rasch eine Überschlagsrechnung gemacht; viele legten ihre Ergebnisse zur Veröffentlichung vor. Als sich die Aufregung gelegt hatte und mehrere Gruppen die Daten so genau, wie es bei nur 19 Ereignissen möglich ist, im einzelnen untersucht hatten, waren die Schlußfolgerungen recht gemischt. Wenn alle Neutrino-Ereignisse von der Supernova herrührten und wenn gewisse Annahmen über das ursprüngliche Signal gemacht wurden, konnte eine Obergrenze von 12-16 eV für die Masse des Elektron-Neutrinos festgelegt werden. Wenn das Rauschen des kosmischen Hintergrunds berücksichtigt wird und dem auslösenden Signal weniger strenge Voraussetzungen auferlegt werden, erhöht sich die Obergrenze auf etwa 23 eV. In diesem Sinn bestätigte das Signal von der Supernova die zuvor im Labor erhaltenen Grenzen, verbesserte sie aber nicht wesentlich.

Nichtsdestoweniger entspräche das außerordentliche Geschehen dieser zehn Sekunden dem, was wir mit den heute verfügbaren technischen Hilfsmitteln hier auf der Erde erreichen könnten. Zudem scheint die Grenze für die Neutrinomasse, die wir von der Supernova erhielten, die Unstimmigkeit zu bestätigen, die anscheinend zwischen den neueren Obergrenzen für den Betazerfall und der anfänglichen Massenbestimmung der russischen Forscher besteht. Falls wir das Glück haben sollten, ein Neutrinosignal von einer Supernova in unserer eigenen Galaxis beobachten zu können, ließe sich die Bestimmung der Massengrenze vielleicht um das Drei- bis Fünffache verbessern. Supernovae werden in unserer Galaxis jedoch nur alle 10 bis 50 Jahre erwartet. Es ist nicht klar, ob irdische Experimente dann auch schon die nötige Empfindlichkeit erreicht haben werden.

Es gibt zwei andere Neutrinoarten, von denen jede eine Masse in einem Bereich haben könnte, der kosmologisch bedeutsam ist. Aber der immer niedrigeren Massengrenze für das Elektron-

Neutrino, die nach 1980 im Labor bestimmt wurde, entsprechen ebenso pessimistische Ergebnisse der Astrophysik.

Nach den Ergebnissen von Cowsik und McLelland und der Massenmessung von Lubimow und den immer stärker werdenden Hinweisen auf dunkle Materie in Galaxien haben mehrere Gruppen von Astrophysikern beschlossen, im einzelnen zu untersuchen, wie ein von Neutrinos beherrschtes Universum wohl aussehen könnte. Würde es dem ähneln, was wir vor Augen haben?

Es ist wichtig, sich klarzumachen, daß die Beobachtungstechnik erst seit zehn Jahren in der Lage ist, uns eine Ahnung vom Aussehen des Universums im Großen zu vermitteln. Die ersten großen Himmelskarten beschränkten sich darauf, die Position der Galaxien zu erfassen, wie sie am Himmel gesehen werden. Der umfassendste, der Shane-Wirtanen-Katalog, wurde Anfang der fünfziger Jahre fertiggestellt; er erfaßt den gesamten vom kalifornischen Lick-Observatorium aus beobachtbaren Himmel. Diese Karte ist in sehr kleine Zellen aufgeteilt, die jede einen Bruchteil eines Grads erfassen. Sie führt über eine Million Galaxien auf und ist heute noch nützlich, wenn Strukturen in sehr großem Maßstab beschrieben werden sollen. Jede solche Karte von am Himmel sichtbaren Galaxien liefert jedoch nur eine zweidimensionale Projektion der Galaxien. Alle dreidimensionale Information – die für das Verständnis der Einzelheiten der Haufenbildung wichtig ist – geht verloren. Wenn man Informationen auch über die Tiefe und nicht nur über die Breite haben möchte, muß man für jede beobachtete Galaxie die Rotverschiebung kennen, um ihre Hubble-Geschwindigkeit und damit ihre Entfernung zu berechnen. Himmelsdurchmusterungen mit Information über die Rotverschiebung – aus der sich also eine dreidimensionale Verteilung der Galaxien herleiten läßt – wurden eigentlich erst nach 1980 in Angriff genommen. Die größte Durchmusterung, durchgeführt vom Harvard-Smithsonian Center for Astrophysics (CFA), erfaßt alle Galaxien des Nordhimmels von der Ebene unseres Milchstraßensystems bis zu einer Mindesthelligkeit, die der von Galaxien in einer Entfernung von etwa 100 Megaparsec entspricht. Diese Durchmusterung wurde 1982 abgeschlossen. Eine Projektion dieser Sicht des nahen Universums ist in Abbildung 7.3 abgebildet.

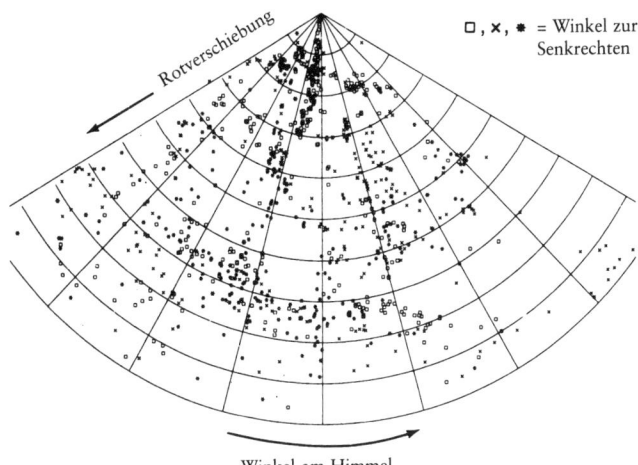

□ , ✕ , ✱ = Winkel zur Senkrechten

Rotverschiebung

Winkel am Himmel

Abb. 7.3 Eine Projektion naher Galaxien aus der dreidimensionalen Durchmusterung des Centers for Astrophysic an der Harvard University. In dieser Projektion befinden wir uns an dem Punkt, an dem alle radialen Linien zusammentreffen. Die radiale Richtung gibt die Entfernung von uns an, wie sie sich aus der galaktischen Rotverschiebung ergibt. Die Richtung entlang der Kreisbögen gibt den Winkel an, unter dem die Galaxie am Himmel gesehen wird. Die dritte Dimension, also der Winkel zur Senkrechten, ist nicht ausdrücklich angegeben, aber die drei gezeigten Symbole stellen Galaxien dar, die in verschiedenen Ebenen des Himmels liegen. (Von M. Davis et al., *Astrophysical Journal* 292 [Mai 1985].)

Andere Durchmusterungen sind seitdem in noch größere Tiefen vorgestoßen, haben aber kleinere Raumwinkel erfaßt. Nicht nur hat die Beobachtungstechnik einige Zeit gebraucht, bis sie die Rotverschiebungen vieler Systeme systematisch erfassen lassen, sondern auch die zur Analyse der Daten nötige Computertechnologie wurde erst vor kurzem entwickelt. Diese Tatsachen zeigen, wie sehr die Beobachtungskosmologie noch in ihren Kinderschuhen steckt. Meine Kollegin am CFA, Margaret Geller – eine Expertin für die großräumige Struktur (und die erste, die mir eine fotografische Aufnahme von Galaxien gezeigt hat, wie man sie mit dem Teleskop erhält) – hat darauf hingewiesen, daß wir erst jetzt Daten erhalten, die uns ein genaues Bild für das Universum im großen Maßstab vermitteln. Wie zur Bestätigung erfahren wir fast jedes Jahr von Beobachtungen von Strukturen in immer größeren Maßstäben. Deshalb sollten sowohl Wissenschaftler als auch Laien alle kategorischen Schlüsse, die auf der Grundlage heutiger Daten gezogen werden, mit Zurückhaltung beurteilen oder zumindest sorgfältig prüfen, weil einige unserer Annahmen über das Weltall im Großen sich vermutlich noch ändern werden.

Nichtsdestoweniger wissen wir jetzt schon viel über die großräumige Struktur. Das bedeutet für Astronomen und Physiker gleichermaßen eine Herausforderung. Kann ein einfaches Modell für dunkle Materie erklären, wie sich diese Struktur gebildet hat? Wir sahen schon, daß ein nur von Baryonen beherrschtes Universum die Strukturen, die wir sehen, anscheinend nicht qualitativ vorhersagen kann. Wie ist es mit einem von Neutrinos beherrschten Universum?

Die analytischen Schätzungen schienen zunächst günstig zu sein. Y. B. Zel'dovich, der hervorragende russische Astrophysiker, hatte schon 1970 – vielleicht aufgrund der Tatsache, daß die meisten Galaxien zu Haufen gehören – behauptet, daß sich Strukturen »von oben nach unten« bilden. Die ersten Strukturen in der sich gleichförmig ausdehnenden Materie hätten, so meinte er, die Größe von Haufen gehabt. Wenn solche großen Strukturen als Ganzes zusammenfallen, bilden sich nach Zel'dovich die sogenannten »Kaustiken«, äußerst dichte, pfannkuchenähnliche Schichten. Diese könnten dann entlang von Filamenten in viele kleinere Teile zerbrechen, die sich heute als Galaxien zu erkennen geben. Dieses »Pfannkuchenmodell« hätte viele Vorzüge; insbesondere würde es zu einer Filamentstruktur von Galaxienhaufen führen, die sich auf jeder Himmelsdurchmusterung leicht erkennen ließe. Bevor es genaue numerische Modelle gab, hielten viele Astrophysiker dies für ein mögliches Bild der Strukturbildung.

Wie ich schon sagte, läßt sich zur Berechnung kleiner Materieschwankungen, die später aufgrund der Schwerkraft wachsen, die Störungstheorie einsetzen. Wenn die Schwankungen so groß werden, daß nicht-lineare Effekte wichtig werden, versagen analytische Methoden; eine genauere Untersuchung ihrer Entwicklung erfordert den Einsatz von Computersimulationen. Ohne Computer ist es praktisch unmöglich, das Verhalten auch nur weniger hundert Massen zu verfolgen. Da jede Masse der Gravitationsanziehung aller anderen Teilchen ausgesetzt ist, erfordert es Millionen von Iterationen, wenn man das Verhalten weniger hundert Teilchen verfolgen will. Da eine wirklichkeitsnahe Simulation wahrscheinlich Tausende und nicht Hunderte von Massen berücksichtigen muß, war diese Art der Untersuchung erst möglich, als superschnelle Computer mit großem Speichervermögen entwickelt wurden.

Bevor diese Aufgabe in Angriff genommen wurde, hatten jedoch schon einfache analytische Schätzungen vermuten lassen, Neutrinos könnten genau die richtigen Bedingungen dafür liefern, daß sich die Materie der Galaxienhaufen in Pfannkuchenform ansammelt. Die Überlegungen, die zur Herleitung dieser Schätzungen benutzt wurden, sind jenen sehr ähnlich, die in Kapitel 6 zur Beschreibung der Strukturbildung in einem von Baryonen bestimmten Universum angeführt wurden. Entscheidend ist es, herauszufinden, auf welcher Skala Materieschwankungen wohl zuerst zunehmen können. Bei Baryonen verwischen oder zerstreuen sich ja, wie oben gesagt, Fluktuationen in Bereichen, die kleiner sind als der Horizont, schon lange bevor sich die Photonen zur Rekombinationszeit von der Materie entkoppeln. Fluktuationen konnten erst wachsen, als sie die Größe des Horizonts zu dieser Zeit umfassend erreicht hatten; Fluktuationen konnten vor dieser Zeit also nicht durch einen Folgeprozeß geglättet werden. Leider wären solche Skalen heute riesig; sie umfassen dann Hunderte von Megaparsec, und das würde bedeuten, daß es wohldefinierte Strukturen mit Massen gibt, die viele hundertmal so groß sind wie die größten Haufen, die wir je gesehen haben.

Wie unterscheidet sich ein von Neutrinos beherrschtes Szenario von diesem? Neutrinos koppeln sich, da sie nur schwach wechselwirken, nicht direkt mit Photonen. Deshalb würde eine anfängliche Dichteschwankung der Neutrinos durch den Strahlungsdruck der Photonen nicht am Zusammenfall gehindert. Im Prinzip könnten Masseschwankungen in der Neutrinoverteilung *früher* zu wachsen beginnen als bei Baryonen. Wieviel früher, hängt von der Größe der Neutrinomasse ab.

Soweit wir sagen können, ist das Universum heute von »Materie« dominiert. Anders gesagt erwarten wir, daß es unabhängig von der Massendichte des heutigen Weltalls eher der Materie gleicht als der Strahlung – das heißt, die vorherrschende Substanz bewegt sich nicht relativistisch (in der Nähe der Lichtgeschwindigkeit). Wir haben dafür keinen hieb- und stichfesten Beweis; ein von relativistischen Teilchen, also von Strahlung beherrschtes Universum unterschiede sich jedoch in mehrfacher Hinsicht wesentlich von einem, in dem nichtrelativistische Materie vorherrscht. Bei gleicher Ausdehnungsgeschwindigkeit müßte das Weltall, wie sich heute leicht zeigen läßt, etwa um 30 Prozent jünger sein, wenn es von relativistischen Teilchen beherrscht würde, und dieses Ergebnis bewegt sich am Rand eines Widerspruchs mit der Beobachtung. Wichtiger noch, in einem solchen Universum wachsen Strukturen viel langsamer. Es ist schon heute schwierig, die Bildung von Galaxien durch die Gravitation zu erklären, und ein von relativistischen Teilchen beherrschtes Universum würde das Problem nur verschlimmern. Kurz, die Wahrscheinlichkeit, daß das Universum heute von Strahlung beherrscht wird, ist sehr gering.

Doch auch wenn die im Weltall vorherrschende Materie heute nicht-relativistisch ist – wie es in fast alle Szenarien ist –, es war nicht immer so. Die Energiedichte der relativistischen Teilchen nimmt in einem expandierenden Universum rascher ab als die Materiedichte. Das ist leicht zu verstehen. Betrachten wir irgendein Gas, das entweder aus relativistischen Teilchen wie Photonen oder aus nicht-relativistischen wie Staub besteht. Wenn die Gesamtzahl der Teilchen sich nicht ändert, während sich das Volumen vergrößert, nimmt die Teilchen»dichte« proportional zur Zunahme des Volumens ab, weil die Teilchen aufgedünnt werden. Wenn die von einem Teilchen übermittelte Energie konstant bleibt, nimmt die Energiedichte des Gases also mit der Zunahme des Volumens ab. Wie wir gesehen haben, nimmt jedoch die Lichtwellenlänge direkt proportional zum Wachstum des Universums zu. Aus dieser universalen »Rotverschiebung« der Wellenlänge folgt, daß die Frequenz der Photo-

nen abnimmt. Da die Energie eines Photons zu seiner Frequenz
proportional ist, bedeutet dies, daß auch die Energie sich verringert. Deshalb nimmt die Energiedichte der Photonen nicht
proportional zur Zunahme des Volumens des Universums ab,
sondern vielmehr wegen der zusätzlichen Rotverschiebung proportional zum *Produkt* aus dem Volumen und einem Faktor, der
mit der Skalengröße des Universums zusammenhängt. Materieteilchen andererseits behalten, wenn sie einmal zur Ruhe gekommen sind, eine konstante Energie, die proportional zu ihrer
Masse ist. Deshalb nimmt die Energiedichte der Materie nicht
proportional zu diesem zusätzlichen Rotverschiebungsfaktor
ab, sondern nur in der üblichen Weise um so viel, wie das
Volumen des Universums zunimmt.

Aus diesen Bedingungen folgt, daß das Verhältnis der Energiedichte der Strahlung (also relativistischer Teilchen) im Vergleich
zur nicht-relativistischen Materie im Lauf der Zeit immer kleiner
wird, und zwar verhält sie sich wegen des zusätzlichen Rotver-
schiebungsfaktors für die Strahlung umgekehrt proportional zur
Größe des Universums. Das Verhältnis der Energiedichte der
Photonen des Mikrowellenhintergrunds zur Energiedichte der
sichtbaren Materie beträgt heute etwa 1 zu 1000. Dieses Verhältnis war also gleich 1, als das Universum etwa tausendmal
kleiner war. Davor war es größer als 1.

Wann genau das Universum zuletzt von Strahlung dominiert
war, hängt davon ab, wieviel andere nicht-relativistische Materie es heute gibt. Wenn es mehr massereiche Materie gibt, als wir
sehen, verschiebt sich die Zeit, in der die Materie-Energie gleich
der Strahlungsenergie war, etwas in die Vergangenheit. Wenn
wir jedoch für nicht-relativistische Materie höchstens eine einem
geschlossenen Universum entsprechende kritische Dichte annehmen, können wir diese Zeit im Vergleich zu dem Wert, der sich
ergeben würde, wenn es überhaupt keine dunkle Materie gäbe,
nur um einen Faktor von 10 bis 100 zurückverfolgen. Vor dieser
Zeit war die Energiedichte des Photonenhintergrunds allein
sicherlich ausreichend, um die Ausdehnung des Weltalls zu
beherrschen. Die Zeit, in der die Energiedichte von Strahlung
und Materie gleich war, erweist sich für ein flaches Universum
(wenn also heute $\Omega = 1$ gilt) als etwa fünfzehnmal früher als die

Rekombinationszeit, also die Zeit, zu der die Strahlungstemperatur etwa 20000 K betrug.

Bis zu dieser Zeit brauchen Photonen nicht die einzigen
relativistischen Teilchen gewesen zu sein, aus denen das Strah-
lungsgas bestand, das die Ausdehnung des Universums beherrschte. Massereiche Materie, die jetzt kalt ist und sich so
langsam bewegt, daß sie nicht-relativistisch ist, war früher viel
heißer. Wenn Neutrinos zum Beispiel eine Masse von 30 eV
haben, so daß jetzt also ein nicht-relativistischer Neutrinohintergrund das Universum beherrscht, dann hätten sie sich doch,
zumindest in bezug auf die Ausdehnung des Weltalls, wie Strahlung verhalten, solange die Temperatur des Universums so hoch
war, daß ihre Energie ihnen eine Bewegung mit Lichtgeschwindigkeit ermöglichte. Wir können den Zeitpunkt bestimmen, zu
dem die Neutrinos sich genügend abgekühlt hatten und nicht-
relativistisch wurden. Das muß passiert sein, als die Temperatur
des Universums auf den Punkt fiel, an dem die mittlere Bewegungsenergie der Neutrinos geringer war als die mit ihrer Masse
verknüpfte Energie. Wenn Neutrinos eine Masse von 10-30 eV
haben, würde dies bei einer Temperatur von etwa 100000 K
eingetreten sein. Zufällig liegt diese Temperatur in der Nähe
derjenigen, bei der das Weltall im Fall, daß heute $\Omega = 1$ ist,
zuerst von der Materie beherrscht wurde.

Dieser Zeitpunkt ist in einem von Neutrinos beherrschten
Szenarium ein Wendepunkt für die Bildung von Strukturen. Vor
dieser Zeit waren Neutrinos mit 30 eV relativistisch, nach dieser
Zeit kühlten sie sich ab und waren nicht-relativistisch. Was
passiert mit einem Bereich, der innerhalb des Horizonts auf der
einen oder anderen Seite dieser zeitlichen Grenze einen Neu-
trinoüberschuß hatte? Vor dieser Zeit bewegten sich die Neutrinos im Mittel fast mit Lichtgeschwindigkeit. Wie ich früher
erwähnte, können Teilchen, die sich so schnell oder fast so
schnell wie das Licht bewegen, dem Gravitationssog aller Mas-
senverteilungen mit Ausnahme eines Schwarzen Lochs entkommen. Relativistische Neutrinos können deshalb jedem anfänglichen Dichteüberschuß entweichen, also »frei strömen«. Dabei
glätten sie jeden Dichteüberschuß. Wenn der Neutrinohintergrund also relativistisch ist, wäre jede Schwankung der Neu-

trinodichte im Inneren eines Bereichs, in den sie nicht eingeschlossen sind und aus dem sie daher in der seit dem Urknall
verstrichenen Zeit entkommen konnten, ausgeglichen. Die Entfernung, bis zu der relativistische Teilchen entkommen können,
ist nichts anderes als die Größe des Horizonts. Deshalb ist der
kleinste Maßstab, der Fluktuationen enthalten könnte, die *nicht*
geglättet sind, jener, der der Größe des Horizonts gerade *nach*
dem Zeitpunkt entspricht, zu dem die mittlere Geschwindigkeit
der Neutrinos weit unter die Lichtgeschwindigkeit fiel. Anders
gesagt entspricht dieser Maßstab dem Zeitpunkt, an dem die
Neutrinos nicht-relativistisch wurden.

Nach diesem Zeitpunkt konnten Neutrinos den durch die
Gravitation etwaiger Dichteschwankungen geschaffenen »Potentialmulden« nicht mehr entkommen. Schwankungen der
Neutrinodichte konnten dann aufgrund der Schwerkraft zunehmen. Später, nach der Rekombination, als die Baryonen nicht
mehr an Photonen gebunden waren, fielen auch sie in die großen
von Klumpen der Hintergrundneutrinos gebildeten Potentialmulden hinein. Dabei bildeten sich die Strukturen, die wir heute
beobachten. Der kleinste Maßstab, auf dem man in einem von
Neutrinos mit 30 eV beherrschten Universum Strukturbildung
erwarten kann, ist also jener, der der Größe des Horizonts zu der
Zeit entspricht, zu der die Neutrinos nicht-relativistisch wurden.

Weil diese Zeit etwa um den Faktor 30 vor der Rekombinationszeit liegt, war auch der Horizont dann kleiner (das Licht
hatte weniger Zeit zum Reisen gehabt). Deshalb ist dieser für die
Strukturbildung charakteristische Maßstab in einem von Neutrinos beherrschten Universum kleiner als in einem von Baryonen beherrschten (Anhang B stellt das graphisch dar). Das ist
eine gute Nachricht. Wie ich schon sagte, ist ja die für ein von
Baryonen beherrschtes Universum vorhergesagte Skala für die
Klumpenbildung viel zu groß. Für ein von Neutrinos beherrschtes Universum ergibt sich ein heutiger Wert von etwa 10^{25} bis
10^{26} Zentimetern oder etwa 10 Megaparsec. *Das ist genau die
Größenordnung der heute beobachteten großen Superhaufen
von Galaxien.* Es ist auch die Größenordnung, auf der sich nach
dem »Pfannkuchen«-Modell der Galaxienbildung die ersten
Strukturen bildeten.

Diese Abschätzung und die ersten positiven experimentellen Befunde zur Masse des Elektron-Neutrinos ermutigten die Astrophysiker zu dem Versuch, sich ein genaueres Bild von einem von Neutrinos beherrschten Weltall zu machen. Dazu mußten sie Computersimulationen zu Hilfe nehmen: mehrere Arbeitsgruppen versuchten, sich mit Hilfe von Computern vorzustellen, wie die Entwicklung von Strukturen in einem von Neutrinos beherrschten Universum bis weit in den Bereich hinein, in dem analytische Verfahren versagen, abgelaufen sein könnte. Die ersten Ergebnisse zeigten, daß sich die Hypothese von Zel'dovich auch bei genauer Betrachtung bewährte. Die ersten Objekte, die kondensieren, sind flach wie Pfannkuchen; im untersuchten Bereich sind sie miteinander verbunden. Dort, wo sich diese kaustischen Schichten treffen, bilden sich Filamente, und die Filamente zerbrechen in Fragmente, die an ihren Schnittpunkten Haufen bilden.

Wie bei den Massenmessungen im Labor erwies sich auch hier, daß die Neutrinos als Kandidaten für dunkle Materie keine guten Aussichten haben. Nachdem erste Zufallsschwankungen gefunden worden waren, die ursprünglich (unabhängig voneinander von Zel'dovich und dem Amerikaner Edward Harrison) einfach vorausgesetzt und dann aus der Inflationstheorie hergeleitet worden waren, versuchten Astrophysiker, mit Hilfe von im Computer simulierten Projektionen in größeren Einzelheiten zu untersuchen, wie die Verteilung großräumiger Strukturen im Weltall aussehen könnte.

Behalten wir im Sinn, daß dieses anfänglich zufällige Spektrum gleichförmig sein sollte; ursprüngliche Dichtefluktuationen sollten auf allen Größenordnungen etwa dieselbe Amplitude haben, wenn eine Skala nach der anderen in den Horizont einbezogen wird – bevor die kausalen Prozesse im Inneren des Horizonts ihr Wachstum in der einen oder anderen Weise beeinflussen können. Dies ist sicherlich die einfachste Annahme und jene, die am besten auf sehr großen und sehr kleinen Skalen mit der Beobachtung übereinstimmt. Wenn man eine erstes Fluktuationsspektrum mit mehr Struktur arrangiert – was ohne Berufung auf ziemlich exotische Physik sehr schwierig ist –, kann man hoffen, einige der Probleme, die ich in Kürze erörtern

werde, zu umgehen. Mit dieser einfachsten Annahme konnten
die Forscher jedoch ihre numerischen Ergebnisse mit den Beobachtungen vergleichen, wie etwa mit der Rotverschiebungs-
Himmelsdurchmusterung des CFA.

Einer der Urheber dieser Durchmusterung, Marc Davis, und
seine Mitarbeiter Georges Efstathiou, Carlos Frenk und Simon
White (im folgenden DEFW genannt) bildeten um 1983 eine von
mehreren Gruppen, die numerische Simulationen durchführten,
um zu untersuchen, ob die Neutrinos die dunkle Masse darstellen könnten. Ihr Ziel war es, das Wachstum von Fluktuationen
in den nicht-linearen Bereich hinein zu verfolgen, in dem Fluktuationen zu groß sind, als daß sie mit der Störungstheorie
behandelt werden können, und dann zu sehen, wie gut ihre
Simulationen den wirklich im Weltall beobachteten Strukturen
entsprechen. Natürlich ist es, auch wenn Computer zur Verfügung stehen, leichter, über eine genaue Simulation zu reden, als
sie durchzuführen. Wenn man die Entwicklung eines Bereichs
von, sagen wir, 50 oder 100 Megaparsec Durchmesser – einem
Volumen, das dem vom CFA durchmusterten vergleichbar ist –
verfolgt, sollte ein solcher Bereich heute etwa 10^{80} Neutrinos
enthalten. Natürlich kann auch ein Supercomputer nicht jedes
einzelne Neutrino verfolgen. Da er höchstens zehn- oder im
allerbesten Fall Hunderttausende von Teilchen verfolgen kann,
muß das Problem mathematisch noch stärker diskretisiert werden. Davis und seine Mitarbeiter verfolgten zuerst die Entwicklung von etwa 30000 »Teilchen« in einem Volumen, das einen
Würfel von etwa 65 h^{-2} Megaparsec Seitenlänge darstellen sollte
(der kosmische Schmierfaktor h taucht überall auf). Wenn sie
damit ein Universum mit $\Omega = 1$ simulierten, vertrat jedes
»Teilchen« ihrer Simulation dann etwa 10^{12} Sonnenmassen –
also eine sehr große Galaxie – mit etwa 10^{78} Neutrinos. Weil die
ursprüngliche Entfernung zwischen den »Teilchen« in ihrem
»Kasten« etwa $\frac{1}{32}$ der Seitenlänge des Kastens betrug, war der
Strukturbereich, der sich so erforschen ließ, sehr beschränkt – er
konnte von $\frac{1}{32}$ der Kastenlänge bis zur halben Kastenlänge
reichen, sich also nur um einen Faktor 16 unterscheiden. Man
muß sehr vorsichtig sein, damit die starken numerischen Einschränkungen und die Begrenzungen der Kastengröße bei der

Berechnung keine Nebenwirkungen hineinbringen, die stärker
werden als die eigentliche Physik. Es wurden viele Tests durchgeführt, bis die Gruppe einigermaßen sicher sein konnte, das
Rechnerische unter Kontrolle zu haben.

In Computerkreisen gilt das alte Sprichwort: »Wo Mist hinein-
kommt, kommt Mist heraus«. Davis und seine Kollegen mußten sicherstellen, daß die anfänglichen Konfigurationen ihrer
Simulationen genau das darstellten, was man als Ergebnis des
Wachstums kleiner Schwankungen im frühen Universum erwarten sollte. Eine ihrer wesentlichen Verbesserungen gegenüber
früheren Arbeiten war, daß sie von Anfangsbedingungen ausgin-
gen, die sich direkt aus einer analytischen störungstheoretischen
Analyse des Wachstums kleiner Fluktuationen in einem von Neutrinos beherrschten Universum ergaben, die 1982 von J. Richard
Bond, Georges Efstathiou und Alex Szaley durchgeführt worden
war. Als sie so ihre »Hausaufgabe« gemacht hatten, konnten sie
im Vertrauen darauf, daß die Ergebnisse für die wirkliche Welt
wichtig sein könnten, mit ihren Simulationen beginnen.

Die Übereinstimmung zwischen Theorie und Beobachtung
war miserabel. Die Forscher konnten eine anfängliche Konfiguration kleiner Fluktuationen verfolgen, während ihre Weltmo-
delle sich bis zu einem Faktor 10 ausdehnten. Bis dahin blieb
alles relativ glatt, dann aber sammelte sich der größte Teil der
Masse in Haufen. Natürlich mußte man auch in diesem Fall
sorgfältig die »Neutrinos«, also die Gesamtheit der in den
Simulationen verfolgten Teilchen, von den eigentlichen Kandidaten für »Galaxien« unterscheiden, in denen die Neutrinos
lokal zu einem gebundenen System kollabiert sind, in dem
Materie Klumpen bilden konnte. Wenn Systeme markiert wurden, deren Volumen auf ihrer Auflösungsskala als Kandidaten
für Galaxien auf Null geschwunden war, fanden sie, daß zu der
Zeit, als ihr Weltmodell sich um einen Faktor von 2,9 ausgedehnt hatte, 1 Prozent der Teilchen als Galaxien erkennbar war.
Die Simulation ließ sich so lange verfolgen, bis etwa 50 Prozent
der Teilchen als Galaxien erkennbar waren. Abbildung 7.4 zeigt
drei der Bilder, die die Gruppe bei ihren Simulationen erhielt; sie
haben jeweils verschiedene Ausdehnungsfaktoren. Links ist die
Verteilung der Teilchen zu sehen und rechts die Verteilung

markierter »Galaxien«. Die Bildung von Filamenten und Haufen ist deutlich.

Eine besonders aufschlußreiche Möglichkeit, diese Ergebnisse mit Beobachtungen zu vergleichen, besteht darin, Verteilungen zu erzeugen, in die dieselben Beobachtungsbedingungen eingebaut sind, wie man sie bei Beobachtungen von der Erde aus erhält, und sie mit wirklichen Galaxiendurchmusterungen zu vergleichen. Genau das taten DEFW. Abbildung 7.5 zeigt die tatsächliche Durchmusterung des CFA (*oben links*) im Vergleich mit drei simulierten Universen, die von Neutrinos beherrscht werden und die so normiert wurden, daß sie für nahe Galaxien die richtige Dichte ergeben. Diese Universen sind, wie man sieht, im großen Maßstab viel zu »klumpig«. Die Dreiecke, die in den Simulationen mögliche Galaxien anzeigen, stellen vielleicht nicht alle beobachtbare Galaxien dar. Die Punkte stellen Materieansammlungen dar, die nicht als Galaxien in Frage kommen. Es gibt also in Neutrino-Modellen viel größere leere Bereiche, als es den wirklichen Daten entspricht.

Im Rückblick waren diese Probleme der »Klumpigkeit« und der leeren Bereiche zu erwarten. In einem Modell, in dem Strukturen »von oben nach unten« durch Neutrinokollaps als Gebilde in der Größenordnung von Galaxienhaufen entstehen, die dann zerbrechen, entstehen Galaxien erst, nachdem sich Haufen gebildet haben. Bis sich Galaxien bilden können, muß sich erst Materie im größeren Maßstab gesammelt haben. Solch ein Universum sollte also dazu neigen, in diesen größeren Maßstäben sehr klumpig zu sein – viel klumpiger als das Weltall, in dem wir leben, uns tatsächlich erscheint. Damit die sehr großräumige Struktur in diesen Modellen nicht allzu ausgeprägt ist, darf die Galaxienbildung noch nicht sehr weit zurückliegen. Je länger sie schon zusammenwachsen, um so klumpiger werden die Bereiche von Haufengröße sein, aus denen sie sich bilden. Es gibt jedoch aus der Beobachtung ferner Galaxien stichhaltige Hinweise, wonach die Galaxienbildung ernsthaft begann, als das Weltall erst ein Drittel seines heutigen Alters hatte.

Die subjektiv sichtbare Unstimmigkeit zwischen den Simulationen und dem wirklichen Weltall läßt sich in mehrfacher Weise quantitativ erfassen. Erstens können wir die numerischen Kor-

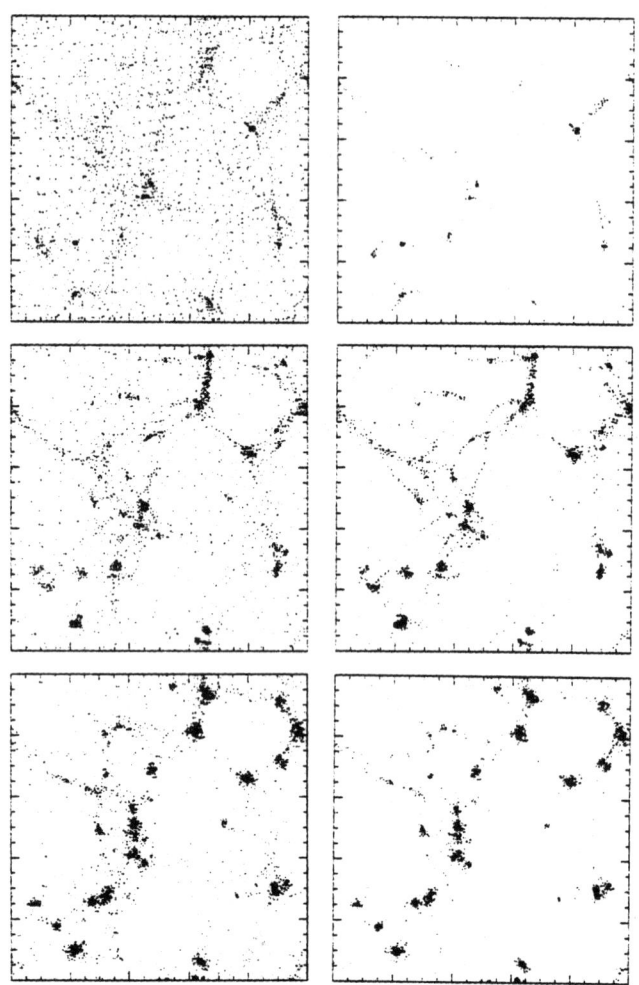

Abb. 7.4 Eine numerische Simulation des Strukturwachstums in einem von Neutrinos beherrschten Weltall zeigt links alle »Teilchen« der Simulation und recht nur die als Galaxien markierten Teilmengen. Die jeweils drei »Momentaufnahmen« wurden in verschiedenen Stadien der Entwicklung der Simulation gemacht, als das Weltmodell sich immer weiter ausgedehnt hatte und die Haufenbildung immer weiter fortgeschritten war. (Mit freundlicher Genehmigung von S. White, beruhend auf Simulationen von Davis,

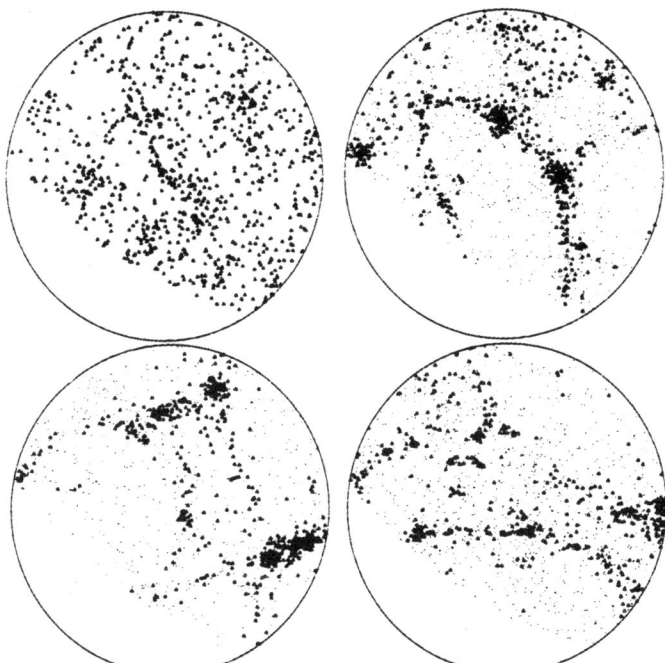

Abb. 7.5 Drei verschiedene Ansichten der Strukturen in Simulationen einer von Neutrinos beherrschten Welt, wie sie hypothetische Beobachter sehen würden, im Vergleich mit der tatsächlichen Galaxienverteilung, wie sie die Durchmusterung des CFA von der Erde aus ergibt (*oben links*). Die Dreiecke stellen die möglichen Galaxien in der Simulation dar, und die Punkte Bereiche, deren lokale Dichte nicht hoch genug ist, um mit Galaxien verknüpft zu werden. (Mit freundlicher Genehmigung von S. White, beruhend auf Simulationen von Davis, Efstathiou, Frenk und White.)

Efstathiou, Frenk und White; aus dem Arbeitsbericht des siebten jährlichen Grand Unification Workshop. Copyright © World Scientific Press.)

relationen zwischen den Positionen der Galaxien sowohl im Modell wie in den wirklichen Daten vergleichen. Die beste Übereinstimmung erhält man dann, wenn die Epoche der ersten Galaxienbildung in den Simulationen wie eben definiert dann eintrat, als das Weltall mindestens halb so groß war, wie es heute ist. Licht hätte sich dann um einen Faktor von 100 Prozent rotverschoben, seine Wellenlänge also seitdem verdoppelt. Deshalb entspricht dieses Bild physikalisch allen Galaxien, bei denen heute eine Rotverschiebung von weniger als 100 Prozent beobachtet wird. Da wir in unserem Weltall Galaxien mit viel größeren Rotverschiebungen beobachten, widerspricht dies der Beobachtung. Weil die Klumpenbildung in den Neutrinomodellen ausgeprägter ist, sind zudem die Potentialmulden, auf die sich die Galaxien zu bewegen, sehr groß und tief. Der Virialsatz der klassischen Mechanik behauptet, daß sich eine große Gravitationskraft in einem System in großen mittleren Geschwindigkeiten der Objekte des Systems zeigt. Wenn wir die in den Simulationen vorhergesagten Geschwindigkeiten mit den Messungen der mittleren Bewegung wirklicher Galaxien vergleichen, entdecken wir, daß die Vorhersagen die Beobachtungen weit übertreffen.

Die Vorstellung, leichte Neutrinos könnten Kandidaten für die dunkle Materie sein, hat noch einen anderen Pferdefuß, und dieser betrifft, wenn auch in einer weniger schwerwiegenden Form, ebenfalls die von Baryonen beherrschten Kosmologien. Während sich in einem von Neutrinos beherrschten Universum Strukturen etwas früher ausbilden können als in einem von Baryonen beherrschten, ist die Zeit doch beschränkt, die die anfänglichen Fluktuationen bis heute zum Wachsen hatten. Wieder müssen Materiefluktuationen zur Zeit der Rekombination, wenn sie groß genug sein sollen, um heutige Strukturen zu erzeugen, zu Resten von Fluktuationen im Mikrowellenhintergrund geführt haben, die heute beobachtbar sein *sollten*, aber nicht sind. In diesem Fall beträgt die Unstimmigkeit jedoch nicht einen Faktor von 50, sondern viel weniger.

Es sieht also für die Neutrinos nicht besonders gut aus; ein auf der großräumigen Strukturbildung beruhender Beweis jedoch läßt sich nicht als endgültig ansehen. Wie ich betonte, stehen wir von der Beobachtung her erst am Beginn der Erforschung des Weltalls im Großen. Theoretisch sind die Grundgedanken, die zur Zeit zu Modellen für die Bildung und das Wachstum großräumiger Strukturen beitragen, keineswegs allgemein akzeptiert. Ich sollte auch hinzufügen, daß der Übergang zwischen den Neutrinos, die man rechnerisch erfaßt, zu den aus Baryonen bestehenden Galaxien in den von Neutrinos dominierten Simulationen recht subtil ist. Die Fragmentierung einer pfannkuchenähnlichen Schicht oder Kaustik ist ein sehr kompliziertes hydrodynamisches Problem, und bei diesem Aspekt der Simulationen könnten wichtige physikalische Begriffe fehlen. Andererseits hat man gezeigt, daß in diesen Modellen die Materiedichte in den Haufen selbst dann, wenn sich aus den Bruchstücken nicht wirklich Galaxien bilden, sehr groß sein muß. Das heiße Gas in ihnen sollte sehr viel für uns nicht beobachtbare Röntgenstrahlung aussenden. Natürlich könnte noch etwas anderes der übergroßen Klumpenbildung im großen Maßstab, die wir in den Simulationen beobachten, im Wege stehen. Jedenfalls ist es klar, daß zumindest im einfachsten Modell ein von Neutrinos beherrschtes Universum überhaupt keine Ähnlichkeit mit dem Weltall hat, in dem wir leben. Wenn jemand morgen einen Versuch durchführen könnte, der schlüssig bewiese, daß Neutrinos Massen im Bereich von 30 eV haben und also das heutige Weltall beherrschen, müßten wir uns etwas Neues einfallen lassen, um Theorie und Beobachtung in Einklang zu bringen. Was immer dieser neue Faktor sein könnte, er würde uns zwingen, die allgemeinen qualitativen Eigenschaften unseres Bildes eines von Neutrinos beherrschten Universums aufzugeben, die so offensichtlich im Widerspruch zu unseren Beobachtungen stehen. Schon jetzt haben Theoretiker natürlich mehrere Möglichkeiten erwogen, von denen einige auch die Neutrinos wieder als Kandidaten für die dunkle Materie sehen. Eine solche Möglichkeit hat mit den sogenannten »kosmischen Strings« zu tun.

Kosmische Strings (sehr entfernte Verwandte der mikroskopischen »Superstrings«, die heute in der Teilchentheorie von Interesse sind) sind riesige, an Filamente erinnernde Konfigurationen von Energiedichte, die bei einem Phasenübergang im frühen Weltall als »Defekte« übrig geblieben sein könnten. Wenn es sie gibt, könnten sie die Überlegungen beeinflussen, die ich eben zum Wachstum von Fluktuationen anstellte. Strings könnten nämlich »Keimzellen« für das Anwachsen von Fluktuationen sein. Sie könnten im wesentlichen unverändert bleiben, während sich das Universum bis zu dem Punkt ausdehnt, an dem Neutrinos oder Baryonen zuerst kollabieren. Dann würden Fluktuationen nicht zu frühen Zeiten im Inneren des Horizonts verwischt, sondern Strings könnten innerhalb des Horizonts kleinräumige Schwankungen der Energiedichte bewahren, so daß die Strukturen nicht erst im sehr großen Maßstab beginnen müßten zu wachsen. Viele Physiker versuchen jetzt zu simulieren, wie die Strukturen in einem Weltall aussehen könnten, das solche übrig gebliebenen kosmischen Strings enthält. Die ersten Schätzungen scheinen, wie wohl alle ersten Schätzungen, verheißungsvoll zu sein. Kosmische Strings sind ein Beispiel für die exotische Physik, die in einem von Neutrinos beherrschten Universum nötig wäre, um unsere Vorstellungen davon, wie sich die Welt entwickelt, mit dem in Einklang zu bringen, was wir wirklich sehen. Selbst wenn es solche kosmischen Strings gibt, ist nicht klar, ob wir weiterhin den Neutrinos die besten Aussichten zuschreiben sollten, im heutigen Weltall das Übergewicht zu haben.

Über die hier dargestellten Argumente für die großräumige Struktur hinaus spricht ein weiteres sehr starkes und davon unabhängiges Argument gegen Neutrinos als die in allen Größenordnungen vorherrschende dunkle Materie. Mit Elementarteilchen kann eine quantenmechanische Eigenschaft verknüpft sein, die analog ist zu einer Eigenschaft, die bei einem Kreisel Drehimpuls heißt. Obwohl diese Teilchen punktförmig sein können, verhalten sie sich jedenfalls aus Sicht der Quantenmechanik, als ob sie rotierten. In der Quantenwelt ist der Betrag dieses Drehimpulses, kurz »Spin« genannt, »quantisiert«, das heißt, sein Wert ist ein Vielfaches einer Grundzahl. Es stellt sich heraus, daß sich alle Elementarteilchen in zwei Klassen einordnen lassen, nämlich solche mit einer ganzzahligen »Spinquantenzahl« (also 0, 1, 2, 3, . . .), und solche mit einer halbzahligen Spin (also ½, ³⁄₂, . . .). Neutrinos haben wie Elektronen den Spin ½, während Photonen sowie W- und Z-Teilchen den Spin 1 haben.

Dieser scheinbar harmlose Unterschied hat große Folgen. Bei der Ausarbeitung der Quantenmechanik merkte man, daß Teilchen, die wie etwa Elektronen oder Neutrinos einen halbzahligen Spin haben, ganz andere statistische Eigenschaften aufweisen als Teilchen wie Photonen mit einem ganzzahligem Spin. Da gleichartige Elementarteilchen ununterscheidbar sind, läßt sich jede Konfiguration von Teilchen auf viele mögliche Weisen durch den Austausch von Teilchen unbeobachtbar umordnen. Wie sich die Teilchen während solcher Umordnungen verhalten, hängt entscheidend von ihrem Spin ab. Wichtiger noch, der Austausch von zwei Elektronen oder zwei Neutrinos führt zu einer Konfiguration, die gleich wahrscheinlich ist, mathematisch jedoch durch eine Funktion beschrieben wird, die bis auf ein Minuszeichen genau mit der übereinstimmt, die die Anfangskonfiguration beschreibt. Wie Wolfgang Pauli als erster zeigte, folgt daraus, daß es unmöglich ist, zwei Elektronen zur selben Zeit in genau denselben Quantenzustand – mit demselben Ort und Impuls – zu pressen. Dieses Prinzip wurde später »Paulis Ausschließungsprinzip« genannt; es bildet eine der Grundlagen der Quantenmechanik.

Anders als viele Postulate der Quantenmechanik leuchtet das Pauliprinzip unmittelbar ein. Wer würde schließlich annehmen, zwei Dinge könnten zur selben Zeit an demselben Ort sein? Leider werden auch hier unsere Hoffnungen, uns auf einfache klassische Überlegungen verlassen zu können, enttäuscht. Wir können zeigen, daß beliebig viele Teilchen mit ganzzahligem Spin, wie etwa Photonen – sogenannte Bosonen – in der Tat *gleichzeitig denselben Quantenzustand besetzen* können. Aus diesem Grund können Bosonen in das Vakuum oder in den sogenannten »entarteten« Grundzustand »kondensieren«, was dann passiert, wenn *Paare* von Elektronen (die deswegen ganzzahligen Spin haben) zu einem Supraleiter kondensieren.

Die Statistik, die die Verteilung von Teilchen mit ganzzahligem Spin kennzeichnet, wird Bose-Einstein-Statistik genannt, die der Teilchen mit halbzahligem Spin Fermi-Dirac-Statistik. Dieser Unterschied ist für das Verhalten fast aller, wenn nicht aller, normalen Materie grundlegend. Auf ihm beruht alle atomare Struktur und Chemie sowie die Kernphysik. Der Unter-

schied ist deshalb keine sterile theoretische Erfindung: Er hat
Biß.

Da die Neutrinos »Fermionen« sind – also von der Fermi-
Dirac-Statistik bestimmt werden –, können wir nur eine be-
schränkte Anzahl von ihnen in ein bestimmtes Volumen pressen.
Über jene Zahl hinaus üben quantenmechanische Wirkungen
einen unglaublich starken Druck aus, der ein noch engeres
Zusammendrängen verhindert. Wenn Neutrinos mehr als 30 eV
Masse haben, setzen diese Effekte der gesamten Massendichte
von Neutrinos, die in einem gegebenen Volumen enthalten sein
können, eine Grenze. Scott Tremaine und James Gunn haben
1979 am Caltech als erste diese Einschränkung auf die kosmologische Klumpenbildung von Neutrinos angewendet.

Wir haben Hinweise auf dunkle Materie in Größenordnungen
erhalten, die so klein sind wie Zwerggalaxien, also weniger als
100 Millionen Sterne enthalten. Die Dynamik solcher Systeme
scheint zu bedingen, daß manche Zwerggalaxien das Fünfzig-
bis Hundertfache der sichtbaren Masse enthalten. Die Überlegungen von Tremaine und Gunn, die seit ihren ursprünglichen
Untersuchungen verbessert wurden, lassen darauf schließen,
daß das nicht allein mit Neutrinos erreicht werden kann. Die
neueste mir bekannte Schätzung besagt, ein Neutrino müsse eine
Masse von über 90 eV haben, damit Neutrinoklumpen auf solch
kleinem Maßstab große Massedichten erzeugen können. Das
liegt oberhalb der Grenze, die die Kosmologie stabilen leichten
Neutrinos auferlegt, wenn sie das Universum nicht schließen
sollen. Dies bedeutet nur, wie ich gerechterweise bemerken
sollte, daß die dunkle Materie in Zwerggalaxien nicht aus
leichten Neutrinos besteht. In der Tat würden die Überlegungen
zur großräumigen Struktur, die ich früher anführte, bedingen,
daß Neutrinos sich auf solch kleinen Skalen sowieso nicht
zusammenklumpen würden, auch wenn dies nicht durch Paulis
Ausschlußprinzip verboten wäre. Deshalb läßt sich allein aufgrund des Pauliprinzips noch nicht ausschließen, daß sie im
Großen die dunkle Materie ausmachen.

Wenn die Ergebnisse der Simulationen großräumiger Strukturen in Betracht gezogen werden, sieht die Lage für die Neutrinos
als dunkle Materie recht düster aus. Aber Fehlschläge säen

Hoffnung und Fortschritt. Dieselben Faktoren, die zum Untergang eines von Neutrinos beherrschten Universums beitrugen,
weisen auf eine Lösung hin; sie wird im nächsten Kapitel beschrieben.

Kapitel 8
Aus kalt wird heiß

Wenn wir die Strukturbildung in Universen untersuchen, die einerseits von Baryonen und andererseits von Neutrinos beherrscht werden, zeichnet sich ein Trend ab. Baryonen kommen zum Teil deshalb nicht dafür in Frage, weil sie viel zu große Strukturen bilden würden. Neutrinos, die, weil sie von der Strahlung abgekoppelt sind, früher kollabieren, neigen zwar zur Bildung kleinerer Strukturen, aber auch diese wären viel größer als Galaxien. Es sieht so aus, als ob es schwach gekoppelte Materie braucht, so daß der Strahlungsdruck nicht schon früh das Wachstum von Fluktuationen verhindert, die zudem viel früher nicht-relativistisch oder »kalt« wird als die 30 eV-Neutrinos. Solche Teilchen würden sich zu Beginn langsam bewegen; sie hätten noch keine Entfernungen von heute galaktischen Ausmaßen zurückgelegt, und noch gar nicht alle Dichteschwankungen verwischt, wenn die Schwerkraft zu wirken beginnt und zum Zusammenfall führt. Dann könnte das Wachstum kleinerer Strukturen beginnen. Wenn sie direkt wachsen und nicht erst, wenn größere zerbrochen sind, könnten anfängliche Schwankungen von galaktischem Ausmaß mit viel kleinerer Amplitude beginnen und hätten genug Zeit, bis heute Galaxien zu bilden. Dazu wiederum müßte der Eindruck, den sie auf dem Photonenhintergrund zur Rekombinationszeit hinterließen, schwächer sein und nicht die heute sichtbaren scharfen Grenzen für die Anisotropie des Mikrowellenhintergrunds aufweisen.

Es stellt sich die folgende Frage: Wann hatte der Horizont eine Größe, die den Ausmaßen entspricht, die wir jetzt mit Galaxien verbinden? Denn wenn unser Zauberstoff damals sowohl nicht-relativistisch als auch von Photonen entkoppelt war, würden Schwankungen der Anfangsdichte auf diesem Maßstab weder aufgrund des Drucks zerstreut noch aufgrund des nach außen gerichteten Stroms von Teilchen dieser Materie geglättet worden sein. Dann also hätten sich Strukturen von der Größe der Galaxien schon so früh bilden können, wie es unserem Gefühl

nach nötig ist. Die ersten Strukturen hätten also die Ausmaße
von Galaxien und nicht von Galaxienhaufen gehabt. Ein solches
Modell, bei dem sich Galaxien früher bilden als Haufen, heißt
»hierarchisch« und verläuft nicht wie in der Neutrinowelt »von
oben nach unten«.

Genau wie die ältere Vermutung, daß die Gesamtmasse des
kosmischen Neutrinohintergrunds kosmologische Bedeutung
haben könnte, hat hat auch dieser einfache Gedanke viel Forschung angeregt, die sich mit solcher hypothetischen »kalten«
(also schon früh nicht-relativistischen) dunklen Materie beschäftigt. Selbst wenn die Astrophysiker noch nicht wissen, wie
diese Materie beschaffen ist, können sie genau wie in den von
Neutrinos beherrschten Universen numerisch untersuchen, wie
ein Universum aussehen könnte, in der kalte dunkle Materie
vorherrscht. Eine Analyse der Zunahme kleiner Schwankungen
in einem Universum mit kalter dunkler Materie kann gute
Anfangsbedingungen für numerische Simulationen liefern; diese
Simulationen können die Schwankungen während der Zeit des
Kollaps und der Galaxienbildung verfolgen.

Davis, Efstathiou, Frenk und White haben wie andere auch
Simulationen mit einer Anzahl von »Teilchen« durchgeführt, die
der von Neutrino-Simulationen entsprechen, bei denen jedoch
das für das Modell benutzte Volumen nur halb so groß war, so
daß kleinere Strukturen untersucht werden konnten. Es ist
schwieriger, das für ein von kalter dunkler Materie bestimmte
Universum typische »hierarchische« Zusammenklumpen zu untersuchen, weil sich auf sehr vielen Skalen fast gleichzeitig
Klumpen bilden. Es ist nötig, in einem möglichst großen dynamischen Bereich aufzulösen. Auch wird die Entscheidung darüber,
welche »Teilchen« in der Simulation Galaxien darstellen und
von welcher Größe an sie Galaxien genannt werden sollen,
durch die auf verschiedenen Skalen gleichzeitig erfolgende rasche Klumpenbildung stark beeinflußt. Als man jedoch einmal
mit diesen Einzelheiten umgehen konnte, ließen sich die Ergebnisse mit denen der Neutrinosimulation vergleichen.

Abbildung 8.1 zeigt noch einmal die Durchmusterung der
Rotverschiebung des Centers for Astrophysics (*oben links*) und
drei simulierte Durchmusterungen für Modelle, in denen Neutri-

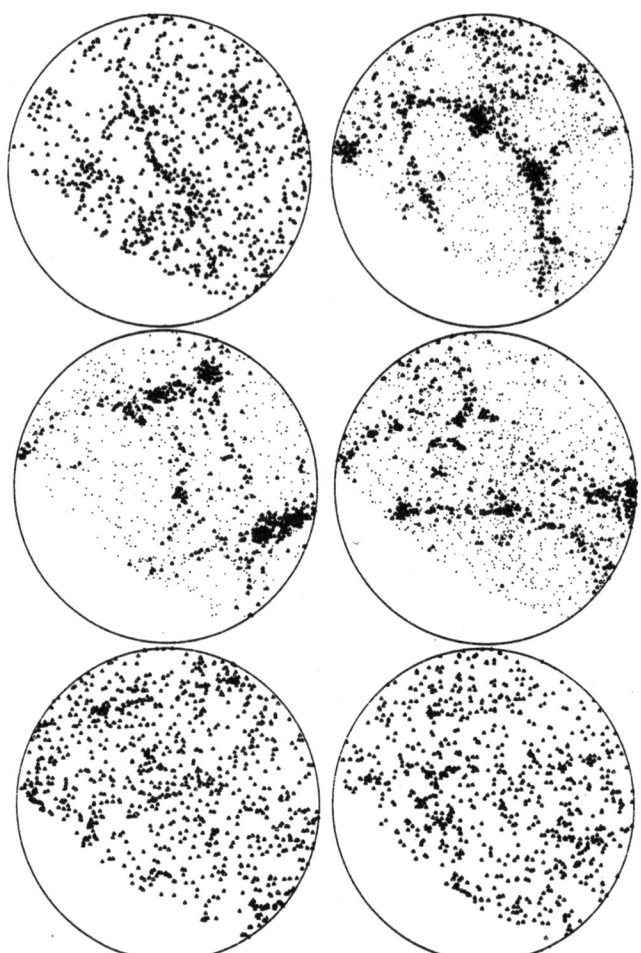

Abb. 8.1   Die beiden unteren hier gezeigten Karten stammen aus Simulationen der Strukturbildung in einem von kalter dunkler Materie beherrschten
Weltall. Die anderen vier Karten sind die gleichen wie in Abbildung 7.5, wobei
die Karte oben links von der Rotverschiebung aus der Durchmusterung
tatsächlicher Galaxien stammt, die das Center for Astrophysics durchführte,
und die anderen drei Simulationen für eines von Neutrinos beherrschten
Universums zeigen. (Mit freundlicher Genehmigung von S. White, basierend
auf Simulationen durch Davis, Efstathiou, Frenk und White.)

nos vorherrschen. Die unteren beiden Karten der Abbildung stellen ähnliche Schnitte dar, wie sie für die von kalter dunkler Materie dominierten Modelle erhalten wurden. Im letzten Fall wird die Menge der dunklen Materie so angepaßt, daß sie der Menge entspricht, die wir aus den Virialschätzungen ableiten. Diese Schätzung lautet auf etwa 20 Prozent der Schließungsdichte (also $\Omega = 0,2$). Für den Hubblefaktor wird dabei der größte beobachtete Wert angenommen, also h fast gleich 1 gesetzt. Die Simulationen wurden so weit getrieben, bis die Dichte und Korrelationen der Galaxien im allgemeinen dem entsprachen, was wir in einem breiten Bereich beobachten (das war, wie man sich erinnern wird, im Fall der Neutrinos nicht möglich). Es wird aus diesen Abbildungen klar, daß das von kalter dunkler Materie beherrschte Universum eine bessere Näherung für das darstellt, was wir sehen. Wenn die Haufenbildung hierarchisch verläuft, erfolgt sie in einem viel größeren Bereich; man findet dann im großen Maßstab keine besonders großen Haufen.

Andere davon unabhängige – analytische wie numerische – Untersuchungen haben gezeigt, daß ein von kalter dunkler Materie beherrschtes Weltall gewisse feine Einzelheiten der beobachteten Struktur reproduziert. George Blumenthal und seine Mitarbeiter Sandra Faber, Joel Primack und Martin Rees zeigten, daß die detaillierte Morphologie von Galaxien, die in Bereiche kalter dunkler Materie verschiedener Dichte eingebettet sind, in auffälliger Übereinstimmung mit dem steht, was beobachtet wird. Wenn kalte dunkle Materie sich erfolgreich auf kleineren Skalen zusammenballen kann als heiße Materie, läßt das außerdem hoffen, darin eine Erklärung für die beobachtete Häufigkeit der dunklen Materie in kleinen Systemen wie Zwerggalaxien finden zu können.

Der Schein kann jedoch trügen; so schön die numerischen Simulationen in Abbildung 8.1 auch sind, der Erfolg eines Modells beruht auch in der Kosmologie nicht allein auf qualitativer Übereinstimmung. Obwohl ganz zweifellos Simulationen mit kalter dunkler Materie bei der erwähnten Parameterwahl (ein offenes Universum mit maximaler Ausdehnungsrate) zu

Weltmodellen führt, die *qualitativ* denen ähnlich zu sein scheinen, die wir sehen, decken *quantitative* Überprüfungen Probleme auf. Wie bei solchen Fragen üblich, taucht jedes bestimmte quantitative Problem in einer Simulation in einer Reihe von verschiedenen, aber im wesentlichen äquivalenten statistischen Meßwerten auf. Es gibt vor allem diese fünf Probleme: (1) Die Relativgeschwindigkeiten naher Galaxienpaare neigen dazu, etwas zu groß zu sein, wenn die Geschwindigkeiten so gewählt werden, daß sie den beobachteten Relativgeschwindigkeiten auf größeren Skalen entsprechen sollen. (2) Obwohl der Grad der Haufenbildung insgesamt gut mit der Beobachtung übereinstimmt, hat die Haufenbildung als eine Funktion des Abstands – quantitativ bestimmt durch die Berechnung der Wahrscheinlichkeit, in einer gewissen Entfernung von einer vorgegebenen Galaxie eine zweite Galaxie zu finden – nicht genau dieselbe Form wie die beobachtete Haufenbildung. (3) Die gemeinsame Wahrscheinlichkeit, drei Galaxien innerhalb eines Bereichs von weniger als fünf bis zehn Megaparsec zu finden, scheint viel höher zu sein als beobachtet. (4) Das Verhältnis von Masse zu Strahlung ist auf der Skala von Galaxienhaufen zu groß. (5) Das Modell sagt Restschwankungen im Mikrowellenhintergrund vorher, die an der Grenze unserer Beobachtung liegen oder gerade eben von ihnen ausgeschlossen werden. Diese fünf »Schwachstellen« spiegeln alle eine einzige Tatsache: Einzelne Galaxienhaufen sind in diesen Simulationen anscheinend etwas fester gebunden als wirkliche Haufen.

Sollten diese kleinen quantitativen Unregelmäßigkeiten uns zwingen, den qualitativen Erfolg dieser Modelle mit kalter dunkler Materie zu überdenken? Schließlich vernachlässigen die Simulationen die innere Struktur der Galaxien, und physikalische Wirkungen auf diesem kleinen Maßstab könnten wichtig genug sein, um zumindest einige der Probleme zu beseitigen. Leider lautet die Antwort: Ja. Einer der Beweggründe für diese Simulationen war es, zu sehen, ob ein Modell mit dunkler Materie bei sehr einfachen Annahmen die beobachtete Struktur erklären kann. Es ist nicht besonders befriedigend, wenn wir auf kleinem Maßstab unbekannte Kräfte zu Hilfe nehmen müssen, um Schwierigkeiten mit der Beobachtung zu klären. Wichtiger noch: Wenn wir die Signale der wenigen quantitativen Untersuchungen großräumiger Strukturen ignorieren, gehen wir damit das Wagnis ein, die Kosmologie inhaltslos zu machen. Eine sorgfältige quantitative Untersuchung dieser möglichen Probleme könnte wesentliche Hinweise auf ihre Lösung liefern.

Wir sollten uns durch diese Unstimmigkeiten nicht entmutigen lassen. Erstens wäre es etwas überraschend, wenn schon ein erster Versuch dem Ziel nahe käme. Wenn zudem die Simulation besser mit der Beobachtung übereinstimmen würde, hätten wir Anlaß gehabt, gewisse grundlegende Aspekte unseres theoretischen Bildes von der Kosmologie anzuzweifeln. Vor allem führt der für die Simulationen nötige Extremwert von h zu einem Weltall, das heute ziemlich jung wäre, weniger als etwa zehn Milliarden Jahre alt. Wie ich erwähnte, haben viele unabhängige Altersschätzungen, besonders solche, die auf der Sternentwicklung beruhen, nahegelegt, daß unser Weltall *mindestens* 14 Milliarden Jahre alt sein muß. Es wäre sehr entmutigend, wenn all diese Schätzungen ignoriert werden müßten, nur um eine gute Übereinstimmung mit Modellen mit dunkler Materie zu erhalten.

Dann erinnere man sich, daß diese Simulationen für $\Omega = 0{,}2$ oder *offene* Universen galten. Ich wies schon früher ohne zuviel Aufhebens auf diese wichtige Tatsache hin, aber vielleicht hören Sie beim Lesen »die Nachtigall trapsen«. Wenn ein Universum mit $\Omega = 0{,}2$, das *offen* ist und von kalter dunkler Materie beherrscht wird, perfekt mit unserer Beobachtung übereinstimmt, muß man sich fragen, wie es mit $\Omega = 1$, dem Flachheitsproblem, der Inflation und anderen Gedanken steht, die in den vorangegangenen Kapiteln eine so wichtige Rolle spielten.

Alle Aufregung über die Vorstellung, ein offenes Universum stehe nicht in unmittelbarer Übereinstimmung mit den detaillierten zahlenmäßigen Vorhersagen von Modellen mit kalter dunkler Materie, ist jedoch voreilig. Wenn man stattdessen auf dieselbe Art ein Modell eines Universums mit $\Omega = 1$ erstellt, verschlechtert sich die Lage. Die Erhöhung der Gesamtdichte der Galaxien macht die Haufenbildung nur ausgeprägter, und die »Potentialmulden« sind auf kleinerem Maßstab noch tiefer. Da alle auf eben solchen Größen beruhenden virialen Schätzungen

im beobachteten Weltall nahelegen, daß Ω kleiner ist als 1,
überrascht es nicht, wenn diejenigen Simulationen zu schlechten
Ergebnissen führen, bei denen diese Analysen eine mit einem
flachen Universum vereinbare Schätzung ergeben. Tatsächlich
verstärken sich die oben erwähnten »Schwachstellen«; außerdem wäre der Hubblefaktor h, bei dem die Simulation am besten
mit der Beobachtung übereinstimmt, fast gleich 0,2, und das ist
viel weniger als selbst die extremsten auf der Beobachtung
beruhenden Schätzungen.

Was sollen wir tun? Können wir Theorie und Beobachtung in
einem von kalter dunkler Materie bestimmten Universum in
Übereinstimmung bringen? Es gibt viele exotische Möglichkeiten. Eine sehr einfache und, wie manche finden, natürliche
Lösung liegt jedoch in den Simulationen selbst. Sie beziehen sich
ja nur auf die vorherrschende dunkle Komponente des Universums, und diese Massenverteilung darf nicht unbedingt mit der
Galaxienverteilung gleichgesetzt werden. Ich spielte früher auf
die Tatsache an, daß es in einer solchen Situation schwierig sein
könnte zu sagen, was man inmitten der Haufen von Teilchen als
Galaxie bezeichnen will.

Bei einer Meinungsumfrage ist eines der heikelsten Probleme
sicherzustellen, daß die Befragten wirklich »zufällig« ausge-
wählt wurden. Wie etwa zu Wahlkampfzeiten viele Meinungs-
umfragen zeigen, führt selbst die umfassendste statistische
Analyse einer nicht repräsentativen Menge von Befragten zu
Ergebnissen, die mit großer Wahrscheinlichkeit nichts mit der
Wirklichkeit zu tun haben. Wenn diese Büchse der Pandora
einmal geöffnet ist, können wir uns Hunderte von Gründen
ausdenken, warum sichtbare Galaxien, die ja höchstens zehn
Prozent der Masse des Weltalls ausmachen, keine wirkliche
»Zufallsverteilung« der Materie insgesamt darstellen. In der Tat
läßt sich die Gleichsetzung der Galaxien mit der Verteilung der
dunklen Materie, wie sie in den hier beschriebenen Simulationen
vorgenommen wurde, a priori nur aus Gründen der Einfachheit
rechtfertigen. Wenn wir diese Annahme lockern, ändern sich die
Ergebnisse völlig.

Aufgrund dieser Überlegungen untersuchten Davis, Efstathiou, Frenk und White als nächstes numerisch, was vorherge-

sagt werden könnte, wenn Galaxien »verfälschte« Anzeichen für die Massenverteilung im Universum liefern. Insbesondere untersuchten sie die Möglichkeit, daß Galaxien »selten« sind und sich nur dort bilden, wo der vorherrschende Hintergrund aus dunkler Materie wesentlich dichter ist als im Mittel. Man kann fragen, welche physikalischen Mechanismen zu einer solchen Situation führen könnten, und darauf werde ich später zurückkommen. Jetzt möchte ich nur darstellen, was in diesem Fall passiert.

Die Verfälschung wurde dadurch verstärkt, daß man von den gleichen Anfangsbedingungen wie bei früheren Simulationen ausging und diese dann glättete, um sie als Beispiele für die durchschnittliche Dichte in kleinem Maßstab zu beobachten. Diese gemittelten Bereiche wurden untersucht, und wenn sich die Dichte als genügend groß herausstellte, nämlich als etwa 80 Prozent größer als die mittlere Dichte, wurde das nächstliegende »Teilchen« Galaxie genannt. Die Entwicklung dieses Systems von »Galaxien« wurde dann genauer verfolgt. Die Anzahl solcher Galaxien in den Simulationen stellte sich als vergleichbar mit der Anzahl heller Galaxien heraus, die man in einem dem simulierten vergleichbaren tatsächlichen Volumen erwarten würde. Ein Vergleich zwischen der zugrundeliegenden Massenverteilung in einer solchen Simulation und der Verteilung von »Galaxien« wird in Abbildung 8.2 gezeigt.

Wie die Abbildung zeigt, sind Galaxien dann, wenn sie »selten« sind, stärker zusammengeballt als der Gesamthintergrund. Nick Kaiser, ein junger britischer Astrophysiker, hatte bereits aufgezeigt, wie wichtig diese einfache statistische Tatsache ist, indem er damit die sonst überraschende Beobachtung erklärte, daß die sehr selten beobachteten sehr reichen Galaxienhaufen dazu neigen, stärker miteinander korreliert zu sein als durchschnittliche Galaxien, von denen die meisten nicht zu solch reichen Haufen gehören.

Dieser Effekt kann auch zu dem Versuch herangezogen werden, die beobachteten Korrelationen zwischen Galaxien und einem möglicherweise flachen Universum in Einklang zu bringen. Stellen wir uns vor, Galaxien bildeten sich als Schwankungen in der Materiedichte auf einer bestimmten Skala, diese

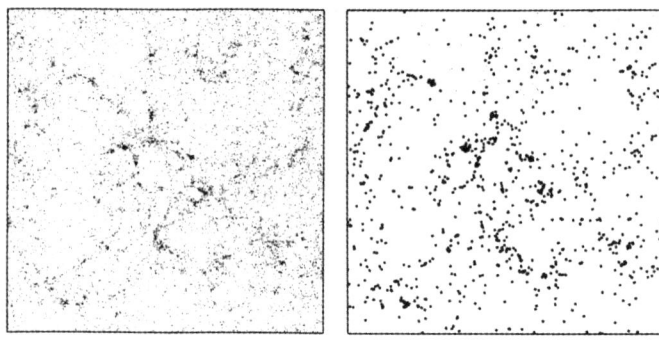

Abb. 8.2 Links wird gezeigt, wie sich die Teilchen in einer von Davis, Efstathiou, Frenk und White durchgeführten Simulation eines Universums mit kalter dunkler Materie verteilten. Die Karte rechts zeigt die Verteilung von Bereichen mit hinreichend hoher mittlerer Dichte, die sich in der Bewertung von DEFW als »Galaxien« identifizieren lassen (Aus M. Davis u. a., *Astrophysical Journal* 292 [Mai 1985].)

Fluktuationen würden dann in andere eingebettet, die in viel größerem Maßstab gelten, und so weiter, wie es in hierarchischen Modellen angenommen wird. *Wenn also eine gewisse Dichteschwelle nötig ist, bis sich eine Galaxie bilden kann,* ist es wahrscheinlicher, daß Fluktuationen auf galaktischen Skalen diese Schwelle überwinden, wenn sie selbst in einem Bereich des Hintergrunds liegen, der weit überdurchschnittliche Dichte hat. Diese Situation wird schematisch in Abbildung 8.3 dargestellt. Hier sehen wir, daß die zufälligen Schwankungen im kleinen Maßstab dazu neigen, die »Schwelle« in den Bereichen zu übersteigen, in denen die Hintergrunddichte am größten ist. Das verstärkt dann die Haufenbildung noch weiter. Wir finden mit größerer Wahrscheinlichkeit dort eine Galaxie, wo in der Nähe weitere sind. Diese einfache Tatsache hat weitreichende Folgen. Die beobachtete Haufenbildung der Galaxien in Modellen mit »gewichteter Galaxienbildung« hat sehr wenig mit der Schwerkraft zu tun; sie ist ein statistisches Phänomen. Wenn die Schwerkraft nicht so eng mit der Galaxienbildung verknüpft ist, wie wir angenommen hatten, brauchen die Gravitationspoten-

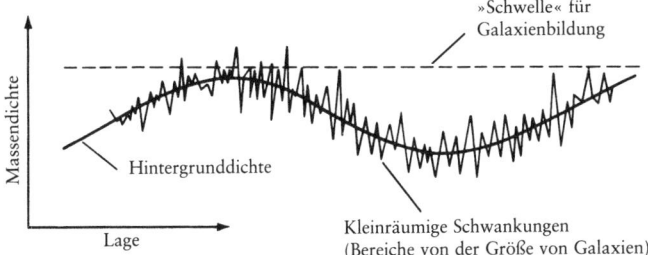

Abb. 8.3 Wenn lokale Dichteschwankungen, wie hier schematisch gezeigt, eine gewisse Schwelle überschreiten müssen, bevor sich Galaxien bilden können, entstehen Galaxien vorzugsweise dort, wo auch die Hintergrunddichte über dem Mittelwert liegt.

tiale der großräumigen Fluktuationen in der zugrundeliegenden Massenverteilung nicht so stark zu sein. Früher haben wir uns überlegt, welcher Wert der Schwankungen nötig ist, um allein durch die Schwerkraft die gleiche Anzahl von Haufen zu bilden, falls Galaxien im Verhältnis zur dunklen Materie selten sind. Wenn diese Schwankungen kleiner sind als dieser Wert, verschwinden die negativen Eigenschaften der früheren Simulationen: Relativgeschwindigkeiten naher Galaxien werden kleiner, die Korrelationen zwischen Dreiergruppen von Galaxien weniger stark, und die anfänglichen Fluktuationen, die sich auf den Mikrowellenhintergrund auswirken können, brauchen nicht so groß zu sein. Die Übereinstimmung mit der Beobachtung wird also besser. In der Tat wies eine aufgrund der »gewichteten« Simulation durchgeführte quantitative Analyse der Gruppe um Davis genau dieses Verhalten auf.

Die Tatsache, daß ein von kalter dunkler Materie beherrschtes Weltall eine statistische Gewichtung erfordert macht, erscheint je nach dem Gesichtspunkt als Segen oder als Fluch. Für die Beobachtung betrifft eine der wichtigsten Folgerungen aus all diesem den Wert von Ω. Wie die Gewichtung in den DEFW-Simulationen nahelegt, ist ein aus virialen Schätzungen der Galaxienbewegung abgeleiteter Wert von 0,2 für Ω mit einem

wirklichen Wert von $\Omega = 1$ verträglich, wenn die weiter verteilte
dunkle Materie einbezogen wird. Was für eine bemerkenswerte
Umkehr der Ereignisse: Plötzlich wird $\Omega = 1$ bevorzugt und
nicht verworfen. Andererseits mag es Beobachtern, die den
größten Teil ihrer Karriere damit verbracht haben zu beweisen,
daß Ω auf den größten Skalen, die wir messen können, fast gleich
0,2 ist, recht verdächtig erscheinen, wenn wir Zuflucht bei der
Gewichtung suchen, um unsere Beobachtungen zu erklären. Das
Ausmaß, in dem diese akzeptiert wird, hängt wesentlich davon
ab, ob sie weiterhin Erfolg hat oder nicht.

Was den Erfolg betrifft, sollten die Verbesserungen, die das
gewichtete Modell bringt, sorgfältig erwogen werden. Diese
Verbesserungen setzten die Einführung weiterer Parameter voraus, nämlich der Gewichtungsskala und des Schwellenfaktors.
Es ist immer leichter, die Daten mit Hilfe von mehr Parametern
in Übereinstimmung zu bringen, deswegen fragt es sich, ob diese
Verbesserungen hoffnungsfroh stimmen. Die Antwort ist Ja und
gründet sich größtenteils auf weitere numerische Arbeit der
DEFW-Gruppe. Wenn die Parameter der gewichteten Modelle so
manipuliert werden, daß sie in einem bestimmten Maßstab,
etwa zwischen 1 und 10 Megaparsec, zur Übereinstimmung
führen, lassen sie keinen Spielraum. Wenn aber diese Modelle
alle Strukturen erklären sollen, müssen sie sowohl die beobachteten Kennzeichen galaktischer »Halos« dunkler Materie in
kleinerem Maßstab aufweisen als auch die kürzlich beobachteter Strukturen auf viel größerem Maßstab. Neue Simulationen,
die in diesen beiden Extremen, diesmal mit bis zu einer Größenordnung mehr Teilchen durchgeführt wurden, brachten sehr
ermutigende Ergebnisse. Simulationen im kleineren Maßstab
mit vielen verschiedenen Teilchen in einer als »Galaxie« identifi-
zierten Anordnung ergeben vorhergesagte »Rotationskurven«
(siehe Kapitel 4) mit genau der richtigen Form und Gesamt-
leuchtkraft heller Galaxien. Die simulierten Kurven für zehn
helle Galaxien sind den früher (auch in Kapitel 4) gezeigten
Kurven für wirkliche Galaxien auffallend ähnlich (siehe Abbildung 8.4).

Andererseits zeigen Simulationen in viel größerem Maßstab
bemerkenswerte Übereinstimmung solcher Kennzeichen wie der

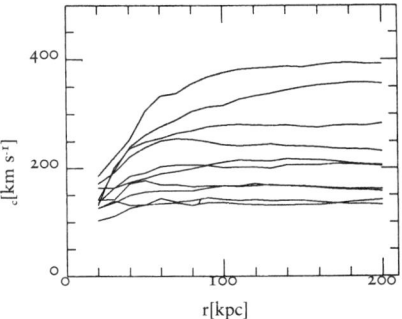

Abb. 8.4 Für die zehn massereichsten Klumpen, die sich bei einer numerischen Simulation eines von kalter dunkler Materie beherrschten flachen Universums ergeben, wurden Rotationskurven berechnet, die denen für wirkliche Galaxien ähneln. Hier ist die vorhergesagte Kreisgeschwindigkeit V_c von Objekten in dem System (in Kilometer pro Sekunde) als Funktion ihres Abstands r von der Mitte (in Kiloparsec [= 1000 Parsec]) dargestellt, die man erhält, wenn man die in Kugeln mit zunehmendem Radius r enthaltene Masse betrachtet, die um die dichtesten Bereiche jedes Klumpens herum zentriert sind. [Aus *Nature* 317 (1985), S. 597. Copyright © 1985 Macmillan Magazines Ltd. Nachdruck mit Erlaubnis.)

beobachteten Häufigkeit »reicher«, also bevölkerter Haufen, ungeheurer Leeren und der Filamentanordnungen von Galaxien. Da in der Physik gewöhnlich genauere Untersuchungen, die auf einer vorläufigen Hypothese beruhen, Ergebnisse bringen, die mit der Beobachtung stärker im Widerspruch sind als die ersten Schätzungen, sind Fälle wie dieser, bei der die Übereinstimmung bei genauerer Betrachtung *besser* wird, um so überzeugender.

Ein besonders interessanter Befund bei der Arbeit an diesem Problem ist, daß das »Gewichten« – das den größten Anteil am Erfolg dieser Modelle hat – sich ohne die Hilfe äußerer physikalischer Prozesse ganz *natürlich* ergeben kann. Die DEFW-Gruppe war überrascht, als sie bei der Untersuchung von »Halos« einmal die erzwungene Gewichtung aufgab und dazu zurückkehrte, in der numerischen Simulation alle entstehenden Teilchen zu berücksichtigen, die Bereiche um Galaxien herum darstellen könnten. Als immer größere Halos betrachtet wurden, zeigten sich viel stärkere Beziehungen zwischen ihnen als in der Verteilung im Hintergrund – genau das also, was die Gewichtung nahelegt. Bei einigem Nachdenken konnte man sich das auch denken, und tatsächlich hatte Martin Rees diese Möglichkeit schon früher erwogen. Strukturen ballen sich unter dem Einfluß der Schwerkraft in Bereichen höherer Dichte schneller und wirksamer zusammen als in Bereichen mit niedrigerer Dichte. In überdichten Hintergrundbereichen haben sich deshalb bis heute mehr Materieklumpen gebildet. Wenn sich Galaxien erst relativ kürzlich gebildet haben, so daß nur Klumpenbildung in den überdichten Bereichen stark genug ist, um zu einer heute sichtbaren Galaxie zu führen, dann ist die Galaxienverteilung natürlich »gewichtet«. Ob das vorhergesagte Maß der Gewichtung so hoch ist, wie es nötig ist, um eine Übereinstimmung zwischen Simulation und Beobachtung zu erreichen, ist nicht klar. Trotzdem ist es sehr ermutigend, wenn wir erfahren, daß Gewichtung auf einem gewissen Niveau ganz von selbst erfolgt, selbst wenn keine anderen Kräfte daran beteiligt sind als die Schwerkraft. Wenn natürlich andere Faktoren berücksichtigt werden müssen, etwa eine frühe Generation von Sternen, die als Supernovae explodieren und außer in ihren allerdichtesten Bereichen alle weitere Strukturbildung unterdrücken, spricht das sehr für eine Gewichtung a priori. Zudem haben numerische Simulationen gezeigt, daß auch der Einfall von Baryonen in die von Zusammenballungen dunkler Materie erzeugten Potentialmulden auf eine Gewichtung hinauslaufen kann. Baryonen kollabieren nämlich vorzugsweise in solche Bereiche, in denen die Dichte der dunklen Materie in diesen Klumpen am größten ist.

Da »Gewichtung« zunächst eine künstliche zusätzliche Forderung für Modelle mit kalter dunkler Materie zu sein scheint, sind diese automatischen Gewichtungen sehr beruhigend. Meiner Meinung nach haben sie vielen geholfen, die Vorstellung zu bejahen, daß Galaxien keineswegs gute »Indikatoren« für die bei weitem überwiegende Verteilung dunkler Materie im Hintergrund zu sein brauchen. Im allgemeinen sind sie es vermutlich überhaupt nicht. Ob die Gewichtung in Wirklichkeit ausreicht, um eine Verträglichkeit der Beobachtungen mit einem flachen Universum zu erlauben, ist eine Frage, die nur die Zeit und neue Daten beantworten werden. Jetzt jedoch erscheint diese Möglichkeit sehr reizvoll.

Die Übereinstimmung zwischen der Beobachtung und gewichteten Modellen mit kalter dunkler Materie, für die $\Omega = 1$ ist, ist bemerkenswert. Es ist schließlich ein einfaches überprüfbares Modell, das auf nur wenigen grundsätzlichen Parametern beruht. Es ist sehr ermutigend, wenn ein solch einfaches Modell, das so viel erklären könnte, lebensfähig bleibt. Tatsächlich stellt man sich heute die Welt gern so vor, daß die beobachtete großräumige Struktur von kalter dunkler Materie beherrscht wird. Diese Vorstellung braucht deshalb noch nicht unbedingt richtig zu sein; die Beobachtung stellt sie durchaus auch ernsthaft in Frage. Einer der großen Vorteile des Modells ist es gerade, daß sich aus ihm überprüfbare Vorhersagen ableiten lassen – wir können es also gegebenenfalls auch widerlegen. Die Kosmologie neigt dazu, eine spekulative Naturwissenschaft zu sein. Am überflüssigsten sind Modelle, aus denen sich nur wenige oder gar keine *empirischen* Folgerungen herleiten lassen, oder Modelle mit so vielen Parametern, daß alle Beobachtungsdaten eingeordnet werden können. Wenn sich eine der Vorhersagen, die entweder mit der Vorstellung von einem flachen Universum oder von der Strukturbildung aufgrund des durch die Schwerkraft bedingten Wachstums von zunächst skalen-unabhängigen, vom Urknall herrührenden Materieschwankungen zusammenhängen, als falsch herausstellt, könnten wir dazu gezwungen sein, wie es in der Naturwissenschaft so oft der Fall war, das Modell zu verwerfen. In der Tat könnten ihm vorläufige Beobachtungen aus einer ganzen Reihe von Forschungsgebieten den Todesstoß versetzen. Ich werde in den folgenden Abschnitten einige dieser sich abzeichnenden Herausforderungen beschreiben.

Die Ära der Galaxienbildung

Nach einer für die hier beschriebenen Modelle mit kalter dunkler Materie recht typischen Vorhersage hat sich die Galaxienbildung nach kosmischer Zeitrechnung relativ kürzlich abgespielt. Die Erfolge der Modelle mit kalter dunkler Materie haben damit zu tun, daß sie das Wachstum von Strukturen auf sehr verschiedenen Skalen von Galaxien aufwärts ermöglichen. Aber die Galaxienbildung konnte gar nicht allzu früh beginnen, denn sonst sollten wir heute eine deutlichere Haufenbildung in größerem Maßstab sehen. Wenn, anders gesagt, die Schwankungen auf der Größenordnung von Galaxien sehr stark gewachsen wären und schon zu einer früheren Zeit kollabiert wären, dann hätten sich auch Schwankungen auf größeren Skalen im Lauf der Zeit zu heute ziemlich großen Fluktuationen ausgewachsen – falls sie, als der Horizont sie zuerst einschließen konnte, dieselbe Anfangsamplitude hatten wie Fluktuationen von der Größe von Galaxien. Je größer diese Fluktuationen heute sind, um so größer ist die Haufenbildung auf diesen großen Skalen. Wie die Simulationen zeigen, bilden sich sehr rasch Strukturen aus, wenn die Schwankungen einmal groß genug werden, um zu kollabieren. Je früher sich eine solche Struktur ausbildet, um so deutlicher erkennbar ist sie heute. Schließlich sind die »natürlichen« Gewichtungen, die ich gerade beschrieb, offenbar sehr wirksam, wenn sich bis heute vorwiegend helle Galaxien bilden konnten. Dies legt wiederum nahe, daß sich in der fernen Vergangenheit nicht allzu viele Galaxien gebildet haben können.

Modelle mit kalter dunkler Materie weisen also darauf hin, daß die meisten Galaxien sich gebildet haben sollten, nachdem das Universum ein Viertel seiner jetzigen Größe oder als es mehr als ein Achtel seines heutigen Alters hatte. Das Licht von Sternen, das nach dieser Zeit ausgeschickt wurde, wäre dann heute um einen Faktor von höchstens drei rotverschoben. Da wir viele Galaxien mit Rotverschiebungen in der Größenordnung von 1 sehen, legt das die Ära der Galaxienbildung auf einen Zeitraum zwischen $1/8$ und $1/3$ des heutigen Weltalters fest.

Mit immer besseren Teleskopen können wir Objekte in immer größeren Fernen sehen oder, damit gleichbedeutend, Licht, das

zu immer früheren Zeiten ausgeschickt wurde. Technische Fortschritte sollten es uns bald ermöglichen, im Entstehen begriffene
Galaxien mit einer Rotverschiebung von 4 oder 5 zu sehen, falls
es damals schon Galaxien gab. Mehrere Gruppen haben ungewöhnliche Objekte mit einer Rotverschiebung zwischen 2 und 5
gefunden. Die Bestimmung der Rotverschiebungen solcher Objekte ist manchmal problematisch; vielleicht stimmen also die
Entfernungsschätzungen nicht. Wenn wir jedoch mit unseren
beschränkten Möglichkeiten solche Objekte überhaupt finden,
sind sie vielleicht nicht sehr selten. Wenn wir mit derselben
Geschwindigkeit weitere Entdeckungen machen, und wenn
diese Objekte sich als Galaxien erweisen, steckt die Strukturbildung mittels kalter dunkler Materie in Schwierigkeiten. Andererseits meinen manche Bobachter, diese Objekte seien wahrscheinlich seltener, als diese ersten Entdeckungen es nahelegen,
und vermutlich keine Galaxien, sondern eine ganz neue Klasse
von Objekten. Wir werden es wohl schon bald wissen.

Hinweise auf Gewichtung

Die Gewichtung kann viele physikalische Ursachen haben und
läßt sich allein vom Standpunkt der Beobachtung schlecht festlegen. Die »natürliche« Gewichtung, die in den numerischen
Simulationen entdeckt wurde, läßt sich jedoch überprüfen.
Große Galaxien sollten sich eher zu Haufen zusammenfinden als
mittelgroße oder gar kleine Galaxien. Das sollte sich ganz direkt
untersuchen lassen; ich weiß jedoch von zwei Gruppen, die
solche Untersuchungen machten und entgegengesetzte Ergebnisse erhielten. Augustus Oemler von der Yale University und
sein Mitarbeiter Avishai Dekel aus Jerusalem untersuchten 1988
die Haufenbildung bei Zwerggalaxien. Ihre Ergebnisse legten
nahe, daß die Verteilung solcher Objekte nicht weniger zu
Haufenbildung neigt ist als die von Galaxien durchschnittlicher
Größe. Inzwischen haben Simon White, Marc Davis und Brent
Tully Galaxien mit großen Rotationsgeschwindigkeiten untersucht (die große Halos vermuten lassen), und sie berichten von
einer systematischen Zunahme der Haufenbildung proportional

zur Geschwindigkeit (oder Größe) in etwa dem von den Simulationen vorhergesagten Ausmaß. Diese wichtige Überprüfung der Modelle mit gewichteter kalter dunkler Materie ist noch nicht abgeschlossen.

Haufen von Haufen

Ein Befund ist den Erbauern kosmologischer Modelle schon seit fast einem Jahrzehnt ein Stachel im Fleisch. Er hat mit der Haufenbildung nicht von Galaxien, sondern von Galaxienhaufen zu tun. Etwa 1958 durchmusterte George Abell photographische Aufnahmen von Galaxien, wie sie sich an den Himmel projizieren, und klassifizierte Haufen, indem er Ringe einer bestimmten Größe auf die Platte legte, um zu sehen, ob die Anzahl der Galaxien in dem Ring eine bestimmte Schwellenzahl überstieg. Wenn das der Fall war, nannte er den Haufen »reich«. Nun ist in Anbetracht der beschränkten technischen Möglichkeiten, Galaxien aufzufinden, der Überlappung von Haufen und weiteren subjektiven Faktoren, die in diese Analyse eingehen, klar, daß Abells Verfahren ebenso sehr »Kunst« war wie Wissenschaft. Abell selbst soll gewarnt haben: »Betreibt mit meinen Stichproben keine Statistik.«[*] Das hielt jedoch weder ihn noch eine jüngere Generation von Astrophysikern davon ab, genau das zu tun. Ein Ergebnis war sehr rätselhaft. Neta Bahcall, jetzt am Hubble Space Telescope Institute, und seine Kollegen berichteten 1983, daß die Positionen mehrerer von Abell benannter Haufen bis in Entfernungen weit jenseits der Galaxien selbst korreliert waren. Eine gewisse Bestätigung ist durch dieselbe Art von Gewichtung seltener Ereignisse, wie ich sie früher erwähnte, zu erwarten. Diese Gewichtung wurde von Kaiser sogar zuerst im Zusammenhang mit den Korrelationen von Haufen vorgeschlagen. Aber bis heute kann kein Modell für kalte dunkle Materie, nicht einmal ein gewichtetes, die Korrelationen, die sowohl für Galaxien wie für Abellschen Haufen berichtet werden, in einem quantitativen Modell erklären.

---

[*] Ich danke Jim Gunn für den Hinweis.

Ist das ein Problem? Ich bin nicht sicher. Zur Zeit ist unser Wissen über die Einzelheiten der Struktur umgekehrt proportional zur Größe der Struktur des Weltalls. Die Daten über Haufen sind sicherlich weniger gesichert als die über Galaxien. Das ändert sich jedoch gerade. Neue Beobachtungsverfahren haben die Datensammlungen für Messungen an Haufen um mehr als eine Größenordnung verbessert. Halbleitende »ladungsgekoppelte Geräte«, sogenannte CCD-Kameras, haben die einfachen Kameras in Teleskopen ersetzt, und man erhält jetzt in fünf Minuten Beobachtungszeit eine viel höhere Empfindlichkeit als mit älteren optischen Verfahren in mehreren Stunden. Sorgfältige Durchmusterungen der Spektren und Rotverschiebungsdaten werden zur Zeit durchgeführt. Einige neueste Daten sind für die Verfechter der kalten dunklen Materie ermutigend. George Blumenthal und seine Mitarbeiter in Santa Cruz haben vor kurzem die Daten von Abell aufs Neue untersucht. Sie berücksichtigten sorgfältig die Tatsache, daß manche Galaxien doppelt gezählt wurden – sie gehörten nach Abells »Ring-Kriterium« zu zwei verschiedenen Haufen – und auch andere systematische Effekte; das reduzierte die Korrelation von Haufen wesentlich und machte sie vereinbar mit den Vorhersagen der Modelle mit kalter dunkler Materie. Da die Gruppe in Santa Cruz seit langem als ein Verfechter von Szenarien mit kalter dunkler Materie gilt, werden unabhängige Bestätigungen dieser Befunde ungeduldig erwartet.

Das schaumige Weltall

Margaret Geller und ihre Kollegen am Harvard-Smithsonian Center for Astrophysics unternahmen es 1986, Galaxien weiter in den Raum hinein zu durchmustern, als jemals zuvor unternommen worden war. Ihre Ergebnisse waren erstaunlich. Sie fanden in sehr großem Maßstab, also bei etwa zehn Megaparsec, Strukturen, die zuvor nicht erkannt worden waren. Es zeigten sich sehr gut ausgeprägte Filamente, und Galaxien schienen auf sehr scharf umrissenen, relativ kugelförmigen »Schichten« um riesige Leeren herum zu liegen. Geller und ihre Kollegen vergli-

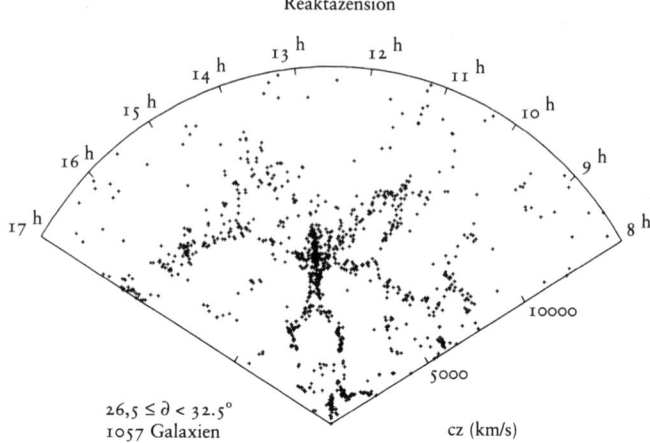

Abb. 8.5 Ein »Keil«diagramm der Rotverschiebungsdurchmusterung des Center for Astrophysics zeigt die Galaxienverteilung entlang eines Schnitts durch den Himmel. Die radiale Richtung stellt die Rotverschiebung dar und gibt damit etwa die Entfernung zu den gezeigten Galaxien an. Die Geschwindigkeiten der Galaxien am Rand der Karte betragen relativ zu einem irdischen Beobachter (er befindet sich am unteren Scheitel) über 10000 Kilometer pro Sekunde, was auf eine Entfernung von über 100 Megaparsec schließen läßt. Man erkennt riesige runde Leeren ohne Galaxien. Außerdem scheinen die meisten Galaxien entlang dünner Hüllen an den Rändern der Leeren zu liegen. Wenn Scheiben des Himmels etwas über und etwas unter dem Keil untersucht werden, sieht man, daß die hier in zwei Dimensionen dargestellten kreisförmigen Muster sich zu einem »schaumähnlichen« Muster von Galaxien in drei Dimensionen fortsetzen. (Aus V. de Lapparent, M. J. Geller und J. P. Huchra, *Astrophysical Journal* 302.)

chen den Anblick mit einem »Schnitt durch den Schaum im Spülbecken in der Küche«. Dies war nicht die Art Struktur, von der man denken würde, sie könnte sich allein durch die Gravitation ergeben. Die Bilder ließen vermuten, daß etwas anderes eine Rolle spielte – vielleicht großräumige Explosionen unbekannten Ursprungs. Das Bild vom Weltall im Großen hatte sich anscheinend mit einem Schlag geändert.

Nachdem diese Ergebnisse veröffentlicht worden waren, eil-

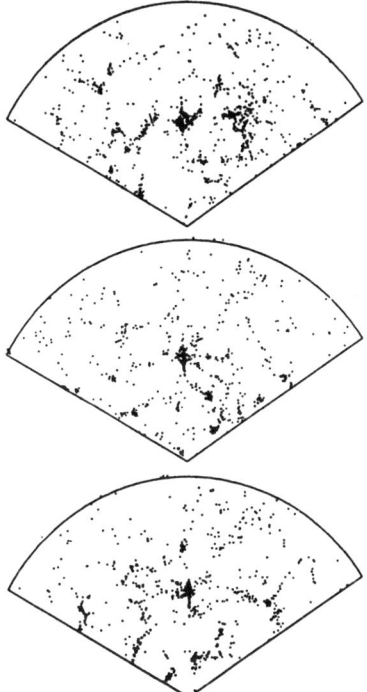

Abb. 8.6 Die Verteilung von »Galaxien« in einem »Keil«diagramm für
drei hypothetische Rotverschiebungsdurchmusterungen, die die Bedingungen der tatsächlichen Durchmusterung des Center for Astrophysics nachahmen sollen, aber in diesem Fall von Simulationen eines von kalter dunkler
Materie beherrschten flachen und gewichteten Universums herrühren. Es
lassen sich Filamente und Leeren in Größenordnungen erkennen, die den
tatsächlich beobachteten vergleichbar sind. Angrenzende Scheiben scheinen
zu zeigen, daß die hier gesehenen Strukturen sich durch mehrere Scheiben
hindurch fortsetzen. (Von M. Davis et al., *Astrophysical Journal* 313
[1987].)

ten die Mitarbeiter der DEFW-Gruppe an ihre Computer, um herauszufinden, wie merkwürdig dieses Bild nun wirklich war. Noch sei, so meinten sie, die Behauptung verfrüht, man brauche etwas Neues, um die Strukturen zu erzeugen, die wir sehen, und sie ließen ihre Simulationen für die üblichen Modelle mit kalter dunkler Materie jetzt in viel größerem Maßstab Modelle erzeugen. Sie untersuchten die Simulationen genau so, wie Geller und ihre Kollegen die wirklichen Galaxien untersuchten: Qualitativ waren sich die Ergebnisse ziemlich ähnlich. Urteilen Sie selbst (siehe Abbildungen 8.5 und 8.6).

Die DEFW-Gruppe wies auch auf einen wesentlichen Punkt hin, der es uns erlauben könnte, zwischen verschiedenen Modellen zu unterscheiden. Die großen Leeren, die sich in den Simulationen zeigen, sind anscheinend nicht, wie im Fall von Seifenblasen, gleichmäßig mit Schichten von Galaxien umgeben, sondern verteilen sich vielmehr wie bei einem Schwamm überall im Raum. Diese Vergleiche sind verführerisch. Bis jetzt haben wir wenig mehr als einen qualitativen Zugang zu den Daten. Bevor wir die Daten und die numerischen Simulationen nicht quantitativ untersuchen können, ist die Entscheidung verfrüht, ob der Gravitationskollaps in einem von kalter Materie dominierten Universum oder aber Explosionen die Saat der großräumigen Strukturen sind.

Der Mikrowellenhintergrund

Bis heute ist keine Anisotropie des Mikrowellenhintergrunds in solchen Größenordnungen beobachtet worden, in denen die vom Urknall herrührenden, für die Galaxienbildung verantwortlichen Schwankungen nachgewiesen werden könnten. Wie ich betonte, schließen die heutigen Grenzen anscheinend schon einfache Szenarien aus, in denen die dunkle Materie baryonisch ist oder aus Neutrinos besteht. Modelle mit kalter dunkler Materie können zwar erfolgreich viel kleinere primordiale Schwankungen berücksichtigen, aber keine verschwindend kleinen. Wenn neue Messungen des Mikrowellenhintergrunds gemacht werden und niedrigere Niveaus erkundet werden, sollte recht bald ein

Signal gefunden werden. Beobachter sind nur um eine Größenordnung davon entfernt, solche primordialen Schwankungen zu
entdecken oder ausschließen zu können. Satelliten erkunden mit
großer Zuverlässigkeit die Mikrowellenhintergrundstrahlung
außerhalb der störenden Erdatmosphäre. Neue technische Verfahren sollten es ermöglichen, Messungen auf der Erde mit der
Genauigkeit durchzuführen, die nötig ist, um die Strukturbildung
zu erkunden, wenn einige Millionen Dollar an Geldern für solche
grundsätzlichen Messungen zur Verfügung gestellt werden.

Großräumige Bewegungen im Universum

Die Beobachtung »großräumiger Bewegungen« im Universum
ist sehr neu und sehr umstritten, wie auch die im nächsten
Abschnitt behandelte Frage, ob die galaktischen Halos einen
Rand haben. Beide Fragen sind für die Überlegung, ob es dunkle
Materie gibt, sehr wesentlich, und ich habe sie auch beide schon
früher erwähnt. Beide stellen anscheinend das von mir beschriebene Modell der Strukturbildung in Frage, für die kalte dunkle
Materie wesentlich ist, und beruhen auf Beobachtungen. Beide
stehen im Brennpunkt des Interesses. Sie unterscheiden sich
insofern, als die Beobachtung einer großräumigen Bewegung
völlig unerwartet ist und uns genau wie der »Seifenschaum«, den
die Gellergruppe in der Verteilung von Galaxien beobachtete,
dazu zwingt, unser Bild davon, wie unser Bereich des Universums im großen Maßstab aussieht, zu überdenken.
  Wie ich schon früher bemerkte, bietet der Mikrowellenhintergrund einen Bezugsrahmen, in dem wir unsere lokale Bewegung
relativ zur allgemeinen Ausdehnung des Universums messen
können. Wenn wir uns in eine Richtung relativ zum System des
Mikrowellenhintergrunds bewegen, sind die Photonen, die aus
der Richtung kommen, in die wir uns bewegen, alle blauverschoben, und jene, die uns von hinten erreichen, alle rotverschoben.
So entsteht eine meßbare Dipolanisotropie des Hintergrunds.
Die Messungen legen nahe, daß wir uns bezogen auf den Mikrowellenhintergrund mit einer Geschwindigkeit von etwa 500 bis
600 Kilometern pro Sekunde in einem Winkel von etwa 30 Grad

zum Virgosupergalaxienhaufen bewegen. Ich erwähnte auch, daß solche Messungen große Debatten ausgelöst haben. Hier will ich auf diese Kontroverse eingehen.

Wir können zusätzlich zur Messung unserer eigenen Bewegung relativ zum Mikrowellenhintergrund eine weitere Messung durchführen, bei der wir die lokalen Bewegungen von so vielen nahen Galaxien überprüfen, wie wir sehen können, um so ihre Bewegung relativ zur unseren zu bestimmen. Wie ich schon sagte, fallen anscheinend unsere Galaxis und die ihr nahen Galaxien bis zu einer Größenordnung von etwa 10 Megaparsec zum Virgosuperhaufen hin. Wenn wir jedoch ein hinreichend großes Volumen untersuchen, würden wir erwarten, daß sich alle lokalen Bewegungen aufheben und dieses Volumen in bezug auf das Bezugssystem des Mikrowellenhintergrund im wesentlichen in Ruhe ist, dieser große Bereich sich also gegenüber dem Mikrowellenhintergrund nicht kohärent bewegt. Wir würden also erwarten, daß unsere Bewegung relativ zu den großen Zusammenballungen von Galaxien von derselben Größenordnung und Richtung sein sollte wie unsere Bewegung relativ zum Mikrowellenhintergrund.

In diesem Zusammenhang wird die Bedeutung der Ergebnisse der sogenannten Sieben Samurai, der zuvor erwähnten Gruppe von Astrophysikern, deutlich. Diese Gruppe unternahm eine sehr ehrgeizige und sorgfältige Durchmusterung, die die Frage der großräumigen Bewegung beantworten sollte. Die Daten waren recht verblüffend. Unsere Bewegung relativ zur lokalen Gruppe von Galaxien war, wie erwartet, ihrer Größe nach vergleichbar mit unserer Bewegung relativ zum Mikrowellenhintergrund, ging aber in eine *andere Richtung*.

Oberflächlich betrachtet bedeutet dieser Befund, daß unsere gesamte lokale Gruppe in bezug auf den Mikrowellenhintergrund nicht in Ruhe ist, sondern sich mit einer sehr großen gleichmäßigen Geschwindigkeit von etwa 500-600 Kilometer pro Sekunde relativ zum Hintergrund bewegt. Das war für die Astrophysiker ein Schock. Keiner hatte solch großräumige systematische Bewegungen im Weltall erwartet. Sicherlich ließen sich solche Bewegungen nicht aus den Simulationen des Modells der kalten dunkeln Materie vorhersagen.

Dieses Ergebnis war so unerwartet, daß es von anderen Beobachtern und auch unter den Sieben Samurai stark angezweifelt wurde. Die unmittelbare Auswirkung war der Versuch, die Deutung anzuzweifeln, nicht aber die Daten selbst. Die neue Deutung, die ich früher erwähnte, legte nahe, daß die Daten besser mit einer großräumigen Bewegung der lokalen Gruppe in Richtung auf einen anscheinend riesigen überdichten Massenbereich, den sogenannten »Großen Attraktor« in der Nähe des Perseus-Pisces-Haufens in etwa 20 Megaparsec Entfernung, übereinstimmten. In der Himmelsebene fällt keine große Massenansammlung ins Auge, aber die Untersuchung der Daten ist mit einer solchen Möglichkeit nicht unverträglich.

Ich sollte bemerken, daß die von den Sieben Samurai angestellten Messungen insgesamt sehr schwierig durchzuführen und noch schwieriger unmittelbar zu deuten sind. Falls einige Galaxien nicht berücksichtigt wurden und gerade diese sich systematisch in andere Richtungen bewegen, würde schon das den Effekt verringern. Auch sind, da Geschwindigkeiten gemessen werden und nicht direkt Massendichten, einige theoretischen Vorgaben nötig, damit die Messungen in Annahmen über die Massenverteilung im Weltall übersetzt werden können.

Jedenfalls sind diese Befunde über großräumige Bewegungen auch dann verblüffend, wenn man sie als Bewegung auf einer großen überdichten Masse deutet. Es ist im Rahmen der bestehenden kosmologischen Modelle leichter, wenn auch keineswegs ein Kinderspiel, diese Fallbewegung der Galaxien als eine großräumige kohärente zufällige Bewegung zu verstehen. Aber die Größenordnung dieses Einfalls hat alle überrascht. Die Wahrscheinlichkeit, in der Simulation der Strukturbildung im Modell mit kalter dunkler Materie auf einer solchen Skala eine übergroße Massendichte zu finden, ist ziemlich gering. Natürlich ist es sehr gefährlich, mit einer Stichprobe von nur einem Beispiel Statistik zu betreiben. Das hat die Teilchenphysik in den letzten Jahren sehr deutlich gezeigt, die mit alarmierender Regelmäßigkeit exotische und verblüffende Ereignisse berichtete, von denen sich bei genauerer Untersuchung immer wieder herausstellte, daß sie auf seltenen und unwahrscheinlichen Tatsachen beruhten.

Die Daten der Sieben Samurai scheinen sich zu bestätigen, obwohl die Funde keineswegs unangefochten sind. Ich wies in Kapitel 4 darauf hin, daß Marc Davis und mehrere seiner Mitarbeiter in Berkeley mit Hilfe einer Infrarot-Durchmusterung galaktischer Quellen keinen solchen Effekt gefunden haben. Die Entscheidung, ob sich die Deutung ändern muß oder ob neue Daten die großräumige Bewegung in Übereinstimmung mit den Erwartungen bringen können, wird wieder einmal Zeit und Geduld erfordern.

Halos: Sein oder Nichtsein?

Die ganze Sache begann mit Messungen der galaktischen Halos aus dunkler Materie und hört vielleicht ganz passend damit auch wieder auf.

Ich sprach in Kapitel 2 von zwei voneinander unabhängigen Ergebnissen, die die Vorstellung in Frage stellen, daß die Dichte galaktischer Halos aus dunkler Materie allmählich abnimmt, so daß die Masse mit der Entfernung weit in das intergalaktische Medium hinein zunimmt. Diese Ergebnisse jedoch legen nahe, daß Halos in einer gewissen Entfernung, etwa dem Fünf- bis Zehnfachen der Größe sichtbarer Galaxien, rasch auf Null abfallen.

Wenn das der Fall ist, sollten jedoch andere physikalische Vorgänge als die Schwerkraft einen solchen Abfall verursachen. Sichtbare Materie sammelt sich rascher in den Kernen von Galaxien an als in den äußeren Bereichen, weil baryonische Materie sich zerstreuen kann oder durch das Aussenden von Licht Energie verliert. Bei diesem Vorgang fallen Sterne und Gas tiefer in die Potentialmulde der Galaxien hinein. Aber alle Materie, die, wie etwa kalte dunkle Materie, schwach wechselwirkt, kann ihre Energie vermutlich nur über die Schwerkraft abgeben. Entsprechend sollte sie Halos bilden, die keine scharfe Grenze aufweisen. Hier stoßen wir anscheinend auf einen Widerspruch. Wenn Halos eine feste Größe haben, ist mit der herkömmlichen Hypothese der kalten dunklen Materie etwas nicht in Ordnung.

Die Beobachter stimmen darin überein, daß die Messungen, die Tyson zu den Gravitationslinseneffekten bei fernen Galaxien durch Galaxien im Vordergrund anstellte und die endliche Halos nahelegten, wohl sehr ehrgeizig und einfallsreich, aber auch sehr schwierig durchzuführen und zu deuten sind. Man hat eine Reihe von Gründen gesucht, um zu erklären, warum Tysons negatives Ergebnis nicht endgültig sein kann. Die andere Analyse, bei der Tremaine und seine Mitarbeiter die Bewegung von Satellitengalaxien um unsere eigene Galaxis herum untersuchten, ist weniger zweifelhaft, bezieht aber wieder nur ein System ein, nämlich unser eigenes Milchstraßensystem. Vielleicht hat eine heftige Begegnung mit einem anderen System unsere Galaxis früher einmal gezwungen, ihren äußeren Halo abzustoßen. Bis gesichertere Daten zeigen, daß Halos wirklich ganz allgemein plötzlich aufhören – die Daten zu den Rotationskurven lassen das noch zweifelhaft erscheinen –, sollten wir nicht vorschnell schließen, daß Halos nicht die Form haben, die die Modelle mit kalter dunkler Materie vorhersagen.

Die vorangegangenen Betrachtungen zeigen, wie außerordentlich unbeständig unser Bild einer großräumigen Struktur ist. Trotzdem halten wir die Ergebnisse der numerischen Simulationen, die kalte dunkle Materie in einem flachen Universum voraussetzen, für vielversprechend, vorausgesetzt, wir sind überhaupt bereit zu glauben, daß wir irgendetwas über die großräumige Struktur wissen. Dieses Modell ist einfach, und es könnte alle im Universum beobachtete Struktur in einer überprüfbaren Weise erklären. Es ist in Übereinstimmung mit der Beobachtung, daß das Weltall von dunkler Materie beherrscht wird. Es läßt zu, daß es diese Materie auf vielen beobachtbaren Skalen gibt. Das Modell ist auch mit all unseren qualitativen und mit den am besten begründeten quantitativen Beobachtungen großräumiger Strukturen verträglich. Es paßt zu dem beobachteten Fehlen von Anisotropie im Mikrowellenhintergrund. Schließlich decken sich die Anfangsbedingungen, die das Modell vorgibt, sehr gut mit unseren Vorstellungen über die Physik des frühen Universums. Noch bemerkenswerter ist die Tatsache, daß die wesentlichen Bestandteile dessen, was jetzt das übliche

Bild der kalten dunklen Materie ist – die gefolgerte Existenz,
Häufigkeit und Verteilung dunkler Materie, die allgemeine Vorstellung, daß das Universum flach ist, und die Berechnungen der
primordialen Fluktuationen während einer möglichen Infla-
tionsperiode des frühen Universums – alle relativ kürzliche
Entwicklungen sind. Bis zum Anfang der achtziger Jahre hatte
das, was jetzt das Standardmodell der Kosmologie ist, keine feste
theoretische oder empirische Grundlage; selbst die ehrgeizigsten
Kosmologen hätten sich die großen bis heute gemachten Fortschritte nicht träumen lassen. Wir haben jetzt ein Modell, das
auf der Verschmelzung von Gedanken aus der Teilchenphysik
und der Astrophysik beruht, das richtig sein *könnte*. Wichtiger
noch, wir haben ein *überprüfbares* Modell.

Es ist zu früh, das Ergebnis der Gegenüberstellung von Modell
und unseren Beobachtungen zu beurteilen. Die Unstimmigkeiten
beziehen sich auf die Grenzbereiche der Forschung, wo Daten
noch nicht gut gesichert sind. Trotzdem macht die Arbeit rasche
Fortschritte. Für viele Astrophysiker und Teilchenphysiker ist es
zur Zeit außerordentlich ermutigend, daß ein einziges einfaches
Modell, das genaue Vorhersagen zuläßt – ein flaches Universum,
in dem kalte dunkle Materie weiträumiger verteilt ist als sichtbare, und dessen Strukturen, wie von der Inflationstheorie ver-
hergesagt, aus einem skalenfreien Spektrum primordialer Fluktuationen stammen – so genau dem Weltall entspricht, das wir
um uns herum sehen. Der Duft einer großen Synthese liegt
verführerisch in der Luft.

Zukünftige astrophysikalische Messungen können dieses Szenario überprüfen, aber eine einzige direkte Beobachtung wäre
nötig, um es mit Sicherheit zu bestätigen, nämlich die Aufdek-
kung der Identität der dunklen Materie. Eine solche direkte
Entdeckung würde das ganze Bild sofort festigen. Andererseits
könnten wir, wenn alle Kandidaten durch den Versuch disquali-
fiziert werden, gezwungen sein, unsere heutigen kosmologischen
Ansichten zu überprüfen. Es ist natürlich leicht, eine große
Synthese durchzuführen, wenn wir zur Erklärung unserer Beobachtungen nach Belieben alles heranziehen können. Während
ich hier jeden Versuch unternommen habe, die Überlebensfähig-

keit der astrophysikalischen Aspekte des Modells der kalten dunklen Materie einigermaßen gründlich zu überprüfen, habe ich die wohl grundlegendste Frage noch nicht gestellt. Wie realistisch ist der Gedanke, es gebe kalte dunkle Materie, aus mikrophysikalischer Sicht, und wie können wir ihn überprüfen?

Die Antwort auf diese Frage ist an sich schon stimulierend – und deshalb möchte ich jetzt darüber schreiben. Während all diese astrophysikalischen Befunde zur dunklen Materie zusammenkamen, führten die Entwicklungen der Teilchenphysik in den sechziger und siebziger Jahren unabhängig davon zu mehreren kühnen Vorschlägen, wie die Struktur der Materie im sehr kleinen Maßstab beschaffen sein könnte. Dabei sind eine Reihe von Kandidaten für die kalte dunkle Materie aufgetaucht; und auch Möglichkeiten, ihre Häufigkeit im heutigen Weltall zu erklären. Es stellt sich heraus, daß es in jedem Fall möglicherweise direkt beobachtbare Kennzeichen gibt. Der Rest dieses Buches erzählt davon, mit welchen Experimenten dunkle Materie entdeckt werden könnte, und welche Materie es ist, die heute das Weltall beherrscht.

Teil V
Die Kandidaten

Kapitel 9
Alle Wege führen zur dunklen Materie

> … und verschwand diesmal ganz allmählich,
> von der Schwanzspitze angefangen bis hinauf
> zu dem Grinsen, das noch einige Zeit zurück-
> blieb, nachdem alles andere schon ver-
> schwunden war.
>
> Lewis Carroll, Alice im Wunderland

In den siebziger Jahren dieses Jahrhunderts veränderte sich unser Bild von der Grundstruktur der Materie ganz erheblich. Zu Beginn des Jahrzehnts war die Teilchenphysik »datenreich« und »theoriearm«. Trotz der Berge von Daten, die durch die Entwicklung gewaltiger Teilchenbeschleuniger und riesiger Teilchendetektoren, heute die Wahrzeichen dieses Forschungsbereichs, möglich wurden, ließ sich außer der Schwerkraft nur eine der drei anderen Naturkräfte – der Elektromagnetismus – zufriedenstellend durch eine fundamentale Theorie beschreiben. Für die schwache und die starke Wechselwirkung gab es nur rein phänomenologische Modelle. Einige Physiker fragten sich deshalb, ob der Formalismus der Quantenfeldtheorie die mikrophysikalische Welt überhaupt zutreffend beschreiben würde.

Gegen Ende des Jahrzehnts hatte sich die Lage völlig umgekehrt. Alle drei fraglichen Kräfte waren durch grundlegende »Eichtheorien« erklärt worden. Die vielen eher aus Verzweiflung geborenen theoretischen Überlegungen der sechziger Jahre hatten weit über die kühnsten Erwartungen vieler ihrer Schöpfer hinaus Frucht getragen. Im Verlauf der Geschichte der Physik hat sich wohl nur selten so vieles so rasch einordnen lassen. Seit etwa 1978 hat nicht ein einziges wiederholbares Experiment ein

Ergebnis gebracht, das ein Bedürfnis nach einer neuen Physik signalisierte, einer Physik also, die über das hinausgeht, was seitdem als das »Standardmodell« bekannt geworden ist.

Die Teilchenphysik birgt trotzdem noch Rätsel für die Theorie. Das Standardmodell ist für sich genommen logisch unvollständig. In seinem Rahmen lassen sich eine ganze Reihe von entscheidenden Fragen darüber, warum die Welt so ist, wie sie ist, nicht beantworten. Während zum Beispiel die Idee der spontanen Symmetriebrechung geradezu sagenhaft erfolgreich war und zur Vereinigung der schwachen und der elektromagnetischen Wechselwirkung führte, hat sich der Mechanismus der Symmetriebrechung noch nicht bestätigen lassen. Das einfachste Modell sagte ein oder mehrere Fundamentalteilchen mit Spin 0 voraus, sogenannte »skalare« Teilchen, aber es wurden noch keine beobachtet. Darüber hinaus hat jede Theorie skalarer Fundamentalteilchen einen ernstzunehmenden Mangel, der mit einem schwierigen Problem der »Natürlichkeit« verknüpft ist. Die Skala der Symmetriebrechung der schwachen Wechselwirkung liegt 17 Größenordnungen unter der Größenordnung, bei der die Quantengravitation wichtig wird. Wenn zudem die Großen Vereinheitlichten Theorien zutreffen, werden höchstwahrscheinlich in einem Bereich, der etwa 13 Größenordnungen über dem der schwachen Symmetriebrechung liegt, neue physikalische Begriffe notwendig. Die Existenz solcher ungeheuer unterschiedlichen Größenordnungen in der Physik ist nur harmlos, wenn es nicht tatsächlich skalare Fundamentalteilchen gibt. In diesem Fall lassen sich die physikalischen Wirkungen auf großen Energieskalen den Wechselwirkungen solcher skalaren Teilchen in niedrigeren Energiebereichen »mitteilen«. Die Energieskala der schwachen Symmetriebrechung sollte dann natürlich in der Nähe der GUT-Skala oder der Planckskala sein. Das läßt sich im Standardmodell nur vermeiden, wenn die Parameter auf viele Dezimalstellen »feinabgestimmt« werden, damit die beobachtete Hierarchie von Größenskalen, die viele Größenordnungen umfassen, erhalten bleibt. Ohne weitere Erklärungen, warum das in der Natur vorkommen sollte, ist die Lage offensichtlich unbefriedigend.

Andere Probleme mit dem Standardmodell fordern eine neue

Physik. Ein großer Mangel ist, daß das Modell keine in der wirklichen Welt deutlich nachweisbare fundamentale Symmetrie aufweist (was wir gleich besprechen werden). Es gibt einige Vorschläge, wie sich dieses Problem lösen ließe, aber wir haben noch keine Idee, welche Antwort richtig ist.

Schließlich hat einer der schwerwiegendsten Mängel des Standardmodells mit Rabis Frage zu tun, wer denn das Myon bestellt habe. Wir haben drei verschiedene Ausgaben des Elektrons, des Elektron-Neutrinos und der leichten Quarks entdeckt. Wir haben keine Idee, warum es drei solcher »Familien« von Elementarteilchen gibt; wir wissen nicht, ob es noch mehr gibt, und warum sich ihre Masse unterscheidet. Bis wir verstehen, warum es die Elementarteilchen gibt, die wir kennen – warum das Proton gerade um soviel leichter ist als das Neutron, daß das Neutron zerfallen kann und dadurch die Sonne strahlen und unser Planet sich entwickeln kann – sind wir weit davon entfernt, alle Geheimnisse der Natur im Allerkleinsten zu enthüllen.

Leider haben experimentelle Ergebnisse den Theoretikern wenig Leitlinien weisen können, wie sie auf diese Schwierigkeiten mit dem Standardmodell reagieren sollten. Vielleicht liegt die Lösung dieser Probleme für immer außerhalb des Bereichs, der irdischen Experimenten zugänglich ist. Vielleicht erfordert die Lösung nur reines Denken – Theorien für Alles oder ähnliches – aber darauf würde ich nicht wetten. Mindestens eines der hier behandelten Probleme lauert auf eine neue Entdeckung. Was immer die schwache Eichsymmetrie bricht – ob es ein neues skalares Teilchen ist oder etwas Komplizierteres –, es muß beobachtbare Auswirkungen erzeugen, die auf einer Skala liegen, deren Untersuchung einem Supraleitenden Supercollider zugänglich wäre.

Das Fehlen direkter experimenteller Fakten hat jedoch die Physiker nicht davon abgehalten, für die hier beschriebenen grundlegenden logischen Probleme viele Lösungen vorzuschlagen. Sie hatten dadurch ja sogar die Freiheit, ungestört weite Ideenfelder zu erkunden und sich mit jenen zu beschäftigen, die besonders elegant oder weitreichend erschienen. Wenn die Geschichte der Physik einen Anhalt bietet, könnten einige der elegantesten dieser Vorschläge wirklich wahr sein. Aus der Sicht dieses Buches jedoch werden sie dadurch so besonders aufregend, daß fast alle dieser Erweiterungen des Standardmodells zu Kandidaten für kalte dunkle Materie führen.

Gerade zu einer Zeit also, in der die Kosmologie nach einer neuen Art von Materie im Weltall schreit, hat die Teilchentheorie eine Liste neuer Kandidaten aufgestellt. Es wäre naiv zu behaupten, das sei reiner Zufall. Aber es veranschaulicht doch die bemerkenswerten parallelen Entwicklungen auf den Gebieten der Teilchenphysik und Astrophysik seit den sechziger Jahren. In jedem Fall sind die wahrscheinlichsten Kandidaten für die dunkle Materie, die die Teilchenphysik aufstellt, »ernsthafte« Kandidaten – zumindest so ernsthaft wie Anaximanders »Unbeschränktheit« oder die »Quintessenz« des Aristoteles. Jeder Kandidat wurde vorgeschlagen, um ein wichtiges Problem der Teilchentheorie zu lösen, also unabhängig davon, welche Bedeutung er möglicherweise für die Kosmologie haben könnte. Und wie die Cheshire-Katze aus Alice im Wunderland könnte jedes Teilchen im heutigen Weltall ein kleines, aber aufspürbares Zeichen seiner Existenz hinterlassen.

Ich möchte in diesem Kapitel drei solcher »ernsthaften« Kandidaten für die kalte dunkle Materie vorstellen. Jeder von ihnen ist vor allem deswegen interessant, weil wir mit seiner Hilfe die Grundstruktur der Materie besser verstehen können, ganz unabhängig davon, ob er dunkle Materie ist oder nicht. Die Eigenschaften der Kandidaten können jedoch ganz verschieden sein. Auch wenn die Teilchen seltsame Namen tragen und etwa Axion und WIMP heißen, sind sie ernstgemeint: Jedes könnte möglicherweise ein drängendes Problem der Teilchenphysik lösen. Natürlich könnte dann, wenn dieses Buch Eselsohren hat, dreierlei passiert sein: Diese Teilchen könnten gefunden worden sein, sie könnten mit guten Gründen ausgeschlossen werden, oder wir könnten immer noch nicht wissen, ob auch nur eines von ihnen existiert. Angesichts dieser Möglichkeiten will ich zunächst die allgemeinen Mechanismen besprechen, auf denen die Vermutung beruht, Elementarteilchen könnten dunkle Materie sein. Der Einfachheit halber werde ich behaupten, diese Teilchen ließen sich in drei Klassen einteilen, von denen jede einen der hier beschriebenen Kandidaten enthält. Auf diese Weise sichere ich mich ab: Selbst wenn die von mir angeführten Kandidaten die Überprüfung durch das Experiment nicht überleben, könnte doch einer der Mechanismen überleben. Umgekehrt können unabhängig von ihrer möglichen Bedeutung für die Frage der dunklen Materie einer oder alle Kandidaten wirklich existieren, und das könnte Fragen beantworten, die für unser Verständnis der Struktur der Materie wesentlich sind.

Meine Wahl der hier zu beschreibenden Kandidaten ist etwas subjektiv. Ich lasse mich durch vier Faktoren leiten: (1) Diese drei Teilchen fußen meiner Meinung nach auf gesunden theoretischen Grundlagen, (2) sie sind auf eine der drei später zu behandelnden Weisen entstanden, (3) die Größenordnungen von Masse und Stärke der Wechselwirkung der Kandidaten unterscheiden sich um 30 Größenordnungen, sie geben also eine ziemlich repräsentative Vorstellung davon, wie vielfältig die Möglichkeiten sind, und (4) es werden Experimente geplant, die nach ihnen suchen.

Tabelle 9.1 beschreibt diese Elementarteilchen, die möglicherweise die dunkle Materie ausmachen könnten. Zum Vergleich führe ich auch das altmodische leichte Neutrino an. Neben dem Namen der Teilchen gebe ich an, welcher Massenbereich zu einem heute flachen Weltall $\Omega = 1$ führen könnte. Dabei ist die Masse immer in Elektronenvolt (eV) angegeben. In diesen Einheiten beträgt die Masse des Elektrons etwa 500 000 eV und die Protonenmasse etwa 1 Milliarde oder 10^9 eV. Die Tabelle zeigt auch den Massenbereich, der für diese Teilchen aufgrund bestehender theoretischer Modelle zu erwarten ist, und dort, wo es angebracht ist, auch den, der durch existierende Beobachtungsergebnisse vorgegeben wird. Schließlich gebe ich an, welche Gründe aus Sicht der Teilchenphysik für das Vorhandensein solcher Teilchen sprechen. *Die Einzelheiten sind nicht wichtig*; sie werden klarer, wenn ich jeden Kandidaten im einzelnen behandle.

Zuvor scheinen einige allgemeine Bemerkungen angebracht. Man beachte, daß die Massen der Kandidaten sich stark unterscheiden; *Axionen* haben ein Milliardstel weniger Masse als Elektronen, und *magnetische Monopole* wiegen möglicherweise

Tabelle 9.1

»Standard«-Kandidaten für Schwarze Materie

Teilchen	Massen-bereich für $\Omega = 1$	Vorhergesagter Massenbereich (erlaubte Masse)	Begründung
Leichtes Neutrino	$\approx 30\,eV$	$1\,000\,000\text{-}10^{-8}\,eV$ (dieselbe)	Es gibt sie
Axion	$\approx 10^{-5}\,eV$	$100\,000\text{-}10^{-8}\,eV$ ($10^{-3}\,eV\text{-}10^{-5}\,eV$)	Starkes CP-Problem***
WIMP*	$\approx 10^9\text{-}10^{11}\,eV$	$10^9\text{-}10^{11}\,eV$**	Problem mit der Hierarchie der Massenskalen
Magnetischer Monopol	? ($> 10^{29}\,eV$)	$\approx 10^{22}\text{-}10^{31}\,eV$ ($> 10^{10}\,eV$)	(a) muß es geben, wenn GUT zutreffen (b) Ladungsquantisierung

   * WIMPs: Schwach wechselwirkende massereiche Teilchen.

  ** Existierende direkte (also nicht von dunkler Materie bewirkte) experimentelle Schranken hängen vom Modell ab.

*** CP: Ladungskonjugation und Paritätsymmetrien, die weiter unten in diesem Kapitel besprochen werden.

das Milliardenfache eines Protons. Das erschöpft natürlich nicht den Bereich von vorgeschlagenen, noch exotischeren Alternativen, aber es gibt eine Vorstellung von der Vielfalt. Außer bei den supersymmetrischen schwach wechselwirkenden massereichen sogenannten (SUSY-)WIMPs (ein Kunstwort aus den Anfangsbuchstaben von Supersymmetric Weakly Interacting Massive Particles) zeichnet der von der Theorie vorhergesagte Massenbereich nicht unbedingt einen Bereich aus, der für die dunkle Materie oder ein flaches Universum wichtig ist. Das ist jedoch kein Todesstoß. Da wir keine Idee haben, warum die Teilchen, die wir sehen, die Massen haben, die sie haben, wissen wir noch weniger über die Massen von Teilchen, die wir nicht gesehen haben. Es würde uns nicht überraschen und, wichtiger noch, es wäre nicht unnatürlich, wenn sich herausstellen würde, daß eines dieser Teilchen Massen in dem für die dunkle Materie nötigen Bereich hat. TeilchenphysikerInnen würden folglich, wenn man sie jetzt in einen Raum einsperrte und bäte, ein theoretisches Modell zu erfinden, das diese Teilchen vorhersagt, wohl außer bei gewissen WIMPs nicht unbedingt Werte in den Bereichen wählen, die sie in den Bereich dunkler Materie bringen. Nachdem das gesagt ist, erzähle ich die Geschichte weiter …

Axionen

Ich muß zugeben, daß ich Axionen mag. Sie sind ein sehr schönes theoretisches Konstrukt, sie haben bemerkenswerte Eigenschaften, und auch ihr Name gefällt mir. Axionen haben ihren Ursprung in einem vertrauten Gedanken, nämlich einer Symmetriebetrachtung. Wie ich bereits beschrieb, haben wir erkannt, daß die Symmetrien der Natur alles festlegen, von der Form der Gleichungen, die die grundlegenden Wechselwirkungen bestimmen, bis zur Gestalt solcher kristallinen Gebilde wie Brillanten oder Schneeflocken. Wenn wir die Grundgesetze der Natur kennen, verstehen wir auch ihre Symmetrien.

Der seit den sechziger Jahren erfolgte Durchbruch in der Teilchenphysik ist eng mit der sogenannten Eichsymmetrie verknüpft. Wie ich in Kapitel 6 kurz schilderte, spiegelt diese Symmetrie in ihrer einfachsten Form lediglich die Erhaltung der elektrischen Ladung wider – die sogenannte Eichsymmetrie des Elektromagnetismus. In ihrer komplizierteren Form, die ihren Höhepunkt in der Eichsymmetrie vom Typ Yang-Mills findet, hat dieses einfache Prinzip in einer Reihe von Spiralen zur Entwicklung von Theorien geführt, die außer der Schwerkraft alle uns bekannten Kräfte beschreiben, also die starke, die schwache und die elektromagnetische Wechselwirkung. Die Theorie der starken Wechselwirkungen, die sogenannte *Quantenchromodynamik* (QCD), beschreibt die Wechselwirkung der fundamentalen Quarks, die sich zu Protonen und Neutronen zusammenfinden. Der Ausdruck »Chromodynamik« bezieht sich auf die Tatsache, daß die Eichsymmetrie in diesem Fall mit einer Eigenschaft zu tun hat, die Quarks zusätzlich zur elektrischen Ladung aufweisen können. Wohl weil ihnen kein besserer Name einfiel, nannten Physiker diese neue Eigenschaft »Farbe«. Diese Eigenschaft hat absolut nichts mit wirklicher Farbe zu tun, sondern beschreibt die starke Wechselwirkung dieser Teilchen und bleibt bei diesen Wechselwirkungen erhalten, genau wie elektrische Ladung in elektromagnetischen Wechselwirkungen erhalten bleibt. Man hätte sie genauso gut »Quarkheit« oder irgendwie sonst nennen können. Die Quantentheorie der mit »Farbe« verknüpften Wechselwirkungen heißt in Analogie zur Quantenelektrodynamik Quantenchromodynamik.

Es war ein großer Triumph der QCD, daß sie die Wechselwirkung zwischen Quarks erklären konnte. Die Wechselwirkungen der Quarks bei gewöhnlichen Energien schienen so stark und kompliziert zu sein, daß sie jeder Erklärung spotteten. Die Fundamentalteilchen der Theorie – Quarks und die QCD-Analoga der Photonen, die sogenannten *Gluonen* – lassen sich anscheinend niemals direkt beobachten, sondern sind im Innern von beobachtbaren Teilchen wie Protonen gebunden. Diese Tatsache ließ es so gut wie unmöglich erscheinen, sie in direkten Experimenten nachzuweisen. David Gross, Frank Wilczek und David Politzer gelang jedoch 1973 eine bemerkenswerte Entdeckung, als sie fanden, daß die QCD »asymptotisch frei« ist – also schwächer wird, wenn die Abstände kleiner werden – und das ließ eine direkte Überprüfung der Theorie zu. Wenn Teilchen wie Elektronen oder Neutrinos, die nicht der starken Wechselwirkung unterliegen, bei sehr hohen Energien und in einem sehr engen Bereich streuen können, wenn sie im Inneren von Protonen mit einzelnen Quarks zusammenstoßen, dann sollte die Wechselwirkung der Quarks untereinander einigermaßen schwach sein. Dann wiederum lassen sich mit Hilfe der Störungstheorie verläßliche Vorhersagen machen. Bis heute stimmen die Ergebnisse all dieser hochenergetischen Streuexperimente mit den Vorhersagen der QCD überein; diese Tatsache könnte sehr wohl schon bald mit einem oder zwei Nobelpreisen honoriert werden.

Wenn nun die QCD die angemessene Theorie für die starke Wechselwirkung der Quarks ist, dann sollten sich die Symmetrien der Theorie in den Symmetrien der beobachteten Teilchen und ihren Wechselwirkungen spiegeln – falls nicht einige dieser Symmetrien »spontan gebrochen« werden. Wieder triumphiert die QCD. Alle Teilchen, die aus Quarks bestehen, also die sogenannte *Hadronen*, einschließlich der Protonen, Neutronen und ihrer exotischeren Vettern, lassen sich durch die Symmetrien der QCD erklären.

Jedenfalls scheint es so. Obwohl die beobachteten Teilchen sehr gut zu den Symmetrien der QCD passen, sickert doch durch, daß es andere Teilchenzustände gibt, die aufgrund dieser Symmetrien eintreten sollten, anscheinend jedoch nicht beobachtet werden. Dies bereitete Sorgen, bis die sehr tiefen und gedankenreichen Überlegungen des holländischen Physikers Gerard 't Hooft die Schwierigkeiten behob. Wie bei seinem Vorgänger Huygens ist es den meisten Nicht-Holländern fast unmöglich, seinen Namen richtig auszusprechen, wenn man ihn nicht zuvor gehört hat. (Ich denke bei diesem Namen immer an eine Bemerkung, die der Physiker Sidney Colemen von der Harvard University machte. Er sagte, die Manschettenknöpfe von 't Hooft brauchten, trügen sie sein Monogramm, eigentlich nur Apostrophen zu zeigen!) Gerard 't Hooft hatte seine Finger in fast allen Entwicklungen, die zur Anwendung der Eichtheorien auf die Theorie der starken und schwachen Wechselwirkungen führten. Er war der erste, der zeigte, daß die Yang-Mills-Theorien, wenn sie spontan gebrochen werden, sinnvolle Quantentheorien sind. Dieses Ergebnis führte wesentlich dazu, daß die Modelle von Glashow, Weinberg und Salam ernst genommen wurden. Gerard 't Hooft kam auch der Entdeckung der »asymptotischen Freiheit« in der QCD sehr nahe und hat vielleicht unabhängig von anderen die mathematischen Beziehungen entdeckt, die zu diesem Ergebnis führten, obwohl er sie nicht bekanntgab oder veröffentlichte. Er ist ein brillanter Denker und ein etwas scheuer Mensch, der zur Entspannung Klavier spielt und seine tiefen Einsichten auf eine ihm eigene Weise gewinnt, die sich von der fast aller mir bekannter Physiker unterscheidet.

Jedenfalls machte 't Hooft um 1975 herum eine wichtige Entdeckung, die die QCD betraf. Er konnte zeigen, daß die Quantentheorie nicht alle Symmetrien der klassischen Theorie besitzt, weil im »Vakuumzustand« komplizierte Konfigurationen von Gluonen, also der Teilchen, die Quarks zusammenhalten, vorliegen. Dieses komplexe Ergebnis war neben der Störungstheorie eine der für unser Verständnis der Teilchentheorie wichtigsten Anwendungen mathematischer Verfahren. Wegen der verzwickten Natur des Vakuumzustands muß in die Gleichungen ein zusätzlicher Term für die Wechselwirkungen von Quarks und Gluonen eingeführt werden, damit die Theorie widerspruchsfrei ist. Er reduziert die im Grundzustand erwartete Symmetrie; das beobachtete Teilchenspektrum stimmt dann seiner Form nach genau mit dem vorhergesagten Spektrum überein.

So weit, so gut. Leider warf diese wunderbare und richtige Lösung eines alten Problems der Teilchentheorie ein weiteres, vielleicht schwierigeres Problem auf, das noch auf seine Lösung wartet. Der in den Gleichungen der QCD auftretende zusätzliche Term mag unerwünschte Symmetrien beseitigt haben, aber er beseitigte leider auch eine Symmetrie, von der viele annahmen, sie sei unabdingbarer Teil der Theorie.

Seit etwa 1950 haben wir uns in bezug auf die anscheinend »diskreten« Symmetrien der Welt an schlimme Überraschungen gewöhnt. Mit »diskret« meine ich, daß die daran beteiligten Transformationen nicht stetig sind. Zum Beispiel gehört zur Spiegelung eine diskrete Symmetrie, die rechts und links vertauscht (die linke Hand Ihres Spiegelbildes ist eigentlich Ihre rechte). Es geht dabei um alles oder nichts. Aber die Symmetrie der physikalischen Theorie in bezug auf räumliche Verschiebungen – daß Experimente immer dieselben Ergebnisse liefern, unabhängig davon, wo sie durchgeführt werden – ist stetig. Wir können diese Symmetrie bei jeder beliebig kleinen Translation überprüfen.

Eine vertraute diskrete Symmetrie ist die Invarianz des Elektromagnetismus gegenüber der Vertauschung »positiver« und »negativer« Ladungen. In jeder physikalischen Situation, in der wir die »Vorzeichen« aller Ladungen vertauschen, also positive zu negativen machen und umgekehrt, stellt sich genau das gleiche Verhalten ein. Eine negative Probeladung wird zum Beispiel von einem negativ geladenen Objekt abgestoßen, und entsprechend wird eine positive Probeladung derselben Größenordnung mit genau derselben Kraft von einem Objekt abgestoßen, dessen positive Ladung gleich der negativen Ladung im ersten Fall ist.

Darin spiegelt sich lediglich eine offensichtliche Tatsache. Die Bezeichnungen »positiv« und »negativ« sind willkürliche Übereinkünfte, die keine objektive physikalische Bedeutung haben. Die Person, die zuerst eine Elektronenladung »negativ« nannte, hätte sie auch genau so gut »positiv« nennen können, und die Physik wäre dieselbe. Wir würden dann einfach die Ladungen, die wir jetzt positiv nennen, wie etwa die des Protons, negativ nennen. Es war Benjamin Franklin, der als erster den Strom in eine Richtung des Drahts »positiv« nannte; er erwies sich später als dem Fluß wirklicher Teilchen – Elektronen – in dem Draht entgegengesetzt. Das ließ sich nur lösen, indem man die Ladung des Elektrons »negativ« nannte. Der Strom negativer Teilchen in einer Richtung ist dann mathematisch gesehen äquivalent zum Strom der positiven Ladung in die entgegengesetzte Richtung. In jedem Fall läuft die Aussage, »positiv« und »negativ« hätten keine *objektive* Bedeutung, auf dasselbe hinaus, wie wenn wir sagen, daß kein Experiment, das wir im Bereich des Elektromagnetismus durchführen können, sich anders verhielte, wenn wir die Vorzeichen aller daran beteiligten Ladungen umkehrten.

Das erinnert an den ähnlichen Dualismus von »links« und »rechts«. Wie ließen sich das ursprüngliche Weltall und sein »Spiegelbild« auseinanderhalten, wenn man rechts und links vertauschte?*

---

* Genau genommen denke ich hier eigentlich an eine »dreidimensionale« Spiegelung, bei der alle Objekte an einem einzigen Punkt gespiegelt werden. Wenn ein Objekt eine durch die Koordinaten x, y, z in drei Dimensionen definierte Lage hat, kann man sich vorstellen, das gespiegelte Objekt hätte die Koordinaten -x, -y, -z. Natürlich kann man sich bei jedem einzelnen punktförmigen Körper vorstellen, man bringe an einem bestimmten Ort einen Spiegel an, um diese Spiegelung zu erreichen. Ein einzelner Spiegel spiegelt jedoch nicht unbedingt zwei Punkte auf diese Weise. Diese allgemeinere Art der Spiegelung heißt »Paritäts«spiegelung, und eigentlich spreche ich hier auch von Parität. Die Symmetrie von links und rechts ist nur ein Spezialfall dieser allgemeineren Symmetrie.

Versuchen Sie einmal in Gedanken am Telefon Bewohnern eines anderen Planeten zu erklären, wie ein Experiment durchzuführen sei, das auf *absolute* Weise, also ohne Bezugspunkte, zwischen rechts und links unterscheidet. Diese Konventionen scheinen ebenfalls rein *subjektiv* zu sein; anders gesagt, die makrophysikalischen Gesetze der Physik sind bei der Vertauschung von rechts und links offensichtlich symmetrisch.

Das klingt vernünftig, ist aber falsch. Es war eine der überraschendsten physikalischen Entdeckungen der fünfziger Jahre, daß die schwache Wechselwirkung zwischen »rechts« und »links« unterscheiden *kann*. Diese kühne Möglichkeit wurde 1956 von T. D. Lee und C. N. Yang (der für seine Arbeiten mit Mills berühmt wurde) erwogen. Wie sie betonten, gibt es wirklich keinerlei direkten empirischen Hinweis darauf, daß die Symmetrie von Links und Rechts, also die »Parität«, eine unabdingbare Eigenschaft der schwachen Wechselwirkung ist. Der Verzicht auf diesen Gedanken ermöglichte es, sonst unerklärliche Daten zu verstehen. Schon im Verlauf des nächsten Jahres wurde ihre Hypothese durch Experimente am Prototyp der schwachen Wechselwirkung, des Betazerfall des Neutrons, bestätigt.

Das Neutron hat als Elementarteilchen einen nichtverschwindenden Drehimpuls oder Spin. Es ist ja eine der Grundeigenschaften der Quantenmechanik, daß punktförmige Teilchen, die klassisch gesehen keinen Spin haben können, weil es keine physikalische Möglichkeit gibt, sich ein räumlich nicht ausgedehntes Objekt als »kreiselnd« vorzustellen, einen solchen Drehimpuls haben können. Der intrinsische Spin von Elementarteilchen ist ein rein quantenmechanischer Begriff. Das ist so ähnlich, wie wenn wir die Bewegung von Elektronen in Atomen in »Bahnen« beschreiben, obwohl uns die Quantenmechanik sagt, daß die Elektronen nicht wirklich auf dieselbe Weise um den Atomkern kreisen wie die Planeten um die Sonne. Auch in diesem Fall läßt sich ein gut Teil des Verhaltens der Elektronen so erklären, als ob das Elektron das Atom wirklich umkreiste.

Einem Kreisel, der wie ein Neutron einen Spin hat, ordnen wir im Raum eine Achse zu, nämlich seine Drehachse. Nun gibt es entlang dieser Achse zwei verschiedene Richtungen, nach der

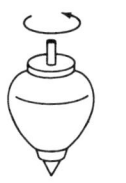
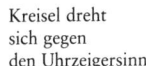

Kreisel dreht   Rechte Hand   Linke Hand
sich gegen
den Uhrzeigersinn

Abb. 9.1 Wenn ein Kreisel sich entgegen dem Uhrzeigersinn um eine Achse dreht, kann man mit der Drehbewegung des Kreisels entlang dieser Achse eine Richtung verbinden. Wenn man die rechte Hand in die Richtung hält, in der sich der Kreisel dreht, weist der Daumen entlang der Drehachse nach oben, hält man jedoch linke Hand in Richtung der Drehung, weist der linke Daumen nach unten. Welche Richtung man mit der Drehbewegung verknüpft, hängt dann also davon ab, welche Hand man wählt.

man den Drehsinn des Kreisels benennen könnte, nämlich die mit und gegen den Uhrzeigersinn. Nehmen wir an, der Kreisel drehe sich wie in Abbildung 9.1 gegen den Uhrzeigersinn. Wenn man dann die rechte Hand in Drehrichtung hält, weist der Daumen nach oben. Hält man die linke Hand in Drehrichtung, zeigt der Daumen nach unten.

Nun könnte es reine Verabredung sein, welche Richtung ich mit dem sich drehenden Kreisel verknüpfen will. Ich kann die erste Übereinkunft die »Rechte-Hand-Regel« nennen und die zweite die »Linke-Hand-Regel«. Wenn die physikalischen Gesetze beim Austausch von rechts und links invariant sind, kann kein physikalischer Vorgang die eine Wahl von der anderen unterscheiden. Es sollte keine Möglichkeit geben, eindeutig die Richtung »hoch« mit dem sich drehenden Neutron zu verknüpfen, indem ich ein Experiment durchführe, *das nicht auch* von der Wahl der Benennung abhängt.

Ein Jahr, nachdem Lee und Yang ihre Behauptung aufgestellt hatten, wurde ein Experiment durchgeführt, das beim Betazerfall tatsächlich die Möglichkeit einer eindeutigen Wahl aufzeigte. In diesem Fall wurde ein aus Protonen und Neutronen

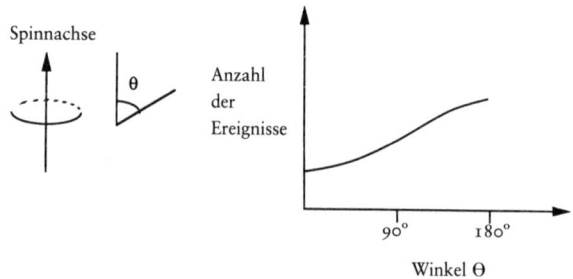

Abb. 9.2   Wenn die Kerne von Kobalt 60 durch die Einwirkung eines starken Magnetfelds einen vorwiegend nach oben gerichteten Spin erhalten (der durch die »Rechtsregel« definiert ist), werden die beim Betazerfall dieser Kerne ausgeschickten Elektronen vor allem in die entgegengesetzte Richtung ausgeschickt (also fast in einem Winkel von 180° zur Richtung des Kernspins).

zusammengesetzter Kern in einem Magnetfeld »polarisiert«, also die Drehachse des Kerns parallel zur Achse des Magnetfelds ausgerichtet. Der benutzte Kern, Kobalt-60, ist radioaktiv: Eines der Neutronen im Inneren des Kerns ist also instabil und unterliegt dem Betazerfall. Es zerfällt in ein Proton, das in dem neugebildeten Kern bleibt, und ein Elektron, das ausgeschickt wird und beobachtet werden kann (bei dem Zerfall wird auch ein Neutrino ausgeschickt, aber nicht direkt beobachtet). Als man viele Zerfallselektronen des polarisierten Kobalt-60 beobachtete, erhielt man ein merkwürdiges Ergebnis. Die Elektronen wurden nämlich nicht in alle Richtungen gleichmäßig ausgeschickt, sondern vielmehr vorzugsweise in die Richtung, die der durch die »Rechte-Hand-Regel« definierten Drehachse *gegenüberlag*. (Siehe Abbildung 9.2)

Da sich die Bewegungsrichtung des Elektrons also direkt in einer Weise beobachten läßt, die nicht von unseren Konventionen zur Rechts- und Linkshändigkeit abhängt, sollte sie physikalisch nicht mit etwas gekoppelt sein, was davon abhängt. Der schwache Zerfall des Neutrons erlaubt es also, eine gewisse »Händigkeit« physikalisch zu messen. *Er verletzt, wie Lee und Yang es vorhersagten, die Links-Rechts-Symmetrie.*

Die Entdeckung, daß die Links-Rechts-Symmetrie oder »Parität« keine universale Eigenschaft der Naturgesetze ist, kam überraschend (so überraschend, daß Lee und Yang schon im nächsten Jahr den Nobelpreis erhielten). Weil Elektromagnetismus und Gravitation spiegelsymmetrisch sind, unterscheiden all die Phänomene, die unser tägliches Leben beobachtbar beeinflussen, nicht zwischen links und rechts. Als man plötzlich herausfand, daß diese hochgeschätzte Symmetrie keine Grundeigenschaft der Natur ist, wenn die schwachen Wechselwirkungen – die für die radioaktiven Vorgänge verantwortlich sind, die die Sonne antreiben – berücksichtigt werden, stellte dies all unsere herkömmlichen physikalischen Begriffe auf den Kopf.

Nach dem Verlust dieser heiligen diskreten Symmetrie fanden Physiker bald heraus, daß auch andere Symmetrien zerbrachen. Der Links-Rechts-Parität sind zwei weitere Symmetrien eng verwandt. Die erste, die *Symmetrie der Ladungskonjugation*, betrifft die Wechselwirkung von Teilchen und Antiteilchen. Eine der Lehren der Quantenfeldtheorie besagt, daß jedes Elementarteilchen ein Antiteilchen hat, das dieselbe Masse, aber einen entgegengesetzten Wert aller anderen Quantenzahlen, wie etwa der Ladung, hat. Diese Symmetrie ähnelt also der oben beschriebenen Symmetrie der Ladungsumkehr, ist aber etwas allgemeiner, weil sie auch für ungeladene Teilchen gilt. (Das Neutron hat das Antineutron als Antiteilchen, mit dem es unter dieser Symmetrie vertauscht würde, obwohl beide neutrale Objekte sind). Dies ist anscheinend wieder eine universale Symmetrie, denn wenn alle Teilchen durch ihre Antiteilchen ersetzt würden, könnten sie »Antiatome« und »Antimoleküle« bilden, aus denen vermutlich lebensfähige Dinge entstehen könnten. Da Elektromagnetismus und Schwerkraft anscheinend nicht zwischen Teilchen und Antiteilchen unterscheiden, wäre diese makroskopische Welt praktisch identisch mit der Welt, die wir jetzt sehen.

Die letzte der drei diskreten »Raum-Zeit«-Symmetrien heißt *Invarianz der Zeitumkehr*. Die klassischen makroskopischen Gesetze der Physik, nämlich Elektromagnetismus und Schwerkraft, zeichnen anscheinend nirgends eine Zeitrichtung aus. Wenn wir zum Beispiel einen Film rückwärts laufen lassen, in dem Billardbälle herumrollen, sind alle Abläufe physikalisch

gesehen gleich möglich. Wenn entsprechend die Zeit umgekehrt
wäre, so daß alle Planeten in die entgegengesetzte Richtung um
die Sonne kreisen, wäre auch das eine annehmbare Lösung des
Newtonschen Schwerkraftgesetzes. Die Zeit scheint nur dann
einen Richtungs»pfeil« zu haben, wenn man die gleichzeitigen
Bewegungen vieler Körper betrachtet, wenn also statistische
Gesetze ins Spiel kommen. Solange es um die Bewegung eines
jeden einzelnen Objekts geht, führt die Umkehr der Zeitrichtung
zu keinerlei Problemen.

Nun gibt es eine wichtige mathematische Eigenschaft, die
erfüllt sein muß, wenn die Welt im Kleinen durch Quantenmechanik und Relativitätstheorie beschrieben werden soll. Wenn
man nämlich gleichzeitig links mit rechts vertauscht (Parität)
und Teilchen mit Antiteilchen (Ladungskonjugation) und die
Zeitrichtung verändert (Zeitumkehr), bleiben, wie sich zeigen
läßt, die physikalischen Gesetze unabhängig von der genauen
Form der Wechselwirkung zwischen Teilchen invariant. Weil
eine solche Transformation aus der sukzessiven Anwendung
jeder dieser Symmetrien, also Parität, Ladungskonjugation und
Zeitumkehr, herrührt, nennen wir sie nach den Anfangsbuchstaben der englischen Bezeichnungen der einzelnen Transformationen eine PCT-Transformation. Wenn PCT nicht wirklich eine
gültige Symmetrie der Welt ist, bleibt, wie sich zeigen läßt, die
Wahrscheinlichkeit nicht erhalten – insbesondere ist dann die
Möglichkeit, daß eines aller möglichen einander wechselseitig
ausschließenden Ergebnisse eines Experiments tatsächlich eintritt, nicht gleich Eins. Es ist sicherlich unverträglich mit der
Wirklichkeit, wenn wir uns eine Welt vorstellen, in der es unter
all den erlaubten Möglichkeiten der Natur auch die gibt, daß
keine von ihnen wirklich eintritt. Anders gesagt muß »etwas«
eintreten, selbst wenn dieses »Etwas« bedeutet, daß die Dinge
gleich bleiben. Offensichtlich ist uns die PCT-Symmetrie heilig;
wäre sie verletzt, können unsere physikalischen Vorstellungen
nicht in Ordnung sein.

Behalten wir diese theoretische Last im Sinn; die Verletzung
der Parität (P) durch die schwache Wechselwirkung legt nahe,
daß diese Wechselwirkung auch eine der anderen Symmetrien
verletzt; wenn beide Transformationen eintreten, heben sich die

Symmetrieverletzungen gegenseitig auf, so daß die PCT eine Symmetrie bleibt. Das ist nun, wie sich herausstellt, wirklich der Fall. Die schwache Wechselwirkung verletzt auch die Invarianz der Ladungskonjugation (C). Wir können das am folgenden Beispiel veranschaulichen: Die Verletzung der Parität bei der schwachen Wechselwirkung zeigt sich unter anderem darin, daß die »Spinachse« des Neutrinos immer in seine Bewegungsrichtung zeigt. Das verweist auf eine bestimmte »Händigkeit«, deshalb nennen wir das Neutrino ein »linkshändiges« Teilchen. Wenn wir ein Neutrino im Spiegel betrachteten, würde es uns rechtshändig vorkommen, weil sich seine Bewegungsrichtung umkehren würde, *nicht aber die Richtung seines Spins.* Da in der wirklichen Welt kein solches Teilchen beobachtet wird, können wir die wirkliche Welt von ihrem Spiegelbild unterscheiden, was ein Zeichen für die Verletzung der Parität als Symmetrie ist. Nun erweist sich das Antiteilchen des Neutrinos, das Antineutrino, als rechtshändig. Das ist ein Signal für die Verletzung der Ladungskonjugation C, denn wenn wir Neutrinos und Antineutrinos vertauschen könnten, erhielten wir linkshändige Antineutrinos, die wir in der Natur nicht finden. Wenn wir schließlich das Spiegelbild eines Neutrinos betrachten und gleichzeitig Teilchen und Antiteilchen vertauschen, sehen wir ein rechtshändiges Antineutrino. Da dies ein in der wirklichen Welt völlig akzeptables Teilchen ist, könnten wir nicht zwischen der ursprünglichen Welt und einer Welt unterscheiden, in der die Parität vertauscht ist und Teilchen mit Antiteilchen ausgetauscht wurden. Anders gesagt bewahrt die Kombination von Parität P und Ladungkonjugation C zusammen eine Symmetrie der schwachen Wechselwirkung, obwohl weder Parität noch Ladungskonjugation allein Symmetrien sind. Das bedingt natürlich, daß die Zeitumkehr auch eine Symmetrie ist, denn wir halten ja PCT für eine stets gültige Symmetrie der Natur.

So weit, so gut. Die Welt der schwachen Wechselwirkung ist ein wenig, aber nicht allzu verrückt. Zumindest sind anscheinend CP und T Symmetrien. Wie Sie sich vielleicht schon denken, stimmt auch dies nicht ganz. Innerhalb weniger Jahre nach der Entdeckung der *Nichtinvarianz* der Parität der schwachen Wechselwirkung 1956 zeigte ein verblüffendes Experiment

1964, daß selbst die Kombination CP verletzt werden kann. Dieses Experiment hatte mit einem der merkwürdigsten Systeme der Natur zu tun, nämlich einem *Kaon* genannten Teilchen und seinem Antiteilchen. Diese Teilchen bestehen wie Protonen und Neutronen aus Quarks. Aber Kaonen enthalten ein neues Quark, das sogenannte »strange« Quark. Der Name »strange« (seltsam) ist angemessen, weil das Kaon bis dahin in der Natur einzigartig ist. Kaonen kommen in zwei Formen vor, einer langlebigen und einer kurzlebigen. Das Kaon zerfällt in sogenannte *Pionen*, das langlebige in drei und das kurzlebige in zwei. Es zerfällt schwerer in drei Teilchen als in zwei, weil es schwieriger ist, die Energie und den Impuls des ursprünglichen Teilchens auf drei Objekte aufzuteilen als auf zwei. Deshalb lebt das langlebige Kaon länger. Auf der Basis von Symmetrieüberlegungen läßt sich verstehen, warum die langlebige Form gezwungen ist, in drei und in nicht zwei Dinge zu zerfallen. Eine Konfiguration von drei Pionen verhält sich bei einer gleichzeitigen Ladungskonjugation und Paritätstransformation anders als eine Konfiguration von zwei Pionen. Wenn CP also eine universale Symmetrie der Welt wäre, könnte man verstehen, warum das langlebige Teilchen nur in drei Teilchen zerfällt; man bräuchte nur anzunehmen, seine internen CP-Eigenschaften ermöglichten es ihm, nur in diese Konfiguration zu zerfallen. Das kurzlebige Kaon andererseits hätte andere CP-Eigenschaften, die es in zwei Pionen zerfallen lassen.

Theorie und Experiment stimmten überein, bis ein von Val L. Fitch und James Cronin 1964 durchgeführtes Experiment zu einem verblüffenden Ergebnis führte. Wie ihre sorgfältigen Versuche mit dem langlebigen Kaon zeigten, zerfällt es in etwa einem von tausend Fällen nicht in drei, sondern in zwei Pionen. Da die zwei verschiedenen Zerfallsmodi unterschiedliche CP-Invarianz-Eigenschaften haben, gab es keine Möglichkeit, wie die schwache Wechselwirkung, die den Zerfall vermittelte, die CP hätte erhalten können. Aber das lief darauf hinaus, daß im Kaonsystem die Zeitumkehr *verletzt* sein mußte (damit PCT eine gültige Symmetrie bleiben konnte). Verständlicherweise war die Reaktion auf dieses Ergebnis sehr stark. Viele waren versucht, es als Irrtum abzutun, aber es ist seitdem sehr genau bestätigt worden. Cronin und Fitch erhielten 1980 den Nobelpreis; wieder einmal war bewiesen worden, daß die Natur immer noch Überraschungen bereit hält. Bis heute ist das Kaon-System das einzige, in dem sich die CP-Verletzung deutlich zeigt. Neue Experimente mit schwereren Teilchen, einschließlich schwererer, exotischerer Quarks, sollten eines Tages die CP-Verletzung in diesen Systemen nachweisen können, wie sie die Theorie jetzt vorhersagt. Bis dahin bleibt das Kaon-System das einzige »Labor«, in dem sich diese geheimnisvolle, aber grundlegende Eigenschaft der Natur untersuchen läßt.

Wir wissen jetzt also, daß die schwache Wechselwirkung P und CP verletzt. Ich habe betont, daß Elektromagnetismus und Schwerkraft, die das Verhalten der Welt im Großen bestimmen, diese Symmetrien jedoch bewahren. Dies ist einer der Gründe, warum ihre Verletzung durch die schwache Wechselwirkung für uns so wenig einsichtig ist. Wie aber ist es mit der einzigen anderen uns bekannten Naturkraft, die wir neben der Schwerkraft noch kennen – der starken Wechselwirkung, wie sie die Quantenchromodynamik beschreibt? Da QCD eigentlich eine direkte Verallgemeinerung des Elektromagnetismus ist, bewahrt sie auch im klassischen Bereich alle Symmetrien ihres einfacheren Gegenstücks. Sie sollte also P und CP bewahren, und die Gleichungen, die die Theorie beschreiben, scheinen auch genau das zu tun. Als jedoch 't Hooft den entscheidenden Durchbruch schaffte und erklärte, warum bestimmte Teilchen, die anscheinend für die QCD vorhergesagt wurden, *nicht* beobachtet wurden, entdeckte er, daß den Gleichungen dieser Theorie ein neuer Term hinzugefügt werden mußte. Dieser Term verletzt, so stellte sich heraus, die CP-Symmetrie und sagt deshalb vorher, daß CP für die schwache Wechselwirkung nicht gilt.

Das ist im Prinzip nicht falsch. Schließlich ist CP keine gültige Symmetrie der schwachen Wechselwirkung, warum sollte sie also von der starken Wechselwirkung respektiert werden? Leider wird diese logische Aussage durch das Experiment nicht bestätigt. Wenn die CP keine Symmetrie der starken Wechselwirkung ist, sollte dies irgendwo in den Eigenschaften der Teilchen auftauchen, deren Wechselwirkungen durch die QCD beherrscht werden. Zu diesen Teilchen gehören die uns vertrauten Protonen und Neutronen.

Unter der Voraussetzung der PCT-Invarianz der Natur – die ja so heilig ist, daß ihre Verletzung uns zwänge, eine völlig neue Physik zu entwerfen, die einen anderen Wahrscheinlichkeitsbegriff hätte – können wir die Verletzung der CP-Invarianz mit einer Verletzung der T-Invarianz gleichsetzen. Wie können wir nach einer solchen Verletzung der Eigenschaften von Objekten wie Protonen und Neutronen suchen? Nun, diese Teilchen haben zusätzlich zum Spin weitere Eigenschaften. Insbesondere haben sie eine mit ihrem Spin verknüpfte *magnetische Orientierung*. Sie wirken wie kleine Magneten mit entgegengesetztem Nord- und Südpol. Man sagt deswegen, sie verhielten sich wie magnetische »Dipole«. Vielleicht verhalten sie sich auch wie elektrische »Dipole«. Sie könnten sich so verhalten, als ob die Ladung in ihrem Inneren asymmetrisch verteilt ist, so daß man eine Richtung auswählen kann, die einen positiv geladenen »Pol« festlegt, und eine andere, die den negativ geladenen »Pol« festlegt. Weil Protonen und Neutronen Elementarteilchen sind, wird ihre Struktur nur durch solche »Quanten«-Observablen wie Masse, Ladung und Spin beschrieben. Der Spin ist die einzige mit einer Richtung verknüpfte Observable. Wenn deshalb ihr elektrischer »Dipol« gerichtet ist, läßt sich zeigen, daß er entlang der Spinachse nach oben oder unten weisen muß.

Aber was geschieht bei einer Zeitumkehr? Der Spin dieser Teilchen »kippt« dann in die andere Richtung. In der klassischen Physik wird eine Drehung gegen den Uhrzeigersinn zu einer mit ihm, wenn sich die Zeitrichtung ändert. Diese Überlegung gilt auch für die Spins von Elementarteilchen. Die statische Ladungsverteilung jedoch ändert sich nicht, deshalb kippt die Richtung eines elektrischen Dipols nicht um. Es muß also die Invarianz der Zeitumkehr *verletzt* werden, denn wenn es in diesen Teilchen einen Dipol gibt, und er zu Beginn dieselbe Richtung hat wie der Spin, weist er nach der Zeitumkehr in die entgegengesetzte Richtung.

In den siebziger und achtziger Jahren wurden sehr empfindliche Versuche durchgeführt, die nach einem Beitrag des elektrischen Dipols bei Neutronen und Protonen und selbst Elektronen suchten. Bis heute wurde noch kein positives Signal beobachtet.*

Von den Obergrenzen der Größenordnung solcher Dipolbeiträge lassen sich Obergrenzen für die Größenordnungen aller CP und damit T-verletzenden Wirkungen herleiten, die mit der starken Wechselwirkung verknüpft sind. Man findet, daß der T-verletzende Teil der starken Wechselwirkung, den von 't Hooft theoretisch herleitete, viel kleiner sein muß als der T-erhaltende Teil der starken Wechselwirkung, damit seine Wirkungen mit diesen oberen Grenzen verträglich sind. Das Verhältnis zwischen den jeweiligen Ausdrücken in den die Theorie beherrschenden Gleichungen muß sogar kleiner sein als etwa 10^{-8} (sich also wie 1 zu hundert Millionen verhalten).

Warum sollte ein solch kleines Verhältnis in der Theorie auftauchen? Wie das Flachheitsproblem in der Kosmologie ist dies ein weiteres Beispiel für ein »Natürlichkeits«-Problem. Man könnte hoffen, der Koeffizient von 't Hoofts T-verletzendem Term ließe sich einfach gleich Null setzen, aber diese Hoffnung trügt. Dann taucht nämlich, wie sich zeigen läßt, die T-Verletzung höchstwahrscheinlich irgendwo sonst in der Theorie wieder auf. Da die CP-Symmetrie durch die schwache Wechselwirkung verletzt wird, ließe sich erwarten, daß die schwache Wechselwirkung der Quarks selbst à la 't Hooft eine solche T-verletzende Wirkung der QCD erzeugt.

Dieses Dilemma, das sogenannte »starke CP-Problem«, erweist sich als eine der schreiendsten Widersprüchlichkeiten unserer Theorie der fundamentalen Wechselwirkungen. Eine Lösung wurde 1978 von Roberto Peccei und Helen Quinn aus Stanford vorgeschlagen. Kurz darauf wiesen Frank Wilczek und Steven Weinberg unabhängig voneinander darauf hin, daß eine unvermeidliche Folge des Vorschlags von Peccei und Quinn die Existenz eines neuen leichten Teilchens wäre, das Wilczek »Axion« nannte. Wilczek war schon seit einiger Zeit von dem Namen fasziniert, mit dem geschickte Werbeleute die Aktionsfähigkeit eines Waschmittels suggerierten, und hatte immer ge-

---

* Während ich dies schreibe, haben Gerüchte über solche Beobachtungen beim Neutron noch keine Bestätigung gefunden. Sowieso hat eine solche Beobachtung auf die hier angestellten Überlegungen keinen Einfluß.

hofft, eines Tages ein neuen Teilchen danach benennen zu dürfen. Der Name war besonders angemessen, weil der Vorschlag von Peccei und Quinn die sogenannte Axialsymmetrie betraf und dieses neue von Wilczek und Weinberg vorhergesagte Teilchen in einer speziellen »axialen« Art wechselwirken sollte.

Peccei und Quinn stellten einen dynamischen Mechanismus vor, bei dem dieselben Wirkungen, die normalerweise sicherstellen, daß eine T-Verletzung in der QCD vorkommt, sich stattdessen verschwören, eine solche Verletzung möglichst klein zu halten. Da die schwache Wechselwirkung von Quarks für die Erhaltung der CP-Symmetrie in der starken Wechselwirkung ein mögliches Problem darstellt, schlugen sie vor, die Symmetrien dieser zwei Wechselwirkungen zu verknüpfen, so daß im Prinzip ein einziger dynamischer Vorgang dieses Problem lösen konnte. Dazu schlugen sie vor, die in den Gleichungen für die schwache Wechselwirkung vorgefundene Symmetrie auszuweiten. Gleichzeitig mit der Brechung der schwachen Symmetrie würde dann auch diese zusätzliche Symmetrie gebrochen. Am wichtigsten jedoch war, daß diese »Axial«symmetrie (die für links- und rechtshändige Teilchen verschieden ist) explizit von 't Hoofts T-verletzendem Term der QCD verletzt wurde. Damit führte dieselbe Dynamik, die bestimmt, wie die Symmetriebrechung der schwachen Wechselwirkung geschieht, auch dazu, daß der effektive Koeffizient, der die Stärke des CP-verletzenden Terms in der QCD festlegt, annehmbar klein bleibt.

Dieser Gedanke ist sehr elegant; viele Physiker würden sagen, er sei »zu schön«, um nicht irgendwo von der Natur verwirklicht zu werden. Natürlich können in der Physik nur Experimente feststellen, ob schöne Gedanken von der Natur verwirklicht werden. Wilczeks und Weinbergs Demonstrationen, die zeigten, daß mit dieser neuen Symmetriebrechung ein neues leichtes Teilchen verknüpft sein mußte, bahnten den Experimentalphysikern den Weg, den von Peccei und Quinn vermuteten Mechanismus zu überprüfen. Weil das Axion das Ergebnis einer Symmetriebrechung und der Existenz von 't Hoofts neuem Term in der QCD ist, liegen seine Eigenschaften fast völlig fest, wenn die Größenordnung der Symmetriebrechung der neuen Axialsymmetrie bekannt ist. Wenn diese Skala sich als dieselbe herausstellt wie die Skala der schwachen Symmetriebrechung, sollten sich die Wechselwirkungen der Axionen im Prinzip direkt messen lassen, auch wenn sie fast so schwach sind wie die der Neutrinos.

Schon bald nachdem Wilczek und Weinberg ihre theoretischen Vorhersagen veröffentlicht hatten, begannen die Experimentalphysiker mit der Suche nach diesem neuen Teilchen. Sie schauten sich die Daten an, die sie von Beschleunigern erhielten, und untersuchten die Zerfallsprodukte einiger schwerer Teilchen. Sie suchten in der Umgebung von Kernreaktoren, unter Gestein, überall. Während die Theorie in den meisten Fällen klare Vorhersagen machte, was sie hätten finden sollen, waren alle Ergebnisse negativ. Anfang der achtziger Jahre schien das Axion tot zu sein.

Die Wiederbelebung erfolgte durch die Großen Vereinheitlichten Theorien. Die ließen vermuten, daß sich physikalische Vorgänge auf einer neuen Größenordnung abspielten, und entwickelten Vorstellungen zum Peccei-Quinn-Mechanismus. Mehrere Gruppen konnten zeigen, daß sich die Skala, auf der nach Peccei und Quinn die Symmetrie gebrochen wird, in den Bereich der für die GUT wichtigen Wechselwirkungen bringen ließ, der wichtige Peccei-Quinn-Mechanismus zur Verhinderung starker CP-Verletzung trotzdem wirksam blieb. Das sich daraus ergebende neue »verbesserte« Axion war immer noch lebensfähig. Dabei stellte sich heraus, daß die Axionenmasse und die Kopplung mit gewöhnlicher Materie im umgekehrten Verhältnis zur Größenordnung der Peccei-Quinn-Symmetriebrechung stehen; Masse und Kopplung würden also drastisch reduziert werden, wenn diese Skala um etwa 10-15 Größenordnungen angehoben würde. Das neue ultraleichte Axion wurde das »unsichtbare« Axion genannt, weil es in den Experimenten, die zuvor nach dem Objekt der schwachen Wechselwirkung gesucht hatten, nicht beobachtbar wäre, und auch, weil seine Kopplungen so klein waren, daß es anscheinend auf ewig unbeobachtbar bleiben müßte. Das neue, verbesserte unsichtbare Axion war der Alptraum eines Experimentalphysikers!

Die Befreiung des Axions von den Fesseln der Größenordnung der schwachen Wechselwirkung und den Detektoren der Experimentalphysiker brachte es in den Bereich der Physik, die es nur im ganz frühen Universum gegeben haben konnte. Damit wurde es zum Freiwild der Kosmologen. Die GUT-Skalen, mit denen das Axion jetzt verknüpft wurde, hatten unser Bild vom frühen Universum revolutioniert. Physikalische Prozesse, die auf der GUT-Skala ablaufen, könnten die Zahl der Baryonen im Universum erklären und eine Grundlage für die Inflationstheorie und alle ihre Wunder liefern. Innerhalb etwa eines Jahres, nachdem behauptet worden war, es gebe das »unsichtbare« Axion, wurde gezeigt, daß Axione vielleicht doch nicht ganz so harmlos sind. Diese kleinen Biester, die aus dem Leben geschieden und jetzt wiedergeboren worden waren, könnten danach bis auf das lumpige bißchen Materie, das wir vom Universum sehen, fast die gesamte Materie des Universums ausmachen. Durch einen neuen Herstellungsprozeß, der unvermeidlich erschien und den ich später behandeln werde, wäre eine sehr kleine Energiedichte in Axionen zu einer frühen Zeit gewachsen, bis schließlich ein gleichförmiges Axionen«feld« im Hintergrund die Energiedichte des Universums beherrschte.

Plötzlich hatte das »unsichtbare« Axion möglicherweise beobachtbare Folgen. Vielleicht bildete es die dunkle Materie, die die Ausdehnung des Weltalls beherrscht. Wenn die Peccei-Quinn-Größenordnung zu groß wäre, so ließ sich behaupten, würden die Axionen heute das Weltall schließen.

Bald setzten andere astrophysikalische Untersuchungen der Größenordnung der Peccei-Quinn-Symmetriebrechung niedrigere Schranken. Wenn sie niedriger wird, nimmt die Wechselwirkung der Axione zu. Genau wie Neutrinos in Sternprozessen und in Supernovae erschaffen werden, könnten, wie man herleitete, bei den im Sterninneren herrschenden Temperaturen auch Axionen, die in diesen Modellen sehr leicht sind, erzeugt werden. Weil Axionen solchen Sternen wie der Sonne nicht übermäßig viel Energie wegnehmen dürfen, ließen sich Oberschranken für die Kopplungstärke der Axionen mit gewöhnlicher Materie herleiten und damit Untergrenzen für die Größenordnung der Peccei-Quinn-Symmetriebrechung.

Die Supernova 1987A hatte auch auf diese Entwicklungen einen Einfluß. Aus der Beobachtung von Neutrinos von der

Supernova erfuhren die Astrophysiker, daß ihre Modelle für die Energieverhältnisse und die Zeitabläufe bei der Supernova im wesentlichen richtig waren. Axionen hatten demgemäß wohl keinen unerwartet starken Einfluß. Das läßt sich nicht leicht in eine Obergrenze für die Peccei-Quinn-Skala umwandeln; die neuesten umfassenden Rechnungen legen aber nahe, daß dann, wenn die Energieskala, bei der die Peccei-Quinn-Symmetrie gebrochen wird, weniger als das 10^{10}fache der Protonenmasse beträgt, Axionen das Explosionsverhalten so verändert haben könnten, daß die Theorie mit der Beobachtung nicht vereinbar wäre. Entsprechend den einfachsten kosmologischen Überlegungen sollte die Skala der Peccei-Quinn-Symmetriebrechung etwa zwei Größenordnungen höher liegen, wenn Axione die dunkle Materie des heutigen Weltalls ausmachen. Astrophysikalische Verfahren kommen direkten Grenzsetzungen für Axione immer näher.

Die Verwandlung der unsichtbaren Axione von theoretischem Spielzeug in möglicherweise beobachtbare Teilchen wurde durch eine wertvolle Einsicht des jungen Physikers Pierre Sikivie vollendet. Er wies darauf hin, daß man sich dann, wenn Axione die dunkle Materie im Weltall bilden, Versuche ausdenken kann, die sie direkt aufspüren können. Die Arbeit von Sikivie wurde seitdem in Einzelheiten ausgearbeitet, und es sind neue Gedanken – unter anderem von meinen Kollegen und mir – dazu beigetragen worden. Ich werde die anregenden Möglichkeiten, diese Objekte zu entdecken, falls sie existieren, im letzten Kapitel dieses Buchs erörtern.

Bevor ich die Axionen verlasse, möchte ich jedoch eine historische Fußnote machen, die uns warnt, nicht zu unbekümmert eine neue Physik auszuschließen, selbst wenn sie unterhalb der Größenordnungen liegt, über die ich hier gesprochen habe. Etwa 1985 weckte eine unerwartete Beobachtung die Erwartung, es könne Axione auf der Skala der schwachen Wechselwirkung geben. Experimentalphysiker eines deutschen Kernforschungszentrums hatten unter der Leitung von Jack Greenberg von der Yale University die Zusammenstöße von Strahlen schwerer Atome – zum Beispiel Uran und Thorium – beim Aufprall auf dünne Zielscheiben aus ähnlichen Stoffen untersucht. Sie hofften, das Erkennungszeichen eines recht esoterischen, von der Quantenelektrodynamik vorhergesagten Phänomens zu finden, das möglicherweise in den starken Feldern in der Umgebung sehr schwerer Atome beobachtbar sein könnte. Was sie sahen, war anscheinend etwas ganz anderes.

Sie hatten zunächst die von Zusammenstößen dieser schweren Atome herrührenden Positronen untersucht und später die mit diesen gleichzeitig entstandenen Elektronen. Sie fanden zuerst ungefähr dort, wo sie es theoretisch vermuteten, eine Spitze im Positronenspektrum. Als sie jedoch die Spektren untersuchten, die sich aus den Zusammenstößen von sechs unterschiedlichen Kombinationen von Paaren schwerer Atome ergaben, entdeckten sie zu ihrer großen Überraschung, das sie an derselben Stelle und in etwa derselben Größenordnung dieselben Spitzen beobachteten. Das blieb auch so, als sie sich die gleichzeitig entstandenen Elektronen ansahen. Keines der Merkmale war für das untersuchte Phänomen kennzeichnend, und beide Merkmale waren bemerkenswerterweise verträglich mit der Existenz eines neuen leichten Teilchens, das bei den Zusammenstößen erzeugt wurde und das in ein Elektron-Positron-Paar zerfallen konnte.

Nichts hätte mehr nach einem Axion der schwachen Wechselwirkung aussehen können! Auf den Gängen der Physikinstitute konnte man sofort nach Bekanntwerden dieser Ergebnisse erregten Unterhaltungen lauschen:

> *Simplicio*: Was, ein neues leichtes neutrales Teilchen ... es muß ein Axion sein!
> *Sagredo*: Aber ein solches Teilchen ist ausgeschlossen!
> *Salviati*: Ja, aber ein neues leichtes neutrales Teilchen ... es muß ein Axion sein!

Die von Greenberg und seinen Kollegen gefundenen Ergebnisse führten dazu, die bei früheren irdischen Experimenten gewonnenen Grenzen für Axionen zu überdenken. Bald schon wurde ein möglicher Ausweg gefunden, und die Experimentalphysiker überprüften daraufhin ihre schon fünf bis zehnjährigen Daten aufs neue – ohne Erfolg.

Nachdem die Wiederbelebung des Axions wieder aussichtslos

erschien, wurde von Wilczek und mir und unabhängig davon von Peccei und Mitarbeitern vorgeschlagen, einige der Annahmen in den einfachsten Axionmodellen weniger streng zu fassen, damit sie zu allgemeineren Modellen führten. Für diesen Fall schienen Daten ein solches variantes Axion nicht auszuschließen. Dieses Axion sollte äußerst kurzlebig sein und überwiegend in Elektronen und Positronen zerfallen. Wir murmelten auch etwas darüber, wieso man ein solches Ding überhaupt bei den beobachteten Zusammenstößen beobachten sollte.

Unsere Axionentheorie war selbst kurzlebig. Meine eigene Arbeit und die von Kollegen bewies im Lauf der nächsten sechs Monate überzeugend, daß unser hypothetisches Axion in mehreren Experimenten, die zur selben Zeit durchgeführt wurden, hätte beobachtet werden müssen. Zudem wiesen wir, meine ich, überzeugend nach, daß eine Deutung der Daten der Greenberg-Gruppe als Anzeichen eines fundamentalen Teilchens zu Widersprüchen führt. Das Experiment von Greenberg ist inzwischen verbessert worden, und die Spitzen sind zweifellos noch da. Was sie verursacht, muß mit interessanter Physik zu tun haben. Aber niemand hat bisher ein Modell aufstellen können, das die Daten völlig erklärt. Diese Spitzen bleiben ein Geheimnis, aber es scheint unwahrscheinlich, daß die Lösung irgendetwas mit Axionen zu tun hat.

Diese Geschichte hat eine Moral. Die Tatsache, daß die Beobachtungen Greenbergs und seiner Mitarbeiter die Theoretiker dazu veranlassen konnte, Modelle für eine neue Physik aufzustellen – in Bereichen, die den im Labor verfügbaren Energien zugänglich sind –, die einige Zeit Geltung hatten, bevor sie widerlegt wurden, legt nahe, daß es im gewöhnlichen Energiebereich immer noch Raum für außerordentliche Entdeckungen gibt. Hinter der nächsten Ecke schon könnten Überraschungen lauern ...

Supersymmetrie

Falls Sie Pessimist sind, werden Sie darauf hinweisen, daß es bis heute keinerlei experimentellen Hinweise auf eine Supersymmetrie gibt. Als Optimist legen Sie Wert darauf, daß genau die Hälfte der von supersymmetrischen Theorien vorhergesagten Teilchen schon beobachtet wurde – nämlich all die Teilchen, die wir bis jetzt entdeckt haben. Jedenfalls hat das theoretische Konstrukt Supersymmetrie im letzten Jahrzehnt unter den Teilchentheoretikern eine Blütezeit erlebt. Hier ist der Grund dafür.

Symmetrien dienen heute als Leitprinzip für einen großen Teil der theoretischen Physik; die Supersymmetrie (SUSY) ist eine der elegantesten aller Symmetrien und kann es an Aussagekraft und mathematischer Schönheit mit der Eichinvarianz und als Hoffnungsträger vielleicht auch mit der Skaleninvarianz (oder der mit der »Superstring«theorie eng verknüpften »konformen Symmetrie«) aufnehmen. Als Symmetrieprinzip stellt die Supersymmetrie eine Beziehung zwischen zwei sonst unzusammenhängenden, aber grundlegenden Manifestationen der Materie her, nämlich zwischen Bosonen und Fermionen. Wie ich schon bemerkte, kommt Materie in zwei verschiedenen Arten vor, die nach der Größe des Spins, also des Drehimpulses der Teilchen klassifiziert werden. Objekte mit halbzahligen Spinquantenzahlen (zum Beispiel $\frac{1}{2}$, $\frac{3}{2}$) heißen Fermionen, und Objekte mit ganzzahligem Spin (0, 1, 2 und so weiter) heißen Bosonen. Diese Kategorisierung bestimmt viele der wichtigen Eigenschaften von Konglomeraten solcher Teilchen. Wie ich am Beispiel von Neutrinos in Zwerggalaxien beschrieben habe, gehorchen Fermionen einer Art Statistik, so daß keine zwei identischen Teilchen denselben Quantenzustand einnehmen können. Bosonen andererseits unterliegen keinen solchen Einschränkungen und nehmen sogar »gern« denselben Zustand ein. Ein gutes Beispiel für diese Vorliebe ist die Tatsache, daß in einem Photonenstrom (Photonen haben Spin 1, sind also Bosonen) dann, wenn alle Photonen in demselben Quantenzustand sind, die Wahrscheinlichkeit dafür, daß noch mehr Photonen im selben Zustand erzeugt werden, viel stärker wird, wenn der Lichtstrahl Materie durchquert. Dies ist eines der Grundprinzipien von Lasern.

Diese beiden Kategorien von Teilchen – Fermionen und Bosonen – könnten anscheinend gar nicht verschiedener sein. Sicherlich ist es dem Einfallsreichtum und der Raffinesse der Theoretiker zuzuschreiben, daß sie eine mathematische Symmetrie aufgedeckt haben, die eine Beziehung zwischen ihnen herstellt. Die Supersymmetrie, wie sie von Physikern entwickelt wurde, hat einen ganzen neuen Bereich der Mathematik eröffnet und zu einer Renaissance der Zusammenarbeit zwischen Mathematikern und Physikern geführt. SUSY ist unter anderem einmalig, weil sie sowohl Symmetrien wie Drehsymmetrie und Spin enthält, die mit der Struktur von Raum und Zeit verknüpft sind, als auch Symmetrien wie elektrische Ladung und Eichinvarianz, die mit der inneren Struktur von Teilchen zu tun haben. Bevor die Supersymmetrie ins Gespräch kam, wurde solche Harmonie ganz allgemein für unmöglich gehalten. Sidney Coleman und Jeffrey Mandula bewiesen sogar 1967 einen Satz, wonach jede innere Symmetrie, die mathematisch wie eine Eichsymmetrie ist – oder wie alle anderen uns bekannten inneren Symmetrien –, nur Teilchen mit demselben Spin verknüpfen kann. Die Schönheit der Supersymmetrie besteht darin, daß sie diesen Satz umgeht, indem sie die Mathematik der Symmetrietransformationen so verallgemeinert, daß Teilchen mit verschiedenem Spin, ob ganzzahlig oder halbzahlig, gleichzeitig als Teilchen mit verschiedener Ladung oder »Farbe« zueinander in Beziehung gesetzt werden können.

Auf diese Weise stellt die Supersymmetrie eine eindeutige Beziehung zwischen »fermionischen« Teilchen und ihren supersymmetrischen Partnern her, die »bosonisch« sein mussen. Anders und einfacher gesagt, sagt SUSY vorher, daß es für jedes Teilchen, das wir heute beobachten, ein Teilchen mit identischen Quantenzahlen, aber anderem Spin gibt. Für jedes beobachtete Boson sollte es einen entsprechenden fermionischen Partner geben:

$$\text{Bosonen} \Leftrightarrow \text{Fermionen}$$

Weil sich die Supersymmetrie im verschwommenen Grenzbereich zwischen Mathematik und mathematischer Physik entwikkelte, ist ihre Geschichte nicht leicht zu verfolgen. Anders als die

Axionen wurde SUSY anfangs nicht zur Lösung eines bestimmten teilchenphysikalischen Problems entwickelt, und noch weniger gab es eine wohldefinierte logisch aufgebaute Folge von Ergebnissen, die zu ihrer Entwicklung führte. Die mathematische Formulierung einer Supersymmetrie-Transformation erhielt Anfang der siebziger Jahre Eingang in die Physikliteratur, als die Physiker die damals noch schlecht verstandene starke Wechselwirkung nicht mehr als teilchenartige, sondern als »stringähnliche« Kraft verstanden.*

Diese »String«modelle hatten eine Art von Supersymmetrie-Invarianz. Später wurden diese Theorien durch die Quantenchromodynamik als die zur Beschreibung der starken Wechselwirkung richtige Theorie ersetzt. Dieses frühe, unvollständige Bemühen, sowohl Supersymmetrie als auch Strings in die Physik einzuführen, veranlaßte dann schließlich die Entwicklung der »Superstring«theorien der achtziger Jahre – in der einige Physiker eine vereinheitlichte Theorie aller Wechselwirkungen zwischen Elementarteilchen vermuten, einschließlich der Schwerkraft.

Einmal eingeführt, wurden die Mathematik und Physik der Supersymmetrie ständig verbessert. Etwa 1975 war klar, daß die Supersymmetrie, da sie mit der Symmetrie der Raum-Zeit verknüpft ist, für eine Quantentheorie der Gravitation wichtig sein könnte. So wurde die »Supergravitation« geboren. Weil die Supersymmetrie die Symmetrien der reinen Schwerkraft vergrößert, konnte man hoffen, mit ihrer Hilfe die anscheinend verheerenden Ereignisse zu beheben, die sich in der klassischen Gravitationstheorie auf der Planckskala ergeben. In der Tat waren erste Ergebnisse in dieser Richtung ermutigend, und die Physiker machten sich gleichsam in Scharen an die Erforschung von Theorien der Supergravitation.

Die Supersymmetrie als theoretische Idee gewann erst an

---

* Die Supersymmetrie könnte sich womöglich schon früher in die Physik eingeschlichen haben. Ich spüre hier der Fassung von SUSY nach, die die heutige Fassung der Teilchenphysik beeinflußt hat, habe mich jedoch nicht darum bemüht, die Geschichte dieser Idee methodisch nachzuvollziehen und bitte deshalb all die um Entschuldigung, deren anregende Arbeit ich hier nicht erwähne.

Boden, als die Großen Vereinheitlichten Theorien ins Spiel
kamen. Erst mit Hilfe der GUT konnte man sich die Frage stellen,
welche Supersymmetrie eine allgemeingültige und plausible Antwort liefern könne. Als Physiker begannen, über mögliche neue
Physik bei sehr hohen Energieskalen nachzudenken, machte sich
eine störende Unvollkommenheit des Standardmodells unange-
nehm bemerkbar. Dies ist das sogenannte Hierarchie-Problem –
das Vorhandensein ungeheuer unterschiedlicher Größenordnungen in der Natur –, auf das ich zu Beginn dieses Kapitels
verwies.

Die erfolgreiche Vereinheitlichung von Elektromagnetismus
und schwacher Wechselwirkung hängt von einem guten Verfahren für die spontane Symmetriebrechung ab. Ein bemerkenswertes Kennzeichen des Modells ist jedoch, wie wenig es im einzelnen davon abhängt, wie die Symmetrie gebrochen wird, so lange
sie gebrochen wird. In der ursprünglichen Formulierung von
Salam und Weinberg wird die spontane Symmetriebrechung
durch die Einführung einer neuen Klasse von Elementarteilchen
erreicht, wie ich es beschrieben habe. Einige dieser Teilchen
»kondensieren« ins Vakuum, wobei sie es verandern, so daß die
Symmetrie der schwachen Wechselwirkung bei niedrigen Energien gebrochen erscheint. Um zu vermeiden, daß andere Symmetrien, vor allem die Invarianz gegenüber Rotationen und
Translationen, verletzt werden, dürfen diese Elementarteilchen
keinen Spin haben. Sie sind sogenannte skalare Teilchen, und
weil dieses Verfahren der Brechung der Eichsymmetrie zuerst
von dem schottischen Physiker Peter Higgs beschrieben wurde,
heißen sie Higgs-Teilchen.

Sheldon Glashow hat die Higgs-Teilchen die »Aborte« der
modernen Teilchentheorie genannt, denn so nützlich sie sind,
verbergen sie doch auch Schwierigkeiten, die die Physiker lieber
nicht offenbaren würden. Man führt nur ungern neue Teilchen
in die Natur ein, besonders, wenn sie noch nicht gesehen wurden. Leider ist die Lage im Fall der skalaren Higgs-Teilchen noch
verwirrender. Das Standardmodell legt so, wie es ist, keine der
Eigenschaften des Higgs-Teilchens sehr genau fest. Die Existenz
eines Teilchens ist schon fast alles, was gebraucht wird. Auf einer
tieferen Ebene leidet die Theorie, die ein solches skalares Teil-

chen beschreibt, unter schlimmen formalen Problemen. Das schlimmste von ihnen habe ich schon oben erwähnt: Die Theorie skalarer Teilchen ist besonders abhängig von den Gedanken der neuen Physik zu sehr hohen, zur Zeit unzugänglichen Energieskalen. Wenn irgendwie die starken, schwachen und elektromagnetischen Kräfte auf einer Energieskala vereinheitlicht werden und das Higgs-Teilchen Teil einer größeren Struktur wird, ist es praktisch unmöglich, das skalare Teilchen leicht sein zu lassen, während seine Verwandten schwer werden. Wir können die Hierarchie von Skalen im Rahmen des Standardmodells auf keine natürliche Weise bewahren. Und hier kommt die Supersymmetrie ins Spiel.

Wie löst die Supersymmetrie dieses Problem? Man erinnere sich an den Zusammenhang zwischen der Theorie der skalaren Teilchen und der Hochenergiephysik. Virtuelle Teilchen im Vakuum, besonders jene mit sehr großer Masse, führen bei der Wechselwirkung mit skalaren Teilchen zu einer effektiven Masse dieser Teilchen, die unabhängig von der »reinen« Masse, die sie ohne diese Wechselwirkungen haben würden, sehr groß sein kann. Nun ist, wie schon gesagt, das Wesentliche an SUSY die Entsprechung von Bosonen und Fermionen. Einer der vielen wichtigen Unterschiede zwischen Bosonen und Fermionen äußert sich darin, wie sie als virtuelle Teilchen wechselwirken. Jedes Boson und jedes Fermion eines supersymmetrischen Paars macht denselben Beitrag zur effektiven Masse des Higgs-Teilchens, *ihre Beiträge jedoch haben entgegengesetzte Vorzeichen* (wenn also eines einen positiven Beitrag leistet, ist der des anderen negativ). Solange die Supersymmetrie also wirklich genau gilt, heben sich die Wirkungen aller virtuellen Teilchen – der Fermionen und ihrer bosonischen Partner – gegenseitig auf, und die Masse des Higgs-Teilchens wird von der Hochenergiephysik *nicht beeinflußt*.

Die wunderbare Aufhebung der Anteile, die sich in supersymmetrischen Theorien bei der Berechnung der Masse des Higgs-Teilchens einstellt, gilt allgemein und wirkt sich auch auf viele andere physikalische Prozesse aus. Es ist einer der Gründe, warum diese Theorien viel von dem »schlechten Verhalten« der Gravitation bei hohen Energien ausgleichen und warum »Super-

Tabelle 9.2
Vorhergesagte Teilchen und ihre Spins in einer supersymmetrischen Theorie

Fermionen	Spin	Bosonen	Spin
Elektron	$\frac{1}{2}$	*Selektron*	0
Photino	$\frac{1}{2}$	Photon	1
Neutrino	$\frac{1}{2}$	*Sneutrino*	0
Quarks	$\frac{1}{2}$	*Squarks*	0
Wino	$\frac{1}{2}$	W	1
Zino	$\frac{1}{2}$	Z	1
Higgsino	$\frac{1}{2}$	Higgs	0
Gravitino	$\frac{3}{2}$	Graviton	2

Bemerkung: Die kursiv gedruckten Namen sind unbeobachtete hypothetische SUSY-Partner. Die hier für die verhergesagten hypothetischen Objekte verwendeten Namen sind jene, die in der physikalischen Literatur am häufigsten verwendet werden.

string«theorien völlig frei sein könnten von all den unbequemen Auswirkungen oberhalb der Planckskala.

Es gibt offensichtlich leider ein Haar in der Suppe. Die Supersymmetrie *kann keine* genaue Symmetrie der Natur sein. Wenn sie das wäre, würde jedes Teilchen, das wir sehen, von einem Partner des entgegengesetzten Spintyps mit derselben Masse und derselben Stärke der Wechselwirkung begleitet sein. Dann sollte es also die in Tabelle 9.2 aufgeführten Teilchen und Spins geben. Die hypothetischen Partner der beobachteten Teilchen wurden durch die Kursivschrift hervorgehoben.

Die große Zahl der noch nicht beobachteten Teilchen (genau die Hälfte aller Teilchenarten) zeigt, wie ungenügend diese Vorhersage ist. Die Lösung? Man lasse einfach eine spontane Brechung der Supersymmetrie zu! Auf diese Weise kann die Masse aller supersymmetrischen Partner der gewöhnlichen Materie größer werden, bis sie außerhalb des Bereichs ist, den unsere heutigen Beschleuniger erkunden können. Obwohl diese Option den Gedanken phänomenologisch gesehen am Leben erhält, setzen wir, wenn wir die spontane Brechung der Super-

symmetrie zulassen, den entscheidenden Faktor aufs Spiel, der
den Reiz von SUSY ausmacht – die mögliche Lösung des Hierar-
chie-Problems. Wenn die Massen von gewöhnlichen Teilchen
von den Massen ihrer supersymmetrischen Partner abgespalten
werden, versagt der Mechanismus, durch den sich beide Beträge
aufheben, bei der Berechnung der Auswirkungen der virtuellen
Teilchen auf die Higgsmasse. Sie kompensieren sich dann nicht
mehr genau, sondern es bleibt vielmehr ein Rest in der Größenordnung der die Supersymmetrie brechenden Masse – also in der
Größenordnung der Massendifferenz zwischen Teilchen und
ihren SUSY-Partnern.

Wenn also die Supersymmetrie durch den Gedanken motiviert
wird, das Hierarchie-Problem der Teilchenphysik zu lösen, darf
die Skala, auf der die SUSY-Partner gewöhnlicher Materie existieren, nicht viel größer sein als die Skala der Symmetriebrechung bei der schwachen Wechselwirkung. Diese Skala liegt
wiederum gerade etwas oberhalb von der, die den heutigen
Beschleunigern zugänglich ist, und die nächste Generation von
Beschleunigern sollte sicherlich etwas sehen können. Diese be-
vorstehende Entwicklung bewirkt unter den Theoretikern große
Aufregung. Die Supersymmetrie macht viele eindeutige Vorhersagen über beobachtbare Vorgänge in Beschleunigern. Bestätigung (oder Widerlegung) könnten in Reichweite sein.

Wenn die Anzahl der Teilchen, die es in der Natur gibt,
verdoppelt wird, hat das auch für die Teilchenphysik und für die
Kosmologie Konsequenzen. Eine der ernsthaftesten Einschränkungen der supersymmetrischen Modelle der Elementarteilchen
ist die Forderung, daß sie nicht den Protonenzerfall bedingen.
Weil so viele neue Teilchen und Prozesse verfügbar werden,
wenn einmal die Supersymmetrie eingeführt ist, finden wir, daß
Prozesse, an denen intermediäre SUSY-Teilchen beteiligt sind,
die Zerfallsrate der Protonen weit über das hinaus vergrößern
können, was in den üblichen GUT-Modellen vorhergesagt wird
oder was jetzt aufgrund der Daten von den Detektoren für den
Protonenzerfall empirisch annehmbar ist. Viele realistische Modelle enthalten jedoch eine Symmetrie (die sogenannte R-Parität), die man *supersymmetrische Partner-Erhaltung* nennen
könnte. (Ich definiere als supersymmetrischen Partner jedes der

in Tabelle 9.2 kursiv gedruckten Teilchen, also die Teilchen, die nicht Teil des Standardmodells *ohne* Supersymmetrie sind). Diese Symmetrie stellt sicher, daß die einzigen zugelassenen Wechselwirkungen jene sind, bei denen die Anzahl supersymmetrischer Partner aus gewöhnlicher Materie nach der Wechselwirkung die gleiche ist wie vorher. In jeder Situation muß man also mit gewöhnlicher Materie aufhören, wenn man mit gewöhnlicher Materie beginnt. Das hat eine wichtige Folge. Der leichteste supersymmetrische Partner (LSP) gewöhnlicher Materie muß absolut stabil sein. Es gibt nichts, in das der LSP zerfallen kann, wenn die R-Parität beim Zerfall des LSP bewahrt bleiben soll.

Die Existenz eines solchen absolut stabilen LSP hat deutliche Folgen für seinen Nachweis in Beschleunigern und auch für die Kosmologie. Dieses Objekt ist ein vielversprechender Anwärter für dunkle Materie. Unter den exotischen Kandidaten, die für die kalte dunkle Materie vorgeschlagen wurden, hat der LSP sogar einen deutlichen Vorteil. Die einfachsten supersymmetrischen Modelle sagen vorher, daß die SUSY-brechende Skala etwa der Skala der schwachen Symmetriebrechung entspricht. Diese Modelle wiederum sagen einen LSP mit einer Masse vorher, die dann *von selbst* zu einer Schließungsdichte solcher Teilchen, die Überbleibsel vom Urknall sind, führt. Natürlich wird diese Anforderung, wie schon gesagt, an kein Modell gestellt. Wir wissen sehr wenig darüber, was die Skala von beobachteten Teilchenmassen bestimmt, deshalb überrascht es nicht, daß die meisten Modelle nicht unmittelbar im voraus die Massenskala von noch unbeobachteten Phänomenen vorhersagen. Es ist jedoch angenehm, wenn ein Modell wie etwa die hier erwähnten niedrig energetischen Supersymmetriemodelle aufgrund solcher Überlegungen Vorhersagen machen, die auch für andere unabhängige Phänomene wichtig sind.

Bevor Sie nun voreilig Ihre Stimme dem LSP als Ihrem Kandidaten für die kalte dunkle Materie geben, sollten Sie bedenken, daß eben diese supersymmetrischen Modelle nicht ohne andere kosmologische Haken sind. So ist zum Beispiel der supersymmetrische Partner des Gravitons (dieses Teilchen vermittelt vermutlich die Schwerkraft), das sogenannte Gravitino, in den meisten

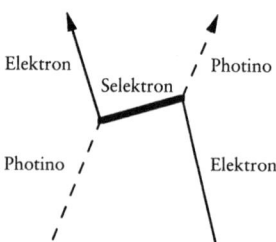

Abb. 9.3   Ein Feynman-Diagramm, das die Streuung eines Photinos an einem Elektron veranschaulicht. Die Wechselwirkung zwischen dem Photino und dem Elektron wird durch einen schweren supersymmetrischen Partner des Elektron, das sogenannte »Selektron«, bewirkt.

Modellen nicht unbedingt das leichteste Teilchen. Deshalb kann es in leichteren LSP und zusätzlich in gewöhnliche Materie zerfallen. Aber weil es der Partner des Gravitons ist, müssen seine Kopplungen im Bereich der Stärke der Gravitation liegen. Da die Schwerkraft so schwach ist, folgt daraus, daß das Gravitino gewöhnlich lange lebt, bevor es zerfällt. Wenn auch nur ein winziger Teil der Massendichte des Weltalls die Form von Gravitinos hatte, als sich das Universum auf die Temperatur abgekühlt hatte, in der die Kernsynthese begann, wären die Ergebnisse des Gravitinozerfalls nachher allgemein verheerend gewesen, weil sie dazu geneigt hätten, entweder den Überfluß primordialer Elemente in einer Weise zu verändern, die mit der Beobachtung unverträglich ist, oder das Spektrum des Mikrowellenhintergrunds um eine mit anderen Beobachtungen unverträgliche Weise zu verändern. Physiker können mit ihren Modellen herumspielen, um sicher zu stellen, daß diese Probleme nicht eintreten, aber dieses Manipulieren ist im besten Fall schwierig. Wenn natürlich der LSP in einem Beschleuniger oder einem Detektor für dunkle Materie *entdeckt* wird, werden die Theoretiker gern eine Erklärung dafür finden, warum der Haken der Gravitinos überhaupt nicht problematisch ist!

Bevor ich die Supersymmetrie verlasse, möchte ich erörtern, welche Eigenschaften der LSP haben könnte. In den einfachsten

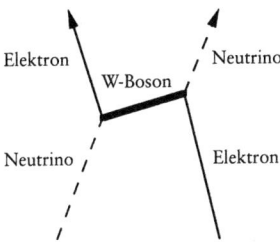

Abb. 9.4 Ein Feynman-Diagramm, das die Streuung eines Neutrinos an einem Elektron veranschaulicht. Die Wechselwirkung zwischen dem Neutrino und dem Elektron wird durch ein schweres W-Boson vermittelt, dessen Masse etwa gleich der Masse ist, die für die SUSY-Partner gewöhnlicher Teilchen erwartet wird.

SUSY-Modellen ist das leichteste Teilchen im Spektrum gewöhnlich etwa zehn- bis hundertmal leichter als die Größenordnung der SUSY-Brechung. Wenn diese Größenordnung mit der schwachen Symmetriebrechung zu tun hat, sollte der LSP etwa das Fünf- bis Fünfzigfache der Protonenmasse haben. Es wäre also ein ansehnliches, aber nicht besonders schweres Objekt – seine Masse entspräche den Kernen von Atomen. Wie stark würde es mit Materie wechselwirken? Wenn die R-Parität eine gültige Symmetrie ist, wird jede Wechselwirkung mit normaler Materie – wie sie sich beim Austausch eines virtuellen Teilchens abspielt – durch den Austausch eines supersymmetrischen Partners gewöhnlicher Materie vermittelt, so daß zu Beginn und Ende jeder Wechselwirkung die Anzahl von SUSY-Teilchen gleich ist. Zum Beispiel läßt sich die Streuung eines *Photinos* an einem Elektron in einem Feynman-Diagramm darstellen (siehe Abbildung 9.3). Der Austausch wird durch das *Selektron* vermittelt, dem SUSY-Partner des Elektron.

Das Photino ist genauso stark an das Elektron gebunden wie das Photon, deshalb könnte man vermuten, seine Wechselwirkung mit der Materie wäre so stark wie die elektromagnetische. Weil jedoch das ausgetauschte Teilchen ein SUSY-Teilchen ist, also sehr schwer, hat die Wechselwirkung nicht nur kurze Reichweite, sondern sie ist auch sehr schwach. Wie schwach?

Nun, das Selektron und die meisten SUSY-Teilchen sollten Massen von der Größenordnung der SUSY-Brechungs-Skala haben, die wir etwa im Größenbereich der schwachen Symmetriebrechung vermuten. Vermutlich ist die Masse dieser Teilchen vergleichbar mit der Masse der kürzlich entdeckten W- und Z-Bosonen, die die schwache Wechselwirkung vermitteln. Wenn das der Fall ist, dann wird die Stärke der Wechselwirkung des LSP mit gewöhnlicher Materie praktisch gleich der Stärke der schwachen Wechselwirkung sein, die auch den Austausch schwerer intermediärer virtueller Teilchen einschließt. Man vergleiche Abbildung 9.3 mit Abbildung 9.4, die die Streuung eines Neutrinos an einem Elektron darstellt.

Was läßt sich aus diesem Vergleich herleiten? Wenn der LSP aufgrund von SUSY-Brechung in der Größenordnung der schwachen Symmetriebrechung die dunkle Materie ausmacht, dann sollte der LSP etwa so wechselwirken wie ein sehr schweres Neutrino, mit einer Masse von etwa dem Fünf- bis Fünfzigfachen der Protonenmasse. Dies ist für spätere Überlegungen wichtig. Außerdem ist das LSP, da es ziemlich »massereich« und »schwach wechselwirkend« ist, ein Musterbeispiel für die sogenannten WIMPs, jene Kandidaten für die dunkle Materie, die schwach wechselwirken und massereich sind. (Mir gefällt der Name nicht, aber er ist nun einmal üblich.) Wenn der LSP wirklich beobachtet wird, können die Teilchenphysiker sicher sein, daß aufregende Zeiten bevorstehen, bis auch die anderen supersymmetrischen Partner gewöhnlicher Materie auftauchen. Bis dahin bleibt die Supersymmetrie jedoch lediglich eine elegante mathematische Idee mit einer faszinierenden physikalischen Begründung.

Magnetische Monopole

Seit Maxwell seine berühmten vier Gleichungen aufgestellt hat, die das Verhalten von elektrischen Ladungen, Strömen, Magneten und elektromagnetischen Wellen bestimmen, sind die Physiker sich einer deutlichen Asymmetrie im Elektromagnetismus bewußt. Elektrische Ladungen sind die Quelle elektrischer Fel-

Abb. 9.5 Wenn ein Stabmagnet zerschnitten wird, entsteht dabei nicht ein isolierter Nord- oder Südpol, sondern vielmehr zwei kleinere Abbilder des ursprünglichen Magneten, die jeder einen Nord- und einen Südpol haben.

der. Was sind die Quellen von Magnetfeldern? Sie sind keine magnetische Ladung, sondern vielmehr ein Strom. Es läßt sich sogar aus der Maxwellschen Theorie, so wie sie dasteht, herleiten, daß es in der Natur keine einzelne magnetische Elementarladung gibt. Wenn wir einen Magnet mit einem Nordpol und einem Südpol zerschneiden, erhalten wir nicht zwei isolierte Magnetpole, sondern vielmehr zwei kleinere Magneten, die jeder einen Nordpol und einen Südpol haben (siehe Abbildung 9.5).

Dieser Vorgang könnte unendlich weitergehen, bis wir den Magneten in all seine elementaren »Spins« zerlegt haben, zu denen die Protonen, Neutronen und Elektronen gehören, aus denen die Materie besteht. Jeder Spin wirkt wie ein kleiner magnetischer Dipol; weiter geht es dann nicht.

Wenn wir statt dessen einen elektrischen Dipol nehmen, der an beiden Enden einer Hantel getrennte Ladungen trägt, und ihn teilen, erhalten wir zwei getrennte geladene Körper, von denen einer positiv geladen ist und einer negativ (siehe Abbildung 9.6).

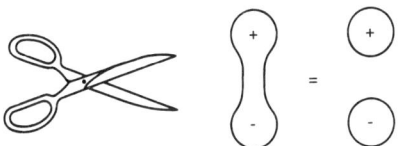

Abb. 9.6 Wenn ein elektrischer »Dipol«, also ein System, in dem die positiven und negativen Ladungen voneinander getrennt worden sind, zerschnitten wird, erhält man einen isolierten negativ geladenen und einen zweiten positiv geladenen Körper.

Man könnte diese Asymmetrie zwischen Elektrizität und Magnetismus beheben, wenn es irgendwie eine isolierte magnetische Ladung gäbe, etwa einen »Nordpol«. Dieser Wunsch ist jedoch kein hinreichender Grund für seine Existenz. Einer der Begründer der Quantenmechanik, der lakonische, glänzende britische Physiker Paul Adrien Maurice Dirac machte 1931 eine überraschende einschlägige Entdeckung. Er wies darauf hin, daß dann, wenn der Elektromagnetismus mit der Quantentheorie gekoppelt ist, die Existenz eines einzigen sogenannten »magnetischen Monopols« etwas erklären kann, was Physiker damals verwunderte und in gewisser Weise auch heute noch verwundert. Alle elektrischen Ladungen, die es in der Natur gibt, kommen offenbar als ganzzahlige Vielfache der Ladung des Elektrons vor. Das Proton zum Beispiel ist 2000 mal massereicher als das Elektron und ähnelt ihm außer in seiner Ladung wenig. Seine elektrische Ladung aber ist genau gleich und der des Elektrons entgegengesetzt. Nirgendwo beobachten wir Ladungen, die zum Beispiel $\frac{1}{3}$ oder das 1,335678fache der Elektronenladung betragen. Selbst Quarks, die nur einen Teil einer Ladung tragen, können nicht als isolierte Objekte existieren, sondern nur in Kombinationen, die zu einer ganzzahligen Ladung führen. Dirac zeigte in einer hervorragenden und eleganten Arbeit, daß die Existenz eines einzelnen magnetischen Monopols nicht nur die gesamte Symmetrie zwischen der elektrischen und magnetischen Ladung in den Maxwellschen Gleichungen wiederherstellen würde, sondern auch alle elektrische Ladung dazu zwingen würde, als ganzzahlige Vielfache einer Einheitsladung aufzutreten.

Diese Beobachtung wurde von den Physikern pflichtschuldig zur Kenntnis genommen und führte immer wieder zur Suche nach magnetischen Monopolen, unter anderem in der kosmischen Strahlung. Wenn jedoch ihre Masse zum Beispiel mit der des Elektrons vergleichbar wäre, sollten sie relativ leicht zu finden sein; ihre Abwesenheit ist also auffällig. Diracs Beobachtung bleibt eine Herausforderung an die Theoretiker.

Diese Lage änderte sich entscheidend, als die Eichtheorien entwickelt wurden, und insbesondere, als die Großen Vereinheitlichten Theorien aufgestellt waren. In einer weiteren seiner klassischen Arbeiten zeigte 't Hooft (und unabhängig von ihm der russische Physiker A.M. Polyakov) nicht nur, daß es eine Monopol-Lösung der für diese Theorien geltenden klassischen Gleichungen gibt, sondern auch, daß jede vereinheitlichte Theorie, die sich bei niedrigen Energien auf das Standardmodell reduziert, zu magnetischen Monopolen führen muß. Diese Objekte wären ganz anders als die Elektron-Masse-Monopole, die man sich früher vorstellte. Ihre Masse wäre charakteristisch für die Größenordnung der Großen Vereinheitlichung, vielleicht sogar für noch höhere Größenordnungen, sie würden also mindesten 10^{16} mal so viel wiegen wie ein Proton. Ein einziger Monopol könnte etwa ein Billionstel eines Gramms wiegen. Eine solche Masse enthält etwa 10^{16} Teilchen normaler Materie.

Ein solcher schwerer Monopol würde ganz anders mit normaler Materie wechselwirken als ein leichter. Wegen seiner großen Masse und der Tatsache, daß ein ruhender Monopol von Materie weder angezogen noch abgestoßen wird, würde zum Beispiel ein langsam auf die Erde fallender Monopol geradewegs durch die Oberfläche hindurchfallen, weil seine Wechselwirkung mit leichten Atomen nicht stark genug wäre, um Bewegung aufzuhalten. Es wäre, als ob man versuchte, einen Lastwagen anzuhalten, indem man ihm Popcorn entgegenwirft. Unsere Suche nach Monopolen in normaler Materie, etwa im Ozean, sollte also zu keinem Ergebnis führen.

Monopole verwandelten sich jedoch von Merkwürdigkeiten in wirkliche Möglichkeiten, als zunächst John Preskill, damals Doktorand an der Harvard University, und unabhängig von ihm der angesehene russische Astrophysiker Y. B. Zel'dovich zeigten, daß Monopole für das Standardmodell der Kosmologie ein Problem darstellen. Ich habe das Problem schon weiter oben erwähnt. Zu der Zeit des frühen Universums, als die GUT-Symmetrie in getrennte starke und »elektroschwache« Theorien zerbrach, sollen viele Monopole entstanden sein. So viele sogar, daß sie das Universum heute leicht schließen könnten. Das Problem ist also nicht, wie ein einzelner Monopol hergestellt werden kann, sondern wie man so viele wieder loswerden kann.

Ein junger Experimentalphysiker namens Blas Cabrera wurde durch die Vorstellung, Monopole könnten kosmologisch gese-

hen wichtig sein, zur Durchführung eines Experiments angeregt
und erklärte tatsächlich, er habe in seinem Kellerlabor an der
Stanford University ganz eindeutig und zweifellos einen magnetischen Monopol entdeckt. Plötzlich kamen kosmische Monopole in die Schlagzeilen. Cabrera, ein sorgfältiger Experimentator, stammt aus einer alten Physikerfamilie. Sein gleichnamiger
Großvater war einer der berühmtesten spanischen Physiker
seiner Zeit. Auch Cabreras Vater ist ein Physiker, der wieder in
Spanien arbeitet. Ich bin ein Freund und Mitarbeiter von Blas
und kann bezeugen, was viele seiner Kollegen unter den Experimentalphysikern damals wußten, als er die Entdeckung des
Monopols ankündigte: Seine Behauptung mußte ernst genommen werden.

Die Umstände der Entdeckung waren der Traum eines Jour-
nalisten. Um 14 Uhr am Valentinstag 1982 verzeichnete ein
Detektor, der darauf eingestellt war, in der die Erde bombardie-
renden kosmischen Strahlung nach Monopolen zu suchen, in
einem verlassenen Labor ein Signal, das der Spur gar nicht besser
ähneln konnte, die ein Monopol beim Durchqueren des ringför-
migen Aufzeichnungsbereichs hinterlassen hatte. Man hatte erwartet, ein solches Durchqueren würde das Magnetfeld im
Inneren des Rings augenblicklich um einen zur Stärke des Monopols proportionalen Betrag anheben. Genau einen solchen
Sprung verzeichnete der Schreiber. In kontrollierten Experimenten hatte man in den vorhergehenden Monaten niemals einen
»Fehlalarm« entdeckt. Zudem entsprach die von der Beobachtung hergeleitete Dichte kosmischer Monopole genau der
Dichte, die 10^{25} eV-Monopole in galaktischen Halos haben
müßten, wenn sie deren dunkle Materie ausmachen. Nach der
Beobachtung führte Cabrera den Beweis für die Unempfindlichkeit des Detektors gegenüber Schlägen oder anderen möglichen
Studentenstreichen; nicht einmal ein direkter Schlag auf das
Gerät konnte einen ähnlichen Sprung im Aufzeichnungsgerät
bewirken.

Cabrera und andere haben seitdem viel größere und kompli-
ziertere Geräte gebaut, aber sie haben noch kein einziges vergleichbares Signal erhalten. Wenn jenes ursprüngliche Ereignis
nur ein Zufall war, dann beträgt die Wahrscheinlichkeit, ein

weiteres solches Ereignis zu sehen, etwa 1 zu 1000, das heißt, es ist nicht unmöglich, aber sicherlich nicht wahrscheinlich. Bis heute wurde noch keine gute Erklärung für das Ereignis am Valentinstag gefunden; vielleicht war es nur Pech, einer von den Fällen, in denen sich viele äußerst seltene Störquellen im Hintergrund zu einem Signal kombinieren. Trotzdem suchen die Experimentalphysiker ungebrochen weiter nach diesen Dingen. Selbst die Theoretiker liefern moralische Unterstützung. Genau ein Jahr nach dem ursprünglichen Ereignis schickte Sheldon Glashow, ein heimlicher Dichter, Cabreras zum Valentinstag ein Telegramm:

> Rosen sind rot, Veilchen sind blau,
> Die Zeit ist gekommen für Monopol II.

Ich werde später auf die experimentelle Suche nach Monopolen zurückkommen. Seit der Ankündigung von Cabrera wurde die Kosmologie als Reaktion auf das zuerst von Preskill und Zel'dovich gestellte Problem revolutioniert. Gerade das Monopol-Problem veranlaßte Alan Guth, über die Großen Vereinigten Theorien und die Kosmologie nachzudenken. Das Ergebnis war seine Kosmologie eines inflationären Universums. Sie hat viele Vorzüge, unter anderem auch den, ohne Monopole auszukommen. Wenn der GUT-Übergang, bei dem Monopole erzeugt werden, derselbe ist, der zur Inflation führt, dann könnte nach Guths Theorie höchstens ein Monopol übrig bleiben, da durch die Inflation alle übrigen Monopole des Universums jenseits unseres heutigen Horizonts liegen. Vielleicht war das der Monopol, den Cabrera registrierte.

Aber die Inflationstheorie schließt bis heute übriggebliebene Monopole nicht unter allen Umständen aus. Die Inflation könnte sich auch *vor* dem Monopole erzeugenden Übergang abgespielt haben. Mehrere Modelle für Übergänge bei niedrigeren Energien führen zu viel niedrigeren und vielleicht sogar akzeptablen Ebenen der primordialen Monopolerzeugung – vielleicht reichen sie sogar aus, um das Universum heute zu schließen. Diese Szenarios sind keineswegs universal, magnetische Monopole aber sind es wenigstens in der Theorie. Ihre theoretische Grundlage ist so gesund, daß immer noch Experimente laufen, die hoffen, eine Monopoldichte zu entdecken, die das Universum schließen könnte. Wenn ihre Masse größer ist als etwa 10^{28} eV, fällt ihre vorhergesagte Ereignisrate unter die Empfindlichkeit der heutigen Experimente, wie ich weiter unten ausführen werde. Deshalb sind magnetische Monopole immer noch Mitbewerber um die dunkle Materie.

In meinem Überblick über die drei ausssichtsreichsten Kandidaten für kalte dunkle Materie, die sich aus teilchenphysikalischer Sicht ergeben, habe ich Sie hoffentlich davon überzeugt, daß jeder guten Grund hat zu existieren. Es wäre nicht zu überraschend, wenn mindesten einer, wenn nicht alle, in den kommenden Jahren entdeckt würden. Es muß jedoch noch überzeugend bewiesen werden, wie jedes dieser Objekte im frühen Universum mit hinreichender Häufigkeit hätte erzeugt werden können, um heute die dunkle Materie zu sein, die wir im großen Maßstab vermuten. Alle beschriebenen Kandidaten sind sehr schwach wechselwirkend. Mit Ausnahme des Axions, das ich weiter unten noch einmal behandeln werde, sind sie alle sehr schwer und sollten deshalb nichtrelativistisch geworden sein, als die Schwankungen ihrer Anzahldichte leicht zunahm und die Keime der Galaxien und Haufen bilden konnte. Vielleicht also erfüllen sie die Bedingungen für kalte Materie; warum jedoch sollten wir glauben, daß sie auch tatsächlich den Himmel bevölkern?

Kapitel 10
Drei bescheidene Vorschläge

Zwischen den von mir beschriebenen Kandidaten für die dunkle Materie gibt es deutliche Unterschiede; vielleicht erscheint es deshalb als unwahrscheinlich, daß es plausible Verfahren geben sollte, wie sie alle im frühen Universum hätten entstehen können. Ich werde hier aber sogar drei Möglichkeiten angeben, wie jeder dieser drei Kandidaten zu der von uns gesuchten dunklen Materie hätte werden können. Elementarteilchen werden nämlich entweder *als dunkle Materie geboren* oder sie *werden dunkle Materie* oder ihnen *wird auferlegt, dunkle Materie zu sein*. Dieses Kapitel hat das Ziel, Sie sowohl von der Allgemeingültigkeit dieser Möglichkeiten als auch ihrer Plausibilität zu überzeugen. Noch wichtiger ist, daß jede dieser Möglichkeiten Kennzeichen hat, die bei der experimentellen Suche nach diesen flüchtigen Wesen als Leitfaden dienen können.

Zum Dunkelsein geboren

Der bekannteste Prototyp eines natürlichen Kandidaten für die dunkle Materie ist das altbekannte leichte Neutrino. Diese Teilchen brauchen ja, wie Sie sich erinnern werden, überhaupt nichts zu tun, um das heutige Universum zu beherrschen. Einfach aufgrund der Existenz der in früher Zeit herrschenden Gleichgewichtsbedingungen hat es im frühen Universum leichte Neutrinos in gleicher Fülle gegeben wie Photonen. Nachdem sie sich von der Ausdehnung des Urknalls entkoppelt hatten, brauchten sie nur noch geduldig zu warten; schließlich fiel die Energiedichte der Strahlung dann unter den Wert, der in der Ruheenergie der Neutrinos gespeichert ist, und sie konnten die Ausdehnung beherrschen. Wie ich oben zeigte, hätten die Neutrinos genau die Dichte, die heute zu einem flachen Universum führen würde, wenn ihre Masse um 30 eV herum liegt.

Es stellt sich heraus, daß auch Axionen zum Dunkelsein geboren sind; sie machen jedoch einen anderen Reifungsprozeß durch, der zu einer ganz anderen Verteilung von Teilchen der dunklen Materie heute führt. Die Art ihrer Erzeugung entscheidet darüber, welche Eigenschaften des Axionenhintergrunds seine Entdeckung ermöglichen könnten.

Kosmische Axionen werden aus der dunkelsten aller Energiequellen, dem Vakuum, geboren. Wie wir früher sahen, braucht das Vakuum in der Teilchentheorie keineswegs harmlos zu sein. Im Szenario des inflationären Universums kann das Vakuum selbst genug Energie speichern, um die ganze Ausdehnung des Universums zu beeinflussen und schließlich zu beherrschen. Im Fall der Axione begann alles noch viel harmloser. Axionen sind, wie ich sagte, Geisteskinder unserer Theorie der mit dem Vakuumzustand verknüpften Symmetrien. Ihre Existenz ist voll und ganz an die spontane Symmetriebrechung gebunden – genauer gesagt an die der Peccei-Quinn-Symmetrie. Wenn wir die Dynamik der Axione verstehen wollen, müssen wir deshalb etwas mehr Zeit darauf verwenden, die Dynamik des Vakuums selbst zu beschreiben.

Wie kann das Vakuum – diese raffinierte Version des leeren Raums – eine Dynamik haben? Die Antwort ist ziemlich einfach. Das Vakuum gilt als Grundzustand der Materie. Der Grundzustand sollte der niedrigste Energiezustand der Materie sein. Also bestimmen Kräfte die Bedingungen des Vakuumzustands. Wir verändern jene Freiheitsgrade, die veränderlich sind, bis wir die Kombination finden, die zur niedrigsten Energiedichte führt; diese Kombination nennen wir dann den Grundzustand.

In der Feldtheorie sind die grundlegenden Freiheitsgrade die Anregungszustände der Elementarteilchen. Wie wir sahen, läßt sich der Vakuumzustand durch die Dichte der reellen Teilchen kennzeichnen, die es in diesem Zustand gibt oder die zu ihm »kondensierten«. Die Teilchendichte ist meistens null, und in dem Fall ist der Vakuumzustand nur von »virtuellen« Teilchen bewohnt. Wir haben jedoch auch gesehen, daß eine nichtverschwindende Teilchendichte ins Vakuum »kondensieren« und dort spontan die Symmetrie brechen kann.

Wenn wir diese Vorgänge bedenken, können wir jetzt verstehen oder uns zumindest ausmalen, warum es zu diesen Phänomen kommt. Man erinnere sich, daß es gewöhnlich *Energie*

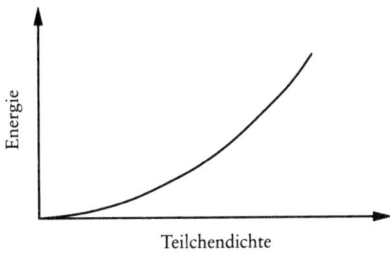

Abb. 10.1 Normalerweise ist das »Vakuum«, der Zustand, in dem ein Quantensystem die geringste Energie hat, ein Zustand, in dem man keine reellen Teilchen erwartet, weil die Energie des Systems zunimmt, wenn reelle, mit Masse behaftete Teilchen hinzukommen.

braucht, damit im Vakuum reelle Teilchen entstehen. Wenn die Teilchen nicht miteinander wechselwirken, braucht das um so mehr Energie, je mehr Teilchen erzeugt werden. Abbildung 10.1 stellt diese Situation graphisch dar. Auf der horizontalen Achse lasse ich die Dichte reeller Teilchen, die es im Grundzustand gibt, nach rechts hin zunehmen. Teilchenphysiker nennen dieses den »Erwartungswert« des »Quantenfelds«, der die fraglichen Teilchen beschreibt. Wie in der Abbildung gezeigt, ist es klar, welcher Grundzustand der Materie energetisch gesehen bevorzugt wird. Das Vakuum enthält keine reellen Teilchen.

Stellen wir uns vor, daß die Teilchen, anders als in der in Abbildung 10.1 dargestellten Situation, einander anziehen können. Die Gesamtenergie wird dann, wenn die Dichte reeller Teilchen zunimmt, *niedriger*, bis das System mit Teilchen gesättigt ist und die Energie wieder zunimmt, wie es Abbildung 10.2 zeigt. Dieses Diagramm stellt genau das dar, was ich weiter oben (in Kapitel 2) mit Worten als das schilderte, was zur spontanen Symmetriebrechung führt. In diesem Fall ist die Teilchendichte der energetisch bevorzugten Konfigurationen des Grundzustands der Materie wegen der Wechselwirkung zwischen den Teilchen nicht Null. Teilchen können in das Vakuum »kondensieren«.

Wie verhält sich ein solches Teilchenkondensat nun wirklich?

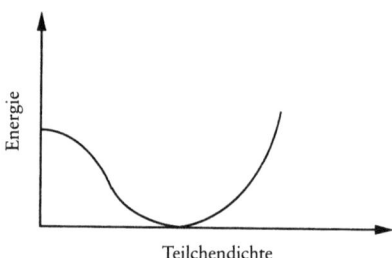

Abb. 10.2 Wenn zwischen Teilchen eine Anziehungskraft wirkt, kann man sich vorstellen, daß die minimale Energiekonfiguration keine ist, bei der reelle Teilchen fehlen, sondern vielmehr eine, in der eine nichtverschwindende Dichte reeller Teilchen in diesen Vakuumzustand »kondensiert«.

Nehmen wir der Einfachheit halber an, solche Teilchen hätten eine nichtverschwindende Masse. Sicherlich kostet es die Teilchen in dem Kondensat Energie, sich dort zu bewegen, deshalb ist die niedrigste Energiekonfiguration solcher Teilchen jene, bei der sie in Ruhe sind. Man bedenke, daß alle diese Aktivitäten im Rahmen der »Quantenfeldtheorie«, deren Grundlage die Quantenmechanik ist, wirklich stattfinden. Und das hat weitere Folgen: Alle quantenmechanischen *Wellenfunktionen* der Teilchen im Vakuum, die die Wahrscheinlichkeit beschreiben, jedes Teilchen zu einer bestimmten Zeit an einem bestimmten Ort zu finden, stehen in einer ganz bestimmten Beziehung zueinander. Eine solche korrelierte Kombination von Teilchen nennen wir einen *kohärenten Zustand.*

Wenn Kohärenz vorliegt, sind die quantenmechanischen Wellenfunktionen aller Teilchen so gekoppelt, daß die Kombination insgesamt gleichförmig zusammenarbeitet oder »in Phase« ist. Kohärenz ist kein rein theoretischer Begriff, sondern ein wichtiges und vertrautes Phänomen. Man vergleiche Laserlicht – zu dem eine kohärente Vereinigung von Photonen gehört – mit dem Licht einer normalen Glühlampe. Hologramme, also mit Hilfe von Lasern gewonnene dreidimensionale Bilder, sind nur möglich, weil die »Phasen«beziehung zwischen den einzelnen Photonen in einem kohärenten Strahl gespeichert ist und viel mehr

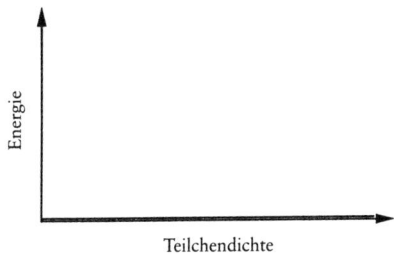

Abb. 10.3 Masselose Teilchen können in einem hinreichend großen Volumen beliebig wenig Energie haben. Wenn man mögliche Wechselwirkungen zwischen diesen Teilchen vernachlässigt, kann man beliebig viele Teilchen in ein solches Volumen tun, ohne die Energiedichte zu vergrößern. In diesem Fall läßt sich deshalb der bevorzugte Grundzustand des Systems nicht allein aufgrund von Energieüberlegungen bestimmen.

»visuelle Information« liefert, als in einem normalen zweidimensionalen Bild möglich ist.

Kehren wir zu den Axionen zurück. Axionen sind eng mit den skalaren Teilchen aus der von Peccei und Quinn aufgestellten Theorie verwandt, die tatsächlich ins Vakuum kondensieren und die Peccei-Quinn-Symmetrie brechen. Ganz allgemein gilt, wie zuerst der britische Physiker Jeffrey Goldstone bemerkte, daß mit skalaren Teilchen jedesmal, wenn sie im Vakuum kondensieren und eine stetige Symmetrie brechen, ein weiterer Freiheitsgrad verknüpft sein sollte, der sich als masseloses Teilchen zeigt. In der Theorie von Peccei und Quinn ist dieses Teilchen das Axion.

Wenn kosmische Axionen das Leben als masselose Teilchen beginnen, kostet es keine Energie, auch das Vakuum mit einer nichtverschwindenden Teilchendichte zu bevölkern. Jedes masselose Teilchen verhält sich, was seine Bewegung betrifft, wie Licht. Insbesondere wird seine Energie nicht durch seine Masse bestimmt, sondern durch seine Frequenz (oder Wellenlänge), wenn es mit Lichtgeschwindigkeit reist. Masselose Teilchen mit beliebig großen Wellenlängen können beliebig kleine Frequenzen haben und deshalb auch beliebig wenig Energie besitzen. Wenn sie nicht oder nur sehr schwach miteinander wechselwir-

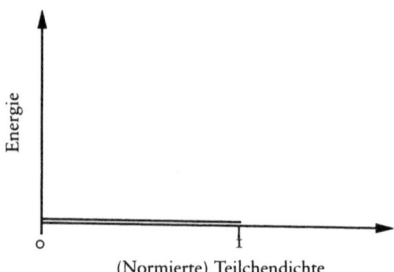

Abb. 10.4   Axionen können, solange sie masselos sind, im Vakuumzustand
eine Teilchendichte haben, die nicht durch Kräfte bestimmt wird. Wegen der
Eigenart der Physik der Axionen stellt sich heraus, daß die Dichte der
Axionen, die sich im Vakuumzustand befinden, in einem Bereich liegen muß,
der von Null bis zu einer maximalen Größe reicht. Wenn die betreffenden
Größen geeignet normiert werden, kann man sich vorstellen, die Teilchendichte von Axionen im Vakuumzustand habe einen beliebigen Wert zwischen Null und Eins.

ken, lassen sich in einem sehr großen Kasten beliebig viele von
ihnen unterbringen. Das kostet überhaupt keine Energie. Abbildung 10.3 veranschaulicht diese Situation.

Wenn Abbildung 10.3 die Situation der Axionen beschreibt,
ist es also dynamisch gesehen möglich, daß eine große Anzahl
reeller Axionen das Vakuum bevölkert. Tatsächlich stellt sich
aus technischen Gründen heraus, daß die Teilchendichte der
Axionen im Vakuum nicht beliebig groß sein kann, sondern in
einem bestimmten Bereich um Null liegen muß. In geeigneten
Einheiten läßt sich der Erwartungswert der Axionen im Vakuum
zwischen Null und Eins festlegen. Dieser Wert ist in Abbildung
10.4 angedeutet. Was bedeutet das physikalisch gesehen? Da es
den Axionen-«Erwartungswert» keine Energie kostet, einen
Wert in diesem Bereich anzunehmen, kann die wirkliche Axionendichte im Raum nach der Peccei-Quinn-Symmetriebrechung
in diesem Bereich ebenfalls jeden Wert annehmen. Im frühen
Universum stehen die Raumbereiche anfangs nicht in ursächli-
chem Zusammenhang (sie liegen also außerhalb des Horizonts

der anderen nahen Bereiche). Man könnte deshalb annehmen, die Axionenerwartungswerte seien in den verschiedenen Raumbereichen im erlaubten Intervall zufällig verteilt. Wenn wir raten müßten, welcher Wert das in einem bestimmten Bereich sein sollte, könnten wir sagen, er sei etwa 0,3 oder 0,5 und nicht zum Beispiel 0,000 000 1. Das könnte natürlich lediglich ein Wahrscheinlichkeitsgesetz gewährleisten. Wenn jeder Wert zwischen Null und Eins gleich wahrscheinlich ist, ist die Wahrscheinlichkeit etwa Eins zu einer Million, daß wir uns in einem Bereich des Universums befinden, wo der Axionen-Erwartungswert anfänglich zwischen Null und 10^{-6} war. Es gibt also, darauf kommt es uns hier an, nichts, was stärker für den Wert Null spricht als für irgendeinen anderen.

Nehmen wir nun einmal an, der Axionen-Hintergrund habe in einem kleinen Raumbereich einen nichtverschwindenden Erwartungswert, und dieser Raumbereich blähe sich dann auf, so daß dieser Bereich das, was sich zu unserem beobachtbaren Universum entwickelt, völlig umschließt.*

Dann sollte das Universum nach der Inflation eine konstante Hintergrunddichte von Axionen haben, die sich in einer kohärenten Konfiguration mit kleinster Energie befinden. Diese Konfiguration könnte natürlich, da Axionen masselos sind, keine Energie speichern und die spätere Ausdehnung des Universums weder beeinflussen noch von ihr beeinflußt werden.

Wenn sich jedoch das Universum hinreichend abkühlt, so daß die starke Wechselwirkung wichtig wird, ist die Lage anders. Der Term der quantenchromodynamischen Gleichungen, der sonst zur Verletzung von Ladungskonjugation und Parität (CP) führen würde, erzeugt Wechselwirkungen, die die Peccei-Quinn-Symmetrie deutlich brechen (siehe Kapitel 9). Dadurch werden Wechselwirkungen zwischen den Axionen ausgelöst; sie führen dazu, daß es Energie kostet, ein reelles Axion zu erzeugen. Anders gesagt erhalten die Axionen aufgrund dieser Wechselwirkungen eine Masse, obwohl sie zuvor masselos waren. Jetzt ähnelt das dynamische Bild, das die Teilchendichte der Axionen

---

* Die Überlegung ändert sich nicht wesentlich, wenn das nicht der Fall ist ... glauben Sie mir.

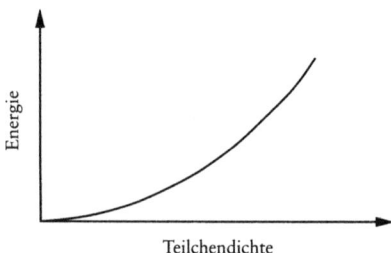

Abb. 10.5   Wenn die Axionenmasse für die Kräfte eine Rolle spielt, ist die favorisierte niedrigste Energiekonfiguration eine, bei der es keine Axionen gibt.

im Vakuum bestimmt, dem guten alten Standardbild, das minimiert wird, wenn es im Vakuum keine Axionen gibt (siehe Abbildung 10.5).

Einen Augenblick, bitte – ich habe gerade angedeutet, daß wir uns in einem Universum befinden könnten, in dem die im Vakuum kondensierten Axionen eine nichtverschwindende Dichte haben könnten. Was gilt? Nun, der Zustand, in dem wir uns früher mit, sagen wir, einer Axionendichte von 0,5 in den oben eingeführten Einheiten fanden, ist jetzt nicht mehr die minimale Energiekonfiguration. Er ist nicht mehr der bevorzugte Grundzustand. Dieser Zustand muß dynamisch »entspannen« und die Größenordnung des Axionenhintergrunds verringern, bis er die neue minimale Energiekonfiguration erreicht.

Auf welcher Zeitskala entspannt sich der Axionenhintergrund? Vorgänge, die die kohärente Wellenfunktion des Axionenhintergrunds verändern können, laufen in Zeiträumen ab, die *umgekehrt proportional* sind zur Axionenmasse. Je rascher die Energieveränderungen erfolgen, wenn wir die Anzahl der Axionen im Vakuum zunehmen lassen (je größer die Axionenmasse ist), um so rascher reagiert auch der Axionenhintergrund. Die kohärente Konfiguration vieler Hintergrundaxionen wirkt für diesen Zweck wie jedes andere klassische Objekt, etwa ein Ball, der sich in einer »Potentialmulde« befindet. Die Zeit, die man braucht, aus dem Stand auf Skiern einen Abhang hinunter-

zugleiten, ist umgekehrt proportional zur Krümmung des Tal-
bodens. In dem in Abbildung 10.5 gezeigten Fall ist die Krümmung proportional zu der Energie, die es braucht, Axionen zu
erzeugen, also zu ihrer Masse.

Wenn Axionen sehr leicht sind, kann die charakteristische
Zeit, die die kohärente Wellenfunktion des Axions braucht, um
sich zu ändern, sehr lang sein. Es ist gut möglich, daß diese
Zeitskala im frühen Universum das Alter des damaligen Universums übertroffen haben könnte. Was würde dann passieren?
Dann bleibt der kohärente Axionenhintergrund konstant und
speichert eine konstante Energiedichte, bis der Hintergrund Zeit
hat, sich dynamisch zu entspannen. Wenn er sich einmal verändert, werden seine Größe und damit seine Energiedichte kleiner,
während er sich mit der Ausdehnung des Universums dynamisch
verdünnt.

Bevor jedoch dieser Axionenhintergrund auf den neuen Stand
der Dinge reagiert, reagieren die übrige Materie und Strahlung
im Universum auf die Hintergrundausdehnung des Weltalls,
indem sie sich weiter verdünnen. Die Energie anderer Materie
und Strahlung nimmt also ab. Nehmen wir an, die Axionenmasse sei klein, und die in dem anfänglichen konstanten Axionenhintergrund gespeicherte Energie bliebe lange konstant;
dann kann der Axionenhintergrund selbst dann, wenn seine
Energiedichte im Vergleich zur Energiedichte gewöhnlicher Materie winzig ist, schließlich die Energiedichte des Universums
einholen. Selbst heute könnte die Amplitude des Axionenhintergrunds, der auch nach der Verdünnung noch bleibt, genug
Energie enthalten, um das Weltall zu beherrschen. Nehmen wir
an, die Größenordnung des Axionenhintergrunds hätte in Einheiten, die sie auf den Toleranzbereich zwischen Null und Eins
eingrenzen, etwa 0,5 betragen (und nicht, sagen wir, 10^{-6}). Dann
wäre, wie aus einer einfachen Rechnung folgt, der Axionenhintergrund im frühen Universum lange genug konstant geblieben,
damit seine Restdichte heute ein Universum mit kritischer
Dichte, also ein flaches Universum, ergeben könnte, wenn die
Axionenmasse etwa 10^{-5} eV oder etwa 1 Zehnmilliardstel der
Elektronenmasse beträgt.

Diese Erörterungen sind sicherlich vielen Lesern etwas weltfremd vorgekommen, und in gewisser Weise sind sie es auch. Ähnliche Vorgänge – es lohnt, sich das klarzumachen – laufen jedoch in viel vertrauteren Bereichen ab, zum Beispiel, wenn sich im Winter an den Fensterscheiben Eiskristalle bilden oder wenn ein Nagel durch einen Schlag mit dem Hammer magnetisiert wird. Wir haben keinen Grund anzunehmen, es könne solche Ereignisse nicht auch im kosmischen Maßstab geben. Dazu ist nur etwas Vertrauen in die Grundgesetze der Physik nötig.

Wenn Sie mir glauben, daß diese Vorgänge möglich sind, können wir wichtige Folgerungen ziehen. Erstens war, wie versprochen, keine spezielle Dynamik der Axionen nötig. Es genügt ein nichtverschwindender Erwartungswert für den Axionenhintergrund zu frühen Zeiten, und alles läuft von selbst. Man bedenke, welch wunderbares Herstellungsverfahren das ist. Am Ende bleibt eine kohärente Konfiguration von Axionen – so etwas wie ein Bad im Laserlicht –, die sehr viele sehr leichte Teilchen enthält. Das wird sehr wichtig, wenn wir Wege suchen, diese Dinge zu beobachten. Weiterhin bedeutet es, daß diese Teilchen, weil sie anfangs quantenmechanisch in einer minimalen Energiekonfiguration und nicht in einem thermischen Prozeß erschaffen wurden, sich zu frühen Zeiten auch dann nichtrelativistisch verhalten, wenn die Temperatur des Strahlungsbads (mit dem sie nicht thermisch gekoppelt sind) ihre Masse weit übertrifft. Dies ist die wichtigste Vorbedingung, damit dunkle Materie kalt ist, denn dann kann eine anfängliche Dichteschwankung aufgrund der Schwerkraft zur rechten Zeit kollabieren. Das wiederum ist folgenreich. Wir brauchen dann nicht zu fordern, daß kalte dunkle Materie aus schweren Teilchen besteht, obwohl eine naivere Analyse diesen Verdacht hätte wecken können. Solange nichtthermische Erzeugungsprozesse wie dieser zugelassen sind, ist die Welt der Möglichkeiten viel reichhaltiger. Axionen sind ein Musterbeispiel für diese neue Freiheit.

Der mühsame Weg:
Dunkle Materie muß sich ihren Status verdienen

Der zweite Mechanismus, durch den eine große Restdichte
exotischer schwach wechselwirkender Teilchen im frühen Weltall hätte erzeugt werden können, ist identisch mit dem Verfahren,
bei dem eine Resthäufigkeit leichter Elemente bei der Kernsynthese des Urknalls erzeugt wurde. Man beginnt mit einem thermischen Gleichgewichtszustand der Materie und Strahlung, den
man sich selbst überläßt, um den Verlauf bestimmter Reaktionen zu verfolgen, die sich während der Abkühlung des Universums aus dem thermischen Gleichgewicht entwickeln. Teilchen
mit der Wechselwirkungsstärke der Neutrinos wären diesen
Berechnungen zufolge dann, wenn ihre Massen etwa zwischen
einer und hundert Neutrinomassen liegen, im frühen Universum
häufig genug erzeugt worden, um es heute zu beherrschen. Die
Überlegung wurde zuerst auf die Möglichkeit sehr massereicher
Neutrinos angewendet, aber ihr Anwendungsbereich ist viel
breiter. Sie verläuft wie folgt.

Bei sehr hohen Temperaturen war die Materie- und Strahlungsdichte im frühen Universum so groß, daß selbst schwach
wechselwirkende Neutrinos schnell genug wechselwirken konnten, um im thermischen Gleichgewicht zu bleiben. Anders gesagt
war die Rate ihrer Wechselwirkungen mit anderer Materie
schneller als die Ausdehnungsrate des Universums. Da sie im
thermischen Gleichgewicht waren, waren sie damals etwa so
häufig wie Photonen. Wenn nun Neutrinos sehr leicht sind,
wissen wir schon, was passiert: Sie müßten entkoppelt und
rotverschoben worden sein und heute ungefähr dieselbe Teilchendichte haben wie die Photonen. Wenn Neutrinos sehr massereich sind, verlaufen die Ereignisse etwas anders. Wenn Neutrinos im thermischen Gleichgewicht mit der Materie bleiben,
während die Temperatur unter ihre Masse fällt, nimmt ihre
Häufigkeit ab. Denn die Wahrscheinlichkeit ist gering, im thermischen Gleichgewicht ein Objekt zu finden, das eine viel größere Energie hat, als zu dieser Zeit thermisch verfügbar ist.
Entsprechend ist auch die Wahrscheinlichkeit, dann massereiche
Neutrinos zu finden, wenn die Temperatur unter ihre Masse

sinkt, recht gering. Physikalisch gesehen ist der Grund in beiden Fällen naheliegend. Teilchen und Antiteilchen können sich gegenseitig vernichten. Andererseits können Teilchen-Antiteilchen-Paare bei Zusammenstößen im Hintergrundstrahlungsbad entstehen. Wenn die Strahlungstemperatur nun unter die Masse der Teilchen fällt, die man erschaffen möchte, ist im Bad im Mittel nicht genug Energie vorhanden, um diese Teilchen zu erzeugen. Der entgegengesetzte Vorgang, die Vernichtung von Teilchen und Antiteilchen, ist weniger eingeschränkt, weil es die Teilchen schon gibt und sie nur zusammenzustoßen brauchen, um einander zu vernichten. Es werden also bei niedrigen Temperaturen mehr Teilchen vernichtet als erzeugt, und das verringert die Teilchendichte bis auf ihren thermischen Gleichgewichtszustand.

Dieser Vorgang könnte beliebig weitergehen, bis es schließlich keine massereichen Teilchen mehr gibt, sondern nur noch Strahlung. Wenn jedoch die Teilchen bei dem Zusammenstoß mit ihren Antiteilchen vernichtet werden und ihre Gesamtdichte abnimmt, wird es für ein Teilchen immer schwieriger, ein Antiteilchen zu finden, mit dem zusammen es ausgelöscht werden kann. Die Vernichtungsrate nimmt also ab. Irgendwann wird sie kleiner als die Ausdehnungsrate des Universums, und die Teilchen laufen rascher voneinander weg, als sie Partner finden können, mit denen sie sich auslöschen. An diesem Punkt können sich dann Teilchen praktisch gar nicht mehr vernichten, und die Teilchendichte dieser massereichen Teilchen wird »ausgefroren«, das heißt, sie ändert sich nicht aufgrund von Vernichtung.

Wenn wir die bekannte Wechselwirkungsstärke von Neutrinos berücksichtigen, reicht die Restdichte der Teilchen, die ausgefroren werden, aus, um dann, wenn ihre Masse der des Protons mindestens gleich ist, zu einer Schließungsdichte der heutigen Neutrinos zu führen. Da ihre Wechselwirkungsstärke mit ihrer Masse zunimmt, würden sie früher ausfrieren, wenn sie leichter wären; dann blieben zu viele übrig. Wenn sie schwerer wären, würden sich mehr gegenseitig vernichten, und ihre Restdichte wäre heute kleiner.

Das hat einige Kosmologen vermuten lassen, ein neues, sehr schweres Neutrino (man bedenke, daß die drei bisher beobachteten Neutrinoarten Massen haben, die viel kleiner sein müssen als die des Protons) könnte ganz natürlich ein Kandidat für die kalte dunkle Materie sein. Dieses Neutrino wurde der Prototyp des WIMP. Ich sage dies nicht mit besonders großer Begeisterung, weil niemand wirklich erwartet, es könne ein neues Neutrino mit der durch diese Überlegung nahegelegten Masse geben.

Die WIMPs erhielten eigentlich erst Oberwasser durch die Entdeckung, daß die leichtesten supersymmetrischen Partner (LSP) der gewöhnlichen Materie nicht nur eine Wechselwirkungsstärke haben würden, die der der Neutrinos vergleichbar ist, sondern auch eine Masse in diesem Bereich. Da die Parameter der supersymmetrischen Modelle nicht so streng festgelegt sind wie die Parameter der üblichen elektroschwachen Theorie, ist da noch Freiraum. Irgendwie läuft alles ganz richtig, und schon das ist ermutigend.

Schwach wechselwirkende massereiche Teilchen würden, wenn es sie gibt, durch denselben thermischen Mechanismus erzeugt werden, der alle leichten Elemente erzeugt hat, die wir heute im Weltall beobachten. Nun lassen sich die Ergebnisse der unglaublich erfolgreichen Berechnungen der Kernsynthese im Urknall kaum bezweifeln. Wenn jedoch ein WIMP-Kandidat wie zum Beispiel ein leichtes Photino mit einer Masse zwischen dem Fünf- und Fünfzigfachen der Photonenmasse in Beschleunigern beobachtet würde, müßte man deshalb auch annehmen, dieses Teilchen könnte im Weltall mit einer Häufigkeit vorkommen, die ausreicht, um all die heute vermutete dunkle Materie zu erklären. Natürlich könnten die WIMPs auch zuerst als dunkle Materie entdeckt werden.

Dunkle Materie mit Gewalt

Wir haben schon über den Prototyp eines Teilchens gesprochen, das gezwungen werden könnte, dunkle Materie zu sein: den magnetischen Monopol. »Gezwungen« sage ich, weil diese Objekte aufgrund normaler dynamischer Überlegungen wohl nicht in sehr großen Mengen erzeugt würden, also heute nicht wichtig wären. Trotzdem, genau wie sich in Kristallen aus normaler

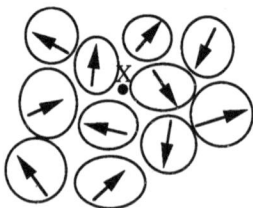

Abb. 10.6   Man stelle sich ein äußerst großes zweidimensionales hypothetisches System von Magneten vor; weil es so groß ist, können getrennte
Bereiche unabhängig voneinander wirken (sie sind also nicht in kausaler
Berührung), wenn die Temperatur rasch fällt. Dann bilden sich getrennte
magnetische Bereiche, in denen das Magnetfeld jeweils in einer beliebigen
Richtung gleichförmig ausgerichtet ist. Diese Bereiche werden immer größer, bis sie an Nachbarbereiche angrenzen.

Materie »Defekte« finden, läßt sich manchmal die Erzeugung
von Objekten, die energetisch nicht begünstigt sind, nicht vermeiden. Das hat oft mit dem Auftreten von Phasenübergängen
zu tun. Ich beschrieb weiter oben die Bildung von Eiskristallen
an einem kalten Fenster. Lassen Sie mich hier eine andere, etwas
hypothetische Möglichkeit schildern. Betrachten Sie den Fall
eines sehr großen zweidimensionalen magnetischen Gebildes,
das aus vielen einzelnen Magneten besteht. Wie wir sahen,
zeichnet die favorisierte Konfiguration bei hohen Temperaturen
für die Magneten keine Richtung aus. Wenn die Temperatur
sinkt, hat die Gleichrichtung alle Magneten energetisch gesehen
Vorteile. In einem sehr großen Gebilde können sich kleine
Bereiche bilden, in denen die Magneten in dieselbe Richtung
zeigen, die dann, wenn weitere Magneten sich auf die in dieser
Richtung vorherrschende Richtung einstellen, weiter wachsen.*

---

* In einem wirklichen zweidimensionalen magnetischen System sind, wie
man herausfand, die mikroskopischen Magneten in der Nähe der Temperatur, bei der der Phasenübergang eintritt, im gesamten Magneten korreliert, deshalb kann sich der hier beschriebene Defekt nicht bilden. Zum
Zweck dieser Überlegung stelle man sich vor, die Temperatur ändere sich
sehr rasch, oder das System sei sehr groß, so daß ferne Bereiche nicht
genug Zeit haben, sich auszurichten.

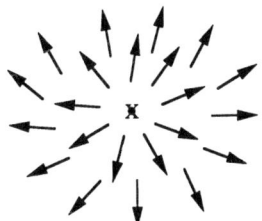

Abb. 10.7 An den Grenzen benachbarter Bereiche neigen die Magnetfelder dazu, sich parallel auszurichten, um ihre Energie möglichst klein zu halten. Im allgemeinen führt dies zu Magnetfeldern, die über große Räume hinweg gleichförmig ausgerichtet sind. In solchen Bereichen wie um x herum ist es für die Magnetfelder der Bereiche jedoch unmöglich, sich so auszurichten wie ein Nachbarbereich, ohne sich nicht gleichzeitig mit dem gegenüberliegenden Bereich noch weniger in Übereinstimmung zu befinden. Der Bereich um x herum wird ein »Defekt« genannt.

Von einem bestimmten Punkt an verschmelzen die Bereiche dann nahezu (siehe Abbildung 10.6).

Was geschieht als nächstes? An der Grenzfläche der Bereiche richten sich die Magneten so aus, daß die Richtung glatt von einem Bereich zum nächsten übergeht. Schließlich wächst diese Grenze nach außen, und die Magnetfelder der beiden Bereiche sind gleich ausgerichtet (siehe Abbildung 10.7).

Aber wie ist es mit dem Bereich in der Gegend um den mit einem x markierten Punkt in Abbildung 10.6? Wenn man diesen Punkt umkreist, stellt man fest, daß die Magnetfelder der verschiedenen Bereiche ebenfalls eine volle Drehung vollführen.

Stellen wir uns jetzt vor, was passiert, wenn die mikroskopischen Magneten versuchen, sich auszurichten. Sie können ihre Richtung an allen Punkten langsam verändern, nicht jedoch in der Nähe von x, denn hier gibt es keine Möglichkeit, wie ein Magnet sich besser an einem anderen ausrichten kann, ohne sich gleichzeitig dem entgegengesetzten weniger gut anzupassen. Die einzige Möglichkeit, wie man kontinuierlich von einem Magnetfeld, das unterhalb von Punkt x nach unten zeigt, zu einem kommen kann, das oberhalb von x nach oben zeigt, besteht darin, daß sich ein kleiner Bereich um den Punkt x herum bildet,

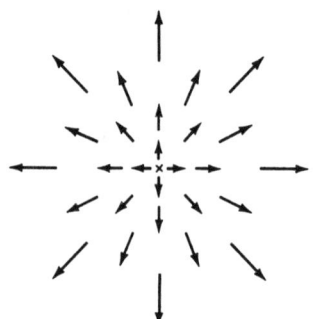

Abb. 10.8   Das Magnetfeld kann nur dann über und unter dem Punkt x glatt verlaufen, wenn die mittlere Magnetisierung in einem kleinen Bereich um x herum verschwindend klein ist. Lokal ist dies die energetisch bevorzugte Konfiguration, selbst wenn global die Konfiguration bevorzugt sein würde, bei der das Feld überall gleich ausgerichtet ist. In der Umgebung von x gibt es also einen kleinen Bereich, der etwas zusätzliche Energie enthält.

in dem keine Richtung des Magnetfelds ausgezeichnet ist, in dem die Magneten also nicht gleichgerichtet sind. Wenn wir von unten her durch den Punkt x reisen, beginnen wir in einem Magnetfeld, das nach unten weist. Je näher wir dem Punkt x kommen, um so schwächer wird das Magnetfeld, bis es am Punkt x den Wert Null hat. Schließlich wird das Feld wieder stärker, wenn wir uns nach oben bewegen, weist aber diesmal nach oben. Dies gilt ganz unabhängig davon, aus welcher Richtung wir uns dem Punkt x nähern (siehe Abbildung 10.8).

Was folgt aus diesem Glättungsvorgang? Wie man in Abbildung 10.8 sieht, ist ein kleiner Raumbereich, in dem sich noch keine magnetische Ausrichtung ergeben hat, in einem Hintergrund »gefangen«, in dem die Magneten großflächig ausgerichtet sind – was die vom Energiestandpunkt aus bevorzugte Konfiguration darstellt. Warum bildet sich diese Konfiguration heraus und nicht eine, in der die Konfiguration des magnetischen Feldes ihre Richtung am Punkt x unstetig verändert? Weil vom Energiestandpunkt aus die glatte Konfiguration lokal begünstigt ist. Die Konfiguration des Magnetfeldes hat sich entspannt, um das beste aus einer schlechten Situation zu machen. Sicherlich ist

Abb. 10.9   Die Energiedichte an jedem Punkt des Raumes ist in senkrechter Richtung aufgetragen, während gleichzeitig die Ausrichtung des lokalen Magnetfelds an jedem Punkt gezeigt wird. Hier ist deutlich zu sehen, wie im Defekt Energie eingefangen ist.

dieser Endzustand energetisch gesehen nicht so günstig wie der, in dem alle Magneten gleich ausgerichtet sind, aber da Veränderungen nur lokal bewirkt werden können, indem ein Magnet auf seinen nächsten Nachbarn reagiert, ist eine globale Übereinstimmung unwahrscheinlich. Im Verlauf der Entspannung zur Endkonfiguration wird ein kleiner Energiebetrag in dem sich ergebenden »Defekt« gespeichert. In Abbildung 10.9 zeige ich die Richtung und Größe des Magnetfelds in jedem Punkt des Raums in der Umgebung des Defekts und in der Senkrechten die in der Konfiguration gespeicherte Energie.

Es wird nun deutlich, wie universal dieses Verhalten ist. Solche Defekte sind nicht notwendig auf Eiskristalle oder hypothetische Konfigurationen mikroskopischer Magnete beschränkt. Ein sehr ähnliches Phänomen könnte sich auch während eines Phasenübergangs im frühen Universum abgespielt haben. Mit einigen skalaren Teilchen, die ins Vakuum kondensieren und eine Symmetrie brechen könnten, kann eine Eigenschaft verbunden sein, die sich mathematisch genau so verhält, als ob sie eine Richtung in einem hypothetischen Raum beschreibt. Wie bei den kleinen Magneten im vorherigen Beispiel können sich bei einem Phasenübergang Defekte bilden, die mit diesem inneren Freiheitsgrad verknüpft sind. Ein solcher Defekt, der zu jedem Phasenübergang der Großen Vereinheitlichten Theorien gehört, ist eine Konfiguration, die zu einem magnetischen Monopol werden kann. Solche Monopole könnten sich ziemlich häufig bilden; es ließe sich vielleicht ein Defekt an der Schnittstelle von einem bis zehn Bereichen, in denen sich der

Phasenübergang unabhängig abgespielt hat, erwarten (Bereichen also, die zur Zeit des Übergangs nicht kausal zusammenhingen). Genau solche Überlegungen, die zuerst von dem britischen Physiker T. W. Kibble formuliert wurden, veranlaßten Preskill und Zel'dovich dazu, die Bevölkerungsexplosion der während eines GUT-Phasenübergangs im frühen Universum produzierten Monopole zu fordern. Wenn eine Große Vereinheitlichte Theorie die Wechselwirkungen der Materie bestimmt, dann gab es vermutlich zu einem früheren Zeitpunkt reichlich Monopole. Ob es sie auch heute noch reichlich gibt, bleibt zu sehen.

Die hier angestellten Überlegungen, die zum Szenario der Monopolerzeugung führen, sind »topologisch«. Sie haben also mit dem Einfluß der globalen Eigenschaften der Symmetriebrechung auf lokale Konfigurationen der Materie zu tun. Andere, viel direktere Beispiele zeigen, wie Teilchen »gegen ihren Willen« gezwungen werden können, lange genug zu leben, um das heutige Universum zu dominieren. Und davon hängt ab, daß es all das, was wir sehen, auch gibt!

Wenn es damals, als sich der Urknall auf Temperaturen im Bereich der Protonenmasse abgekühlt hatte, in der Welt gleichviel Protonen und Antiprotonen gegeben hätte, gäbe es mich heute nicht, um dieses zu schreiben, und Sie wären nicht da, um es zu lesen. Die Wechselwirkung zwischen Protonen ist stark, und aufgrund derselben Überlegung, die wir in der vorherigen Betrachtung zu den WIMP anstellten, könnte man leicht zeigen, daß bis heute im wesentlichen alle Protonen des Universums zusammen mit ihren Antiteilchen ausgelöscht sein sollten. Warum ist das nicht passiert? Warum gibt es uns? Irgendwann (am wahrscheinlichsten während der GUT-Ära, etwa 10^{-35} Sekunden nach dem Urknall) müssen physikalische Prozesse eine Asymmetrie zwischen Protonen und ihren Antiteilchen erzeugt haben. Wenn das eintrat und vielleicht für je 10 000 000 000 Antiprotonen 10 000 000 001 Protonen übrigblieben, hätten sich später alle Antiprotonen und eine gleiche Anzahl Protonen gegenseitig vernichtet. Es wäre auf je 10 000 000 000 Protonen, die es zu Beginn gab, ein Proton in der Welt übrig geblieben. Weil es zu Beginn, als Protonen und Photonen im thermischen Gleichgewicht waren, etwa gleichviel von ihnen gab, würde das erklären, warum wir heute im Mikrowellenhintergrund für jedes Proton etwa 10 000 000 000 Mikrowellenphotonen finden. Es würde auch erklären, warum genug Protonen übrig geblieben sind, um all die Elemente in all den Sternen in all den Galaxien zu bilden, die wir sehen können.

Da es, wie wir wissen, im frühen Universum eine Asymmetrie zwischen den Protonen und ihren Antiteilchen gegeben haben muß, ist die Vermutung ganz vernünftig, es könnte auch zwischen anderen Teilchen und ihren Antiteilchen eine ähnliche Asymmetrie geben. Wenn das zum Beispiel für WIMP gelten würde, brauchte man sich um die genaue Beziehung zwischen ihrer Masse und ihrer aus dynamischen Überlegungen hergeleiteten Häufigkeit heute keine Gedanken zu machen. Wenn es damals eine Asymmetrie gab, könnten sie sich trotz aller Bemühungen nicht unter ein bestimmtes Niveau vernichtet haben.

Man könnte fragen, ob es nur Zufall ist, daß die Dichte der dunklen Materie nur etwa das Zehn- bis Hundertfache der Dichte der Protonen und Neutronen beträgt, die heute vom Urknall übrig geblieben sind. Warum sollten schließlich, wenn die Herstellungsverfahren der beiden Arten von Materie verschieden waren, die heutigen Energiedichten so ähnlich sein? Wenn die dunkle Materie die Form von WIMP hat und wenn es bei den WIMP genau dieselbe kosmische Symmetrie gab, wie wir sie zwischen Protonen und Antiprotonen vermuten, hätten wir damit eine Erklärung für das heutige Verhältnis der Energiedichten. Es wäre in der Tat genau gleich dem Verhältnis der Massen von WIMP und Proton. Die Häufigkeit der Teilchenart, die übrig bleibt, wird durch die anfänglichen Asymmetrien bestimmt, falls sie gleich sind, und das Verhältnis der Massendichten im Universum würde genau dem Verhältnis ihrer Massen entsprechen. Wenn WIMPs, wie erwartet, das Zehn- bis Hundertfache der Protonenmasse haben, kommt das zahlenmäßig hin.

Natürlich spricht vor allem die zahlenmäßige Übereinstimmung für diese Überlegung. In manchen Modellen sind in verschiedenen Teilchenpopulationen die gleichen Asymmetrien möglich, aber sie werden nicht gefordert. Nicht nur das, sondern

die WIMPs sind genau deshalb in dem früher erörterten Massenbereich interessant, weil aus dynamischen Überlegungen folgt,
daß ihre Häufigkeit heute kosmologisch wichtig ist. Deshalb
würde sich heute ein vergleichbares Verhältnis der Energiedichten zwischen Protonen und WIMPs einstellen, unabhängig davon, ob die WIMPs auch ursprünglich eine Asymmetrie aufwie-
sen. Zur Erklärung der zahlenmäßigen Übereinstimmung ist
eine Asymmetrie nicht nötig, aber sie bietet eine weitere Möglichkeit, eine Resthäufigkeit solcher Teilchen zu erzwingen.

Wenn die uns umgebende dunkle Materie tatsächlich aus etwas
Neuem besteht, läßt sich dieses Neue wahrscheinlich durch
einen der in diesem Kapitel beschriebenen Mechanismen (oder
etwas ganz Ähnliches) erklären. Trotzdem sollte man bei kosmologischen Begründungen auf der Hut sein. Wie die vorhergehenden numerischen Übereinstimmungen nahelegen, kann man
in Schwierigkeiten geraten, wenn man bei der Nachschaffung
der Welt der Fantasie die Zügel schießen läßt. Obwohl Axionen,
WIMPs und magnetische Monopole alle theoretisch als Kandidaten für die dunkle Materie in Frage kommen und es gute Gründe
gibt, existierende und natürliche kosmologische Herstellungsverfahren anzunehmen, erweist sich die Güte eines Puddings
doch erst beim Essen.

Teil VI
Auf der verzweifelten Suche
nach dunkler Materie

Kapitel 11
Sphärenklänge?

Der Klang der Kreisbewegung der Sterne
ist Harmonie.

Pythagoras, zitiert von Aristoteles

Die Pythagoräer fragten sich, warum sie die ihrer Überzeugung
nach von den Bewegungen der Himmelskörper erzeugten
Klänge nicht hören konnten. Ihre Erklärung war bemerkenswert
einfach: Wir haben diese Klänge vom Augenblick der Geburt an
in unseren Ohren, und deshalb können wir sie nicht von der
Stille unterscheiden.

Aber das Leben ist schwieriger geworden. Die moderne Naturwissenschaft unterscheidet sich von der antiken, weil wir uns
nicht länger damit zufrieden geben, nur zu vermuten, warum wir
Klänge, wenn es sie doch gibt, nicht hören. Wir suchen vielmehr
nach Möglichkeiten, sie aufzuspüren und dadurch ihre Existenz
zu beweisen. Letztlich ist die Physik eine Erfahrungswissen-
schaft. Wenn wir all die Aufregung über die merkwürdigen
möglichen Teilchen dunkler Materie, die Inflation und die prä-
stellaren Fluktuationen außer acht gelassen haben, taugt alles –
es mag noch so gut begründet sein – erst dann etwas, wenn wir
experimentell in Erfahrung bringen können, woraus die dunkle
Materie in unserem galaktischen Halo besteht. Vom Vorhandensein der Elementarteilchen der dunklen Materie werden wir
erst überzeugt sein, wenn sie im Labor nachweisbar sind.

Die poetische Vorstellung einer hörbaren »Sphärenmusik« ist
längst verblaßt. Planeten und Sterne, das wissen wir, geben

keinen Laut von sich, wenn sie am Himmel ihre Bahn ziehen. Schallwellen, die sich ja als Schwingungen in einem sie umgebenden Medium erwiesen haben, pflanzen sich nicht im leeren Raum fort. Aber das Vermächtnis der Pythagoräer hat in viel raffinierterer Form bis heute überdauert. Wenn wir annehmen, die dunkle Materie sei im galaktischen Halo in Form diffuser Elementarteilchen verteilt, ist der interstellare Raum eben doch nicht ganz leer. Die Teilchen, die die dunkle Materie ausmachen, finden sich überall in der Galaxis, im Raum zwischen den Sternen, selbst auf der Erdoberfläche. Wie ich im Vorwort sagte, ist die dunkle Materie nicht nur »dort draußen«, sie ist auch »hier drinnen«. Die Wechselwirkungen zwischen dieser und der normalen Materie sind so schwach, daß die Bewegung der Erde vor diesem ätherähnlichen Hintergrund nichts erzeugt, was auch nur entfernt einer wirklichen Schallwelle ähnelt, aber vielleicht läßt sich dieses Medium gerade so stark stören, daß wir sein Vorhandensein, wenn wir es sehr geschickt anstellen, mit anderen Mitteln entdecken können.

Diese Vorstellung macht die Suche nach der dunklen Materie für Theoretiker wie für Experimentalphysiker gleich aufregend. Nur wenn die dunkle Materie im galaktischen Halo aus Elementarteilchen besteht, können wir hoffen, sie direkt in irdischen Laboratorien zu entdecken, ohne auf indirekte, mit Hilfe von Teleskopen gewonnene Daten angewiesen zu sein. Die Teilchen, die den Halo unserer Galaxis ausmachen, sollten immerzu um uns herumschwirren. Die meisten dieser Teilchen schaffen es, die gesamte Erde ungehindert zu durchdringen; sie durchdringen also sicher auch problemlos die Wände von Laboratorien und wartenden Detektoren. Schließlich durchqueren ja von der Sonne ausgeschickte Neutrinos Ihren Körper zu Milliarden, während Sie diesen Satz lesen, warum also nicht auch kosmische WIMPs oder Axione? Es ist nicht länger wissenschaftlich vertretbar, einfach Argumente aufzuzählen, die erklären, warum wir diese Teilchen nicht wahrnehmen. Die Herausforderung besteht darin, eine Möglichkeit zu finden, wie wir sie aufspüren können, falls es sie gibt.

Diese Aufgabe ist nicht einfach. Die dunkle Materie ist genau deshalb unsichtbar, weil sie so schwach mit normaler Materie wechselwirkt und selbst im raffiniertesten Detektor höchstens ein winziges Signal auslöst. Bedenken wir das Folgende. Man kann für ein vermutetes Teilchen und eine vorgegebene Halodichte theoretisch berechnen, wie oft ein solches Teilchen in einem Detektor mit Materie wechselwirken könnte. Was geschieht, wenn eine solche Wechselwirkung stattfindet? Entweder »prallt« das Teilchen im Detektor an irgend etwas ab und bleibt, was es war, um seinen Weg munter fortzusetzen, oder es wird gestreut und verliert seine Identität, wird also in etwas umgewandelt, das vielleicht leicht zu beobachten ist und vielleicht auch nicht. In jedem Fall wird insgesamt eine winzige Energiemenge an die Detektoren übertragen. Wir können ausrechnen, wieviel Energie pro Zeiteinheit an einen idealen Detektor abgegeben wird.

Tabelle 11.1

Vorhergesagte Energieabgabe von Trägerteilchen der dunklen Materie an Detektoren verglichen mit Spuren von Radioaktivität

Kandidat	Energie pro Ereignis	Mittlere Leistung des Detektors	Radioaktive Leistung Ihres großen Zehs
Axion	0,00001 eV	10^{-24} Watt/m³	10^{-12} Watt
WIMP	10-10000 eV	10^{-19} Watt/kg	10^{-12} Watt

Diese Zahl ist bei allen betrachteten Teilchen außerordentlich klein. Tabelle 11.1 gibt Näherungswerte für die pro Ereignis erwartete Energieablagerung und die mittlere Gesamtleistung, wie sie für Halo-Axionen oder WIMPs vorhergesagt wird, die in einem idealen irdischen Detektor wechselwirken. Wir vergleichen dies mit der mittleren Leistung, die aufgrund der wenigen Spuren radioaktiver Stoffe von Ihrem eigenen großen Zeh ausgeht.

Axionen oder WIMPs würden selbst in einem großen Detektor ein Signal erzeugen, dessen Leistung zwischen einem Billionstel und einem Zehnmillionstel der Leistung liegt, die von der Radioaktivität in Ihrem großen Zeh ausgeht. Anders gesagt müßte unser Detektor Sonnengröße haben, wenn wir ihn zum Beispiel für kosmische Axionen bauen wollten und er ein Signal registrieren soll, dessen Leistung der einer 100-Watt-Lampe entspricht! Dieses überwältigende Problem wirft ein Schlaglicht auf die Hauptschwierigkeit, vor der wir stehen, wenn wir versuchen, im Laboratorium dunkle Materie zu entdecken. *Wie können wir solche winzigen Energieablagerungen in großen Materiemengen, die zudem nur sehr selten vorkommen, aufspüren?* Weil dies ein ganz allgemeines Problem ist, ist es kein Zufall, daß die vorgeschlagenen Verfahren zur Entdeckung von so verschiedenen Teilchen wie Axionen, WIMPs und Monopolen gemeinsame Züge aufweisen. Um ihre schwachen Signale vor einem Hintergrund»rauschen« zu entdecken, braucht man zwei Detektoren: Ein Verfahren muß das Signal verstärken, und mit Hilfe von ungewöhnlichen Maßnahmen müssen alle fremden Signale reduziert werden. Überraschenderweise deuten beide dieser Forderungen klar in dieselbe Richtung: *Kryogenik* oder Tieftemperaturphysik – die Technologie der Superkälte. Experimentalphysiker, die nach Monopolen, Axionen oder WIMPs suchen, sind alle dazu gezwungen, bei Temperaturen von 5 K zu arbeiten – etwa 270 Celsiusgrade unter dem Gefrierpunkt des Wassers.

Wenn wir betrachten, was zur Entdeckung dunkler Materie nötig ist, fragen wir uns vielleicht, ob der Lohn die Mühe wert ist. Ich erinnere an einige Punkte. Dunkle Materie würde ein völlig neues Fenster zur Schöpfung öffnen. Zur Debatte steht nicht nur unsere Vorstellung von der Entwicklung des Universums und des Ursprungs von allem, was wir um uns herum sehen, sondern auch, wie die Zukunft aussehen wird. Wir sind im Begriff, wichtige Entdeckungen über die grundlegendsten Kräfte und Teilchen zu machen, die den Lauf der Welt bestimmen. Die Entdeckung der dunklen Materie wäre eines der erstaunlichsten experimentellen Ergebnisse der modernen Zeit. Jedenfalls können wir nicht behaupten, unser wissenschaftliches Weltbild sei auch nur annähernd fertig, solange wir nicht wissen, wie die in der Welt vorherrschende Materie beschaffen ist.

Wenn ich aus meiner eigenen Arbeit zur Auffindung dunkler Materie eines gelernt habe, dann ist es dieses: Man unterschätze niemals die Fähigkeiten der heutigen Experimentalphysiker. Es ist nicht nur faszinierend, herauszufinden, was in einem modernen experimentellen Forschungslabor alles möglich ist, sondern auch, was Routine ist. Die Technologie geht mit der reinen Forschung wirklich Hand in Hand. Neue Anwendungen der Technologie stellen immer wieder neue Herausforderungen an das, was möglich ist. Was möglich ist, wird oft in Forschungslabors bestimmt, dort, wo praktische Anwendungen ganze Welten entfernt zu sein scheinen. Dieses Wechselspiel wird andauern, solange wir versuchen, die Physik selbst im ausgefallensten Maßstab zu erkunden. Die Detektoren für dunkle Materie können einen Einfluß auf so verschiedene Bereiche wie die Sicherheit von Kernreaktoren, die Herstellung von Computerchips oder die Messung der von einem menschlichen Gehirn beim Denken erzeugten Magnetfelder haben.

Davon, ob die in Tabelle 11.1 durchgeführten Schätzungen der von dunkler Materie erzeugten Leistung gültig sind, hängt es ab, ob wir je einen Ausschlag sehen werden, der die Entdeckung dieses flüchtigen Stoffs registriert. Diese Schätzungen beruhen einzig und allein auf dem »Fluß« der Teilchen dunkler Materie, die die Erdoberfläche erreichen. Dieser hängt wiederum stark von dem Wert einer einzigen astrophysikalischen Beobachtungsgröße ab: der Dichte der dunklen Materie in dem Bereich der Galaxis, in dem unser Sonnensystem sich befindet.

Glücklicherweise legen unsere Beobachtungen der Dynamik des Milchstraßensystems den Wert dieser so überaus wichtigen Größe *unabhängig von speziellen Teilchenmodellen* relativ genau fest. Zunächst legten in unserer galaktischen Umgebung genaue Studien der Dynamik von Sternsystemen nahe, daß es dort im Mittel etwa gleich viel dunkle wie helle Materie gibt. Dies stimmt mit dem überein, was man aufgrund großräumiger Modelle für Halos erwarten würde, die auf der beobachteten galaktischen Rotationskurve beruhen. Daraus läßt sich eine Massendichte für den Halo in unserem Bereich der Galaxis herleiten. In Einheiten, die uns später nützlich sein werden, beträgt der Wert dieser speziellen Massendichte etwa 3×10^8 eV pro Kubikzentimeter. Ein einzelnes Proton wiegt etwa 10^9 eV (1 GeV); in dem Raumbereich, in dem unser Sonnensystem ist, sollte es deshalb pro Kubikzentimeter fast das Äquivalent eines Protons an dunkler Materie geben. Anders gesagt, gibt es zu jeder Zeit überall im Sonnensystem in einem mit dem Volumen der Erde vergleichbaren Raumbereich im Mittel etwa ein halbes Kilo dunkle Materie. Man hält diesen Schätzwert für die mittlere Dichte der dunklen Materie für bis auf einen Faktor von etwa 2 genau.

Wieviel von dieser Materie zu einer bestimmten Zeit eine Oberfläche durchdringt, hängt von der mittleren Geschwindigkeit ab. Glücklicherweise können wir auch diese einfach und zuverlässig abschätzen. Da sich das Sonnensystem in der Galaxis mit einer Geschwindigkeit von etwa 200 Kilometern pro Sekunde bewegt und alle anderen leuchtenden Objekte in unserem Bereich der Galaxis vergleichbare Bahngeschwindigkeiten haben, ist die Annahme vernünftig, daß alle Teilchen dunkler Materie sich ebenfalls mit etwa dieser Geschwindigkeit bewegen. Das ist sicher der Fall, wenn die Bewegung der dunklen Materie tatsächlich, wie angenommen wird, durch die Gravitationsdynamik der Galaxis bestimmt wird. Wenn diese Materie nun unter dem Einfluß der Schwerkraft in einem dreidimensionalen, etwa kugelförmigen Halo steckt, ist, wie man ganz direkt zeigen kann, die mittlere Geschwindigkeit der Teilchen dunkler Materie relativ zur Erde dann, wenn ihre Bahnen die der Erdbahn um die Galaxis schneiden, etwa 1,5 mal so groß wie die Bahngeschwindigkeit der Sonne um die Galaxis, oder etwa 300 Kilometer pro Sekunde. Diese Zahl ist vermutlich eine bessere Schätzung als der Wert für die Massendichte und wahrscheinlich bis auf etwa 30 Prozent genau.

Der »Fluß« der auf die Erdoberfläche einfallenden dunklen Materie läßt sich nun wie folgt bestimmen. Wenn die Teilchen, die sich mit einer mittleren Geschwindigkeit von 300 Kilometern pro Sekunde bewegen, eine mittlere Massendichte von 0,3 GeV pro Kubikzentimeter haben, ist zu vermuten, daß etwa 100 Millionen GeV (10^8 GeV) dunkler Materie (was etwa 100 Millionen Protonen entspricht) im Mittel eine Fläche von 1 Quadratzentimeter pro Sekunde durchqueren. *Dies ist die magische Zahl.* Setzen Sie die Masse des von Ihnen favorisierten Kandidaten für die dunkle Materie ein, und schon ist dieser Massenfluß zu einem Teilchenfluß geworden. Wenn die dunkle Materie zum Beispiel die Form von WIMPs hat, und jedes WIMP eine Masse von etwa 1 GeV hat, sollten pro Sekunde durch jeden Quadratzentimeter Ihres Körpers etwa 100 Millionen aus dem galaktischen Halo stammende WIMPs laufen. Wenn die dunkle Materie andererseits aus magnetischen Monopolen besteht, von denen jeder 10^{20} GeV wiegen kann, würde dies einen um das 10^{20} fache kleineren Fluß bedeuten. Diese Zahlen setzen die Ziele, nach denen jene Experimentalphysiker streben müssen, die als erste entdecken wollen, woraus der größte Teil des Universums besteht.

Hindernisse bleiben, aber es ist mühsam zu erwägen, wie nah wir schließlich den Antworten auf die Fragen sein könnten, die von den Philosophen aus Milet vor 24 Jahrhunderten gestellt wurden. Woraus besteht das Universum? Wie entstand es? Was ist seine Zukunft? Wahrscheinlich werden diese Fragen zu unseren Lebzeiten beantwortet werden. Dieser letzte Abschnitt beschreibt, wie moderne Experimente, die dazu erdacht wurden, die oben erörterten Herausforderungen anzupacken, der Antwort näherkommen.

Die Jagd nach dem magnetischen Monopol

Seit Dirac die große theoretische Bedeutung der Existenz auch nur eines einzelnen magnetischen Monopols im Universum aufzeigte, haben Experimentalphysiker nach Hinweisen auf natürliche magnetische Monopole gesucht. Wie in Kapitel 10 dargestellt, änderte sich die Art dieser Suche vollständig, als schließlich eine fundamentale teilchenphysikalische Theorie entwickelt wurde, die tatsächlich die Existenz von Monopolen vorhersagte. Nachdem Blas Cabrera mit Hilfe der ersten Versuchsanordnung, die einmalig empfindlich auf magnetische Monopole reagierte, am Valentinstag sein überraschendes Ereignis entdeckte, begann weltweite die Suche nach magnetischen Monopolen.

Monopole waren vermutlich die ersten exotischen Kandidaten für dunkle Materie, die man direkt im Labor suchte. Wir können viel über die allgemeine Frage der Aufdeckung dunkler Materie lernen, wenn wir uns diese Suche ansehen, denn die Bemühungen sind sehr ernst gemeint und werden weitergeführt. Um ehrlich zu sein, muß ich jedoch bemerken, daß ein theoretisches Interesse an der Möglichkeit, daß Monopole tatsächlich die dunkle Materie des Universums ausmachen, seit der Entwicklung inflationärer Kosmologien etwas nachgelassen hat. Es gibt keine sehr zwingenden Argumente, warum die kosmische Häufigkeit von Monopolen heute zwischen einem Wert liegen sollte, der so groß ist, daß er aus kosmologischen Gründen unzulässig ist, und einem unendlich kleinen, wie ihn die Inflation vorhersagen würde. Trotzdem wird diese Möglichkeit durch nichts ausgeschlossen. Überlegungen zur Physik des sehr frühen Weltalls müssen immer mit Vorsicht betrachtet werden. Sicherlich werden dann, wenn jemand morgen ein Ereignis beobachtet, an dem in kosmologisch einflußreicher Weise ein waschechter Monopol beteiligt ist, alle diese Aussagen darüber, warum die Monopoldichte größer oder kleiner sein sollte, hinfällig. Es bleibt der Verdacht bestehen, daß die physikalischen Vorgänge, die die Häufigkeit von Monopolen im frühen Universum bestimmen, wohl irgendwie anders sind, als wir sie uns jetzt vorstellen.

Mehrere astrophysikalische Überlegungen legen nahe, wie ich der Gerechtigkeit halber hinzufügen möchte, daß die kosmische Häufigkeit von magnetischen Monopolen geringer sein könnte als sie es sein müßte, wenn sie als dunkle Materie Bedeutung haben soll. Vielleicht ist die solideste Aussage die des Astrophysikers Eugene Parker, die seitdem als »Parkerschranke« bekannt geworden ist. Wie Parker zeigte, entnehmen die magnetischen Monopole dann, wenn ihre Häufigkeit in der Galaxis ein bestimmtes Niveau überschreitet und sie sich unter dem Einfluß des galaktischen Magnetfelds bewegen, diesem Feld Energie. Dadurch wird es in Zeitskalen vernichtet, die viel zu kurz sind, als daß sie sich auf den heute beobachteten Wert aufgeladen haben könnten. Solange die Bewegung magnetischer Monopole in der Galaxis vor allem vom galaktischen Magnetfeld bestimmt wird, gilt Parkers Überlegung unabhängig von der Masse des Monopols; sie hängt nur von der magnetischen Ladung des Monopols ab. Für einen Monopol mit der von Dirac vorhergesagten magnetischen Ladung schränkt die Parkergrenze den Fluß der magnetischen Monopole an der Erdoberfläche auf weniger als etwa 10^{-14} pro Quadratzentimeter pro Sekunde ein.

Wie paßt das zu dem Fluß magnetischer Monopole, wenn sie die dunkle Materie der galaktischen Halos sind? Mit Hilfe unserer magischen Zahl von 10^7 GeV pro Quadratzentimeter pro Sekunde für den Massenfluß der Elementarteilchen-Kandidaten für die Halos sehen wir, daß dies zu einem Teilchenfluß führt, der für Monopole mit einer Masse, wie sie die uns vertrauten Elementarteilchen wie etwa das Proton haben, weit über die Parkerschranke hinausgeht. Aber Große Vereinheitlichte Theorien sagen nicht nur die Existenz von magnetischen Monopolen vorher, sondern sie legen ihre Masse auch auf das etwa Hundertfache der Masse fest, bei der die Vereinheitlichung eintritt. Heutige Grenzen berücksichtigen die Tatsache, daß kein Protonenzerfall beobachtet wird; sie legen nahe, daß die GUT-Skala über $10^{15\text{-}16}$ GeV liegt, und daraus folgen für die GUT-Monopole Massen von über $10^{17\text{-}19}$ GeV; sie wären also 17-19 Größenordnungen schwerer als das Proton. Wenn der galaktische Halo aus so schweren Monopolen bestünde, würde ihr Fluß an der Erdoberfläche weniger als 10^{-10} Monopole pro Quadratzentimeter pro Sekunde betragen. Die Parkerschranke ist etwa 4 Größenordnungen kleiner als dieser Fluß. Für Monopole, die schwerer sind als 10^{17} GeV, wird die Parkerschranke jedoch weniger zwingend, weil solche Teilchen so schwer sind, daß der Einfluß des galaktischen Magnetfelds auf ihre Bewegung nicht mit dem der Schwerkraft mithalten kann. Sie würden dann dem Magnetfeld auch nicht so wirksam Energie entziehen können, wenn sie sich in der Galaxis bewegen. Obwohl die Parkerschranke also einen Hinweis darauf gibt, daß magnetische Monopole ziemlich selten sein sollten, ist diese obere Grenze für sehr schwere magnetische Monopole noch mit einem von Monopolen beherrschten galaktischen Halo verträglich.

Abgesehen von Überlegungen, welche der beiden Schranken niedriger ist, sind jedoch sowohl die obere Parkerschranke als auch der vorhergesagte Fluß einer Halodichte von Monopolen der GUT-Masse erbärmlich klein. Wie kann man hoffen, einen solchen geringen Fluß zu messen, der über 20 Größenordnungen kleiner ist als beispielsweise ein Fluß von WIMPs mit einer Masse von etwa einem GeV im galaktischen Halo?

Hier zeigt sich der wichtigste Unterschied zwischen magnetischen Monopolen und den anderen von mir beschriebenen Kandidaten für die dunkle Materie. Obwohl der Fluß der WIMPs oder Axionen auf der Erdoberfläche ziemlich bedeutend sein könnte, führt nur ein sehr kleiner Teil von diesem Fluß zu einer bestimmten Zeit in einem Detektor auch wirklich zu einem Signal. Obwohl der Fluß von Monopolen um Größenordnungen kleiner sein sollte, kann man jedoch Experimente entwerfen, die jeden einzelnen Monopol, der den Detektor durchquert, entdecken könnten.

Damit ist jedoch nicht gesagt, daß sich Monopole leicht entdecken lassen. Selbst wenn jeder GUT-Monopol, der in einen Detektor eintritt, ein Signal hinterläßt, ist der Monopolfluß wahrscheinlich so klein, daß jeder normalgroße Detektor Glück hat, wenn er im Jahr ein Ereignis registriert. Wenn ein solcher Detektor auch für anderes empfindlich ist, etwa für den Teilchenfluß der kosmischen Strahlung, die fortwährend die Erde bombardiert, könnte das Signal eines Monopols leicht verloren gehen.* Jeder Detektor von Monopolen beruht offenbar auf einer bestimmten Signatur, die von keinem anderen Teilchen erzeugt wird.

Dieser Gedanke lag hinter Cabreras Detektor. Eine der grundlegenden Vorhersagen der Gesetze des Elektromagnetismus, die allen elektrischen Stromerzeugern zugrundeliegen, besagt, daß die Veränderung der Stärke eines Magnetfelds in der Nähe eines Drahts in diesem Draht einen Strom erzeugt. Eine solche Veränderung läßt sich herbeiführen, indem man einen kleinen Dauer-

---

* »Kosmische Strahlung« ist die Bezeichnung für den Fluß von Elementarteilchen, die von außerhalb der Erdatmosphäre kommen. Kosmische Strahlung enthält solche Standardteilchen wie Elektronen und Protonen aus einer Vielzahl von Quellen, von denen einige exotisch sind und andere nicht so sehr. Manche entstehen lokal, wie die Protuberanzen auf der Sonnenoberfläche und ferne Quellen wie entfernte Supernovae, über die wir nur wenig wissen. Der Fluß solcher Teilchen wurde gemessen und liefert einen unvermeidlichen Hintergrund für alle Experimente zur Entdeckung von Teilchen auf der Erdoberfläche.

magneten im Inneren einer Drahtschlinge bewegt; das geschieht in einem Generator. Auch wenn ein magnetischer Monopol durch eine Drahtschlinge hindurchgeht, wird ein Strom erzeugt, denn wenn der Monopol durch die Schleife läuft, induziert das vom magnetischen Monopol bewirkte veränderliche Magnetfeld nach den Maxwellschen Gesetzen einen Strom. Dabei erweist sich der von dem bewegten Monopol induzierte Gesamtstrom als unabhängig von seiner Geschwindigkeit. Er hängt nur von seiner magnetischen Ladung ab.

Normalerweise ist der von einem Monopol in einer Drahtschlinge erzeugte Strom nicht meßbar, weil der Strom je nach dem elektrischen Widerstand in dem Draht äußerst winzig sein kann und in jedem Fall rasch verteilt ist. Bei sehr niedrigen Temperaturen werden manche Stoffe jedoch supraleitend, und dann ist alles anders. Wie schon bemerkt, gibt es in einem Supraleiter keinen elektrischen Widerstand; Ströme können unendlich lange fließen. Cabrera, ein Tieftemperaturphysiker, der früher auf dem Gebiet der Supraleitung geforscht hatte, erkannte als erster, daß man einen supraleitenden Detektor entwerfen kann, der nur dann ein eindeutiges Signal ausschickt, wenn ein einzelner Monopol hindurchgeht, nicht aber bei anderen Teilchen.

Solange man keine Möglichkeit hatte, das Signal des Magnetfelds der Erde im Detektor zu reduzieren, mußte die durch einen Monopol bewirkte Veränderung unbemerkt bleiben. Hier benutzte Cabrera einen Trick, der auf der Supraleitfähigkeit beruht. Wegen des sogenannten »Meissner«-Effekts stoßen Supraleiter äußere Magnetfelder ab, wenn sie ihre Oberfläche zu durchdringen versuchen. Cabrera fertigte einen verformbaren »Ballon« aus supraleitendem Blei. Er begann mit einem nicht aufgeblasenen Ballon, der zunächst einen Teil des Erdmagnetfelds enthielt, das gefangen wurde, als das Blei sich abkühlte und supraleitend wurde. Dann verringerte er die Feldstärke ganz wesentlich, indem er den Ballon »aufblies«, weil das supraleitende Blei alle anderen Magnetfelder fernhielt; mit der Zunahme des Volumens nahm die Stärke des gefangenen Magnetfelds stark ab. Indem er einen neuen, nicht aufgeblasenen Ballon in den ersten einführte, diesen zweiten Ballon aufblies und diesen

Vorgang mehrmals wiederholte, ließ sich das Magnetfeld im Inneren des Bleischilds auf einen Wert reduzieren, der weit unter dem Wert lag, der sich beim Durchqueren eines einzelnen Monopols durch das Volumen ergeben sollte. (Magnetische Monopole sollten ja, wie man sich erinnert, so schwer sein, daß sie nicht leicht aufzuhalten sind; sie könnten also durch gewöhnliche Materie hindurch große Entfernungen zurücklegen.) Darüber hinaus schirmte der Bleiballon den Bereich im Inneren von allen Fluktuationen des äußeren Magnetfelds ab, die sonst vielleicht versehentlich das Signal nachahmen könnten, das ein einziger Monopol aussendet, der den Detektor im Innern des Schilds durchquert.

Nachdem dieses Volumen also sorgfältig abgeschirmt war, konnte Cabrera den Strom beobachten, der in seinem Inneren durch einen supraleitenden Draht floß. Es folgt aus der besonderen Form der Gleichungen für den Elektromagnetismus, daß nur ein magnetischer Monopol, der die von der Drahtschlinge aufgespannte Oberfläche durchquert hat, einen Strom erzeugen kann. Ganz ähnlich erzeugt zum Beispiel ein normales Teilchen der kosmischen Strahlung nur dann ein Signal, wenn es magnetisch ist, denn der Induktionsstrom setzt eine nichtverschwindende magnetische Ladung voraus. Schließlich noch ist das Vorzeichen, das sich ergibt, wenn ein Monopol den Detektor durchquert, eindeutig, weil die Größe des induzierten Stroms nur von der Größe der Monopolladung abhängt und nicht von ihrer Geschwindigkeit oder Masse oder irgendetwas anderem. Wenn ein Monopol die Drahtschlinge durchquert, springt die Stromstärke in dem Draht, die wir zunächst als Null annehmen können, rasch auf einen festen nichtverschwindenden Wert. Das ist ein berechenbares Vielfaches der magnetischen Ladung des Monopols. Diese Situation ist schematisch in Abbildung 11.1 dargestellt.

Cabrera baute diesen Detektor und ließ ihn in seinem Kellerlabor im Physikgebäude der Stanford University laufen. Mit einem Trommelschreiber überprüfte er periodisch den Verlauf des Stroms im Draht, um zu sehen, ob ein Monopol hindurchgegangen war. Mehr noch, er konnte den Detektor sogar eichen, indem er einen Elektromagneten im Inneren des Detektors an-

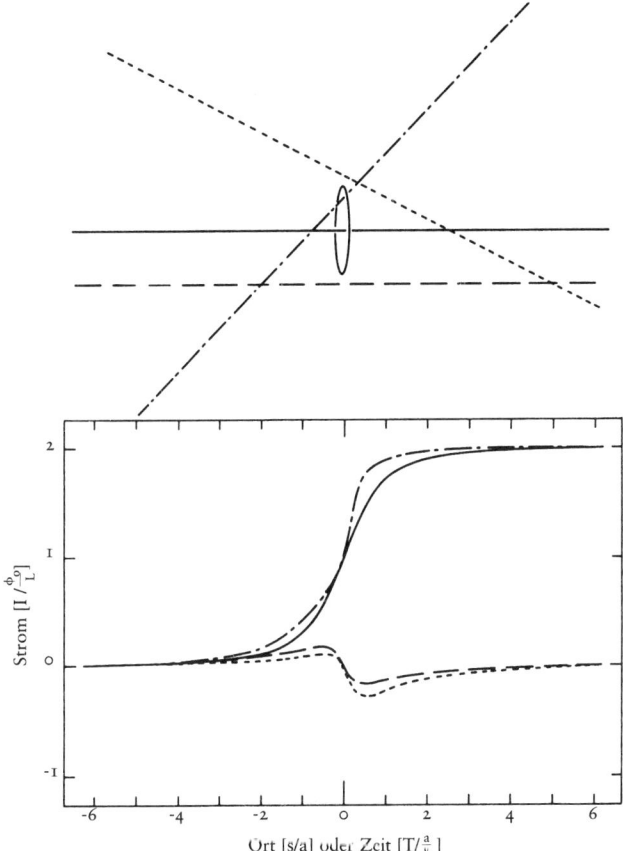

Abb. 11.1   Die obere Häfte der Abbildung zeigt vier Bahnen eines magnetischen Monopols in der Nähe einer supraleitenden Drahtschleife, von denen
zwei Bahnen durch die Schleife gehen. In der unteren Hälfte wird die
berechnete Reaktion auf den Strom (der in bezug auf die erwartete Reaktion
auf einen Dirac-Monopol normiert ist) als Funktion des Ortes (oder der Zeit)
des Monopols für jede der Bahnen gezeigt. Nur die Bahnen, die durch die
Schleife gehen, haben einen dauerhaften Einfluß auf den Gesamtstrom in der
Schleife. In diesem Fall ist der Betrag, um den sich der Strom ändert, nur zur
magnetischen Ladung des Monopols proportional und nicht zu seiner Masse
oder Geschwindigkeit. (Mit freundlicher Genehmigung von Blas Cabrera)

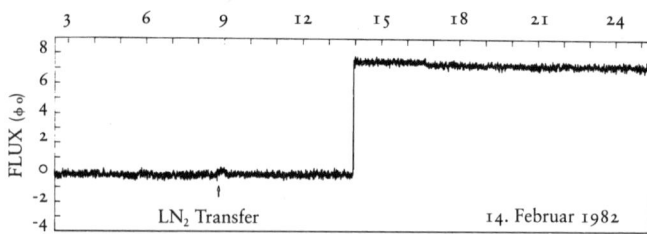

Abb. 11.2 Die Aufzeichnungen von Cabreras Streifenschreiber am 14. Februar 1982. Der kleine Buckel um 9 Uhr rührt von der Zuführung von flüssigem Stickstoff aus den Kühltanks her. Das »monopolähnliche« Ereignis, das etwa um 14 Uhr eintrat, ist deutlich zu erkennen. Man vergleiche es mit der sehr kleinen Verschiebung in dem gemessenen Signal um 17 Uhr, das sich ergab, als der Detektor mit der Hand geschlagen wurde. (Mit freundlicher Genehmigung von Blas Cabrera aus den *Physical Review Letters* 48 [1982].)

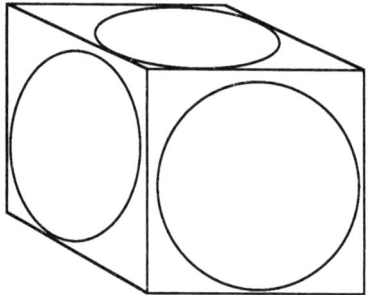

Abb. 11.3 Wenn ein Monopol durch einen Würfel mit sechs voneinander unabhängigen Schleifen läuft, die jeweils auf einer Würfelseite angebracht sind, werden die Ströme in genau zwei Schleifen auf Dauer beeinflußt.

schaltete, der die Reaktion des supraleitenden Schleifenstroms bestätigte. An dem auf den Valentinstag 1982 folgenden Tag fand Cabrera die in Abbildung 11.2 aufgezeichneten Kurven vor.

Diese Aufzeichnung war offenbar ein völlig klares Signal vom Durchgang eines Monopols, das genau die zuerst von Dirac vorhergesagte Veränderung aufwies. Cabrera untersuchte sorgfältig alle möglichen Störquellen für dieses Signal, konnte jedoch auf keine Weise dieses von seinem Detektor erzeugte Signal wiederholen. Zudem betrug der kosmische Monopolfluß, der sich aufgrund der Überlegung berechnete, daß dieses Ereignis seit der Inbetriebnahme des Detektors nur einmal eingetreten war, etwa 10^{-9} pro Quadratzentimeter pro Sekunde. Mit Hilfe unserer magischen Formel für den Massenfluß würden wir bei einer Halodichte von Monopolen mit diesem Fluß bei einer Monopolmasse von etwa 10^{16} ankom-

Abb. 11.4 Eine fotografische Aufnahme des größten supraleitenden Monopoldetektors in Stanford, bevor er mit einem Magnetschirm umgeben und in eine Kühlvorrichtung gestellt wird. (Die Aufnahme wurde freundlicherweise von Blas Cabrera zur Verfügung gestellt.)

men, also genau dort, wo man die einfachsten GUT-Monopole erwarten könnte.

Bedauerlicherweise hat, wie schon oben gesagt, seitdem kein anderes Experiment, auch nicht in Cabreras Gruppe, ein ähnliches Ereignis beobachtet. In Anbetracht der Laufzeit dieses ursprünglichen Detektors und der Größe der später gebauten Detektoren beträgt die Wahrscheinlichkeit, daß kosmische Monopole mit dem hier angegebenen Fluß zu einem Ereignis im ursprünglichen Detektor und seitdem zu keinem anderen geführt hätten, etwa eins zu tausend. Obwohl niemand einleuchtend erklärt hat, was das ursprüngliche Ereignis verursachte, müssen wir zugeben, daß die Wahscheinlichkeit dagegen spricht, daß es ein magnetischer Monopol mit dieser Masse und diesem Fluß war.

Weil eine Zufallsschwankung in einem einzelnen Supraleiter mit sehr geringer Wahrscheinlichkeit das Signal eines Monopols nachahmen könnte, haben Cabrera und andere Gruppen, die supraleitende Detektoren bauten, das Experiment so abgeändert, daß diese Möglichkeit ausgeschlossen wird. Die Änderung ist sehr einfach: Man nehme mehr als eine Schleife. Man betrachte zum Beispiel die Konfiguration von sechs unabhängigen Schleifen, wie sie in Abbildung 11.3 an den Seiten eines Kastens zu sehen sind.

Diese Anordnung zwingt einen Monopol dazu, dann, wenn er durch den Kasten geht, genau zwei Schleifen zu durchqueren. Man erwartet dann gleichzeitig einen zweifachen *Sprung mit der richtigen Größenordnung* in dem Strom, den man in zwei der Schleifen beobachtet, ohne daß in den anderen Schleifen Entsprechendes passiert. Kein anderer ausgefallener Vorgang, weder eine der seltenen thermischen Schwankungen noch ein kosmischer Strahl, der eine der Schlingen trifft und einen lokalen Strom auslöst, noch eine Leistungsschwankung im Detektor, die alle Schlingen anregt, noch irgendetwas, was wir uns vorstellen können, wird genau zwei Schlingen genau um den richtigen Betrag zur selben Zeit anregen.

Alle supraleitenden Monopoldetektoren haben jetzt eine solche Vorrichtung, die »Übereinstimmung« messen kann. Der zur Zeit größte Detektor dieser Art wurde von Cabreras Gruppe gebaut. Er enthält eine von supraleitenden Schlingen bedeckte Fläche von etwa zehn Quadratmetern. Selbst ohne all die erforderlichen Magnetschirme und den Kühlapparat, der nötig ist, um das Ganze supraleitend zu halten, ist es wahrhaftig ein riesiger Apparat (siehe Abbildung 11.4). Mit Hilfe der kombinierten Laufzeit von Cabreras und anderer seit 1983 gebauten Detektoren, in denen kein Signal gesehen wurde, läßt sich eine statistische Obergrenze für den Gesamtfluß kosmischer Monopole angeben, die die Erdoberfläche erreichen.

Heutige Beobachtungen lassen vermuten, daß der Monopolfluß mit einer Wahrscheinlichkeit von über 90 Prozent an der Erdoberfläche weniger als 4×10^{-12} Monopole pro Quadratzentimeter pro Sekunde beträgt. Das würde eine Halodichte von Monopolen mit Massen von weniger als etwa 10^{19} GeV ausschließen. Ein so schwerer Monopol ließe sich besser in Gramm messen. Monopole, die weniger als etwa ein Milligramm wiegen, kommen in diesem Fall nicht als Kandidaten für dunkle Materie in Frage. Trotzdem liegen bemerkenswerterweise selbst nach den konzertierten Anstrengungen, die man auf die Auffindung von Monopolen verwendet hat, die jetzigen von supraleitenden Detektoren erhaltenen Grenzen fast zwei Größenordnungen über der Parkerschranke für Monopole mit einer Masse unter 10^{17} GeV. Wenn diese Grenzen zutreffen, hätten wir ohnehin nicht erwarten dürfen, einen so großen Fluß zu entdecken, falls die Monopolmasse unter 10^{17} GeV liegt. Die Monopoldetektoren sind noch bei weitem nicht so empfindlich, wie es für die Suche nach Monopolen nötig ist, die auf der Erde einen Fluß haben, der unter der Parkerschranke liegt. Die heutigen supraleitenden Detektoren müßten in Anbetracht ihrer beschränkten Größe alle länger als ein Jahrhundert laufen, bevor sie in diesem Bereich Schranken zu berechnen erlauben.

Wegen der Kosten und Größe eines solchen riesigen Monopoldetektors brauchen wir wahrscheinlich noch mehr Fakten, bis Physiker oder Geldgeber den Bau eines solchen Geräts erwägen. Andererseits nimmt man an, daß große Allzweck-Detektoren (ohne supraleitende Schleifen) auch auf magnetische Monopole ansprechen könnten. Der Bau von Riesenapparaten

Abb. 11.5   Eine Aufnahme des MACRO (Monopole Astrophysics and Cosmic Ray Observatory) während des Zusammenbaus in einem riesigen unterirdischen Labor neben dem Autotunnel unter dem Mont Blanc zwischen Frankreich und Italien. (Aufnahme von DiGiuseppi, mit freundlicher Genehmigung von B. Barish)

ist für die Teilchenphysik nichts Neues. Man denke nur an die riesigen Wasserdetektoren, mit denen man nach dem Protonenzerfall sucht und die die Neutrinos von der Supernova 1987A entdeckten. Wie ich schon sagte, fassen diese würfelförmigen Detektoren mit bis zu 20 Meter Seitenlänge 10000 Tonnen Wasser, das ständig nach dem Licht durchsucht wird, das sehr schnelle geladene Teilchen beim Durchgang durch Materie aussenden (siehe Abbildung 6.5).

Wenn man einen Allzweck-Detektor für die Suche nach Monopolen verwendet, muß man auch versuchen, den kosmischen Strahlungshintergrund zu reduzieren. Wie ich schon andeutete, ist die kosmische Strahlung an der Erdoberfläche so stark, daß ihre Signale alle Monopolsignale ersticken. Aus diesem Grund werden die großen Teilchendetektoren, die jetzt für die Suche nach Monopolen und auch anderen Teilchen extraterrestrischen Ursprungs wie etwa Neutrinos von Supernovae entwikkelt werden, tief unter der Erde aufgestellt, wo der Fluß gewöhnlicher Teilchen in kosmischen Strahlen kaum noch hinreicht. Die kilometerdicke Gesteinsdecke läßt nur die energiereichsten Teilchen durch. Ein solcher Detektor, das sogenannte MACRO (Monopole Astrophysics and Cosmic Ray Observatory) wurde in einem riesigen unterirdischen Labor konstruiert, der mit dem Autotunnel unter dem Mont Blanc zwischen Frankreich und Italien verknüpft ist. Dieser Detektor kann mit einer Fläche von etwa 1200 Quadratmetern Teilchen aufspüren. Diese Fläche ist um über zwei Größenordnungen größer als die aller heutigen Monopoldetektoren zusammen. Der eindrucksvolle gigantische Detektor enthält neun identische Moduln (siehe Abbildung 11.5), von denen jedes unabhängig arbeiten kann.

Der MACRO-Detektor ähnelt insofern einem herkömmlichen Detektor für kosmische Strahlung, als er entworfen wurde, um die Ionisierung zu entdecken, die verursacht wird, wenn ein Teilchen mit genug Energie durch den Detektor geht, um Atome zu ionisieren; er ist jedoch viel größer und sollte auch auf Monopole ansprechen. Wenn Teilchen, geladene Teilchen und Monopole eingeschlossen, die Materie durchqueren, verlieren sie beim Zusammenstoß mit Atomen, die sie dann ionisieren,

Energie. Wenn die Elektronen in dem Material sich mit den
ionisierten Atomen verbinden, wird Licht einer wohldefinierten
Frequenz ausgeschickt. In bestimmten klaren Flüssigkeiten
strahlt dieses »Szintillations«licht aus dem Material heraus und
kann gemessen werden. Die Menge des emittierten Lichts sagt,
wie viel Energie in dem Detektor enthalten war. Dieser spezielle
Detektor heißt LSD (Liquid Scintillation Detector). Der MACRO-
Detektor enthält viele mit LSD gefüllte Raumeinheiten, die
zwischen Blöcken absorbierenden Gesteins und anderer Detektoren für geladene Teilchen liegen. Jedes normale Teilchen
würde durch eine solche Materiemenge aufgehalten werden.
Damit zum Beispiel ein Elektron durch den ganzen Detektor
laufen kann, muß es eine Anfangsenergie haben, die über 20 000
GeV liegt, oder mehr als das 20 millionenfache der Energie, die
mit seiner Masse verknüpft ist. Ein magnetischer Monopol, der
10^{20} GeV wiegt, hat andererseits eine Bewegungsenergie, die
weit über 20 000 GeV liegt. Auch wenn er sich sehr langsam
bewegt, hat er einige Stoßkraft. Wenn ein Monopol mit der
Materie im Detektor so stark wechselwirken *könnte* wie ein
Elektron, hätte es deshalb kein Problem, den ganzen Detektor zu
durchdringen.

Herkömmliche LSD sprechen nicht auf Monopole an, die
vom galaktischen Halo kommen, weil diese Objekte sehr lang-
sam sind. Energiereiche Teilchen in der kosmischen Strahlung
bewegen sich normalerweise fast oder genau so schnell wie
Licht. Wenn sie Detektoren durchqueren, geben sie also ihre
Energie innerhalb von Millionstel Sekunden ab. Ein galakti-
scher Monopol jedoch, der sich mit nur einem Tausendstel der
Lichtgeschwindigkeit bewegt, braucht viel länger, bis er den
Detektor durchlaufen hat. Das Licht der von einem solchen
Monopol verursachten Ionisierung braucht dann um mehrere
Größenordnungen, vielleicht einige tausendstel Sekunden, län-
ger, bis es sich angesammelt hat. Solche längeren schwachen
Signale sind in herkömmlichen Detektoren gewöhnlich nicht
zugelassen, um das Hintergrundrauschen zu reduzieren. In den
Tiefen des MACRO-Detektors und in anderen LSD-Monopol-
detektoren sollte das Rauschen so schwach sein, daß die Elek-
tronik, die entworfen wurde, um solche langen Signale zu su-

chen, nicht überschwemmt wird. Unsicher bleibt allein, ob ein langsam bewegter Monopol hinreichend stark ionisiert, um eine meßbare Menge an Szintillationslicht zu erzeugen. Die Rechnungen legen nahe, daß das der Fall sein sollte, aber es ist noch ungewiß.

Frühere LSD-Detektoren mit effektiven Flächen von über zehn Quadratmetern liefen über ein Jahr lang. Wenn ihre Empfindlichkeit für langsam bewegte Monopole ausreicht, sind die Grenzen zumindest eine Größenordnung besser als die der supraleitenden Detektoren. Nach einem Jahr Betrieb sollte MACRO die Grenzen für magnetische Monopole in der Galaxis weit unter die obere Parkerschranke bringen können. Dies ist der aus physikalischer Sicht interessanteste Bereich; ein positives Signal könnte wahrscheinlich die finanzielle Unterstützung für einen großen, nur für die Suche nach Monopolen entworfenen Apparat erhalten. Ein solches Gerät könnte dann ein von MACRO beobachtetes Signal bestätigen.

Die Suche nach Monopolen ist unabhängig davon, ob MACRO einen galaktischen Halo von Monopolen entdeckt oder nicht, keineswegs vergeblich. Die für die Auffindung von Monopolen entwickelte Technologie hat in vielen anderen Bereichen der Kryogenik Anwendung gefunden. So gehören zum Beispiel zu den Nebenprodukten der Technologie der Tieftemperaturphysik, die zur Auffindung von Monopolen entwickelt wurde, Verfahren, extrem kleine Magnetfelder zu messen, wie sie vielleicht im Innern des Gehirns erzeugt werden. Diese Technologie verheißt eine nichtinvasive Diagnose und Behandlung von Gehirntumoren und ähnlichen Krankheiten.

Die Aufregung, die das einzigartige, am 14. Februar 1982 beobachtete Ereignis erzeugte, hinterließ der theoretischen Physik ein dauerhaftes Vermächtnis. Die Möglichkeit, daß es magnetische Monopole und also die GUT wirklich gibt, gab der theoretischen Forschung in vielen Bereichen Auftrieb. Zu den Nutznießern gehörte auch die Kosmologie. Die Inflationstheorie war, wie man sich erinnern wird, eine unmittelbare Reaktion auf die Frage nach der Existenz von Monopolen in den Großen Vereinheitlichten Theorien. Der aufregende Gedanke, ein magnetischer Monopol sei entdeckt worden, führte zu einer gründlicheren Beschäftigung mit Inflationstheorien und anderen astrophysikalischen Folgen der GUT und der Existenz von Monopolen. Man stelle sich vor, zu welcher Aufregung und zu welchen Entwicklungen es führen würde, wenn bei MACRO tief unter den Alpen magnetische Monopole nachgewiesen werden könnten.

Kapitel 12
Von Thermometern und Radios

Monopoldetektoren sind in gewisser Weise kalter Kaffee. Die Erkenntnis, daß sich dem unerschrockenen Experimentalisten auch kosmische WIMPs oder Axionen zu erkennen geben könnten, ist viel neueren Datums. Wie dieses letzte Kapitel zeigt, ist das Wettrennen um die Entdeckung dunkler Materie trotz der beträchtlichen technischen Schwierigkeiten beim Bau von Detektoren für WIMPs oder Axionen vielleicht schon in die Zielgerade eingebogen.

WIMPs: Die Suche geht weiter ...

Das bei weitem aktivste Teilgebiet der experimentellen Forschung nach dunkler Materie gilt den WIMPs. Ständig gehen neue Ergebnisse von den überraschendsten Orten ein, in Dutzenden von Laboratorien uberall in der Welt wird eine große Vielfalt von Detektoren gebaut, die ausschließlich den WIMPs gewidmet sind, und ein ganz neues Feld angewandter Technologie ist im Entstehen begriffen. Wenn die Forschung so rasant weitermacht wie bisher, können wir vielleicht schon bald den Bereich der Parameter gründlich erforschen, der zu erwarten ist, wenn die WIMPs tatsächlich dunkle Materie sind. Diese Forschung und die neuen Beschleuniger werden unter anderem dabei den Ausschlag geben, ob die Supersymmetrie die Natur in Energiebereichen regiert, die Versuchen in menschlichen Zeitskalen zugänglich sind. Diese Entwicklungen sind besonders aufregend, wenn man die kurze Geschichte dieses Gebiets bedenkt. Vor 1985 noch sah man keinerlei Chance, WIMPs als dunkle Materie direkt zu entdecken.

Der Stein wurde meiner Meinung nach 1985 durch die Veröffentlichung einer theoretischen Arbeit eines der bekanntesten heutigen Teilchenphysiker, Edward Witten, und seines Schülers Mark Goodman in Princeton ins Rollen gebracht. Goodman und Witten haben eine täuschend einfache Tatsache erkannt und veröffentlicht, die wohl schon früher in anderem Zusammenhang bemerkt wurde; ihnen gebührt das Verdienst, auf die Bedeutung dieser Tatsache für die Entdeckung dunkler Materie hingewiesen zu haben.

Wer je über die Wechselwirkungen des einzigen schwach wechselwirkenden Teilchens nachgedacht hat, von dessen Existenz wir sicher wissen, nämlich des Neutrino, weiß, daß die Stärke seiner Wechselwirkung mit gewöhnlicher Materie mit der Energie des Neutrinos zunimmt. Aus diesem Grund lassen sich in modernen Beschleunigern erzeugte hochenergetische Neutrinos nachweisen; der energiearme kosmische Hintergrund aus Licht oder masselosen Neutrinos, von dem wir wissen, daß es ihn geben muß, hat eine so schwache Wechselwirkung mit Materie, daß bisher niemand eine brauchbare Methode zu seiner Entdeckung vorschlagen konnte. Wenn nun ein sehr schweres neues Neutrino mit 2 GeV Masse die dunkle Materie im galaktischen Halo ausmachte, betrüge die mittlere kinetische Energie dieses Objekts bei einer erwarteten mittleren Geschwindigkeit von etwa 300 km pro Sekunde ungefähr ein Millionstel der Energie, die seiner Masse entspricht, oder etwa eintausend eV. Dieser Energiewert ergibt, einfach in die üblichen Rechnungen für die Neutrinowechselwirkungen eingesetzt, eine sehr schwache Wechselwirkung für solche Objekte; sie könnten im Mittel etwa *100 Millionen Lichtjahre Gestein durchlaufen, ohne auch nur einmal wechselzuwirken.* Wenn das zutrifft, gibt es keine Hoffnung, diese Neutrino-WIMPs zu entdecken. Goodman und Witten wiesen jedoch darauf hin, daß die Wechselwirkungsstärke sehr schwerer Neutrinos *nicht durch die üblichen Gleichungen bestimmt wird.* Die Stärke der Wechselwirkung wächst nicht mit dem Quadrat ihrer Energie, sondern mit dem Quadrat ihrer Masse an. Für ein Neutrino mit einer Masse von 2 GeV, das sich mit einer Geschwindigkeit von 300 km/s bewegt, entspricht das Verhältnis zwischen der Stärke der größeren Wechselwirkung und der naiven Schätzung einem Faktor von 10^{12}, und dieser Unterschied wäre gewaltig. Ein durchschnittliches WIMP-Neutrino würde dann nicht 100 Millionen Lichtjahre Gestein durchlaufen, bevor es einmal wechselwirkt, sondern nur 10^{13} cm Gestein, also etwa das 100000fache der Größe der Erde.

So gesehen läßt sich mit dem Gewinn vielleicht nicht viel Staat machen, aber tatsächlich kommen WIMPs und auch massereiche Neutrinos damit aus dem Bereich des Hypothetischen in den des Beobachtbaren. Das läßt sich an einer einfachen Wahrscheinlichkeitsrechnung veranschaulichen. Bei einem Detektor mit einer Seitenlänge von 10 cm beträgt die Wahrscheinlichkeit, ein WIMP aufzuhalten, 1 zu 10^{12}. Wenn also 10^{12} WIMPs hindurchgehen, sollte im Mittel eines von ihnen wechselwirken. Wenn sich diese Wechselwirkung entdecken läßt, haben wir es geschafft. Wie lange brauchen nun 10^{12} WIMPs zum Durchqueren des Detektors? Da der Fluß von WIMPs mit 2 GeV aus dem Halo nach unserer magischen Formel (siehe Kapitel 11) etwa 10^7 cm²/s beträgt und ein Detektor in Form eines Würfels mit einer Kantenlänge von 10 cm eine Oberfläche von etwa 100 cm² hat, sollte es etwa 3 000 Sekunden oder etwa 1 Stunde dauern, bevor ein WIMP sich im Detektor bemerkbar macht! (Diese Rechnung ist sehr vereinfacht; die wirklichen Schätzungen können um die Faktoren 2 und π kleiner sein.)

Was passiert nun wirklich, wenn ein WIMP in einem Detektor wechselwirkt? Normalerweise wird ein WIMP einfach vom Kern eines Atoms im Detektor »abprallen«. Weil die für WIMPs vorhergesagten Massen mit den Massen von Atomkernen vergleichbar sind, ähnelt das Geschehen dem Zusammenstoß zweier Billardbälle. Das WIMP prallt in eine andere Richtung ab, und der Kern erhält einen Rückstoß (siehe Abbildung 12.1).

Bei diesem Vorgang kann das WIMP höchstens die Energiemenge abgeben, die seiner ursprünglichen Bewegungsenergie entspricht. Das würde zum Beispiel bei einem Frontalzusammenstoß mit einem Kern passieren, dessen Masse gleich der des WIMPs ist, genau wie ein Billardball, der einen anderen Ball frontal trifft, liegen bleiben kann, während der getroffene Ball mit derselben Geschwindigkeit weiterläuft, die zuvor der gestoßene Ball hatte (siehe Abbildung 12.2).

Normalerweise sind Zusammenstöße nicht genau frontal, und das WIMP verliert nicht seine gesamte Energie. Im Mittel beträgt die abgegebene Energie weniger als die halbe vom einfallenden WIMP mitgeführte Bewegungsenergie. Da ein WIMP mit

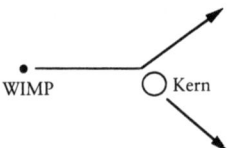

Abb. 12.1   Beim Zusammenstoß eines WIMPs mit einem Atomkern verhalten sich die beiden Objekte im wesentlichen wie Billardbälle; das WIMP
verändert seine Geschwindigkeit und seine Richtung, und der Kern prallt
zurück.

einer Masse von wenigen GeV, das sich mit einer Geschwindigkeit von 300 km/s bewegt, eine Bewegungsenergie von einigen
tausend eV hat (1000 eV = 1 keV), muß ein WIMP-Detektor
kleinere Energien als diese messen können, wenn sie bei Ereignissen, die seltener als etwa einmal in der Stunde passieren, an
Massen abgegeben werden, die mehr als einige Kilogramm
wiegen. Das ist der Haken.

Praktisch gesehen ist es bemerkenswert, daß die von Goodman
und Witten für schwere Neutrino-ähnliche WIMPs geschätzten
Wechselwirkungsstärken etwa 3 bis 6 Größenordnungen größer
sind als jene der leichten Neutrinos, wie sie Kernreaktoren
ausschicken, die ihrerseits »routinemäßig« entdeckt werden
können. Natürlich ist der Fluß solcher Neutrinos in der Nähe
eines Reaktors viel größer als der vorhergesagte kosmische
WIMP-Fluß, aber das wird durch die größere Wechselwirkung
zum größten Teil wieder ausgeglichen. Für die Entdeckung von
Reaktorneutrinos und gegen die Entdeckung von WIMPs spricht
vor allem die Tatsache, daß die Bewegungsenergie von Reaktor-
neutrinos etwa drei Größenordnungen mehr beträgt als die der
WIMPs aus dem Halo; sie können deshalb bei Wechselwirkungen mehr Energie abgeben. Je mehr Energie abgegeben wird, um
so einfacher ist es, sie zu entdecken. Tatsächlich stellt, wie wir
sehen werden, diese winzige bei der Streuung von WIMPs umge-
setzte Energie die größte Herausforderung für moderne Detektoren dar. Andererseits sind schon 1956 in Experimenten Teilchen entdeckt worden, die noch schwächer wechselwirken als

Abb. 12.2 Bei einem Frontalzusammenstoß zwischen einem WIMP und einem Atomkern, die beide dieselbe Masse haben, kann das WIMP seine gesamte Bewegungsenergie auf den Kern übertragen, der dann mit der Geschwindigkeit wegfliegt, die das WIMP zu Beginn hatte, genau wie es bei gleichschweren Billardbällen der Fall ist.

WIMPs, und diese Tatsache stärkt das Vertrauen in die praktischen Möglichkeiten, WIMPs aufzuspüren.

Während sich Goodman und Witten und unabhängig davon Ira Wasserman an der Cornell University mit der Möglichkeit der direkten Entdeckung dunkler Materie beschäftigten, lösten ihre Überlegungen überraschenderweise eine Explosion von theoretischen Überlegungen aus, die zu Experimenten führten, die nach *indirekten* Anzeichen für galaktische Halo-WIMPs suchten. Wir können diese Entwicklung folgendermaßen beschreiben. In Anbetracht der Wechselwirkungsreichweite von etwa 10^{13} cm für WIMPs haben wir die Wahl, wie wir sie entdecken wollen: (1) Wir können einen realistisch großen Detektor bauen, der mit einiger Wahrscheinlichkeit einen kleinen Bruchteil vom Fluß der WIMPs auffangen kann, oder (2) einen Detektor, der groß genug ist, fast alle zu entdecken. Im zweiten Fall müßte der Detektor die Erde um einige Größenordnungen übertreffen, was menschliche Fähigkeiten weit übersteigt. Vielleicht jedoch hat uns die Natur einen solche Detektor schon zur Verfügung gestellt – die Sonne!

Die indirekte Nutzung der Sonne als WIMP-Detektor ist ein gutes Beispiel dafür, wie rasch neue kosmologische Entwicklungen ablaufen. In der Wissenschaft wie im Leben begünstigt das Glück denjenigen, der darauf vorbereitet ist, und wenn die Wissenschaftler offen sind, können erstaunlich rasch Funken fliegen.

Etwa zu der Zeit, als Goodman und Witten ihre Arbeit abschlossen, hatten Blas Cabrera, Frank Wilczek und ich gerade eine neue Art Detektor für Sonnen- und Reaktorneutrinos vor-

geschlagen. Zufällig war Witten bei unserer Gruppe am Institut
für Theoretische Physik in Santa Barbara zu Besuch. Wir sprachen über seine Ideen, wie WIMPs direkt entdeckt werden könnten. Offensichtlich ließen sich mit der von uns vorgeschlagenen
Anordnung auch die von Witten und Goodman untersuchten
Wechselwirkungen von WIMPs aufspüren. Weil Wilczek und ich
in unserem Detektor ein Hintergrundrauschen berücksichtigten
und Kennzeichen gesucht hatten, die es erlauben würden, ein
kleines Signal vor diesem Hintergrund zu erkennen, verbrachten
wir einen Nachmittag damit, auch über die Kennzeichen dunkler
Materie in einem solchen Detektor nachzudenken. Ein Gedanke,
den wir nur kurz erwogen, war die Möglichkeit, daß die meisten
WIMPs von der Erde aufgehalten werden könnten; ein Detektor
auf einer Seite des Globus müßte entsprechend mehr Ereignisse
registrieren, wenn sich diese Seite in dieselbe Richtung dreht wie
die Sonne bei ihrer Bewegung durch die Galaxis, als wenn sie im
»Schatten« der Erde ist. Dieser Gedanke wurde aufgegeben, weil
wir ausrechneten, daß die meisten WIMPs nicht von der Erde
aufgehalten werden, es also keinen »Schatten« geben kann.

Einige Wochen später, nach meiner Rückkehr nach Harvard,
erfuhr ich von den Ergebnissen zweier Kollegen am Zentrum für
Astrophysik. Ihnen war eine interessante Tatsache aufgefallen,
die schon mehrere Jahre zuvor von John Faulkner und seinen
Kollegen bemerkt worden war; damals aber war keine Anwendung in Sicht gewesen. Wenn es in der Sonne exotische Objekte
mit Massen im Bereich von 5-10 GeV geben könnte, die nur
10^{-12} der Gesamtmasse der Sonne ausmachten, würden sie unter
bestimmten Bedingungen die Verhältnisse im Sonneninneren so
beeinflussen, daß die Temperatur im Kern sinken müßte. Das
würde den Neutrino-Ausstoß der Sonne vermindern und die
Theorie mit der Beobachtung in Übereinstimmung bringen,
ohne sich wesentlich auf die anderen erfolgreichen Kennzeichen
des Standardmodells für das Sonneninnere auszuwirken. Leider
erschien die Idee etwas weithergeholt, willkürlich solche exotischen Teilchen, sogenannte Kosmionen, in die Sonne zu versetzen, und das ist vermutlich einer der Gründe, warum der Gedanke nicht schon früher verfolgt wurde.

Es fiel mir jedoch auf, daß die erforderliche Wechselwirkungsstärke für diese hypothetischen Teilchen nach der Streuung beim Zusammenstoß mit Wasserstoff in der Sonne nahe bei den von Goodman und Witten für WIMPs berechneten Werten lagen. Wir erinnerten uns an unsere Arbeit mit Neutrinodetektoren in Santa Barbara, und ich versuchte zu bestimmen, ob WIMPs sich statt von der Erde von der Sonne aufhalten ließen. Der Sonnenradius kommt mit etwa 10^{11} cm der mittleren freien Weglänge der WIMPs in Materie viel näher. Wie eine Überschlagsrechnung nahelegt, wird eine größere Anzahl von WIMPs in der Sonne nicht nur mindestens einmal gestreut, sondern die WIMPs verlieren dabei auch viel Energie und können danach von der Schwerkraft der Sonne in ihr festgehalten werden. Als ich ausrechnete, wieviel dunkle Materie es heute in der Sonne geben müßte, wenn alle jene Teilchen, die seit der Bildung der Sonne vom Halo auf sie gefallen sind, von ihr eingefangen worden wären, erhielt ich ein bemerkenswertes Ergebnis: Sie würden einen Anteil von 1 zu 10^{12} des Sonnengewichts ausmachen – fast den für »Kosmionen« geforderten Betrag. Wenn WIMPs wirklich die dunkle Materie ausmachen, könnte es also wie es im Sonneninneren genug Teilchen von der Sorte geben, die den Strom der Sonnen-Neutrinos mit den jetzigen Beobachtungen in Übereinstimmung bringen. Vielleicht hatten das Problem der dunklen Materie und das der Sonnen-Neutrinos (siehe Kapitel 3) dieselbe Lösung! Selten hat mich eine vorläufige Rechnung so aufgeregt. Es sah wirklich so aus, als ob die dunkle Materie aus WIMPs bestehen könnte.

Meine Begeisterung hielt nicht lange an. Kurz darauf sprach ich mit meinem Kollegen William Press, der mir versicherte, er und seine Mitarbeiter seien unabhängig davon zu ähnlichen Schlüssen gekommen, die auf der Annahme beruhten, daß ihre hypothetischen Kosmionen die dunkle Materie des galaktischen Halo ausmachten. Wir trafen uns bald, um unsere einander ergänzenden Ergebnisse zu diskutieren. Press hatte genauere Abschätzungen des Gravitationseinfangs in der Sonne erhalten, weil jedoch Kosmionen hypothetisch sind, ließen sich die Streuprozesse nicht realistisch abschätzen. Ich hatte unter anderem die Wirkung von Zusammenstößen und Streuprozessen wirklicher WIMPs an Wasserstoff im Vergleich zu Helium in der Sonne berechnet. Unsere Begeisterung wurde jedoch, jedenfalls, was die WIMPs betraf, schon bald durch zwei Erkenntnisse gedämpft.

Ein bemerkenswerter Aspekt der WIMPs rührt, wie ich früher bemerkte, vom »Ausfrieren« der Vernichtung von WIMPs und Anti-WIMPs im frühen Weltall her, aufgrund dessen eine nicht-verschwindende heutige Resthäufigkeit vermutet wird. Das setzt nicht nur eine Beziehung zwischen ihrer Masse, der Wechselwirkungsstärke und ihrem heutigem Vorkommen voraus, sondern es bedeutet allgemeiner, daß nicht nur WIMPs von der Sonne eingefangen werden, sondern auch ihre Antiteilchen, die ebenfalls im galaktischen Halo vorkommen. Während sich im Sonneninnern ein Vorrat an WIMPs ansammelt, treffen WIMPs schließlich einmal auf Anti-WIMPs, wobei sie vernichtet werden. Am Abend nach unserem Gespräch berechnete ich, daß die Vernichtung unter sehr allgemeinen Umständen rasch den Einfang überwiegen und damit das Vorkommen der WIMPs in der Sonne heute bestimmen würde. Diese Resthäufigkeit müßte, so ließ sich aus allgemeinen Überlegungen folgern, um mindestens vier Größenordnungen kleiner sein, als man es ohne Vernichtung vorhersagen würde, und wäre deshalb um mindestens vier Größenordnungen zu klein, um sich auf die Emissionsrate der Sonnen-Neutrinos auszuwirken. Zudem war nach den genauen Schätzungen über den Einfang der WIMPs, die Press und seine Mitarbeiter gemacht hatten, die wirkliche Wechselwirkungsrate der WIMPs – also der Neutrinos und Photinos – vermutlich selbst ohne Vernichtung um 1-2 Größenordnungen zu klein. Dieses Problem ließ sich vielleicht umgehen, aber was die WIMPs betraf, verhieß es im Hinblick auf eine Lösung des Problems des Sonnenneutrinos nichts Gutes.

Wegen dieser Schwierigkeiten beschlossen wir, ich sollte das Manuskript mit dem Vorschlag, die WIMPs könnten von der Sonne aufgehalten werden, nicht veröffentlichen. Der auf hypothetischem Kosmioneneinfang beruhende Parallelvorschlag wurde jedoch zur Veröffentlichung eingereicht. Einen Monat später wollten wir unsere Ergebnisse dann in einer gemeinsamen Veröffentlichung zusammenfassen, um darin die Probleme und möglichen Lösungen darzustellen. Das ließ die Möglichkeit zu, unabhängig von der grausamen Wirklichkeit der Teilchenphysik auf eine Verbindung zwischen dunkler Materie und Sonnen-Neutrinos hinzuweisen. (Im Rückblick war das vermutlich ein Fehler. Es führte in bezug auf die Probleme mit dieser Idee und mögliche Verbindungen zwischen »Kosmionen« und WIMPs zu einiger Verwirrung, die ich immer wieder im Druck sehe.)

Gelegentlich zeigen Wolken auch gutes Wetter an. Obwohl die Vernichtung der WIMPs in der Sonne anscheinend die Hoffnungen zunichte machte, die WIMPs könnten das Problem des Sonnen-Neutrinos unmittelbar lösen, stellte sich ihre Vernichtung als der Schlüssel heraus, der den Weg zu völlig neuartigen Experimenten, die indirekt nach ihnen suchen konnte, eröffnete. Etwa ein Jahr zuvor hatte Mark Srednicki in Santa Barbara in Zusammenarbeit mit Joseph Silk in Berkeley untersucht, wie rasch sich ein bestimmtes WIMP, das Photino, von Photonenstrahlen oder anderen energiereichen kosmischen Strahlen entdecken ließe, die bei der Vernichtung von Photinos im galaktischen Halo selbst erzeugt werden könnten, ganz unabhängig davon, wie sie sich in astrophysikalischen Objekten ansammeln. Die Idee, dunkle Materie könne in der Sonne gefangen sein, regte Srednicki und seine Mitarbeiter dazu an, die Vernichtungsprozesse in der Sonne zu untersuchen. Sie bestätigten nicht nur meine Ergebnisse über die Auswirkung der Vernichtung auf die Häufigkeit des Vorkommens in Sternen, sondern wiesen darüber hinaus auf ein mögliches wichtiges Kennzeichen dieser Vernichtung hin. Sie behaupteten, unter den Teilchen, die bei der Vernichtung von Photinos erzeugt werden, seien mit großer Wahrscheinlichkeit einige gute alte Bekannte, nämlich Elektron- und Myon-Neutrinos. Diese Neutrinos könnten der Sonne leicht entkommen. Darüber hinaus könnten sie gewaltige Energien besitzen, die den Massen der von ihnen vernichteten Photinos entsprächen. Man fragte sich, ob sie auf der Erde als ein neuer hochenergetischer Neutrinohintergrund beobachtbar sein könnten. Wilczek und ich hatten unabhängig davon ähnliche Gedanken verfolgt, und wir setzten mit Srednicki gemeinsam unsere Suche nach möglichen Anzeichen für die Vernichtung von WIMPs im Sonnensystem fort. Wir waren uns einig, daß sich dieses Kennzeichen der Neutrinos – das sich bei der Vernichtung von WIMPs ergibt, die entweder in der Sonne oder vielleicht auch in der Erde eingefangen werden – am ehesten nachweisbar wäre.

Wie ließe sich eine solche hochenergetische Elektron- oder Myon-Neutrino-Hintergrundstrahlung auf der Erdoberfläche entdecken? Wieder einmal haben sich die zur Suche nach dem Zerfall von Protonen gebauten riesigen unterirdischen Wasserdetektoren als vielseitiger verwendbar herausgestellt als ursprünglich erwartet. Ich sehe darin ein Beispiel für etwas, das in den Naturwissenschaften häufiger vorkommt. Wenn ein kühnes Vorhaben durchgeführt wird, ergeben sich oft unerwartete Anwendungen, die weit über den ursprünglichen Plan hinausgehen. Das trifft besonders auf Detektoren für den Protonenzerfall zu. Diese gewaltigen Apparate, die ich in Kapitel 6 kurz beschrieb, wurden ursprünglich gebaut, um eine ziemlich esoterische Vorhersage zu überprüfen, die Teilchenphysiker über Energien gemacht hatten, die sich um viele Größenordnungen von jenen unterscheiden, mit denen wir hier auf der Erde direkt umgehen. Diese Detektoren dienen heute als wertvolle astrophysikalische Observatorien. Sie lösten bereits eine kleine Revolution aus, als sie während der Supernova 1987A die ersten Neutrinos entdeckten. Die neuen, hier geschilderten Überlegungen und Gedanken wiesen darauf hin, daß sie auch helfen könnten, die dunkle Materie zu entdecken.

Wenn ein Proton zerfällt, muß es zu etwas Leichterem zerfallen. Die dabei freigesetzte Gesamtenergie ist auf die Masse des Protons, also etwa 1 GeV, beschränkt. Da das Proton geladen ist, muß mindestens ein geladenes Objekt beim Zerfall frei werden. Deshalb beschlossen Physiker, nach den Spuren zu suchen, die geladene Teilchen in einer Substanz hinterlassen, die sie in großen Mengen ansammeln und ständig beobachten konnten. Man erinnere sich aus meinen Erörterungen in Kapitel 6, daß große Volumen nötig sind, denn nach der Theorie zerfällt von 10^{30} Photonen pro Jahr höchstens etwa eines. Um den allgegenwärtigen Hintergrund kosmischer Strahlung, der energiereiche geladene Teilchen enthält, möglichst abzuschirmen, müssen diese Anordnungen weit unter der Erdoberfäche aufgestellt werden. Mehrere unternehmungslustige Gruppen von Experimentalphysikern haben überall auf der Welt unterirdi-

Abb. 12.3   Eine Aufnahme des Inneren des von den Universitäten Irvine, Michigan und Brookhaven gemeinsam betriebenen Protonenzerfall-Detektors (den Abbildung 6.5 zeigt, bevor er mit Wasser gefüllt wurde). An den Seiten sind deutlich einige der Tausende riesiger lichtempfindlicher Röhren zu sehen, die das von geladenen Teilchen im Wasser erzeugte Licht registrieren. (Aufname von Joe Stancampiano und Karl Luttrell. Copyright © 1988 National Geographic Society.)

sche riesige Wassertanks aufgebaut. An ihrem Rand suchen Tausende von lichtempfindlichen Detektoren nach dem Licht, das von einem geladenen Teilchen ausgeschickt wird, wenn es durch das Wasser läuft und dabei Atome anregt (siehe Abbildung 12.3).

Zu den kosmischen Hintergrundstrahlen, die die Wirksamkeit von Detektoren für den Protonenzerfall am stärksten einschränken, gehören die sogenannten »atmosphärischen Neutrinos«. Diese Neutrinos werden erzeugt, wenn Protonen der kosmischen Strahlung oder andere Teilchen in die Erdatmosphäre hineinplatzen. Die bei diesen Zusammenstößen entstehenden Neutrinos werden auch durch kilometerdicke Gesteinsschichten nicht aufgehalten und können in Tiefen dringen, in denen Detektoren für den Protonenzerfall stehen. Wenn ein

solches hochenergetisches Neutrino mit Energien in einem der
Protonenmasse vergleichbaren Bereich in einem Wasserdetektor
wechselwirkt, erzeugt es ein energiereiches geladenes Teilchen,
etwa ein Elektron, das dann entdeckt werden kann. Eine solche
geladene Spur, die im Detektor beginnt, kann einige der möglichen Arten des Protonenzerfalls nachahmen, nach denen die
Experimente suchten.

Die ersten Vorhersagen, die später von mehreren Gruppen
verbessert wurden, wiesen alle darauf hin, daß WIMPs einen
Neutrinohintergrund erzeugen können, dessen Kennzeichen denen eines atmosphärischen Neutrino-Hintergrunds ähneln.
Plötzlich erwies sich ein störender Hintergrund als nützliches
Signal. Wenn man den wirklichen Neutrinohintergrund in Detektoren für den Protonenzerfall messen und mit dem vorhergesagten atmosphärischen Hintergrund vergleichen kann, sollte
jeder etwaige Überschuß von der Vernichtung von WIMPs herrühren. Wenn sich kein solcher Überschuß zeigt, erhält man
wiederum Grenzen für die WIMPs.

Seit das klar ist, hat man alle Hintergrundstrahlungen in
Detektoren für den Protonenzerfall genau analysiert, aber nie
ein WIMP-Signal gefunden. Aus diesem Fehlen hat man für die
WIMPs, die in der Sonne und der Erde vernichtet werden, Grenzen hergeleitet. Es zeigte sich, daß die Photinos, die ursprünglich
zu diesen Untersuchungen anregten, tatsächlich einen Hintergrund erzeugen, der unter dem gemessenen liegt; sie können also
diesen Grenzen entkommen. Ein hypothetisches WIMP, das
sogenannte *Sneutrino*, der supersymmetrische Partner des Neutrino, muß für Massen über 5-6 GeV jedoch ausgeschlossen
werden. Ein einfaches schweres neues Neutrino, der Prototyp
des WIMP, wird zwar bei einem Vertrauensintervall von 90 Prozent nicht ausgeschlossen, überlebt aber oberhalb dieses Massenbereichs nur selten. Wenn erst die Hintergrundstrahlung
besser ausgeschaltet werden kann und mehr Daten gesammelt
worden sind, lassen sich die mit Hilfe der Protonen-Zerfallsdetektoren gewonnenen Grenzen für die WIMPs sicher verbessern.

Wenn wir die WIMPs als dunkle Materie wirklich bestätigen
oder widerlegen wollen, sollten wir sie jedoch in einem kontrollierten Experiment entdecken können. Die Ergebnisse des Proto-

nenzerfalls sind zwar überraschend aussagekräftig, hängen aber doch von einigen astrophysikalischen Annahmen wie dem Einfang und der Vernichtung in der Sonne und der Erde ab. Wenn wir die Halokomponente direkt erkunden möchten, ohne solche Annahmen zu machen, müssen wir Detektoren bauen, die eben dies können. Das war die Absicht der ursprünglichen Arbeit von Goodman und Witten.

Goodman und Witten lieferten den Experimentalphysikern Schätzwerte, die meßbar zu sein schienen. Natürlich bedeutet das noch lange nicht, daß sie auch praktisch beobachtbar sind. Die einleitenden Seiten von Kapitel 11 beschrieben die möglichen Herausforderungen und Schwierigkeiten, die es bei dem Versuch, solche geringen Raten zu messen, zu bewältigen gibt, wenn etwa ein Ereignis pro Tag in einem Kilogramm Materie, das über 10^{25} Atome und Energien von weniger als einigen keV enthält, gefunden werden muß – Energien, die um viele Größenordnungen kleiner sind als jene, die zum Beispiel bei den meisten radioaktiven Zerfällen erzeugt werden.

Goodman und Witten wurden zu ihren Schätzungen durch ein Verfahren angeregt, mit dem man hoffte, vorher Neutrinos in der Sonne oder auch in Reaktoren zu entdecken; diese Aufgabe stellte ähnliche Probleme. Dieses Verfahren war 1984 von Leo Stodolsky und André Drukier am Max-Planck-Institut für Physik in München vorgeschlagen worden; es weicht wesentlich von den üblichen Verfahren der Teilchensuche ab, bei denen entweder die Ionisierung oder das Licht untersucht werden, das entsteht, wenn Teilchen von den Atomen eines Detektors gestreut werden. Stodolski und Drukier wiesen darauf hin, daß in einem Detektor aus Millionen sehr winziger supraleitender Körnchen beispielsweise schon die sehr geringen Energiemengen, die beim Abprall eines Kerns erzeugt werden, in einem einzelnen solchen Körnchen genug Wärme erzeugen könnten, um seine Temperatur steigen zu lassen, bis es nicht mehr supraleitend ist. Weil supraleitende Körnchen ein äußeres Magnetfeld abstoßen, würde ein Körnchen, wenn es »normal wird«, dieses Feld plötzlich verlassen und magnetisiert werden. Mit sehr empfindlichen Magnetometern hofften sie eine solche Veränderung zu messen. Dieser faszinierende Gedanke hat eine Menge von experimentel-

len Untersuchungen ausgelöst, ist aber auch auf viele praktische
Probleme gestoßen. Davon abgesehen ist ein solches Gerät im
wesentlichen nur ein »Schwellen«detektor. Es könnte also möglich sein, die Magnetisierung eines einzelnen Körnchens zu
entdecken, aber es gäbe keine klare Möglichkeit, die Menge der
deponierten Energie zu bestimmen. Trotzdem könnten solche
Apparate für andere Zwecke nützlich sein. Jedenfalls sind sie die
ersten Beispiele für Detektoren, die im Prinzip geeignet sind,
dunkle Materie nicht mit Hilfe der Ionisierung, sondern der
Wärme zu entdecken. Diese Möglichkeit wurde im Prinzip in
den siebziger Jahren von T. Ninikowski am CERN vorgeschlagen; der Gedanke hat sich als wahrhaft fruchtbar erwiesen.

Bevor wir uns diesem aufregenden neuen Bereich der Technik
zuwenden, lohnt es sich zu überlegen, ob schon existierende
Teilchendetektoren den Anforderungen genügen, die zu stellen
sind, wenn WIMPs als dunkle Materie entdeckt werden sollen.
Wieder kommt ein ehrgeiziges Experiment, das ursprünglich für
einen anderen esoterischen Zweck entworfen wurde, dem Ziel
nahe. Wie ich schon sagte, stellt sich der Entdeckung der WIMPs
vor allem die Tatsache in den Weg, daß selbst die geringste
Verseuchung mit radioaktivem Material zu unannehmbarer
Hintergrundstrahlung führen kann. Um sich mit diesem Nach-
teil vertraut zu machen, betrachteten die Physiker Experimente,
die mit solcher Hintergrundstrahlung schon umzugehen wußten.

Zu den erfolgreichsten Experimenten gehört die Suche nach
dem seltensten uns bekannten Kernzerfall in der Natur. Seit zu
Beginn dieses Jahrhunderts der Betazerfall des Neutrons in ein
Proton, ein Elektron und ein Antineutrino entdeckt wurde,
wissen wir auch, daß ein viel ausgefallenerer, aber ähnlicher
Vorgang sich in den Kernen bestimmter Atome abspielen muß.
Wenn die Energieniveaus in den Kernen genau richtig sind, ist es
vom Energiestandpunkt aus für zwei Neutronen im Kern günstiger, gleichzeitig zu zerfallen; dabei entsteht ein neuer Kern, der
vom ursprünglichen Kern sozusagen doppelt entfernt ist. In
diesem als »doppelten Betazerfall« bekannten Vorgang werden
zwei Elektronen und zwei Antineutrinos freigesetzt. Weil gleichzeitig die schwache Wechselwirkung zweimal ins Spiel kommt,

ist der doppelte Betazerfall der seltenste der bekannten radioaktiven Vorgänge, die je berechnet wurden. Die Lebensdauern der Kerne, die auf diese Weise zerfallen können, betragen in einigen Fällen über 10^{22} Jahre.

Es gibt noch eine Überlegung, die die Forscher zur Beschäftigung mit dem doppelten Betazerfall führte. Wie ich sagte, werden bei diesem Vorgang normalerweise zwei Antineutrinos ausgeschickt. Diese beiden Antineutrinos könnten sich jedoch wechselseitig vernichten, wenn Neutrinos eine Masse haben. In diesem Fall, dem sogenannten »neutrinofreien« doppelten Betazerfall, sähe der doppelte Betazerfall anders aus. Der zerfallende Kern schickt dann nur zwei einsame Elektronen aus, die jede die Hälfte der verfügbaren Zerfallsenergie tragen. Da Teilchen sich nur mit ihren Antiteilchen vernichten können, ist das Neutrino von seinem Antiteilchen, dem Antineutrino, nicht zu unterscheiden. Das ist an sich nichts Besonderes. Das Photon des Elektromagnetismus zum Beispiel hat kein unterscheidbares »Antiphoton«. Aber eine Neutrinomasse, die es zuließe, daß Neutrinos einander vernichten, ist etwas Besonderes. Der neutrinofreie doppelte Betazerfall ist für die Teilchenphysiker deshalb so interessant, weil das Elektron-Neutrino nur dann eine Masse haben kann, die diesen Vorgang ermöglicht, wenn es eine neue Physik gibt, die über die des Standardmodells hinausgeht. Tatsächlich entsteht eine solchen Masse höchstwahrscheinlich auf der GUT-Skala. Sehr empfindliche Experimente, die im Labor mit normalen Energien durchgeführt werden, könnten also in Bereichen, die zwölf Größenordnungen über denen liegen, die heute in den mächtigsten Beschleunigern der Welt zur Verfügung stehen, nach neuer Physik suchen.

Die Suche nach Zerfällen, bei denen es wie beim neutrinofreien doppelten Betazerfall um Lebensdauern von 10^{22} Jahren oder mehr geht, ist in einem Labor auf der Erdoberfläche keine leichte Aufgabe. Stoffe, bei denen ein doppelter Betazerfall möglich ist, sind nicht so leicht zu handhaben oder zu erhalten wie Wasser, deshalb kommen Detektoren von der Größe der Protonendetektoren nicht in Frage. Vielmehr benutzt man Elemente wie Germanium in Mengen von 1-5 000 Gramm. Wenn ein Kilogramm Materie 10^{24} Atome enthält, entspricht eine

Lebensdauer von 10^{24} Jahren nur *einem Zerfall pro Jahr in dieser Stichprobe*. Gleichzeitig müssen sich die Experimentalphysiker mit kosmischen Strahlen abfinden, die ihren Detektor mit einer Rate von etwa einem Teilchen pro Sekunde bombardieren, und mit den radioaktiven Stoffen in ihren Detektoren. Wenn diese Stoffe eine Lebensdauer von weniger als etwa 10^{14} Jahren haben, und das haben die meisten, dürfen sie in der zu untersuchenden Materie nur mit einer Häufigkeit vorkommen, die um das Verhältnis dieser Lebensdauer zu der des doppelten Betazerfalls kleiner ist – also um einen Faktor von etwa 10^{10} –, wenn ihre Zerfallsrate nicht den zu erforschenden Vorgang überwältigen soll.

Heutzutage nimmt man dann, wenn man den doppelten Betazerfall untersuchen will und einen möglichst schwachen Hintergrund braucht, aus mehreren Gründen das Element Germanium. Weil es – wie das Silizium – für die Halbleitertechnik, also für moderne Computer und andere hochtechnologische Elektronik – wichtig ist, sind große Mengen dieses Stoffs mit einer Reinheit erhältlich, die weit über der für andere Festkörper liegt. Germanium- oder Siliziumkristalle werden an einem einzigen Punkt geschmolzen, und dieser Bereich wird dann langsam über den Kristall gezogen. Dadurch werden die Unreinheiten aus dem geschmolzenen Bereich verdrängt und sehr effektiv aus dem Kristall entfernt; chemisch aktive Unreinheiten lassen sich dadurch auf einen Anteil von 10^{-12} beschränken. Weil das Germanium wegen seiner chemischen Eigenschaften ein idealer Halbleiter ist, läßt sich ein Germaniumblock außerdem nicht nur als Quelle für den doppelten Betazerfall benutzen, sondern auch als sein eigener Detektor. Die beim radioaktiven Zerfall im Inneren von Germanium erzeugte Ionisierung läßt sich steuern, indem ein elektrisches Feld an den Kristall gelegt und der Ladungsfluß gemessen wird. Aus der Stärke der Ionisation läßt sich mit beachtlicher Genauigkeit und großer Empfindlichkeit die Zerfallsenergie bestimmen.

Reines Germanium allein ergibt jedoch noch keinen hintergrundfreien Detektor. Während die eigentliche Germaniumquelle selbst in den größten Detektoren nur etwa einige hundert Gramm wiegt, muß diese Quelle vor der Radioaktivität aus dem

Hintergrund abgeschirmt werden. Die Hülle muß außerdem Zähler für die kosmische Strahlung enthalten und auch die Apparate, die nötig sind, das System extrem kalt zu halten und das »Rauschen« der Elektronik zu reduzieren (siehe Abbildung 12.4). Es zeugt von dem Einfallsreichtum der Experimentatoren, daß sie das Hintergrundrauschen auf einen Pegel reduzieren konnten, der die Durchführung dieses Experiments erlaubt. Solche Messungen eines niedrigen Hintergrunds sind wirklich ebenso Kunst wie Wissenschaft. Vor dieser Arbeit hatte niemand je einen solch schwachen Hintergrund benötigt, deshalb war jeder Schritt ein Schritt ins Ungewisse. Die harmlosesten Dinge, so etwa das Lötmetall, mit dem die elektronischen Leitungen an die zu 99,999 Prozent reinen Bleiblöcke der Abschirmung gelötet wurden, stellten sich manchmal jedenfalls auf der Skala des zu entdeckenden Signals als radioaktiv »heiß« heraus. Gelegentlich erwiesen sich sogar verschiedene Proben desselben Materials vom selben Hersteller als höchst unterschiedlich radioaktiv.

Es mußten noch weitere Probleme mit dem niederenergetischen Hintergrund bewältigt werden, bevor Germaniumdetektoren die extremen Empfindlichkeitsbereiche in bezug auf Energie und Zerfallsrate erreichten, die für die Suche nach WIMPs nötig sind. Zunächst mußte die Empfindlichkeit der Elektronik bei den niedrigsten Energien, die im Bereich von keV zugänglich waren, reduziert werden. Dieses elektronische »Rauschen« legt die minimale Empfindlichkeit der Detektoren für die Ionisierung aus Germanium fest. Dann stellt sich ein weiteres Problem. Wie wir schon sagten, kann ein Teilchen dunkler Materie, etwa ein WIMP, das elastisch mit dem Kern eines Atoms zusammenstößt, höchstens eine Energie übertragen, die gleich seiner anfänglichen Bewegungsenergie ist. Wenn es das erfolgreich tut, bringt es den Kern aus seiner Ruhelage heraus; er legt dann im Kristallgitter langsam eine kurze Entfernung zurück. Je weniger Energie dem Kern übermittelt wird, um so langsamer bewegt er sich. Aber je langsamer er sich bewegt, um so weniger stark wird er ionisiert, weil die Elektronen, die sich normalerweise in neutralen Kombinationen um die Atome herum auf dem Gitter befinden, mit der Bewegung des Kerns mithalten können. Wenn die

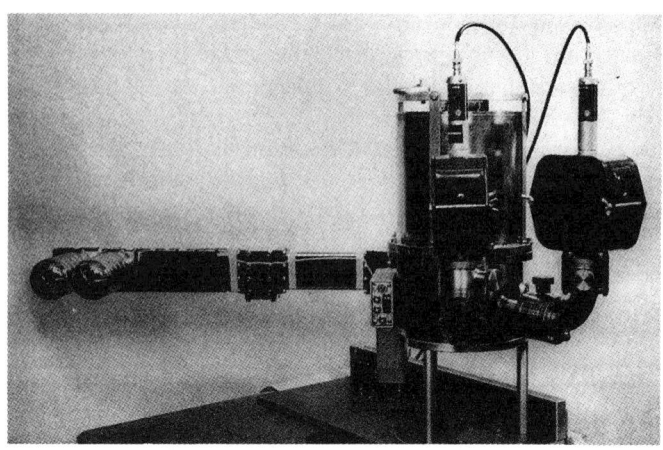

Abb. 12.4   Zwei Ansichten des Experiments zum doppelten Betazerfall der University of California at Santa Barbara und des Lawrence Berkeley Laboratory, das in Zusammenarbeit mit einer Gruppe von der University of California at Berkeley dazu verwendet wurde, Grenzen für die WIMPs zu bestimmen. Eine Ansicht zeigt die am Kühlsystem befestigten Germanium-

Ionisierung somit kleiner ist, läßt sich in einem Ionisierungsdetektor weniger Energie aufspüren. Schließlich ionisiert der Kern unterhalb einer bestimmten Energie überhaupt nicht mehr.

Leider sind nur wenige Experimente durchgeführt worden, die zeigen, wieviel Ionisierung bei sehr langsam bewegten Kernen in Germanium oder Silizium erzeugt wird. Darüber hinaus sind diese Experimente sehr schwierig; bis vor kurzem schien nur wenig Bedarf danach zu herrschen. Unter Verwendung einer Meßreihe, die man zuvor mit Kernen erhalten hatte, die sich in Germanium mit einer Energie von über 10 keV bewegen, und aufgrund einer theoretischen Berechnung, die gut zu den Daten zu passen scheint, haben Experimentalphysiker gezeigt, daß diese Kerne Atome zu etwa 30 Prozent so effektiv ionisieren, wie es Elektronen mit derselben Energie tun. Zur Zeit werden neue Experimente durchgeführt, die dieses Ergebnis bestätigen sollen.

kugeln (links), und die andere, wie diese Anordnung dann hinter Abschirmungen und Zählern für die kosmische Strahlung verborgen wird (oben). (Die Aufnahmen wurden freundlicherweise von D. Caldwell, F. Goulding und B. Sadoulet zur Verfügung gestellt.)

Wenn dieser Wert verwendet wird und die Daten der jetzigen Experimente analysiert werden, können diese Experimente einen ungeheuer weiten Bereich von WIMP-Parametern direkt erkunden, indem sie nach den Energien suchen, die bei der Streuung der WIMPs im Detektor abgelagert werden. Wenn solche Depots nicht gefunden werden, lassen sich umgekehrt WIMPs mit einer bestimmten Masse und Wechselwirkungsrate ausschließen. Aus dem Fehlen eines solchen Signals für Energieablagerungen von mehr als 3 keV haben Experimentalphysiker kürzlich Grenzen hergeleitet, die anscheinend schwerere neutrinoähnliche WIMPs mit Massen zwischen 12 und fast 10000 GeV aus dem galaktischen Halo ausschließen.

Neutrino-WIMPs mit einer Masse unter 12 GeV lassen sich nicht ausschließen, weil sie bei ihren Zusammenstößen mit Germanium nicht genug Energie übertragen. Die Energieübertragung beim elastischen Zusammenstoß zweier Billardbälle ist am wirksamsten, wenn beide Bälle die gleiche Masse haben; das gilt auch für die Zusammenstöße zwischen WIMPs und Atomen. Die Masse eines Germaniumkerns beträgt etwa 75 GeV. Sie sind deshalb, jedenfalls was die Energieablagerung betrifft, besonders geeignet, WIMPs mit 75 GeV zu entdecken. Damit die Experimentalphysiker einen weiteren Massenbereich erfassen können, müssen sie Detektoren verwenden, die Stoffe mit leichteren Kernen benutzen. Da Silizium elektronisch gesehen so leicht zu bearbeiten ist wie Germanium, aber pro Kern nur etwa 28 GeV wiegt, sollte ein Silizium-Ionisierungs-Detektor WIMP-Massen bis etwa 5 GeV hinunter aufspüren können.

Letztlich jedoch sind den Möglichkeiten der Ionisierungsdetektoren Grenzen gesetzt. Weil weniger als zehn Prozent der in einem Zusammenstoß eines WIMP mit einem Kern deponierten Energie zu ionisierten Teilchen führt, ist dieses Verfahren bestenfalls unwirksam. Und weil Kerne unter einer bestimmten Energie schließlich nicht länger ionisiert werden, gibt es eine theoretische Grenze, unter der sich diese Methoden des Aufspürens durch bessere Technologie nicht mehr verbessern lassen.

Wenn man wirklich nach WIMPs suchen will, muß man also einen speziellen WIMP-Detektor bauen. Das bedeutet vermutlich den Verzicht auf die Ionisierung als ein Mittel zur Entdeckung von Energieablagerungen und statt dessen einen Übergang zur Wärme.

Die modernen kältetechnischen WIMP-Detektoren beruhen auf denselben Vorgängen, wie sie dann am Werk sind, wenn ein Thermometer ins Badewasser gehalten wird. Die Ausführung ist nur etwas üppiger. Wenn ein WIMP in einem Kristall an einem Kern gestreut wird, versetzt es dem Kern einen Stoß, und der Kern prallt zurück. Das wiederum erschüttert den übrigen Kristall und erzeugt eine Welle von Schwingungen, die nach außen laufen und sich schließlich zerstreuen. Über 70 Prozent der durch den anfänglichen Streuprozeß abgelagerten Energie enden in solchen Wellen. Makroskopisch sind es diese stärkeren Schwingungen des Kristallgitters, die wir im Gesamtsystem als Erhöhung der Temperatur wahrnehmen.

Diese »akustischen« Schwingungswellen in einem Kristallgitter können sich wie Teilchen in unterkühlten Systemen verhalten. Wegen dieser Ähnlichkeit haben die Festkörperphysiker diesen Wellen einen Namen gegeben, der an Teilchen erinnert: *Phononen.* Um eine einzige energiereiche Anregung eines Phonons in einem Siliziumkristall zu erschaffen, braucht man vielleicht nur ein Tausendstel Elektronenvolt (eV). Man stelle dem die Energie gegenüber, die nötig ist, die Atome in einem Kristall zu ionisieren, was manchmal mehrere eV pro Ionenpaar erfordert. Nicht nur endet also ein größerer Teil der Energie der niederenergetischen Streuung in Festkörpern als Phononen und nicht als Ionen, es werden auch viel mehr von ihnen erzeugt. Wenn wir energiereiche Phononenwellen irgendwie genauso gut entdecken könnten, wie wir Ionen aufspüren, konnte sowohl die Genauigkeit als auch die Empfindlichkeit eines solchen Detektors diejenige eines Ionisierungsdetektors weit übertreffen, weil es viel mehr Phononen zu registrieren gibt.

Tatsächlich braucht ein Phononendetektor jedoch nicht zwischen einzelnen Wellen zu unterscheiden. Ein Thermometer mißt ja schließlich ziemlich gut die gesamte thermische Energie, die von den Zufallsschwingungen der Teilchen im Badewasser herrührt, und keiner spricht je von Phononen. Wenn derselbe Vorgang im Labor durchgeführt wird, wobei ein raffiniertes Thermometer die Gesamtmenge der Wärmeenergie mißt, die erzeugt wird, wenn ein von außen einfallendes Teilchen in einer Raumeinheit eines Detektors zerstreut wird, erhält das Verfahren einen ansprechenden neuen Namen: *Bolometrie.*

Ich habe weiter oben die wesentlichen Probleme umrissen, die zu lösen sind, wenn WIMPs, Axione oder andere schwach wechselwirkende Teilchen wie Neutrinos aus Reaktoren nachgewiesen werden sollen. Wie kann man (1) sehr kleine Energien, die (2) nur sehr selten auftreten, (3) in makroskopisch großen Volumen messen? Als Cabrera, Wilczek und ich zuerst über dieses Problem nachdachten, schien es geradezu nach Bolometrie und auch nach einem Detektor aus Silizium oder ähnlichem zu schreien. Wir erfuhren später, daß Ninikowski ein Jahrzehnt zuvor zu ähnlichen Schlüssen gekommen war, wie seit unserer Arbeit auch eine Reihe anderer Forscher. Eines der vielen bolometrischen »Wunder« des Silizium, das uns allen Eindruck machte, als wir nach neuen Möglichkeiten suchten, Neutrinos zu entdekken, war, wie eine winzige Energieablagerung in ein makroskopisch meßbares Signal verwandelt werden kann. Dieses Wunder hängt entscheidend von den Eigenschaften ab, die Stoffe haben, wenn sie auf sehr niedrige Temperaturen abgekühlt werden.

Die Physiker haben eine Größe definiert, die sich auf den Betrag bezieht, um den sich die Temperatur eines Gegenstands ändert, wenn wir eine bestimmte Menge Energie hinzugeben. Diese sogenannte *spezifische Wärme* des Stoffes ist die Ursache dafür, daß einige Dinge länger heiß bleiben oder selbst an heißen Tagen kühl zu sein scheinen. Ich verbrenne mir zum Beispiel manchmal die Zunge an den Rosinen eines gerösteten Rosinenbrots. Warum bleiben die Rosinen länger heiß als das Brot? Nun, sie haben eine größere spezifische Wärme. Es braucht mehr Energie, eine Rosine in einem Toaster auf eine bestimmte Temperatur zu erhitzen als das Brot. Denn in der Materie, aus der die Rosine besteht, gibt es im Vergleich zu der, aus der das Brot besteht, viel mehr innere Konfigurationen, die angeregt werden können und die dann Wärmeenergie speichern. Wenn das Brot nicht mehr im Toaster ist und Rosine und Brot anfangs beide ihre Energie mit derselben Rate abstrahlen, kann der Verlust derselben Energiemenge das Brot drastisch abkühlen, während

die Rosinen heiß bleiben, weil sie zu Beginn viel mehr Wärmeenergie gespeichert hatten.

Welche Eigenschaften machen Silizium und ähnliche Stoffe
für die Verwendung in der Bolometrie so reizvoll? Bei sehr
niedrigen Temperaturen gibt es fast keine inneren Freiheitsgrade, die angeregt werden können. Die spezifische Wärme des
Silizium ist also unendlich klein. Das wiederum bedeutet, daß
selbst eine sehr kleine Energieablagerung die Temperatur einer
makroskopischen Siliziummenge meßbar erhöhen könnte – genau wie wir es brauchen.

Dieser reizvolle Gedanke war schon zuvor in einer Reihe von
Experimenten überprüft worden. Eine Gruppe, die mit D. Mc-
Cammon von der University of Wisconsin und Harvey Moseley
am Goddard Raum Center in Maryland arbeitete, hatte 1984
bewiesen, daß Bolometer Energien mit einer Empfindlichkeit
messen können, die für andere Verfahren unerreichbar ist. Mit
Hilfe einer kleinen Siliziumwaffel von etwa 10^{-5} g, die auf eine
Temperatur von etwa einem Zehntel Grad oberhalb des absoluten Nullpunkts abgekühlt wurde, konnten sie die von Röntgenstrahlung herrührenden Energien von wenigen tausend eV mit
einer Auflösung von mehr als 30 eV messen.

Aufgrund dieser Ergebnisse stellten Cabrera, Wilczek und ich
einige einfache Skalenbetrachtungen an. Wenn die spezifische
Wärme von Silizium weiter so abfällt, wie sie es bis 0,1 Kelvin
tut, würde eine Energieablagerung von 1 keV in 100 g Silizium
dann, wenn sie bis auf mehrere *Tausendstel* eines Grades über
dem absoluten Nullpunkt abgekühlt würde, die Temperatur der
gesamten Stichprobe um wenige Tausendstel eines Grades erhö
hen. Wir stellten uns einen Detektor vor, der aus einem oder
mehreren kleinen Stücken Silizium besteht, auf sehr tiefe Temperaturen abgekühlt und mit einer Art Thermometer ausgestattet
wird. Wenn ein Neutrino oder ein WIMP dunkler Materie von
einem der Kerne im Silizium abprallte, würde es Energien im
Bereich von 1 keV deponieren. Wir schätzten, daß die Energie
die Temperatur für etwa ein Tausendstel einer Sekunde deutlich
erhöhen und dann abfallen sollte, wie es das Thermometer
elektronisch messen kann (siehe Abbildung 12.5).

Die tatsächliche Durchführung ist etwas anderes als die Be-

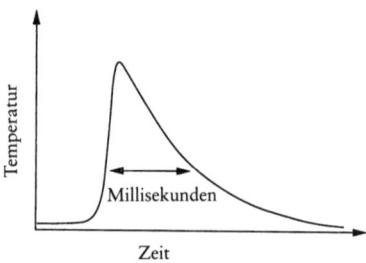

Abb. 12.5 Eine schematische Darstellung des thermischen Pulses, der zu erwarten wäre, wenn bei dem Zusammenstoß eines WIMPs mit einem Siliziumkern ein kleiner Energiebetrag im Silizium deponiert wird.

schreibung eines Experiments. Vor einem Experiment müssen viele grundsätzliche Dinge geklärt werden. In diesem Fall waren größere Mengen Silizium noch nie auf solch niedrige Temperaturen abgekühlt worden; man wußte also nicht, ob die spezifische Wärme tatsächlich so schnell abfällt, wie man es erhoffte: Es gab Überlegungen, wonach das nicht so sei. Nun klingt es ziemlich fantastisch, wenn man von einer effektiven Abkühlung großer Volumen auf Temperaturen von, sagen wir, 0,1 Kelvin spricht, aber der Vorgang ist eigentlich ganz klar, obwohl jedes Hundertstel eines Gramms viel Schweiß und Mühe kostet. Schließlich ist der relative Unterschied zwischen einem Tausendstel eines Grads über dem absoluten Nullpunkt und einem Kelvin, was ausgesprochen kalt ist, größer als der Unterschied zwischen einem Kelvin und der Raumtemperatur. Als ich zum erstenmal einen Kühlschrank sah, der etwa auf 1/20000 K abkühlen konnte, wurde mir der relative Unterschied sehr drastisch klar. Die Erbauerin des Geräts sagte von einer gewissen Kammer, sie habe »Raumtemperatur« und ich machte mir klar, daß sie damit etwas meinte, was die Temperatur von flüssigem Helium, etwa 270 Grad unter dem Gefrierpunkt, hatte.

Schließlich ist da die Frage der »Thermometrie«. Sie scheint zunächst harmlos zu sein, stellt aber eine der größten Herausforderungen der ganzen Sache dar. Üblicherweise werden sehr niedrige Temperaturen mit Hilfe des Widerstands gemessen. Ein

Drahtstück, dessen innerer Widerstand sich in dem interessie-
renden Temperaturbereich stark verändert, wird mit der zu
messenden Materie und auch mit einem schwachen Strom verbunden. Mir Schwankungen der Temperatur in dem Draht und
damit seines Widerstands verändert sich auch der in dem Draht
fließende Strom. Wenn der Experimentator diesen Strom in
einem richtig geeichten Draht mißt, kann er die Temperatur des
Systems bestimmen. Jetzt bedenke man das Folgende. Die spezifische Wärme eines ein Kilogramm schweren Blocks Silizium
ist im Bereich weniger tausendstel Kelvin außerordentlich gering; wenn ich ein Thermometer anbringe, das, sagen wir, ein
Millionstel eines Gramms Metall mit dem Block verbindet,
beherrscht das Thermometer die spezifische Wärme des kombinierten Systems. Wie können wir außerdem die Schwingungs-
energie der Phononen mit dem Thermometer koppeln? Bei
niedrigen Temperaturen laufen die Schallwellen, die schließlich
als »Wärme« aufgespürt werden, relativ ungehindert über
lange Entfernungen und überqueren auch nicht leicht die Grenzen zwischen Stoffen. Deshalb sollte man auf Probleme sowohl
mit der Kopplung der Wärmeenergie des Silizium an das Thermometer als auch mit der tatsächlichen Thermisierung der
Energie gefaßt sein, die mit nur wenigen sehr energiereichen
Phononen beginnt und mit einem Wärmespektrum von Wellen,
das durch eine wohlbestimmte Temperatur gekennzeichnet
wird, endet.

Trotz dieser praktischen Schwierigkeiten haben Gruppen von
Experimentatoren begonnen, entsprechend der hier beschriebenen Gedanken an bolometrischen und anderen speziell zur
Entdeckung der dunklen Materie entworfenen Apparaten bei
Tiefsttemperaturen zu arbeiten. Außer Cabreras Gruppe hat
eine italienische Gruppe unter der Leitung von E. Fiorini Prototypen von mehreren Gramm Gewicht gebaut, und auch in
England, Deutschland und Frankreich arbeiten Gruppen an dem
Problem. Bernard Sadoulet, der am CERN bei den Experimenten, die zur Entdeckung der W- und Z-Teilchen führten, eine
wichtige Rolle spielte, arbeitet jetzt als Direktor des Center for
Particle Astrophysics an der University of California at Berkeley
an bolometrischen Methoden zur Auffindung von WIMPs.

Neben der Arbeit zur Bolometrie haben andere verwandte Entwicklungen der Entdeckung der WIMPs bei tiefen Temperaturen neue Anstöße gegeben. Ich erwähnte schon den theoretischen Vorteil, den es hat, wenn man statt der bei der Streuung energiereicher Teilchen erschaffenen Ionen direkt Phononen mißt. Aber Bolometer messen Phononen in einer thermischen Menge und nicht einzeln. Das stellt die Bolometrie vor große Herausforderungen. Wie eindrucksvolle neue Forschung gezeigt hat, könnte es möglich sein, auch einzelne Phononen zu entdekken. Vielleicht läßt sich statt des thermischen Signals, das bei der Streuung eines WIMPs an einem Kern in einem Detektor aufgefangen wird, der anfängliche energiereiche Puls der dabei erzeugten »ballistischen« Phononen messen. Bei hinreichend tiefen Temperaturen, die jedoch nicht so niedrig sind, wie es die Bolometrie voraussetzt, laufen diese akustischen Wellen relativ ungehindert etwa zehn Zentimeter weit durch einen Kristall, bevor sie an den Wänden des Kristallblocks reflektiert werden und sich schließlich thermisieren, um den Temperaturzuwachs zu ergeben, auf den Bolometer ansprechen. Wenn sie während dieser ballistischen Phase entdeckt würden, könnten sie auch ein zeitlich begrenzteres Signal schicken, das zudem mehrere eindeutige Merkmale hätte, die es erleichtern würden, das Signal von anderem Rauschen zu unterscheiden.

Franz von Feilitzsch von der Technischen Universität München hat mit Hilfe der modernsten Verfahren bei der Entdeckung ballistischer Phononen eindrucksvolle Fortschritte gemacht. Bei diesen Verfahren wird eine »Sandwich«-Materie hergestellt, indem zwischen zwei Schichten eines Supraleiters ein dünner isolierender Film gelegt wird. Wenn dann über der Lücke zwischen den Supraleitern eine winzige Spannung aufgebaut wird, fließt wegen der dazwischenliegenden Isolierung normalerweise kein Strom. Wenn jedoch an den Elektronenpaaren, deren Kondensation die äußeren Platten supraleitend macht, ein energiereiches Phonon gestreut wird, kann das zum Zerbrechen einiger dieser Paare führen. Ist der Isolator sehr dünn, können quantenmechanische Vorgänge die gerade befreiten Elektronen dazu bringen, die Lücke zu »durchtunneln« und auf die andere Seite zu gelangen. Man beobachtet also einen Strom: Die Energie der Phononen wurde in ein elektrisches Signal verwandelt.

Ein anderes Verfahren, das von Cabrera und seinen Mitarbeitern zur Entdeckung ballistischer Phononen entwickelt wurde, ist im Prinzip einfacher. Sie legen einen sehr dünnen supraleitenden Film, der mittels der üblichen lithographischen Techniken hergestellt wurde, mit denen auch Computerchips gemacht werden, direkt auf die Oberfläche des Silizium. Wenn dann ein ballistisches Phonon am Silizium gestreut wird, bricht es ebenfalls die Elektronenpaare im supraleitenden Film entzwei und zerstört lokal in einem kleinen Bereich die Supraleitfähigkeit. Wenn der Film dünn genug ist, kann ein Bereich, der seine ganze Weite erfaßt, dazu gebracht werden, »normal« zu sein. Durch die Messung des Widerstands des Supraleiters läßt sich diese Energieablagerung als ein »Puls« mit vergrößertem Widerstand messen, der kurze Zeit andauert.

Cabrera und seine Mitarbeiter haben theoretisch das unglaubliche Potential dieser Verfahren aufgezeigt. Weil die Atome im Silizium auf einem Gitter liegen, das eine bestimmte Form hat, können sich die Schwingungswellen in verschiedene Richtungen mit unterschiedlicher Wirksamkeit ausbreiten. Ein Gitter gleicht einem Netz aus Sprungfedern, die verschieden steif sind und in verschiedene Richtungen zeigen. Wenn die Federn in einer Richtung sehr »schlapp« sind, pflanzen sich die Wellen in dieser Richtung weniger gut fort. Entsprechend breitet sich im Inneren eines solchen Siliziumklumpens die Energie mit Hilfe akustischer Wellen nicht in alle Richtungen gleichmäßig aus. Mit diesem Wissen lassen sich die Detektoren entsprechend entwerfen. Cabrera und seine Kollegen haben mit Hilfe von Computermodellen simuliert, wie Schallwellen auf einem Siliziumblock aussehen sollten, in dem lokal bei der Streuung von einem Neutrino oder WIMP etwas Energie deponiert wird. Die Ergebnisse sind beachtlich. Abbildung 12.6 zeigt die Verteilung von ballistischen Phononen, wie sie an der Oberfläche eines solchen Blocks gestreut werden. Die Anzahl der dort aufgetragenen Punkte entspricht etwa der Anzahl der ballistischen Phononen, die man bei der Aufnahme von 1 keV-Energie im Siliziumblock erwartet. Die »Fokussierung« der Phononenenergie entlang be-

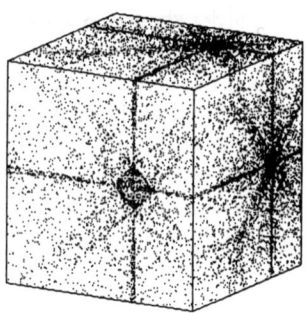

Abb. 12.6 Die Abbildung zeigt die theoretisch bestimmte Verteilung ballistischer Phononen auf der Oberfläche eines Siliziumblocks, wenn beim Zusammenstoß eines Teilchens mit einem Atomkern innerhalb des Blocks eine Energie von 1 keV deponiert wird. Jeder Punkt stellt ein einzelnes ballistisches Phonon dar. Man beachte, wie fast alle Phononen, die auf die Oberfläche treffen, in Ebenen liegen, die durch den Punkt gehen, in dem die Wechselwirkung stattfindet. (Mit freundlicher Genehmigung von Blas Cabrera)

stimmter Richtungen ist gut sichtbar. Abbildung 12.7 zeigt die mit einem Gitter dünner Filmdetektoren überdeckte Oberfläche des Siliziums.

Auf jeder Seite des Siliziumblocks nimmt ein einziger dünner Streifen fast die gesamte Energie auf. Das Signal selbst läßt uns dabei rückwirkend den Punkt finden, an dem die Wechselwirkung stattfand. Ein Vergleich der Ankunftszeiten der verschiedenen Pulse auf der Oberfläche gibt uns zusätzliche Information darüber, wo die Wechselwirkung stattfand. Das ist unglaublich wichtig, denn dadurch lassen sich zum Beispiel durch radioaktive Verseuchung verursachte Ereignisse nahe der Oberfläche von den durch WIMPs ausgelösten unterscheiden und ausmustern.

Diese Überlegungen sind nicht rein hypothetisch. Die in den Abbildungen gezeigten Muster wurden an wirklichen Siliziumwürfeln beobachtet, die an ihrer Oberfläche mit Phononendetektoren ausgerüstet waren und mit Strahlung bombardiert wurden. Außerdem hat Cabreras Gruppe sehr kleine funktionie-

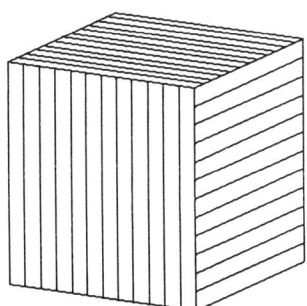

Abb. 12.7 Wenn der Siliziumblock der vorigen Abbildung so wie hier mit einem Gitter von Detektoren ausgerüstet wird, wird auf jeder der sechs Flächen fast die gesamte Phononenergie von einem einzigen Detektor aufgefangen. Das würde es ermöglichen, die Lage des ersten Streuereignisses in dem Block als den Schnittpunkt der Ebenen zu bestimmen, die durch diese sechs Detektoren gehen. (Mit freundlicher Genehmigung von Blas Cabrera)

rende Prototypen von Siliziumdetektoren hergestellt, deren Oberfläche mit supraleitendem Film bedeckt ist; sie haben in einfallenden Röntgenstrahlen Signale von ballistischen Phononen gefunden. Wichtiger noch, die Merkmale des Signals sind mit der Vorstellung einer Fokussierung der Phononen verträglich. Außerdem läßt sich durch Messung der Amplitude des auf der Oberfläche beobachteten Pulses und der Dauer des Signals genau bestimmen, an welcher Stelle im Inneren des Blocks der akustische Puls erzeugt wurde.

Ein anderes Verfahren hat große Ähnlichkeit mit dem Nachweis ballistischer Phononen, obwohl es experimentell noch nicht so weit entwickelt ist. Eine Gruppe an der Brown University hat erwogen, suprafluides Helium als Detektor für WIMPs zu verwenden. Die Phononen werden nicht, wie bei einem Kristall, lokal durch Energieablagerung erzeugt, sondern im flüssigen Helium entstehen mikroskopisch kleine Wirbel, die die Festkörperphysiker *Rotonen* genannt haben. Wenn man auf der Oberfläche von flüssigem Helium einen Rotonen-Detektor anbringen könnte, würde er dieselbe Aufgabe erfüllen wie ein Phononendetektor auf einem Kristall. Diese Gedanken müssen noch experi-

mentell bestätigt werden. Ein möglicher Vorteil dieses Schemas
ist jedoch, daß flüssiges Helium der reinste Stoff der Welt ist:
Wenn Helium flüssig wird, kondensieren sich alle Unreinheiten
heraus, und übrig bleibt nur reines Helium. Der vom Stoff selbst
herrührende radioaktive Hintergrund wäre also minimal.

Diese Möglichkeiten führen mit den anderen nachgewiesenen
Ergebnissen aus der Bolometrie zur Entwicklung von arbeitsfä-
higen Prototypen, die bald speziell für die Aufgabe gebaut
werden könnten, WIMPs aufzuspüren.

Theoretiker wie Experimentalphysiker stecken sich ehrgeizige, noch spekulativere Ziele. In unserer ursprünglichen Arbeit
zum bolometrischen Nachweis von Neutrinos wiesen wir auf
eine aufregende Möglichkeit hin. Wenn sich bei einem einzigen
Streuvorgang sowohl Ionisierung als auch Phononen nachweisen ließen, wäre es möglich, daß diese Kombination einen
eindeutigen Fingerabdruck ergibt, der auf den Ursprung des
Ereignisses schließen läßt. Zusammenstöße zwischen Neutrinos
und den Kernen von Atomen zum Beispiel sollten pro Ion mehr
Phononen erzeugen als Neutrinos, die von Elektronen gestreut
werden, weil die energiereichen Elektronen, die aus dem Streuprozeß hervorgehen, viel besser ionisieren können. Nicht nur
könnte man solche Stöße beschreiben, sondern man könnte im
Prinzip die Teilchen identifizieren, die an dem Zusammenstoß
beteiligt sind, und damit eine neue Art von Teilchendetektor
gewinnen. Auf diese Weise könnte man hoffen, daß zum Beispiel
das Signal von einer WIMP-Streuung selbst dann von dem Signal
eines Elektrons unterscheidbar wäre, *wenn beide Ereignisse
genau dieselbe Energie ablagern.* Wenn das so wäre, ließen sich
die Signale leichter vom Hintergrund trennen; WIMP-Detektoren könnten dann für Medizin und die Festkörperphysik sehr
nützliche Teilchendetektoren werden.

Cabrera und Sadoulet haben darauf hingewiesen, daß das
Signal vom ballistischen Phonon ein »Gedächtnis« für die ur-
sprüngliche Richtung des Teilchens haben könnte, das gestreut
wurde und das Signal erzeugte. Wenn wir zum Beispiel einen
Stein in einen Teich werfen, bilden sich in der ursprünglichen
Bewegungsrichtung des Steins mehr Wellenberge als in anderen

Richtungen. Bis jetzt haben wir noch keine Bestätigung dafür, daß dies auch für die Erzeugung ballistischer Phononen gilt, aber die Bestätigung würde uns eine Richtungsunterscheidung in Detektoren erlauben. Dies könnte bei der Suche nach einem WIMP-Signal enorm hilfreich sein. Der Fluß solcher Teilchen wäre dann in Richtung der Sonnenbahn in der Galaxis größer, genau wie der Fluß von Regentropfen in der Richtung der Bewegung stärker ist, wie man merkt, wenn man zu seinem Auto läuft und die Vorderseite des Regenmantels nasser wird als die Rückseite.

Einige oder alle dieser spekulativen Gedanken könnten wichtig werden, wenn WIMPs als dunkle Materie entdeckt werden sollen. Die Erkennung des WIMP-Signals stellt womöglich wirklich eine sehr große Herausforderung dar. Ich habe hier nicht besonders betont, daß die geschätzte Streurate der WIMPs nur im besten Fall, etwa bei schweren Neutrinos, im Bereich von ein bis hundert Ereignissen pro Kilogramm pro Tag liegt. Die Streuraten supersymmetrischer Teilchen wie Photinos könnte um mehrere Größenordnungen darunter liegen. Vielleicht können Photinos sich nur mit dem Spin eines Kerns koppeln und nicht kohärent von Protonen und Neutronen in einer Weise gestreut werden, bei der die Wechselwirkungsrate mit dem Quadrat der Anzahl der Teilchen im Kern zunimmt (wie es zum Beispiel bei Neutrinos der Fall ist). Sie würden also nicht von Kernen gestreut werden, die keinen Netto-Spin haben; ihre reine Streurate könnte zudem sehr viel kleiner sein.

Abgesehen von der möglicherweise winzigen Streurate bereitet auch das Signal selbst Schwierigkeiten. Wenn ein WIMP-Hintergrund gesehen würde, erschiene er im Detektor als ein zusätzliches unerwartetes »Rauschen« von Phononen, genau wie der kosmische Mikrowellenhintergrund zunächst für etwas gehalten wurde, das vom Taubenkot in einer Antenne stammte. Wie können wir sicher sein, daß eine positive Beobachtung von einem WIMP herrührt und nicht von etwas anderem? Eine Möglichkeit besteht darin, nach eindeutigen Kennzeichen der WIMPs zu suchen. Die bereits erwähnte Richtungsabhängigkeit und das Ausmaß der Phononen- und Ionenerzeugung sind zwei Möglichkeiten, aber sie sind sehr spekulativ. Man hat auf andere

möglicherweise praktikablere Möglichkeiten hingewiesen: Erstens werden für WIMPs in verschiedenen Stoffen unterschiedliche Streuraten berechnet (wenn wir annehmen, daß unsere
theoretischen Schätzungen hinreichend gut begründet sind).
Einem Signal in einem Detektor würde also ein bestimmtes
Signal in einem anderen Detektor entsprechen. Das setzt natürlich zwei Detektoren aus verschiedenen Stoffen voraus. Zweitens schwankt die Bewegung der Erde in bezug auf einen galaktischen Hintergrund der WIMPs im Lauf des Jahres mit ihrer
Bewegung um die Sonne, die sich durch die Galaxis bewegt.
Wenn die Erde sich auf ihrer Bahn in dieselbe Richtung bewegt
wie die Sonne, sollte die Geschwindigkeit der WIMPs an der
Erdoberfläche statistisch etwas größer sein. Das würde sich als
kleine Schwankung der WIMP-Streusignale im Sommer und im
Winter zeigen, und zwar als ein Spektrum von Energieablagerungen und einer je nach der Jahreszeit etwas größeren oder
kleineren Anzahl beobachteter Ereignisse. Nach Sadoulets
Schätzung sind mindestens 1000 Ereignisse nötig, bevor dieser
Unterschied beobachtbar ist. In einem hinreichend großen Detektor würde sich dieser Unterschied vielleicht etwa nach einem
Jahr zeigen.

Mehrere Gruppen, darunter meine eigene, haben die Möglichkeit untersucht, daß in der Erde gefangene WIMPs ein neues
direktes Signal abgeben, das sich mit Signalen von WIMPs im
galaktischen Halo vergleichen läßt. Für bestimmte WIMP, etwa
schwere Neutrinos (deren Massen in einem Bereich liegen, der
durch die Experimente zum doppelten Betazerfall schon stark
eingeschränkt ist), sollten, so fanden wir, die Signale von jenen
WIMPs, die durch die Schwerkraft der Erde eingefangen werden,
viel stärker sein als diejenigen aus dem Halo, aber dabei geht es
um Energieablagerungen von weniger als etwa 30 eV. Obwohl
diese Rate weit jenseits der Empfindlichkeit der vorgeschlagenen
großen Detektoren liegt, wären die Raten doch andererseits so
hoch, daß auch bescheidene Detektoren mit verbesserter Ener-
gieempfindlichkeit das Signal auffangen könnten.

Natürlich müssen wir zuerst ein Signal von einem WIMP
erhalten, bevor wir uns über seine Merkmale Gedanken machen
können. Trotzdem, wenn ein solches Signal schließlich beobach-

tet wird, können uns diese Kennzeichen viel über das Wesen des galaktischen Halos und damit über die Bildung der Galaxis selbst verraten.

Die hier beschriebene Phononentechnik für die Auffindung der WIMPs beruht auf allermodernster Technologie aus vielen Bereichen, darunter Kryogenik und Elektronik. Wenn hochentwikkelte Technologien kombiniert werden, ergeben sich oft kommerzielle Anwendungsmöglichkeiten. Dies könnte auch für WIMP-Detektoren zutreffen. Ich habe schon die Teilchenidentifizierung als ein für die Medizin möglicherweise besonders nützliches Beispiel erwähnt. Als Cabrera, Wilczek und ich vorschlugen, Reaktor-Neutrinos mit Hilfe von Bolometern aufzuspüren, hatten wir reine Forschungsziele im Sinn, obwohl ein solcher Detektor wichtige Nebenwirkungen haben könnte.

Eine Anwendung betrifft den Nachweis von Neutrinos. Kommerzielle Kernkraftreaktoren erzeugen überreichlich Neutrinos. Wenn sich solche Neutrinos häufig genug entdecken ließen, könnte man in der Nähe von Reaktoren Detektoren aufstellen, die die Sicherheit überwachen. Neutrinos verlassen den Reaktor mit Lichtgeschwindigkeit und liefern damit eine augenblickliche Rückmeldung über die Krafterzeugung. Die gebräuchlichen Überwachungsgeräte messen die Temperaturen in der Nähe des Reaktorkerns. Aber es braucht Zeit, bis die Schwankungen in der Leistung sich als Temperaturerhöhung zeigen. Die durch die Überwachung der Neutrinosignale gewonnene Zeit könnte einen Spielraum lassen, der Sicherheit gewährleistet.

Eine andere mögliche Anwendung ist für die Computerindustrie wichtig. Wenn die Chips der Gedächtnisspeicher in den neuen Supercomputern immer kleiner werden, kann ein einziger radioaktiver Zerfall den Zustand einer Speichereinheit verändern. Es wird darum äußerst wichtig, Mikrochips auch für sehr kleine radioaktive Hintergrundereignisse empfindlich zu machen. Die heutigen Spürgeräte für WIMPs aus Germanium und Silizium stellen die empfindlichsten heute vorhandenen Meßmöglichkeiten für die intrinsische Radioaktivität dieser Stoffe dar: Die zu ihrer Herstellung verwendete Technologie könnte sich direkt auf die Überwachung von Supercomputern anwenden lassen.

Man kann sich über andere Anwendungen Gedanken machen; nach meiner Erfahrung jedoch nimmt die Industrie solche Gedanken erst dann ernst, wenn sie überzeugt sind, daß es schon ein funktionierendes Modell gibt. Als kritische LeserIn haben Sie vielleicht dasselbe Gefühl in bezug auf den Nachweis der WIMPs. Trotzdem geht die Entwicklung erstaunlich schnell voran, und wir werden sicher schon bald wissen, ob an den WIMPs mehr dran ist als ein zugkräftiger Name.

Ein Axionenradio

Ich habe das Axionen»radio« bis zuletzt aufgespart, weil es solch schöne Idee ist. Als man zuerst »unsichtbare« Axione vermutete, und selbst, als klar wurde, daß sie die dunkle Materie im Weltall ausmachen könnten, stellte sich wohl niemand vor, sie könnten auch auffindbar sein. Der Grund für diesen Pessimismus ist leicht einzusehen. Unsichtbare Axione würden sich etwa 10^{10}mal schwächer mit Materie koppeln als Neutrinos, und schon deren Auffindung stößt an die Grenzen der modernen Technologie. Wie können wir hoffen, sie nachzuweisen? Die überraschende Antwort beruht auf zwei Eigenschaften, die kosmischen Axionen zugeschrieben werden: Erstens auf der Beschaffenheit des Axionenhintergrunds selbst und zweitens auf der Art der Kopplung von Axionen mit der Materie.

Um die Sache aus dem richtigen Blickwinkel zu sehen, schlage ich ein Gedankenexperiment vor. Ich sagte früher, daß die Schwerkraft bei weitem die schwächste Naturkraft ist; so ist sie zum Beispiel etwa 40 Größenordnungen schwächer als der Elektromagnetismus. Das *Graviton*, das, wie man vermutet, die Schwerkraft vermittelt, ist nur äußerst schwach an Materie gekoppelt; im Vergleich dazu erscheint die Kopplung der Axione geradezu verschwenderisch. Trotzdem können Sie bei sich daheim das folgende Experiment durchführen: (1) Springen Sie hoch, (2) Schauen Sie, was passiert.

Vermutlich landeten Sie wieder auf der Erde, deshalb ist die

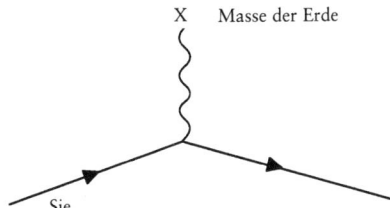

Abb. 12.8 Ein Feynman-Diagramm stellt schematisch die Wechselwirkung mit der Erde dar, die Sie dazu bringt, Ihre Bewegungsrichtung zu verändern (also wieder herunter zu kommen), nachdem Sie hochgesprungen sind.

Annahme gerechtfertigt, daß die Schwerkraft der Erde es irgendwie fertig brachte, Ihre Bewegung zu beeinflussen. Wie? Die Antwort ist einfach, aber raffiniert. Während die Gravitationsanziehung eines jeden Atoms in der Erde auf jedes Atom in Ihrem Körper unglaublich klein ist, kann sich die Anziehung aller Atome in der Erde auf alle Atome in Ihrem Körper zu einem makroskopischen Effekt addieren. Wäre das nicht so, wären wir nie auf die Idee gekommen, daß es die Schwerkraft gibt.

Können wir dasselbe Kunststück auch mit Axionen durchführen? Diese gescheite Frage stellte zuerst Pierre Sikivie. Wir können den Sprungversuch, wie in Abbildung 12.8 gezeigt, in einem Feynman-Diagramm darstellen.

Die Masse der Erde wirkt als eine Quelle von Gravitonen, die ich absorbiere und die dann meinen Impuls von oben nach unten umkehren. Nun ist es eine der universalen Eigenschaften eines jeden Axionenmodells, daß Axione sich, wenn auch extrem schwach, mit Photonen paaren können. Wegen dieser Wechselwirkung kann man hoffen, Axione mit einem Magnetfeld im Hintergrund zu koppeln. Was würde in dem Fall passieren? Wenn wir ein Diagramm zeichnen, das zu dem früher für Gravitonen gezeichneten entspricht, diesmal jedoch die Wechselwirkung der Axionen mit Photonen zeigen, erhalten wir das in Abbildung 12.9 gezeigte Ergebnis.

Hier ist das magnetische Feld im Hintergrund eine kohärente Quelle für Photonen, die von dem Axion absorbiert werden.

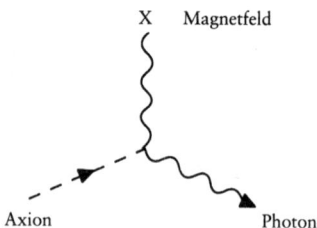

Abb. 12.9   Ein Feynman-Diagramm, das zeigt, wie sich ein Axion in Gegenwart eines Magnetfelds in ein Photon verwandeln kann. Im Grunde ähnelt das insofern dem in Abbildung 12.8 gezeigten Fall, als die Wechselwirkung sich kohärent in einem großen Volumen abspielen kann. Deshalb könnte der Vorgang makroskopisch meßbar sein.

Wenn wir ein einfallendes Axion kohärent mit einem kohärenten Hintergrund-Magnetfeld koppeln könnten, verwandelte sich das Axion vielleicht in ein ausfallendes wirkliches Photon. Wie wunderbar!

So verblüffend diese Möglichkeit auch ist, sie wäre doch zu nichts nutze, wenn kosmische Axione nicht noch eine andere Eigenschaft hätten. Man bedenke, daß die restlichen kosmischen Axionen im frühen Universum nicht in einer thermischen Konfiguration erzeugt wurden, sondern sich vielmehr aus einem anfänglichen Kondensat von Teilchen im energetisch niedrigsten Grundzustand der Materie ergaben. In erster Näherung hatten also alle Axione in diesem Hintergrund genau dieselbe Energie, die der Masse des Axions entspricht. Ihr Anfangszustand war zudem »kohärent«, das heißt, die einzelnen Axionen des Hintergrunds waren so gekoppelt, daß der gesamte Axionenhintergrund sich im ganzen Horizontvolumen gleichförmig verhielt. Diese beiden Tatsachen haben zwei wichtige Folgen. Erstens müssen die Photonen, in die sich die Axionen verwandeln könnten, wegen der Energieerhaltung dieselbe Energie haben wie die einfallenden Axione. Da diese einfallenden Axione alle näherungsweise dieselbe Energie haben, hätten alle ausfallenden Photonen dieselbe Energie und damit dieselbe Frequenz. Dies ist sehr wichtig, wenn wir das winzige Umwandlungssignal des

Axions von einem anderem Hintergrund unterscheiden wollen. Wenn der Axionenhintergrund thermisch wäre, also einen großen Energiebereich umfaßte, würden die Photonen, in die sie sich dann verwandeln könnten, wenn ein Magnetfeld den Hintergrund bildet, auch einen breiten Frequenzbereich haben. Ein Signal einer bestimmten Größe, das über einen großen Frequenzbereich ausgebreitet ist, ist viel schwerer zu entdecken als ein sehr spitzer Ausschlag, falls wir wissen, wo wir nach der Spitze suchen sollen.

Weil zudem die Axione im Hintergrund in einer »kohärenten« Konfiguration erzeugt wurden und noch dazu in einer, die in erster Näherung räumlich gleichförmig war, sind die elektromagnetischen Felder der Photonen, die an verschiedenen Punkten von individuellen Axionen erzeugt werden, auf ganz bestimmte Weise gekoppelt. Das ist auch für ihre Auffindung sehr wichtig. Wenn die an verschiedenen Punkten erzeugten Photonen nicht gekoppelt wären, könnte sich nicht im Lauf der Zeit ein Signal ausbilden. Es würde verwischt. Die einzelnen Axionen »schubsen« jedoch das elektromagnetische Feld im Gleichtakt an, wie sich ein Kind auf einer Schaukel Schwung gibt. Das Ergebnis ist dann insgesamt, daß das Photonensignal im Prinzip wachsen kann, genau wie die Amplitude der Schwingung des Kindes auf der Schaukel zunehmen kann.

Nun trifft keine der Eigenschaften der Axione, wie ich sie gerade beschrieb, genau zu. Als der Axionenhintergrund, der das umgab, was jetzt unsere Galaxis ist, das erste Mal unter seiner eigenen Gravitationsanziehung kollabierte, nahmen die Axione zusätzlich zu der mit ihrer Masse verbundenen Energie eine nichtverschwindende Geschwindigkeit an und erhielten damit eine nichtverschwindende Bewegungsenergie. Folglich entwickelten sich im Hintergrund räumlich gesehen kleine Unterschiede, und auch die Energien der Axione waren nicht mehr alle gleich. Diese Wirkungen sind jedoch klein. Wenn die Axione dieselbe mittlere Geschwindigkeit haben wie alles andere, nämlich etwa 300 Kilometer pro Sekunde, ist ihre Bewegungsenergie etwa 10^{-6}mal so groß wie die mit ihrer Masse verknüpfte Energie. Ähnlich kann man zeigen, daß der galaktische Axionen-

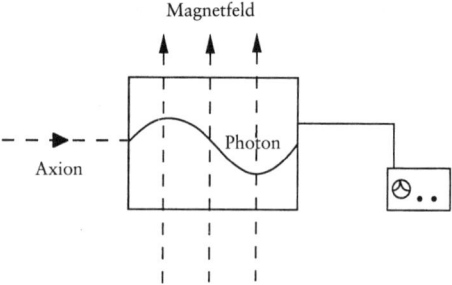

Abb. 12.10   Wenn kosmische Axionen in eine geeignet abgestimmte Mikrowellenhöhle gelangen, in der ein starkes Magnetfeld herrscht, können diese Axionen in Photonen verwandelt werden, die im Inneren der Höhle in Resonanz sind und von einem mit der Höhle verbundenen Empfänger entdeckt werden können.

hintergrund über Entfernungen von etwa 20 Meter zumindest für Axione mit der »behaupteten« Masse von 10^{-5} eV räumlich gleichförmig und kohärent bliebe, für jene also, deren Masse, wie naive Überlegungen nahelegen, das heutige Weltall schließen würden. Dies liegt weit jenseits der Größe jedes Detektors, der Aussichten hat, gebaut zu werden.

Wir können also hoffen, kosmische Axione mit einem Axionen»radio« zu entdecken. Wir würden dazu eine große Mikrowellenhöhle bauen, die genau auf die Frequenz der Photonen »gestimmt« ist, die durch Umwandlung von Axionen erzeugt werden, und diese Höhle dann in ein großes Magnetfeld bringen. Dann könnten Axione in die Höhle hineingelangen und sich mit der Resonanzfrequenz der Höhle in Photonen umwandeln. Das Photonensignal könnte sich in endlicher Zeit zu einer Stärke aufbauen, die wir hoffen könnten mit einem sehr empfindlichen Empfänger zu entdecken. Ein solches Axionenradio ist schematisch in Abbildung 12.10 dargestellt.

In der Theorie bewährt sich dieses ausgezeichnet, aber es bleiben noch mehrere praktische Probleme zu bewältigen. Erstens weiß niemand genau, was die Axionenmasse sein soll. Statt einer einzigen festen Höhle brauchen wir also eine, die sich stimmen läßt, deren Resonanzfrequenz sich also verändern läßt, damit kosmische Axionen in unterschiedlichen Massenbereichen erkundet werden können. Das ist nicht einfach. Größere Höhlen geben größere Signale (die Rate der Umwandlung von Axionen in Photonen ist proportional sowohl zu dem Magnetfeld, das wir in die Höhle bringen, als auch zu dem von diesem Feld aufgespannten Volumen), aber große Höhlen sind auch schwer zu stimmen. Damit das Photonensignal der Axione sich für die maximal erlaubte Zeit aufbauen kann, muß zweitens die »Reflektivität« im Inneren der Höhle äußerst gut sein, damit kein Verlust eintritt. Wir müssen also wahrscheinlich supraleitende Höhlen verwenden. Zudem müssen Empfänger und Verstärker, die das Auffinden des Photonensignals ermöglichen, überaus empfindlich sein. Selbst mikroskopische Spuren eines elektrischen Rauschens in diesen Geräten würden das Signal ersticken. Schließlich ist das Axionensignal auch dann noch sehr flüchtig, wenn alle so glänzend kohärenten Effekte sich addieren. Frank Wilczek, John Moody und ich haben gemeinsam mit Donald Morris vom Lawrence Berkeley Laboratorium berechnet, wie klein das Signal sein würde. In einer Höhle von 1 Kubikmeter Größe, in der die Photonen über eine Million mal abprallen und nachschwingen könnten, bevor sie absorbiert werden, und mit dem größten bekannten Magnetfeld, das ein solches Volumen erfüllen könnte, betrüge die von Axionen in Photonen umgewandelte Leistung erst 10^{-24} Watt. Selbst wenn ein kosmisches Axionenfeld, falls es entdeckt wird, die Energieprobleme der Welt lösen könnte, indem es als immerwährende Quelle der Mikrowellenenergie wirkt, bräuchte man einen Umformer von der Größe der Sonne, um eine einzige Glühlampe zu betreiben!

Experimentalphysiker sind jedoch hartnäckig, und mindestens ein Experiment, das nach kosmischen Axionen sucht – ein gemeinsames Unterfangen der University of Rochester, des Brookhaven Laboratory und des Fermi National Laboratory – hat schon Ergebnisse berichtet. Die Forscher dort haben die Empfindlichkeit seit 1988 um mehr als zwei Größenordnungen verbessern können und gleichzeitig einen Frequenzbereich durchsucht, der einen Faktor zehn umfaßt und möglichen Axionenmassen im Bereich von 10^{-5}-10^{-6} eV entspricht. Immer noch ist die Empfindlichkeit um mehr als eine Größenordnung zu schwach, um das vorhergesagte Axionensignal zu entdecken. Es ist zweifelhaft, ob dieses Experiment seine Empfindlichkeit bis in den vorhergesagten Bereich verbessern kann.

Weil diese Art von Experimenten so schön ist, haben viele versucht, ähnliche, aber etwas empfindlichere Alternativen zu finden. Mindestens zweimal haben Wilczek und unsere Mitarbeiter gedacht, wir hätten es geschafft, aber beide Male machten subtile Faktoren unsere Überlegungen zunichte. Ich bin überzeugt davon, daß eine lebensfähige Alternative auf ihre Entdeckung wartet. Mit Zeit, Geduld und Geld könnte ein Axionenradio eines Tages die reinen süßen Töne eines Axionenfeldes erklingen lassen, das seit über zehn Milliarden Jahren darauf wartet, uns seine Musik hören zu lassen.

Epilog

Die beste aller Zeiten?

In letzter Zeit fällt mir auf ...
was für eine lange, seltsame Reise es war.

The Grateful Dead

Vielleicht entspricht der langen intellektuellen Reise der Menschheit nichts besser als die Entdeckung eines dunklen Hintergrunds von Axionen mit Hilfe eines Axionen»radios«. Was könnte der Sphärenmusik von Pythagoras und Kepler schließlich näher sein? Aber, so fragen sich vielleicht manche Leser, werden nicht unsere Axionen oder WIMPs Physikern in 2000 Jahren so merkwürdig vorkommen wie das »Unbeschränkte« des Anaximander uns heute erscheint? Sind wir von dem richtigen Bild dessen, was das Weltall heute beherrscht, so weit entfernt, wie die alten Griechen es einmal waren? Ich meine nicht. Die Naturwissenschaft ist ein Gebiet, in dem objektiver Fortschritt möglich ist, auch wenn er in kleinen Schritten erfolgt. Hinter den hier beschriebenen Theorien steht die Macht der Experimente. Unabhängig davon, wie sie zu künftigen Theorien passen, werden sie nicht einfach verschwinden. Genauso ist es mit der dunklen Materie. Wir haben bewiesen, daß es sie dort draußen gibt, und wir werden immer besser verstehen, was sie nicht ist, bis wir eines Tages entdecken, was sie ist.

Während ich über die Gedanken und Entwicklungen nachdenke, die ich in diesem Buch beschrieben habe, kann ich nicht umhin, über unsere heutige Lage zu staunen. Das Bild, das wir vom heutigen Weltall haben, hätte sich in den ersten Jahrzehnten dieses Jahrhunderts nicht zeichnen lassen: Es gab diese Gedanken und die entsprechende Sprache damals einfach noch nicht. Jetzt haben wir entdeckt, daß der größte Teil des Weltalls dunkel ist, und es ist gut möglich, daß diese Dunkelheit noch zu unseren

Lebenszeiten ihre Identität offenbart. Seit dem Beginn der Kultur haben Menschen über den Ursprung der für uns wahrnehmbaren Welt nachgedacht, darüber, woraus sie besteht und was ihr Schicksal sein wird. Es ist ein umwerfender Gedanke, daß wir in weniger als einem Vierteljahrhundert in Reichweite der Antwort auf eine und vielleicht sogar auf alle dieser Fragen gekommen sein sollten. Es ist auch erstaunlich, daß wir die Antwort zu allen drei Fragen kennen, wenn wir nur wissen, woraus die dunkle Materie besteht, die Astronomen in allen uns sichtbaren astronomischen Systemen entdeckt haben.

Vielleicht fragt sich mancher, ob die Suche der Mühe wert ist. Was nützt es dem Menschen auf der Straße zu wissen, ob das Weltall nach unvorstellbar langer Zeit mit einem Knall oder mit Gewimmer endet? Wen kümmert es, ob eine versteckte Supersymmetrie die Natur beherrscht oder ob ein Axion ein Rätsel löst, das überhaupt keinen Einfluß auf unser tägliches Leben hat? Es sind, das muß ich zugeben, nicht so sehr die Antworten, die der Suche ihren Sinn geben, wie die Suche selbst. Was hebt uns über die Mühsal der reinen Existenz hinaus, wenn nicht unsere Fähigkeit, unseren Platz im Weltall zu begreifen? Und was macht das Leben zu einem Fest, wenn nicht unsere Fähigkeit zu träumen, uns etwas auszumalen? Es ist der Fortschritt in Wissenschaft und Kunst, der unsere Vorstellungskraft immer wieder anregt. Wenn wir aufhören, das Weltall zu erkunden, hören wir schließlich auch auf, uns zu wundern.

Ich habe keine Ahnung, wie viele der hier behandelten Begriffe im Lauf der Zeit auch nur kurzfristig ihre Gültigkeit behalten werden. Ihr größtes Vermächtnis könnte darin liegen, wie sie unsere kollektive Phantasie anregen, wie sie unsere Neugierde wecken und uns ehrfürchtig staunen lassen. Ich sehe die theoretische Teilchenphysik und die Kosmologie als Unterfangen, die so wertvoll sind wie bildende Kunst, Musik und Theater, die unsere Vorstellungskraft beflügeln: Sie vermitteln uns ein besseres Gefühl für uns selbst und unseren Platz in der Welt. Die Naturwissenschaft hat uns Menschen unsere unbedeutende Rolle im Kosmos besser erkennen lassen und gleichzeitig unmißverständlich das ehrfurchtgebietende Wunder der Welt, in der wir leben, aufgezeigt.

Während es durchaus möglich ist, daß einiges von dem, was ich beschrieben habe, einfach falsch ist, ist möglicherweise auch vieles richtig. Aufregend ist die Tatsache, daß wir in der Naturwissenschaft zwischen beidem unterscheiden können. Wir können vielleicht niemals beweisen, daß eine Theorie vollständig richtig ist. Immer könnte ein neues Experiment darauf lauern, den Vorhersagen zu widersprechen. Eine Theorie zu widerlegen kann ein Kinderspiel sein.

In diesem Sinne sehe ich die Geschichte von der Suche nach der dunklen Materie als die Geschichte der modernen Physik im Kleinen. Noch erstaunlicher als diese wilden und fantastischen Auffassungen von der Natur ist einzig die Tatsache, daß viele dieser Gedanken die Welt, in der wir leben, abscheinend richtig beschreiben. Nein, ich nehme das zurück. Noch bemerkenswerter ist die Tatsache, daß wir in der Lage sind, den Unterschied zu erkennen. Ob die dunkle Materie nun aus exotischen neuen Teilchen besteht oder nicht, die meisten Bestandteile der Geschichte, die ich hier erzählt habe, werden den Härtetest der Zeit überstehen, weil sie den durch das Experiment überlebt haben. Selbst wenn vieles von dem gegenwärtig vermuteten Wissen über dunkle Materie im Weltall und ihre Rolle bei der Bildung von Strukturen verändert werden müßte – und das sollten wir bald wissen – sind wir doch Gewinner. Am Ende kennen wir das Weltall und unseren Platz in ihm besser. Es gibt Schlimmeres.

Anhang A
Größenordnungen und die Größe des Universums

Wenn man das Universum richtig verstehen will, sollte man zuerst versuchen, ein Gefühl für die Zahlen zu erhalten, die zu seiner Beschreibung nötig sind. In dieser Hinsicht ist es wichtig zu verstehen, was mit »Größenordnung« gemeint ist. Das hat wiederum damit zu tun, wie Wissenschaftler Zahlen schreiben. Ihre Schreibweise wird aus mehreren Gründen, die ich hier darlegen möchte, die »wissenschaftliche Schreibweise« genannt.

Weil die Physik mit so vielen Größenordnungen zu tun hat, können selbst bei recht einfachen Problemen sehr große oder sehr kleine Zahlen vorkommen. Für einen Physiker gehört zu jeder Zahl zweierlei. Erstens erfährt er auf einen Faktor 10 genau die sogenannte Größenordnung, weiß also, ob die Zahl groß ist oder klein. Diese Größenordnung enthält alle wichtige Information über den Bereich, der mit dieser Zahl zu tun hat. Wenn die Größenordnung bestimmt ist, gibt der zweite Teil den Wert der Zahl genauer an.

Die wissenschaftliche Schreibweise und die Definition der Größenordnung beruhen auf einer einfachen Eigenschaft der Multiplikation. Wenn ich die Zahl 10 mit sich selbst malnehme, erhalte ich die Zahl 100. Weil 100 gleich dem Quadrat von 10 ist, kann ich für 100 auch 10^2 schreiben. Die Zahl 10^2 stellt also die Zahl dar, die als eine 1 mit *zwei* Nullen geschrieben wird. Ähnlich kann ich die Zahl $10 \times 10 \times 10 \ldots \times 10$ (n mal) als 10^n definieren, also als eine 1 mit n Nullen. Wir sagen, diese Zahl sei »10 hoch n«. (Die Zahl 10 läßt sich auch als 10^1 schreiben und die Zahl 1 als 10^0.) Entsprechend kann ich $1/10$ als 10^{-1} schreiben, womit die Zahl gemeint ist, bei der auf der ersten Stelle nach dem Komma eine 1 steht, also 0,1. Damit ist also $10^{-n} = 0,000\,0 \ldots 1$ (nte Stelle nach dem Komma).

Nun läßt sich jede Zahl als das Produkt einer Zahl zwischen 1 und 10 und einer Potenz von 10 schreiben. Betrachten wir zum Beispiel die Zahl 14 959 000 000 000. In wissenschaftlicher Schreibweise ist das $1,4959 \times 10^{13}$. Diese Schreibweise ist nicht nur sparsamer, sondern auch sinnvoller, jedenfalls was die

Physik betrifft, denn ich kann sofort die Potenz von 10 ablesen. Dieser Faktor gibt die Größenordnung oder Skala der Zahl an. Meistens kann man den Zahlenwert des ersten Faktors, in diesem Fall 1,4959, vergessen und sagen, diese Zahl sei näherungsweise gleich 10^{13}. Dann weiß man, daß diese Zahl (a) ziemlich groß und (b) etwa 10 mal so groß ist wie eine Zahl, die näherungsweise gleich 10^{12} ist. In diesem Buch ist mir dann, wenn ich von der Größenordnung einer Zahl spreche, der genaue Wert des ersten Faktors nicht wichtig; der genaue Wert der fraglichen Größe interessiert also höchstens bis auf einen Faktor zwischen 1 und 10, weil im allgemeinen die Größenordnung wichtiger ist als der genaue Wert der Zahl.

Wenn wir uns mit »astronomischen« Größenordnungen beschäftigen, wie ich es in diesem Buch mache, sind sehr große oder sehr kleine Zahlen eher die Regel als die Ausnahme. Schon aus wirtschaftlichen Überlegungen muß ich deshalb manche Zahlen als Zehnerpotenzen schreiben. Die Anzahl der von einer Supernova ausgeschickten Neutrinos ist ungefähr 10^{58}. Es wäre hoffnungslos, diese Zahl auf die übliche Art zu schreiben, und wenn ich es täte, hätte keiner eine Vorstellung davon, wie groß sie ist. So versteht man wenigstens, daß sie um 58 Größenordnungen größer ist als 1, oder daß ich 57 mal die Zahl 10 mit sich selbst multiplizieren muß, um sie zu erhalten.

Ohne die wissenschaftliche Schreibweise und die Vorstellung einer Größenordnung könnte man nur sehr schwer ein Gefühl für die Ausmaße zu erhalten, die das Universum hat, und dafür, in welchen Größenordnungen sich die Erscheinungen in ihm abspielen. Deshalb will ich jetzt die Größenordnungen erörtern, die für die Überlegungen dieses Buchs wichtig sind.

Seltsamerweise liegt die Skala der menschlichen Existenz etwa in der Mitte zwischen den größten und den kleinsten Bereichen, über die wir experimentell direkt etwas erfahren. Denken Sie an die Entfernung, die ein Marathonläufer in einer halben Stunde zurücklegt – etwa 10 Kilometer. Wenn wir das mit 10 multiplizieren und dann wieder mit 10 und das etwa 22 mal (also 10^{23} Kilometer erhalten), kommen wir zu der Entfernung, die ein im Urknall erzeugter Lichtstrahl zurückgelegt hat, bevor er heute als Teil der kosmischen Hintergrundstrahlung in einer Antenne aufgefangen wird. Wenn wir andererseits diese ursprüngliche Länge von 10 Kilometern 22 mal durch 10 dividieren, kommen wir zu dem Abstand zwischen den Teilchen, die in den größten heutigen Teilchenbeschleunigern zusammenstoßen. Die 45 Zehnerpotenzen zwischen diesen Längen geben die Spannweite an, zu der wir unmittelbaren empirischen Zugang haben.

Die Lichtgeschwindigkeit beträgt etwa 3×10^{10} Zentimeter pro Sekunde. Ein Jahr hat etwa 3×10^7 Sekunden. Das Licht legt also in einem Jahr etwa 9×10^{17} (also etwa 10^{18}) Zentimeter zurück. Weil diese Entfernung typisch ist für die Entfernungen, in denen Astronomie und Kosmologie denken, hat sie den Namen »Lichtjahr« erhalten. Astronomen komplizieren die Lage dadurch, daß sie zur Beschreibung der für sie interessanten Größen eine verwandte Maßeinheit benutzen. Dieses sogenannte »Parsec« entspricht etwa 3,26 Lichtjahren. Das »sec« in Parsec hat nichts mit der Zeit zu tun, sondern bezieht sich auf das Winkelmaß »Bogensekunde«. (Ein Stern in einer Entfernung von 1 Parsec von der Erde verschiebt sich gegenüber einem weit entfernten Stern um etwa 1 Bogensekunde, wenn er von entgegengesetzten Punkten der Erdbahn um die Sonne beobachtet wird.) Jedenfalls hat die Scheibe unserer Galaxis einen Durchmesser von etwa 30000 Parsec oder etwa 99000 Lichtjahren. Das Licht braucht also vom fernen Ende der Galaxis etwa 70000 Jahre, bis es uns erreicht.

Die Entfernung zur nächsten großen, dem Milchstraßensystem ähnlichen System, der Andromedagalaxie, beträgt etwa 2 Millionen Lichtjahre. Die Entfernung zum Mittelpunkt des großen Virgo-Superhaufens beträgt etwa 45 Millionen Lichtjahre. Da das Weltall etwa 10 bis 20 Milliarden Jahre alt ist, beträgt die größte Entfernung, die wir sehen können, etwa 10 Milliarden oder 10^{10} Lichtjahre. Ein Lichtjahr hat etwa 10^{18} Zentimeter; dadurch konnte ich die Entfernung abschätzen, die Licht zurückgelegt hat, das den vom Urknall stammenden kosmischen Photonenhintergrund bildet.

Die Hubble-Konstante schließlich, die bestimmt, wie schnell sich das Weltall ausdehnt, und auf deren Unbestimmtheit das Ausmaß unserer Unsicherheit in der Messung der Entfernung zu fernen Objekten beruht, hat einen Wert zwischen 50 und

100 Kilometern pro Sekunde pro Millionen Parsec. Eine Galaxie, die im Mittel eine Million Parsec von uns entfernt ist, bewegt
sich also mit einer Geschwindigkeit zwischen 50 und 100 Kilometern pro Sekunde von uns weg, während eine Galaxie in einer
Entfernung von 2 Millionen Parsec sich mit einer Geschwindigkeit zwischen 100 und 200 Kilometern pro Sekunden bewegt,
und so weiter.

Es stellt sich heraus, daß die kosmologische Theorie eine
Beziehung zwischen der Hubble-Konstanten und dem heutigen
Alter des Universums zuläßt (in einer Weise, die im einzelnen
von der mittleren Materiedichte des Weltalls abhängt, die wiederum davon abhängt, wieviel dunkle Materie es heute gibt).
Diese Beziehung läßt sich rein rechnerisch, ohne alle Theorie,
herleiten. Die Dimension der Hubble-Konstanten sind Kilome-
ter pro Sekunde pro Megaparsec (eine Million Parsec) oder
Kilometer/(Sekunde × Megaparsec). Da Megaparsec eine Ent-
fernungseinheit ist, können wir Megaparsec in Kilometer ausdrücken. In diesem Maßsystem hat die Hubble-Konstante die
Dimension Kilometer/(Sekunden × Kilometer). Wenn wir die
Kilometer in Zähler und Nenner kürzen, erhalten wir für die
Hubble-Konstante die Maßeinheit 1/Sekunde. In diesem Maßsystem hat also die Hubble-Konstante die Einheit des Inversen der
Zeit. Das Inverse der Hubble-Konstanten hat also die Dimension einer Zeit. In Zahlen hat das Inverse einer Hubble-Konstanten von 100 Kilometer pro Sekunde pro Megaparsec den Wert
3×10^{17} Sekunden, also fast 10 Milliarden Jahre. Die Hubble-
Konstante bestimmt also nicht nur die Ausdehnung, sondern
auch das Alter des Universums. Dieses wiederum bestimmt die
Größe des sichtbaren Universums. Wenn Sie sich also eine Zahl
merken wollen, die das Weltall, in dem wir leben, am besten
beschreibt, dann merken Sie sich die Hubble-Konstante.

Anhang B
Eine *wirklich* kurze Geschichte der Zeit

Wenn wir die Gleichungen für ein sich ausdehnendes Weltall lösen und unter Berücksichtigung der uns bekannten Eigenschaften der Materie und der Strahlung auf die Vergangenheit schließen, können wir beschreiben, wie sich die Größenordnung und die Temperatur des Weltalls gemäß dem Standardmodell des Urknalls im Lauf der Zeit entwickelten. Als die Energiedichte des Weltalls durch relativistische Teilchen (also Strahlung) beherrscht wurde, nahm seine Größe mit der Quadratwurzel aus der Zeit zu. Als nichtrelativistische Materie die Oberhand bekam, änderte sich dieses Verhältnis, so daß die Entfernungen proportional zur dritten Wurzel aus dem Quadrat der Zeit anwuchsen. (Ein von Materie bestimmtes Weltall dehnt sich schneller aus, weil die Energiedichte der Materie in einem expandierenden Weltall langsamer abnimmt als die Strahlungsdichte. Da diese Energiedichte die Ausdehnung bewirkt, bleibt die Ausdehnungsgeschwindigkeit um so länger höher, je langsamer die Energiedichte abnimmt.) Die Strahlungstemperatur schließlich fiel während des größten Teils der Zeit, in der sich das Weltall ausdehnt, umgekehrt proportional zur Ausdehnung. Wenn wir also wissen, wie sich die Ausdehnung im Lauf der Zeit ändert, wissen wir damit gleichzeitig, wie sich die Temperatur im Lauf der Zeit ändert.

Eingedenk dieser Tatsache stelle ich hier zwei »Geschichten« des Weltalls vor, die graphisch zeigen, wie sowohl die Temperatur als auch der Radius des jetzt beobachtbaren Weltalls sich im Lauf der Zeit entsprechend den Gleichungen für die Ausdehnung im Urknall verändert haben sollten, und gebe einige zeitliche Meilensteine an (siehe Abbildungen B.1 und B.2).

Ich habe einen Maßstab benutzt, der es mir ermöglicht, immer kleinere Zeiteinheiten gleich genau zu zeigen. Daran muß man sich jedoch gewöhnen. Jede Zeitmarke gibt eine Zeit an, die in der Geschichte des Weltalls *zehnmal später* stattfand als die vorige. Die ganze Zeit seit der Bildung der Erde hat sich deshalb zwischen dem Pfeil, der die heutige Zeit markiert (c) und dem

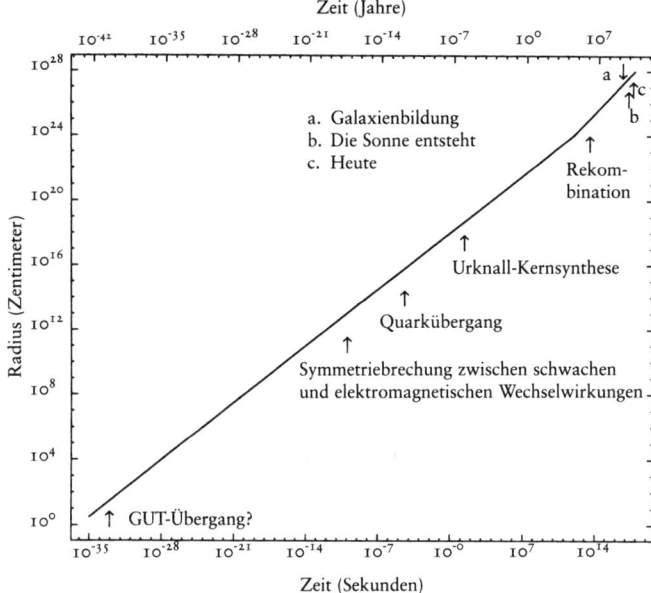

Zeit (Jahre)

Abb. B.1   Die Geschichte der Größe des Universums

ihm unmittelbar vorangehenden abgespielt. Entsprechend ist die
Periode von der Entstehung des Lebens auf der Erde bis heute im
Inneren der mit »heute« (c) markierten Linie enthalten! Ich
erinnere daran (siehe Anhang A), wie der Ort dieser Linie
bestimmt wurde: Das Weltall ist heute etwa 20 Milliarden
(2×10^{10}) Jahre alt. Jedes Jahr hat etwa 30 Millionen Sekunden,
also ist das Weltall heute etwa 10^{18} Sekunden alt.

Ich habe in den Abbildungen ausdrücklich die Rekombinationszeit, etwa eine Million Jahre nach Beginn der Ausdehnung,
angegeben; seitdem sind Materie und kosmischer Photonenhintergrund nicht mehr in thermischem Kontakt. Vorher, bei etwa
100 Sekunden, begann die Synthese des Urknalls. Theoretische
Überlegungen legen nahe, daß noch früher zwei wichtige Ereignisse eintraten: Das dichte Quarkgas ging in ein Baryonengas
und andere Teilchen, die wir im Labor beobachten können,

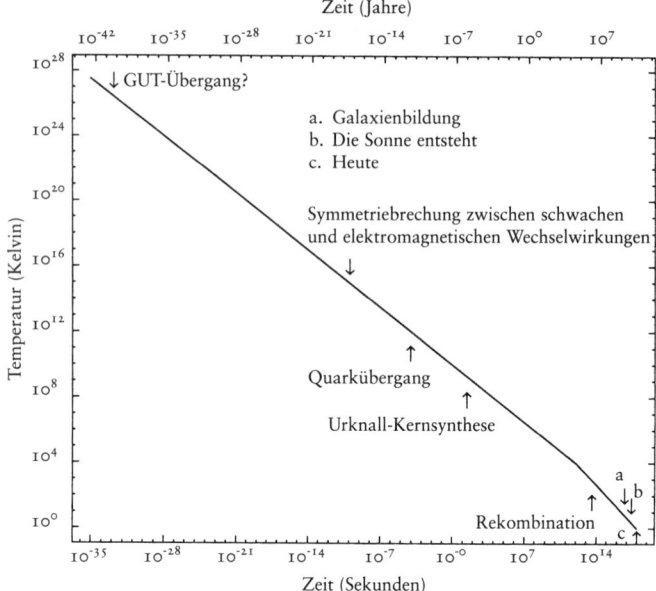

Abb. B.2   Geschichte der Temperatur des Universums

über, und davor noch zerbrach die Symmetrie zwischen Elektromagnetismus und der schwachen Wechselwirkung. Noch viel früher schließlich markiere ich die Zeit, zu der starke, schwache und elektromagnetische Wechselwirkungen entsprechend der Großen Vereinheitlichten Theorie (GUT) sich zu einer einzigen Kraft zusammenfanden. Damals könnten sich viele wichtige Dinge abgespielt haben. Vielleicht gab es eine inflationäre Periode, in der die Beziehung zwischen Größenordnung und Zeit drastisch von dem in Abbildung B.1 gezeigten Verhalten abwich. Außerdem könnte sich während dieser Zeit der Überschuß an Protonen und Neutronen über Antiprotonen und Antineutronen dynamisch entwickelt haben; die Hinterlassenschaft ist all das, was wir im Weltall sehen können. Die Geschichte des Weltalls, die wir hier vor der Zeit der schwachen Symmetriebrechung zeigen, ist jedoch heutzutage noch reine Spekulation.

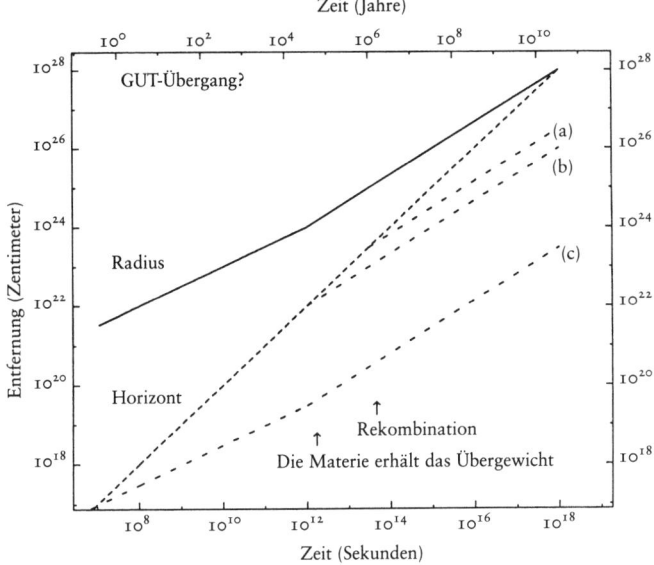

Zeit (Jahre)

Abb. B.3   Geschichte der großräumigen Struktur

Wenn wir auf viel spätere Zeiten zurückkommen, sehen wir den »Bruch« in den Temperatur-Zeit- und den Radius-Zeit-Kurven kurz vor der Rekombination, der ein Anzeichen für das Übergewicht der Materie ist. Etwa um diese Zeit konnten die Dichtefluktuationen vor einem massereichen Neutrinohintergrund zu wachsen beginnen. Dies muß mit der Zeit verglichen werden, in der Dichteschwankungen in normaler baryonischer Materie zu wachsen beginnen konnten, also der etwas späteren Rekombinationszeit. In Abbildung B.3 gibt eine gestrichelte Linie die Entfernung an, die ein Lichtstrahl zu einer bestimmten Zeit zurückgelegt haben könnte. Diese »Horizont«-Entfernung wächst linear mit der Zeit an und umfaßt heute (nach Definition) das beobachtbare Weltall; heute schneidet sie also die ausgezogene Linie, die den jetzigen Radius des beobachtbaren Weltalls markiert.

In Abbildung B.3 habe ich diese Periode des Weltalls von etwa

einem Jahr bis heute vergrößert dargestellt. Ich habe auch
Geraden eingezeichnet, die zeigen, wie groß der Bereich heute
wäre, der zu verschiedenen Zeiten der Horizont war. Das sind
(a) die Rekombinationszeit, (b) die Welt in dem Augenblick, in
dem die Materie das Übergewicht erhielt und (c) die Zeit, zu der
die Temperatur des Weltalls etwa 10 Millionen Kelvin betrug.
Diese Größenordnungen sind die ersten, in denen man sich das
Wachstum von Strukturen in (a) einem von Baryonen beherrschten Weltall, (b) einem von leichten Neutrinos beherrschten
Weltall und (c) einem Weltall vorstellen könnte, das von Materie
beherrscht wird, die man gerade eben als kalte dunkle Materie
bezeichnen könnte. Nur in diesem letzten Fall beginnt das
Wachstum zuerst auf der Skala von Galaxien, wie es aufgrund
der Ergebnisse der in Kapitel 3 beschriebenen numerischen
Simulationen großräumiger Strukturen nötig ist.

Anmerkungen

Kapitel 1

1 Lukrez

2 Gressmann u.a. (Hgg.), *Altorientalische Texte zum alten Testament*, Berlin 1926, S. 108.

3 A. Hillebrandt (Hg.), *Lieder des Rgveda*. Göttingen.

4 Gressmann u.a. (Hgg.), *Altorientalische Texte zum alten Testament*, Berlin 1926, S. 1.

5 Röder, *Urkunden* S. 110.

6 J. M. Plumley, »The Cosmology of Ancient Egypt«, in Carmen Blacker und Michael Loewe (Hg.), *Ancient Cosmologies*, London 1975.

7 Platon, *Theaitetus*, 174 a.

8 Aristoteles, *Metaphysik* A3, 983 b 20 f üb. Jaap Mansfeld. *Die Vorsokratiker*, Stuttgart 1983.

9 Simplikios, *Physikkommentar*, üb. Jaap Mansfeld, in: *Die Vorsokratiker*, Stuttgart 1983, S. 73.

10 Lao Tzu, *Tao Te Ching*.

11 Aristoteles, De caelo II DKr 12 A 26 Übers. Balss, in: *Antike Astronomie*, München 1949.

12 Aristoteles, Metaphysik I, 9, in J.-M. Zemb, *Aristoteles*, Reinbek bei Hamburg 1961.

13 Anaxagoras-Fragment (s. Anm. 9).

14 C. H. Kahn, *Anaximander*, New York 1960, S. 94.

15 Zitiert in Wilhelm Capelle (Hg.), *Die Vorsokratiker*, Stuttgart: Kröner 1968, S. 197 fr 11, 12, 14.

16 Toulmin und Goodfield, *The Architecture of Matter*, S. 99.

17 Christian Huygens, *Traité de la Lumière*, Leiden 1690.

18 Ebd. S. 10.

19 Ebd. S. 9.

20 Isaac Newton, *Opticks* (1739), dt: *Optik*, Übers. William Abendroth, Braunschweig 1983.

Kapitel 2

21 Steven Weinberg, *Die ersten drei Minuten: Der Ursprung des Universums*, München 1977.

Kapitel 3

1 Richard Feynman, *Vom Wesen physikalischer Gesetze,* München 1965.

Kapitel 6

1 Eine stärker in die Einzelheiten gehende Diskussion der Inflationstheorie findet sich bei Alan H. Guth und Paul J. Steinhardt, »Das Inflationäre Universum«, Spektrum der Wissenschaft 250 (Juli 1984) und Guth »The Birth of the Cosmos«, in D. E. Osterbroch und P. H. Raven (Hg.), *Origins and Extinctions,* New Haven: Yale University Press 1988.

Register

Zu dieser Ausgabe

insel taschenbuch 2240
Lawrence M. Krauss
Schwarze Materie

Der Text dieser Ausgabe folgt dem Band: Lawrence M. Krauss,
Schwarze Materie. Aus dem Amerikanischen von Anita Ehlers. Insel
Verlag Frankfurt am Main und Leipzig 1995.
Umschlagfoto: Bavaria

Bernulf Kanitscheider
Auf der Suche nach dem Sinn
Originalausgabe
insel taschenbuch 1748

Gerhard Hütwohl
Wann bin ich eigentlich krank?
Gedanken und Überlegungen zum Kranksein
Originalausgabe
insel taschenbuch 1745

John und Mary Gribbin
Wie wenig uns vom Affen trennt
Aus dem Englischen von Gerald Bosch
insel taschenbuch 1761

Werner Künzel und Peter Bexte
Maschinendenken/Denkmaschinen
An den Schaltstellen zweier Kulturen
insel taschenbuch 1771

Günther Ohloff
Irdische Düfte – himmlische Lust
Eine Kulturgeschichte der Düfte
insel taschenbuch 1777

Michio Kaku und Jennifer Trainer
Jenseits von Einstein
Auf der Suche nach der Theorie des Universums
Aus dem Amerikanischen von Ilse Davis Schauer
insel taschenbuch 1791

Scheibe, Kugel, Schwarzes Loch
Die wissenschaftliche Eroberung des Kosmos
Herausgegeben von Uwe Schultz
insel taschenbuch 1804

Wissenschaftsjahrbuch 96
Natur und Wissenschaft
Geisteswissenschaft
Beiträge aus der Frankfurter Allgemeinen Zeitung
Herausgegeben von
Rainer Flöhl und Henning Ritter
insel taschenbuch 1821

Friedrich Cramer
Der Zeitbaum
Grundlegung einer allgemeinen Zeittheorie
insel taschenbuch 1849

Harald von Sprockhoff
Bewußtsein, Geist und Seele
Die Evolution des menschlichen Geistes
Originalausgabe
insel taschenbuch 1869

Jeremy W. Hayward
Die Erforschung der Innenwelt
Neue Wege zum wissenschaftlichen Verständnis
von Wahrnehmung, Erkennen und Bewußtsein
Aus dem Amerikanischen von Jochen Eggert
insel taschenbuch 1823

Dean Falk
Warum Schimpansen nicht steppen können
Die Entwicklung des menschlichen Gehirns
Aus dem Englischen von Gerald Bosch
insel taschenbuch 1838

Franz Moser/Michael Narodoslawsky
Bewußtsein in Raum und Zeit
Grundlagen der holistischen Weltsicht
insel taschenbuch 1797

Wolfgang Kaempfer
Zeit des Menschen
Das Doppelspiel der Zeit
im Spektrum der menschlichen Erfahrung
insel taschenbuch 1855

Die Erfindung des Universums
Neue Überlegungen zur philosophischen Kosmologie
Herausgegeben von
Walter Saltzer, Peter Eisenhardt,
Dan Kurth und Rainer E. Zimmermann
insel taschenbuch 1933

Paul Davies
Der Plan Gottes
Die Rätsel unserer Existenz und die Wissenschaft
Aus dem Englischen von Anita Ehlers
insel taschenbuch 1934

Niles Eldredge
Wendezeiten des Lebens
Katastrophen in Erdgeschichte und Evolution
Aus dem Englischen von Erich Lange
insel taschenbuch 1935

Jonathan Kingdon
Und der Mensch schuf sich selbst
Das Wagnis der menschlichen Evolution
Aus dem Englischen von Hans-Peter Krull
insel taschenbuch 1936

David Lindley
Das Ende der Physik
Vom Mythos der »Großen Vereinheitlichten Theorie«
Aus dem Amerikanischen von Monika Niehaus-Osterloh
insel taschenbuch 1937